外国美学

International Aesthetics

19

中国社会科学院文学研究所文学理论研究室
中华美学学会外国美学学术委员会 编

凤凰出版传媒集团
江苏教育出版社

图书在版编目(CIP)数据

外国美学.第19辑/汝信主编.—南京:江苏教育出版社,
2009.4

ISBN 978-7-5343-9161-3

Ⅰ.外… Ⅱ.汝… Ⅲ.美学—外国—丛刊 Ⅳ.B83-53

中国版本图书馆CIP数据核字(2009)第057448号

复刊辞

经过一年时间的酝酿和紧张准备，在全国各地美学研究者的帮助和支持下，新版《外国美学》终于问世了。

《外国美学》集刊自创刊至今已经有20多年的历史。1983年，朱光潜先生在为《外国美学》集刊创刊所写的贺词中说："今天已不再是闭关自守的时代，坐井观天者就难免诬天渺小……在汝信同志的领导之下办好这个《外国美学》专刊，我相信它既有助于提高美学著作的质量，同时也有助于培养出一批杰出的美学方面的科学家。"20多年来，《外国美学》的编辑人员们没有辜负朱光潜先生的期望，在培育人才，积聚研究力量，介绍和研究外国美学，推动中国美学的发展方面，做了大量的工作，发表了一批好文章，形成了自己的传统。

研究外国美学、借鉴外国美学、与国际美学界对话，在此基础上发展现代意义上的中国美学，是中国美学家们的共同心愿，也是我们这个集刊的宗旨。早在20世纪初期，外国美学就被梁启超、王国维和蔡元培等一些先贤们引入中国。在他们的努力下，现代中国美学开始了经历曲折，却一步步走向辉煌的历程。一个世纪的中国现代美学史，始终与外国美学的引进和研究有着密切的联系。近年来，中国美学界与国际美学界的对话和交流有了长足的发展。一些重要的国际美学会议在中国召开，中国学者参与国际美学活动的意愿和能力有了很大的提高，中国美学家与国外的一些知名美学家建立了很好的合作关系，外国美学研究的一些最新成果，也大多同步地被介绍了进来，这些都对国内的美学研究产生着深刻的影响。经过一段时间的沉寂，美学在今天已重新受到哲学、文学和艺术界的研究人员、教师和青年学生，以及社会其他各界人士的广泛重视。这些都是《外国美学》这个集刊能够复刊，并产生新的活力的有利条件。20世纪80年代，中国曾经出现了"美学热"，《外国美学》正是在这一热潮时期创刊的。这一时期的美学盛况留给老一代美学家美好的回忆，也使年轻一代的美学家无限神往。但是，我们不能像"白头宫女说玄宗"一样，只是生活在对过往盛况的谈论之中，而要在我们的手中，用我们新的做美学的方式，掀起美学研究的新高潮，为发展中的中国学术和中国社会服务。

我们将继承本集刊已经形成的坚持马克思主义指导、学风严谨、信息量大、覆盖面广的传统，努力做到古典美学和当代美学并重，研究论文与外国重要论文的翻译并重，专论与当代西方美学研究和美学活动情况的介绍并重；邀请当代世界一些重要的美学家、国际美学协会的主要负责人、一些国家美学学会的主要负责人，以及国内对外国美学有专门研究的学者担任编委，开门办刊；继续在汝信先生的领导下，形成一个老中青结合，以中年研究者为骨干的编辑队伍，发表一批高质量的文章：无愧于过去的光荣传统，在新世纪为这个集刊赢得更大的光荣。

在过去的20多年里，商务印书馆给予我们这个集刊很大的支持，值此集刊新版发刊之际，我们在此向商务印书馆的领导和编校人员表示衷心的感谢。江苏教育出版社愿接过火炬，提供无私援助，和我们一道，在新世纪把这支火炬传递下去，将集刊推向一个新阶段，迎来中国美学新的大发展时期，使我们深受感动。我们愿和全国美学界的同行一道，办好集刊，以此表达对商务印书馆和江苏教育出版社的感激之情；我们也愿将此看成是美学界同仁们的共同事业，看成是推动中外美学交往的重要平台，看成是带动中国美学向前发展的引力车。

美学在中国曾走过很多很多的弯路，今后也还会遇到这样那样的困难，但我们赶上了一个好时期，中国美学的前景一定是光明的。我们愿意积极进取，谋求发展，不断地吸收、借鉴、思考，循着从"美学在中国"到"中国美学"这条路走下去，努力，努力，再努力。

《外国美学》编辑委员会

2007年10月1日

目　　录

理论思考

“美学”的起源

高建平

内容提要 本文探讨了“美学”作为一个学科的形成过程，说明这个学科不是自古就有，而是在18世纪才建立起来。“美学”这个名词的提出，是“美学”这个学科建立过程中的一个重要的事件，但是，“美学”的建立不等于这个名词提出。作者提出，这个学科的建立经历了一个从夏夫兹伯里、维柯直到康德、席勒的漫长过程。“美学”这个词在当时有着其特定的内涵，我们将这个词扩展到古希腊的美学，一些非西方的美学，以至于当代西方的美学，都是这个词的意义的扩容。作者认为，今天我们对“美学”概念扩容前的内涵有一个清楚的认识，对于我们分析非西方的美学，对于我们了解美学的未来，都有着重要的意义。

关键词 美学　美的艺术　夏夫兹伯里　康德

1

笔者有一个计划，要研究“美学”后的美学。但是，在研究“美学”后的美学之前，还是要从“美学”前的美学讲起。“美学”这个词是从一个人开始的，这个人的名字叫亚历山大·戈特利布·鲍姆加登(Alexander Gottlieb Baumgarten)。1735年，当时只有21岁的鲍姆加登在他的博士论文《对诗的哲学沉思》一书中造出“美学”(Aesthetica)一词，指出事物可分为“可理解的”和“可感知的”，前者是本体论研究的对象，后者是“美学”(“感性学”)研究的对象。一段话语可以在声音、韵律、隐喻、象征等等方面获得完善或不完善的表现，研究这种感性表现的完善（perfectio）的科学，就是"美学"。鲍姆加登对他的这一发明很重视，1750年，以这个词为书名，发表了他的巨著《美学》第1卷。在这本书中，美学的定义有了扩大，前一本书主要涉及诗的艺术，而这一本书则将讨论的范围扩大到关于"诸自由艺术的理论、低级认识官能的逻辑、美好地思考的艺术、理性类比的艺术"。过了几年，在1758年，他又出版了《美学》第2卷。他有一个雄心勃勃的计划，要写出一部多卷本的著作，对各门艺术进行描述和讨论，但无奈身体状况已经不允许，写作这第二部就已很勉强。鲍姆加登在1762年逝世，没有能完成这一宏愿。

中国美学界一般都将鲍姆加登说成是"美学之父"。朱光潜先生在他的《西方美学史》中写道，自从鲍姆加登正式用"埃斯特惕卡"来称呼他的研究感性认识的一部专著，"美学作为一门新的独立的科学就呱呱下地了"①。蒋孔阳先生表达了类似的意见，指出鲍姆加登"不仅第一次确立了'美学'这门学科的名称，而且也第一次确定了美学研究的对象和范围"。他的结论是，说美学作为一门学科是从鲍姆加登开始，"一点也不过份"②。汝信先生的意见，在语气上有所保留。他写道，鲍姆加登的理论功绩，"不仅仅是为美学取了一个名称，而且确实对这门科学的正式诞生作出了一定的贡献"③。近年来一些新出的美学史著作的作者，也对这个问题作出了类似的描述。例如，章启群先生的《新编西方美学史》，在谈到鲍姆加登时写道，《美学》第1卷的发表，"这一事件被美学史认为是美学学科诞生的标志"，"此前西方一直有关于美的论述，而没有'美学'这一学科。"④凌继尧先生像汝信先生一样，认为鲍姆加登是"美学的教父"。⑤

当然，这个问题并不只是中国学者在讨论，在西方，这种讨论也很多。研究美学史的一些西方学者似乎更倾向于将鲍姆加登看成只为

① 朱光潜《西方美学史》上卷，人民文学出版社1979年版，第297页。

② 蒋孔阳《德国古典美学》，商务印书馆1981年版，第47页。

③ 汝信《西方美学史论丛续编》，上海人民出版社1983年版，第88页。

④ 章启群《新编西方美学史》，商务印书馆2004年版，第310页。

⑤ 汝信先生的话见《西方美学史论丛续编》第87页，凌继尧的话见凌继尧《西方美学史》，北京大学出版社2004年版，第252页。

“美学”确定了名称，或者说，是施洗者、命名者。[①] 几本影响较大的美学史著作也都持这种观点。鲍桑葵写道，鲍姆加登“在‘埃斯特惕克’(Aesthetica)的名目下这样创始的一门新学问，非常富于特色地关心美的理论，以致传到后人手中，‘埃斯特惕克’一词就成为美的哲学的公认的名称。”[②]比厄斯利写道，鲍姆加登“造出了‘美学’这个词，为一门专门学科的研究命名。”[③]这两位学者当然并不否认，鲍姆加登的确在美学上有着自己的创见。但是，他们更强调鲍姆加登在为“美学”命名方面的贡献。例如，鲍桑葵就写道：“一直到 18 世纪后半叶，人们才采用了现今公认的‘美学’(aesthetics)一词，用来称呼美的哲学，把它当做理论研究中一个独立的领域。但是，美学事实的存在却要比‘美学’一词早得多，因为，即令从某种意义上来说不能从更早的哲学家算起，那么至少可以说早在苏格拉底时代，希腊思想家们就已经开始对美和美的艺术进行思考了。”[④]比厄斯利持同样的观点。在他看来，美学是从人类开始对美和艺术进行反思之时，而不是从人具有审美和艺术的感受和创造能力之时开始的。古代埃及人还没有对美进行反思，但希腊人则开始这么做了。在他看来，在苏格拉底和柏拉图之前，希腊人开始有了关于“摹仿”和关于诗的寓言化理解的思考，特别是在毕达哥拉斯身上体现出来的关于音乐与数，及其与世界秩序间关系的思考，影响了柏拉图美学的诞生。[⑤] 当然，更为显而易见的，是一部“西方美学史”的写法中所体现的思想，这比作者对美学的定义更能体现他的“美学”观。既然鲍桑葵和门罗·比厄斯利的美学史都是从古希腊写起，他们当然认为，那时就已经有了美学了。于是，这几位西方学者

---

① 例如，当代重要的康德学家保罗·盖耶在《现代美学的历史》一文中就持这一观点，见杰罗尔德·莱文森(Jerrold Levinson)《牛津美学手册》(*The Oxford Handbook of Aesthetics*)(牛津：牛津大学出版社 2003 年版，第 25 页)。保罗·盖耶在一篇题为《18 世纪德国美学》的长篇文章中，甚至说鲍姆加登只是为这个领域举行成年人的浸洗礼，在此之前虽没有名称，但在柏拉图《理想国》中对众多艺术形式在教育方面所起作用的抨击，以及亚里士多德在《诗学》残篇中对艺术所作的辩护的时候起，美学就作为哲学的一部分而存在了。见保罗·盖耶《18 世纪德国美学》，《斯坦福哲学百科全书》词条。亦可参见保罗·盖耶为《牛津美学百科全书》中所写的《鲍姆加登》词条。

② [英]鲍桑葵《美学史》，张今译，商务印书馆 1983 年版，第 239 页。

③ [美]门罗·比厄斯利《西方美学简史》，高建平译，北京大学出版社 2006 年版，第 133 页。

④ [英]鲍桑葵《美学史》，张今译，商务印书馆 1983 年版，第 5 页。

⑤ [美]比厄斯利《西方美学简史》，高建平译，北京大学出版社 2006 年版，第 1—8 页。

实际上是说,“美学”在它诞生两千多年以后,才获得了自己的名字。

为了解决这一矛盾,朱光潜在他晚年的著作《美学拾穗集》里,作出了这样一种用语上的区分:“美学”与“美学思想”。他认为,1750年鲍姆加登的《美学》这本书出版,“美学”才成为一门独立科学,而“美学思想”却与“人类历史一样的古老”。[①] 朱光潜所作的这一区分,实际上具有相当的普遍性。我们常常倾向于将许多现代学科,即我们的前一两代或前几代人那里才形成的学科或知识,看成是自古就有的。如果我们不是仅仅着眼于这一学科的知识状况,而是同时考察该学科以外的一般知识状况,我们就可以看到,这些学科作为学科的存在,与作为一般知识存在,是完全不同的。只有在这些学科出现后,人们才有了该学科的意识,试图为该学科寻找和建立历史。这时,学科的历史常常具有回溯性质。从“美学思想”到“美学”固然是一个发展,但我们并不能简单地说,“美学思想”积累多了,就成了“美学”。我们也应该看到问题的另一面,看到一个反向的发展:只有“美学”作为一个学科形成后,人们才开始对这门学科的历史进行研究,从而找到在此之前的一些论述是怎样一步一步地走向这个学科的建立的。

朱光潜的这段话同时又给我们留下了许多问题。对此,我们将在下面进一步考察。这里所要解决的是,与“人类历史一样的古老”的说法是否可靠。“人类历史”从什么时候开始的?这涉及到另一个学科中的一些难题。对此,我们无法在此涉及。可以肯定的是,朱光潜先生的《西方美学史》与鲍桑葵和比厄斯利一样,是从毕达哥拉斯等人写起的。这时,人类的历史早就开始了。他没有对为什么从希腊而不是从埃及人或两河流域人写起作出说明。其实,许多西方艺术史著作都是从埃及人,从两河流域的苏美尔-阿卡德、到巴比伦,甚至从旧石器时代晚期位于法国南部和西班牙北部洞穴壁画写起的。朱光潜的美学史从毕达哥拉斯或同时代的其他希腊人写起,理由也许接近鲍桑葵和比厄斯利的说法:那时的人们开始对美和艺术进行哲学的反思。也许,我们可以对朱光潜的表述做出一个修正,并不是“人类”出现之时,而只是到了希腊哲学兴起之时,才有了朱光潜先生所说的“美学思想”。

其他一些中国美学家,也采用这样的表述。例如,蒋孔阳一方面坚持认为鲍姆加登创立了“美学”是“一点也不过分”,另一方面,在谈

---

① 朱光潜《美学拾穗集》,百花出版社1980年版,第8页。

到柏拉图和普罗提诺等人时谨慎地使用“美学思想”这个词。[①] 在讲中国古代时，他为一本书定名为“先秦音乐美学思想论稿”。[②]

类似的区分，在许多中国美学家的论述中，都或多或少出现过。有人严格些，有人则不那么严格。如果我们能够综合鲍桑葵、比厄斯利和朱光潜的说法，一个大致的轮廓就能够显示出来：从毕达哥拉斯、柏拉图到亚里士多德，是美学发展的一个阶梯。这时，有了对美和艺术现象的反思。用朱光潜的说法，是有了“美学思想”。在此以后的漫长时期，从古代希腊罗马，经由中世纪，再到文艺复兴，都只有“美学思想”，尽管这时“美学思想”有了很大的发展。只是到了18世纪中叶，即鲍姆加登的时代，才有了“美学”这个名称。在这一时期，人们开始建立严格意义上的“美学”。从时间顺序上讲，当然是先有“美学思想”，后有“美学”。但是，从逻辑顺序上看，则正好相反，正是由于我们有了“美学”，才将在此以前的一些思想因素称为“美学思想”。

但是，为什么是鲍姆加登？如果只是根据他为“美学”命名，就说他是这门学科的创始人，显然还是没有足够的说服力的。说一个人是学科的创始人，起码是指他创始了某种思想或学科规范，而不只是提出一个名称。

2

让我们再次回到这个问题上来：鲍姆加登究竟是“美学”的亲父还是教父？说鲍姆加登是“美学”的教父，给美学洗礼，并给予一个正式的名称，那很容易，因为那确实是历史事实。但是，如果说，只是由于鲍姆加登，“美学”才“呱呱落地”，就涉及到进一步的问题：那个被认为诞生了的生命，究竟是什么？或者说，鲍姆加登以后，“美学”有了什么实质上的不同？

认定一个学科已经存在了两千年，一直没有名称来称呼它，只是

---

① 请参见蒋孔阳《评介〈西方美学史论丛〉》一文，文中对“美学”与“美学思想”的用语作了区分，例如，他提“康德美学”、“车尔尼雪夫斯基美学”，而说希腊、罗马和中世纪的“美学思想”。见蒋孔阳《美和美的创造》，江苏人民出版社1981年版。

② 蒋孔阳《先秦音乐美学论稿》，人民文学出版社1986年版。

到了鲍姆加登，才给了它一个名称。这种说法听起来似乎有点荒谬。在乡间，可能会有这样的情况，一个人活了几十年而没有学名，后来才有人给他起了一个学名。但是，人们会说，其实，在这个人有了学名之前，人们早就用一些农村里的土名字，诸如阿猫、阿狗、三妞、二愣子来称呼他或她了，只是后来，遇见一位教书先生或乡下秀才，才给他或她起一个学名。在这个人获得学名之前，他不仅在肉体上，在他生活的那个乡村群体中，都是存在的。当然，一个人的名字是这个人加入社会的方式。如果一个有着很土气的名字的人或考上了学堂，或在城里谋得了某种身份或位置，他很可能就会起一个适合这个身份或位置的新名字。通过这个新的名字，他宣示着他在社会中的新的存在方式。这种情况，在艺术家给自己起艺名，或者作家给自己起笔名的行为中，表现得更明显一些。这时，名字与这些人为自己所寻求的社会定位有着种种关系。

如果说，人的名字就已经与人们在社会中的存在有关，那么，学科名称的确定，则与这个学科在社会之中，在学科体系之中的存在有着更为密切的关系。

首先，名称本身就是有意识的学科建构努力的一部分。一个学科早已建立起来而只欠一个名称，后来，这个"千呼万唤"的名称，终于被一个"太有才"的人提出来了，这种情况是很难令人理解的。相反，提出要建立一个学科，甚至可以这样说，有了学科的名称，并不等于这个学科已经存在或已经完善，而只是说，建构这个学科的努力开始了。学科是通过命名而出现的。一个学科没有名称，这个学科就不存在。费尔南德·索绪尔说，没有清晰的语言，就没有清晰的思想。这一思想在这里恰好适用。当然，这不等于说，教父就成了亲父。任何比喻都是有缺陷的，这个比喻尤其如此。如果要挽救这个比喻的话，我们也只能说，在这里，其实教父就是亲父。一个学科的名称的提出，不等于这个学科已经建立起来。但是，在这个名称已经有了的时候，这个学科的诞生也就不远了。

朱光潜先生曾提到过克罗齐的一个相关的说法。克罗齐认为，在鲍姆加登那里，"美学"实际上并没有诞生，他尽管坚持诗的感性特点，却保留着与理性主义的许多纠缠。[①] 那么，谁是"美学科学"的发现者

① 朱光潜《西方美学史》上卷，人民文学出版社 1979 年版，第 300—301 页。

呢？克罗齐似乎是在说意大利人维柯。他认为，维柯“可谓是发明了美学科学的真正革命者”。[①] 另有人说，美学是由夏夫兹伯里创立的。例如，美国哥伦比亚大学教授保罗·奥斯卡·克里斯泰勒(Paul Oskar Kristeller)认为，“由于夏夫兹伯里是现代欧洲第一位在其著作中把对各门艺术的论述放在首要位置的主要哲学家，将他看成现代美学的建立者，是有几分理由的。”[②]除了这三个人以外，我们也许还可以找到第四个：提出“美的艺术”概念的法国人夏尔·巴图。夏尔·巴图建立这个概念，使现代美学体系的形成有了依托。

对于我们来说，也许更重要的不是将“美学”的起源归结于哪一个人，而是弄清楚：究竟是“什么”起源了？“美学”的从无到有，应该说是一个动态的过程，那么，它的起点是什么，终点又是什么？我们用什么样的标准来衡量某一特定时期的美学已经是“美学”，而不再是“美学思想”了？

“美学”起源的标志，首先是感性独立性。鲍姆加登作出巨大努力的，就是这一点。在《卡里亚斯——给克尔纳的信》第一封信中，席勒“区分了四种解释美的方式，即依照美存在于事物之中还是存在于我们对它的知觉之中而分为客观的与主观的，依照它是一种经验的还是一种理智的性质，即由感官还是由理性决定而区分为感性的或理性的。他认为，博克的理论是主观而感性的，沃尔夫学派(包括我们常常提起，又常常误解的鲍姆加登)是客观与理性的，康德是主观而理性的，而他自己则是客观而感性的。”[③]席勒的这个区分，非常具有启发性，对我们理解那个时代几组美学家的倾向，具有重要意义。

---

① [意]贝尼季托·克罗齐《作为表现的科学和一般语言学的美学的历史》，王天清译，中国社会科学出版社 1984 年版，第 64 页：“一个把可能性的概念放到一边，以一种全新的方法理解幻想，洞察诗和艺术的真正本性，并可谓是发明了美学科学的真正革命者，是意大利人乔巴蒂斯达·维柯”(本文作者根据 The Moonday Press 1956 年英文本对译文作了校改)。

② [美]保罗·奥斯卡·克里斯泰勒《美学的起源：历史和概念的概述》，见《美学百科全书》(*Encyclopedia of Aesthetics*, Oxford University Press, 1998)第 3 卷，第 424 页。同一作者在另一篇文章《现代艺术体系：美学史研究》中，写了同样的话，并指出，这句话来自恩斯特·卡西勒，见《现代艺术体系：美学史研究》(Paul Oskar Kristeller, *The Modern System of the Arts: A Study in the History of Aesthetics*)，见《思想史杂志》(*Journal of the History of Ideas*)第 13 卷，第 1 期，1952 年 1 月号，第 26 页。注释 214 和 216。

③ [德]席勒《卡里亚斯——给克尔纳的信》第一封信，见 *Schiller's complete works*. I. Kohler, 1861。读者亦可参见高建平《席勒的审美乌托邦及其现代批判》一文，见《陕西师范大学学报》2006 年第 12 期。

鲍姆加登是莱布尼茨-沃尔夫学派的信徒。我们知道，他给美所下的定义，是“感性认识的完善”。他的这个定义，应该放到他自身的理论语境中考察其意义。

莱布尼茨和沃尔夫是从认识论的角度展开对美和艺术的论述的。莱布尼茨所提出的两个概念，对德国理性主义美学产生了深远的影响。第一个概念是，审美与艺术是清楚而不明晰的知识。他在《关于知识、真理和观念的默想录》中指出：“如果我们能认识一件事物，我对它就有清楚的知识；但是清楚的知识又分含混的（感性的）和明晰的（理性的）两种。如果我还不能把某对象所由区别于其他对象的特征一一指出，我的知识就还是混乱的。……例如我们看到画家和其他艺术家对于什么好和什么不好，尽管很清楚地意识到，却往往不能替他们的这种审美趣味找出理由，如果有人问到他们，他们就会回答说，他们不欢喜的那种作品缺乏一点‘我说不出来的什么’。”①莱布尼茨的这一思想，即将审美看成是清楚而含混的知识，后来被沃尔夫和鲍姆加登所继承和发展。

第二个概念就是“完善”。莱布尼茨提出，上帝在各种可能的世界中选出我们这个实际存在着的世界，因此它是最完善的，于是，世界是美的。他进一步认为，不仅世界从总体上讲是完善的，而且一物有一物自身所独有的完善。一物之美，在于此物自身达到了完善。正是由于这种完善，才产生审美的快感。他说，“愉悦是对一种完善或杰出的感受，无论是（这种完善）在我们自身还是在其他某人或某物都是如此。这是因为其他存在物的完善也是使人愉快的，如理解、勇气，特别是另一个人的美，或者动物，甚至无生命的物体，如一幅画或一件工艺品等等的美。”②

“美是完善”，这是统治了德国理性主义美学的一个大概念。美是客观的，它在于对象自身的“完善”，审美是对于在客观上存在的这种“完善”的感知。那么，什么是完善？这是莱布尼茨以后美学研究所关

---

① Gottfried Wilhelm Leibniz, “Meditations on Knowledge, Truth, and Ideas”, in Leibniz, *Philosophical Papers and Letters*, translated and edited by Leroy E. Loemker, second edition (Dordrecht: D. Reidel, 1969), p. 291. 中文译稿见朱光潜译稿，引自北京大学哲学系美学教研究室编《西方美学家论美和美感》，商务印书馆 1980 年版第 85 页，术语译法为了便利读者作了个别调整。

② Leibniz, “On Wisdom”, in Leibniz, *Philosophical Papers and Letters*, p. 425.

注的焦点。沃尔夫提出,完善可包括两个方面:一个方面是形式上的,它体现在对象的多样性和谐统一之上;另一个方面是实质性的,他所举的例子是,一只钟的完善在于准确报时。[①] 这里的实质性,相当于我们常说的功能性。美是对这种完善的感知,或者用他的话说,是"直觉的"认识。在提到美的时候,他写道:"美在于一事物的完善,只要它能适合于在我们中产生愉悦。"[②]这是说,美仍然是相对于人存在的。只有像我们这样的主体感知到它时,完善才变成了美。但不管怎么说,在沃尔夫那里,美有一个客观的标准,就是对象的某种不依赖于我们而存在的"完善"的性质。美只是对"完善"的"感性认识"而已。

我们知道,鲍姆加登给美学下的定义是"感性认识的完善"。这与沃尔夫究竟有什么实质上的区别?应该说,鲍姆加登是在沃尔夫的哲学框架中思维的,他还属于一位理性主义哲学家。但是,鲍姆加登与沃尔夫有着一个细微,但却十分重要的区别。鲍姆加登认为,诗的目的不仅在于传达真理,而且是用"可感的表象",即从感官获得的意象来传达,因此,诗的"完善"体现在两个层面:一是它的媒介,即所用的语词;一是所引发的意象,并且,还体现在这两个层面的关系上。这就暗示了一个重要的思想,即媒介有自身的"完善"。[③] 一首好诗,不仅要表现好的思想,有好的意象,而且要在选词造句的精炼和韵律声调方面有很高的要求。这两者都要"完善",才能达到第三个"完善",即从整体上成为一首好诗。

鲍姆加登还按照莱布尼茨-沃尔夫的模式提出,可感的再现要清楚而不是模糊,尽管它不是明晰的。例如,他提出那种"为朦胧而朦胧"的诗不是好诗。在这一点上,鲍姆加登也有自己的发展。他提出,

---

① 这两层意思分别引自 Wolff, Christian, *Philosophia Prima sive Ontologia*, new edition (Frankfurt and Leipzig: Render, 1736), reprint edited by Jean École (Hildesheim: Georg Olms, 1962), §503, p. 390, 和 Wolff, Cristian, *Metafisica Tedesca*, *con le Annotazione alla Metafisica Tedesca*, edited by Raffaele Ciafardone (Milan: Bompiani, 2003), §152, p. 152.

② Wolff, Christian, *Psycologia Empirica*, edited by Jean École (Hildesheim: Georg Olms, 1968), §544, p. 420.

③ 鲍姆加登的这一观点可参见 Baumgarten, Alexander Gottlieb, *Meditationes philosophicae de nonnullis ad poema pertinentibus/Philosophische Betrachtungen über einige Bedingungen des Gedichtes*, edited by Heinz Paetzold (Hamburg: Felix Meiner Verlag, 1983), §§I—IX.

有两种清晰，一是"程度上的清晰"，一是"范围上的清晰"。前者是科学的或"逻辑的"话语所致力的，使观念达到条分缕析，后者则是诗所要做到的，用同样的语句传达更多的信息而不使意象被分隔开来。要做到后者，就要描绘个性化的、创造独特的表象，而不是用一般性的或者抽象的概念。①

对于鲍姆加登的这些创见，以及他在美学史的地位，克罗齐这样引述一些人对鲍姆加登的评价："把莱布尼茨的那个程度和量的区分变成了一个特殊的区分，用把那个完善(perfectio)归于感性认识的办法，使得一些混乱的东西变成了不再是否定而是肯定的东西；他用这种方式粉碎了莱布尼茨单子的一致性(不可分割性)并给连续性法则撕开了一个裂口，从而建立起美学来。"②当代著名学者保罗·盖耶则写道："但是，鲍姆加登更像一位摩西，从沃尔夫主义的岸边窥见了新的理论，而不是一位征服了新的美学领地的约书亚。"③这个比喻有着深远的意义。我们等一会儿再说谁是约书亚的问题。至少在这里，我们可以看到，这个比喻说明，美学在鲍姆加登前后，酝酿着一场大的变革。

在鲍姆加登之后，还有几位学者发展了他的思想。其中比较重要的有鲍姆加登的学生梅耶。他在坚持艺术的认识意义之外，还强调了它的情感意义。在他之后，摩西·门德尔松提出"完善地再现"与"再现完善"之间的区分，并提出四种"完善"说：第一种是对象的完善，对这种完善的感知就是美，这是莱布尼茨-沃尔夫的观点；第二种是"感性认识的完善"，即获得对于对象的经验时人的感知能力的完善，这是鲍姆加登的观点；第三种是我们的精神状况影响我们的身体时所产生的身体状况的完善；第四种是工艺的完善。这时的美学，仍属于在莱布尼茨-沃尔夫框架中寻找新的可能性之类，尽管从某种意义上讲，比起鲍姆加登来说，更往前推进了一步。

---

① 鲍姆加登的这一观点可参见 Baumgarten，Alexander Gottlieb，*Meditationes philosophicae de nonnullis ad poema pertinentibus/Philosophische Betrachtungen über einige Bedingungen des Gedichtes*，edited by Heinz Paetzold（Hamburg：Felix Meiner Verlag，1983），§§XIII—XIX。亦请参见比厄斯利《西方美学简史》第134—135页。

② ［意］克罗齐《作为表现的科学和一般语言学的美学的历史》，王天清译，中国社会科学出版社1984年版，第58页。

③ Paul Guyer，"18th Century German Aesthetics，" in *Stanford Encyclopedia of Philosophy*.

3

“美学”起源的另一个重要的标志，是“美的艺术”(beaux-arts)概念的出现和现代艺术体系的产生。1746年，夏尔·巴图神父出版了名为“归结为单一原理的美的艺术”一书。[①] 这部书重要之处在于提出了两个思想：第一，将音乐、诗、绘画、雕塑和舞蹈这五种艺术说成是“美的艺术”，与工艺区分了开来，这是此后一切艺术体系的雏形；第二，将一切艺术都归结为一个“单一原理”，即对“美的自然”的模仿。

关于第一点，需要指出的是，夏尔·巴图并不是作出这种努力的第一人。在他之前，我们可以看到古罗马时期列为“自由艺术”(the liberal arts)的“七艺”，其中包括“语法、修辞、辩证法、算术、几何、天文学和音乐”。其实，中国也有“六艺”(礼、乐、射、御、书、数)为代表的君子理想和“琴棋书画”为代表的才子理想。[②] 但无论在西方古代，还是在中国古代，都没有形成像巴图这样的现代艺术体系。古代人所建立的艺术体系，不仅不完整，而且将许多不属于艺术的人的活动也放了进去。因此，巴图的体系给人以一种感觉，仿佛所有古代人的努力，都在为他的组合作准备。

除了上述对诸艺术进行组合的努力外，另一条思想线索就是对不同门类艺术间的共同点或相互间结合的可能性的探索。古罗马的贺拉斯曾比较诗与画，但那只是顺便提到而已。只是到了17世纪，贺拉斯的话被人们从其语境中抽取出来，作为这两门艺术是姐妹艺术的证明。18世纪时的一个关键发展是音乐被加入到这个组合之中。究竟是谁最早将音乐加入进来，还存在争论。笛卡尔曾专门讨论过音乐，让-巴蒂斯特·迪博也曾多次谈到音乐，但依照克里斯泰勒的说法，在这方面起最大作用的，还是佩尔·伊夫-马里·安德烈1741年出版的《论美》一书。[③] 该书提到了包括自然和视觉艺术在内的可见的美、道

---

① [美]比厄斯利《西方美学简史》，高建平译，北京大学出版社2006年版，第136页。

② 参见拙作《中国传统绘画中的精英主义倾向》，见高建平《画境探幽：中国绘画美学初探》，香港天地图书公司1996年版，第9—37页。

③ [美]克里斯泰勒《现代艺术体系：美学史研究》，载《思想史杂志》(*Journal of the History of Ideas*)第13卷，第1期，1952年1月号，第20页。

德的美、包括诗歌和雄辩术在内的精神作品的美，以及音乐的美。“诗画一律”是古老的说法，但“诗画乐一律”却是新的发现。有了这种诗歌、绘画、音乐的结合为基础，巴图作出“美的艺术”组合的条件终于成熟了。

正如克里斯泰勒所说，“朝向美的艺术的体系所迈出的决定性的一步是由巴图神父在他著名而有影响的论文《归结到单一原则的美的艺术》(1746 年)中作出的。确实，他的体系中的许多因素都来自他以前的作者，但同时，不可忽视的是，他是在一篇专门讨论这个题目的论文中提出一个清晰的体系的第一人。”①巴图提出，美的艺术包括音乐、诗、绘画、雕塑以及舞蹈，这些艺术与机械的艺术不同，前者是以自身为目的的，而后者是以实用为目的的。在这两者之间，还有着第三类，即雄辩术与建筑，它们是愉悦与实用的结合。

由于在此之前就有了或多或少相似的论述，夏尔·巴图只是总结了已经逐渐流行的见解，并给予明确的表述，他所建立的这一体系很快就被人们认为是理所当然的。在《百科全书》编写活动中，人们不断对这一体系提出批评，并作出种种修改。但是，不管在细节上作了多少修改，这种“美的艺术”只是提供愉悦，以自身为目的的基本思想逐渐广泛为人们所接受。例如，孟德斯鸠在为《百科全书》所写的有关“趣味”的条目中，就不加任何注释运用“美的艺术”概念，并列举了诗歌、绘画、雕塑、建筑、音乐和舞蹈等等。② 并且，“正如达朗伯在他的《〈百科全书〉序言》中所解释的，在作了很多修正以后，成为巨大的《科学、艺术和工艺详解百科全书》(1751 年)所依据的概念框架的一部分。”③

第二点，将诸“美的艺术”归结为一个单一原理，即模仿“美的自然”，使巴图遭到许多人的批评。对于巴图来说，用“模仿”作为各门“美的艺术”的共同特点，也许是唯一的选择。这一概念具有古典的权威性，因为从柏拉图、亚里士多德，经中世纪，直到文艺复兴和古典主义的艺术，都采用这一原理。如果不用它，巴图无法找到一个更为权

---

① [美]克里斯泰勒《现代艺术体系：美学史研究》，载《思想史杂志》(*Journal of the History of Ideas*)第 13 卷，第 1 期，1952 年 1 月号，第 20 页。

② 参见 Edwin P. Dargan, *The Aesthetic Doctrine of Montesquieu* (thes. Johns Hopkins University, Baltimore, 1907), p. 21.

③ [美]比厄斯利《西方美学简史》，高建平译，北京大学出版社 2006 年版，第 136 页。

威的说法，来对各门艺术的共同特性作一个具有说服力的概括。

“模仿”概念还在另一个意义上符合当时人的意图。柏拉图曾经讲过三把刀或三张床的理论：第一把刀或第一张床，是作为理想的原型的，作为范式存在的刀或床；第二是实际的刀或床；第三是画家所画的刀或床。[①] 这三把刀或三张床，实际上寓示着三个世界：第一个世界是本体的、理念的或范式的世界；第二个世界是实际生活的世界，这个世界是对前一个世界的模仿；第三个世界是艺术的世界，这个世界又是对实际生活世界的模仿。如果是这样的话，那么，既然“美的艺术”是对实际生活世界的模仿，就不再是实际生活本身，而属于另一个世界；并且，诸“美的艺术”由单一的模仿原理构成，因此，它们同属于一个独特而封闭的艺术世界。从这个意义上讲，巴图所归结的这一原理，不管他自己是否意识到，实际上的寓意是非常深刻的。柏拉图在对艺术进行否定时提出“模仿”，或者说，他是在否定性的意义上提出艺术是“模仿”，认为由于是“模仿”而离真理较远。与此相反，巴图试图建立一个一元的艺术原理，从而在肯定的意义上认定“模仿”是一切艺术的共同本性。由于所有的艺术都是“模仿”，它们共同构成了一个与日常生活的世界不同的另一个世界。柏拉图的理念世界是否存在，姑且存而不论，现实世界却是真实存在的。对这个世界进行模仿，就形成了“美的艺术”，这是高等的非实用的艺术。

巴图的“模仿说”受到了许多人的批评。艺术是不是模仿？是不是所有的艺术都是模仿？例如，音乐模仿了什么？这当然是美学上的重要问题。对这些问题作怎样的回答，要看我们在何种意义上使用“模仿”这个词。在巴图的时代，对这个问题讨论的方式与我们今天不同。批评巴图的人，大多并不是责备他使用“模仿”这个词，而是指出他没有关注不同门类艺术在模仿时的不同特点。例如，狄德罗在《聋哑人书简》中提到，“每一种模仿艺术都有其象形文字，并且非常期待着有见多识广而有识别能力的作家去对它们进行比较。”[②]莱辛在《拉奥孔》中讲的诗与画的界限，指出“拉奥孔群像”的美，不是像温克尔曼所说的那样，来源于希

---

① 有关柏拉图这方面的论述，请参见柏拉图的《理想国》第 10 卷《柏拉图文艺对话集》，朱光潜译（北京：人民文学出版社 1980 年），第 68—89 页。亦请参见比厄斯利《西方美学简史》第 10—15 页。

② 《狄德罗全集》20 卷本（巴黎，1875—1877），I，391。转引自比厄斯利《西方美学简史》第 137 页。

腊人高贵的天性,而是来源于不同艺术门类的不同模仿特点。[①] 这些都可看成是对巴图的补充而不是对他所提出的体系的否定。

与当时许多法国重要思想家、批评家和美学家相比,巴图不是一个著名人物,他的思想也就有了非著名人物的思想所常有的遭遇。人们迅速采用他的思想,将他的思想当成共识,但一般不将功劳归结到他身上。相反,提到巴图这个名字的人都倾向于将他的发现当成一个显而易见的事实,然后通过在细节上对他的观点作出某种修正以显示自己的高明。

当然,模仿说最终还是被一些其他的理论所取代。随着浪漫主义的来临,模仿说越来越被人看成是一个过时的学说。从艺术批评的层面看,情感的表现、作家艺术家的创作个性在作品中留下的痕迹、作家艺术家的心理,如此等等,越来越受到批评家的重视。然而,艺术构成处于生活之外的另一个世界的思想,却长久地存在着。更为重要的是,巴图为艺术寻找单一原理的努力,对于美学家来说,是一个长久的诱惑。如果说,艺术不是模仿的话,那么,艺术是什么呢?它可能是情感的表现、情感的传达,可能是表现、经验、症候、符号,可能是距离的制造、移情的对象,可能是有意味的形式,如此等等。每一个回答都意味着一种关于艺术的理论。从这个意义上说,巴图是这一共同的理论指向的创始者,他启发人们问这样一个问题:各门艺术的共同特点是什么?而这个问题的提出,是以这样一个共识为前提的:各门艺术构成一个共同的类,这个类既然存在,就有着一些共同的特点,而这个各门艺术所共有的特点,就更可能是艺术的本质。

4

巴图的这种愉悦与实用分离的思想,有着更加古老,而且更加重要的起源。

当克里斯泰勒将现代美学的奠基者归结为夏夫兹伯里时,他提

---

① 温克尔曼的观点可见温克尔曼《关于在绘画和雕刻中模仿希腊作品的一些意见》一文,收入于温克尔曼著、邵大箴译《希腊人的艺术》(广西师范大学出版社 2001 年版)一书。莱辛的观点,见莱辛著、朱光潜译《拉奥孔》(人民文学出版社 1981 年版)。

到，夏夫兹伯里是第一位将自己关注的对象指向审美和艺术问题的重要哲学家。从时间上讲，夏夫兹伯里比鲍姆加登和巴图都要早得多。夏夫兹伯里生于1671年，死于1713年。世袭贵族，担任过下院和上院的议员。由于健康原因，他避开政治生活而写了一些著作。他的主要著作于1711年发表，并且立刻不仅在英国，而且在法国和德国产生重要影响。

夏夫兹伯里对现代美学的贡献主要包括三点，其中第一点最重要，即“审美无利害”。从某种意义上讲，夏夫兹伯里的思想是不合时宜的。这一时代的英国哲学，以强调人性恶的霍布斯、提出心灵的“白板说”的洛克为代表。夏夫兹伯里的思想在主流之外。霍布斯主张，自然状态的人是自私的，为欲望所驱使。这种欲望的发展，会出现“一切人反对一切人的战争”。[①] 正是由于这一原因，人们才通过契约的形式，形成政府。对此，夏夫兹伯里表示反对，他认为，人性也可以是善的，人性善的基础在于，人可以具有“社会的感受，或者与人类共享伙伴关系的感觉”。他认为，这种社会的感受也可以是自然的。他反问道，如果没有这种感受的话，那么人怎么可能组成社会呢？如果社会的组成是由于一套惯例性安排的话，那么，在人们之间，就应该有着一种构成这种惯例的预定的倾向。仅凭自私不可能组成社会，社会组成本身就表明，在人心中有着善根。[②] 在今天，许多学者谈启蒙现代性与审美现代性的冲突，这种冲突可从霍布斯和夏夫兹伯里的分歧中看出。

夏夫兹伯里对他的老师和朋友洛克终身保持着，用他的话说，“最高的敬意”。他的思想中虽然保持了洛克经验主义的色彩，强调对美善感受的直接性，但却有着洛克所不具有的因素。这些因素主要来源于剑桥柏拉图主义——一种柏拉图、普罗提诺和奥古斯丁思想的混合。夏夫兹伯里提出一种“内在的眼睛”或“道德感官”的理论，认为人们能够通过这种感官形成对对象的直接而非功利的把握。对于他来说，一种来源于人的非自我中心主义的自然冲动，可以使人们通过“道德感官”来感受善恶美丑。比厄斯利曾举了两个例子来说明夏夫兹伯

---

① 这是霍布斯的名著《利维坦》中的基本思想。这里的话引自梯利《西方哲学史》，商务印书馆1999年版，第307页和撒穆尔·伊诺克·斯通普夫和詹姆斯·菲泽著《西方哲学史》(第七版)，中华书局2005年版，第325页。

② 这段话的内容参考了 Elmer Sprague 所写辞条 Shaftersbury, Third Earl of，见 *The Encyclopedia of Philosophy* (Macmillan, 1967)，第7卷第428—430页。

里关于审美无利害的观点：一是提到，“原初的满足只可能来自对外在事物中的真理、比例、秩序和对称的爱”；二是提到自然地对海洋美的观照与海军元帅征服大海的念头毫无关系。①

夏夫兹伯里对现代美学的重要贡献还包括他对崇高的论述，以及认为自然与艺术一样，也可当做审美观照的对象。这两点，与上面所讲的“审美无利害”一样，后来成了康德美学的核心概念。

对于“美学”的发展来说，更为重要的是，夏夫兹伯里所开启的一些美学上的探讨，在他之后立刻就出现了众多的响应者。在这些人中，夏夫兹伯里的“内在的感官”说，被他的继承者哈奇生所发展。哈奇生没有像夏夫兹伯里那样向洛克学习过，但他的美学却从洛克那里接过了“物甲”和“物乙”之分的思想，将美感看成是一种对“物乙”的感受。他强调美的感受的直接性，用克里斯泰勒的话说，他修正了夏夫兹伯里的学说，“区分了道德感与美感”，“这一区分被休谟所采用，并被狄德罗引用，为伦理学与美学的区分作了准备，尽管哈奇生仍将对诗的趣味归结为道德感官”。② 艾迪生发展了夏夫兹伯里对崇高的论述，将它归结为“大”，而这一思想又在博克那里得到了进一步的发展。哈奇生再次强调的形式上的多样性统一的观点，这一观点在荷加兹那里形成了关于“美的线条”的思想。从“美的线条”到康德关于形式美的论述，从博克的崇高说到康德的崇高说，都只有一步之遥。

5

经过将近一个世纪的准备，构建一个完整的“美学”体系的种种条件终于成熟了。当鲍桑葵在《美学史》中论述康德时，用了这样一个标题：“康德——把问题纳入一个焦点”。此前的种种观念和想法在康德美学中形成了一个新的综合。康德在他发表的著作中，对上述这些 18 世纪的美学家的贡献很少提及。如果我们不熟悉这些 18 世纪的美学

---

① 原文来自夏夫兹伯里《人的特征、风习、见解和时代》。引自比厄斯利《西方美学简史》157 页。

② ［美］克里斯泰勒《现代艺术体系：美学史研究》，载《思想史杂志》(*Journal of the History of Ideas*)第 13 卷，第 1 期，1952 年 1 月号，第 26 页。

思想，而只是阅读康德的著作，可能会误以为康德的一些思想是凭空而来的。这样，一部美学史就成了几个天才加上一些过渡时期的历史。这种对历史的描绘是不符合实际的。康德除了留下一些已经发表的重要著作以外，还留下了许多未发表的讲稿。这些讲稿表明，他对当时法国、英国和德国学者对美学的论述非常熟悉。[①] 休谟的趣味说、德国理性主义哲学家们的完善说、法国人对艺术概念的思考，为康德美学的形成创造了条件。康德从趣味判断出发，论述了审美判断的无利害性、普遍有效性，研究了共通感的基础，分析了两种崇高，然后又涉及到想象、天才、自然与艺术等等一系列 18 世纪美学建构过程中所碰到的重要问题，将一切都纳入到一个体系之中。不仅如此，他还将人的心理中的知、意、情与哲学上的认识论、伦理学和美学的三分并相对应的思想确立下来，使美学成为哲学中不可缺少的一个组成部分。

康德对美学的最大的贡献，还在于他关于“知解力”与“想象力”这两种官能的“自由的游戏”的论述。这种“知解力”与“想象力”所形成的整一，一般是在对于对象的感知中获得的，从而依赖于对象而存在。所有的认识，都离不开认识什么的问题。在认识论的范围里讨论美学，关于对象存在的意识，似乎是不可缺少的。当我们说美的时候，总是说，什么东西美。某一物在它的类之中，为什么是美的？显然，它是这一类中最优秀的，最完善的。这是我们前面所说过的德国理性主义者的思路。这种思路，用康德的话说，是一种“客观内在的合目的性”。“一个客观内在的合目的性，即完善性，已经很接近于美的谓词了，因此也被那位著名的哲学家看做和美是等同的，但却带有一条附则：如果这完善被含混地思维的话。”[②]在伯纳德英译本中，这句话后面有一条注释，说这里的“著名的哲学家”很可能就是指鲍姆加登，译者在注释中还提到，康德在讲课时用的课本就是鲍姆加登的学生梅耶的

① [美]克里斯泰勒《现代艺术体系：美学史研究》，载《思想史杂志》(*Journal of the History of Ideas*)第 13 卷，第 1 期，1952 年 1 月号，第 42 页。亦参见 O. Schlapp, *Kants Lehre vom Genie und die Entstehung der Kritik der Urteilskraft* (Gottingen, 1901)。

② [德]康德《判断力批判》§ 15。这里的译文参照了邓晓芒译本，人民出版社 2002 年版，第 62 页。邓晓芒将 Judgment of taste 译为“鉴赏判断”，我在引用他的译文时，尽量予以保留。但在论述时，则采用“趣味判断”的译法。对于这种译法上的改变，我在比厄斯利《西方美学简史》一书 186 页注 2 中作了解释。

著作。[①]“美是完善”,在18世纪的德国,这种思路被认为是天经地义的。鲍姆加登的独特之处就在于他提出这是存在于“感性认识”之中的“完善”。这是走出沃尔夫美学的虽然犹豫但却重要的一步。康德早年用梅耶的书作教材而不愿自己写作教材,不仅如此,康德还在《纯粹理性批判》中说鲍姆加登的努力是“白费力气”。[②] 在写作《纯粹理性批判》时,康德对是否建立美学与怎样建立美学也处在犹豫与思考阶段。

《判断力批判》的写作是康德走出这种犹豫的标志。康德提出,“知解力”与“想象力”之间的和谐统一本身具有独立性。康德还提出,趣味判断是主观而感性的,它与快适和善不同,是无利害的。趣味判断不以概念为前提,也就是不以由概念所规定的对象应该是什么的标准而决定。一个对象中各因素之间的和谐本身并不显示其自身指向一种目的,只是当人们在心目中有了该对象应该在某一概念的引导下统一起来的想法时,才有了目的。当这种目的被抽去了以后,剩下的就只是在观照活动中人内心各种官能间的和谐。因此,如果说客观的事物本身各有其自身的目的,从而各有其完善的话,存在于主观观照活动中的和谐是可能的。

这种对美与完善关系的脱离,是康德美学与之前的德国美学的根本区别。康德正是这样来谈论他自己与德国理性主义美学家的区别的。康德认为,“完善”概念与客观的合目的性有关。与此相反,他写道:“既然趣味判断是一个审美判断,即一个基于主观根据之上的判断,它的规定根据不可能是概念,因而也不可能是某种规定了的目的,那么凭美这样一个形式的主观合目的性,对象的完善性就决不能被设想为一种自称是形式的然而却还是客观的合目的性。”[③]

---

① Immanuel Kant, *The Critique of Judgment*, tran. J. H. Bernard (New York: Prometheus Books, 2000), p. 77.

② [德]康德《纯粹理性批判》A21康德自注。中译本请参见邓晓芒译本,人民出版社2004年版,第26页注释2:“惟有德国人目前在用‘Ästhetik’这个词来标志别人叫做鉴赏力批判的东西。这种情况在这里是基于优秀的分析家鲍姆加通所抱有的一种不恰当的愿望,即把美的批判性评判纳入到理性原则之下来,并把这种评判的规则上升为科学。然而这种努力是白费力气。因为所想到的规则或标准按其最高贵的来源都只是经验性的。因此永远也不能用做我们的鉴赏判断所必须遵循的确定的先天法则,毋宁说,鉴赏判断才构成了它们的正确性的真正的试金石。”

③ [德]康德《判断力批判》§15。这里的译文引自邓晓芒译本,第63—64页。

康德认为,完善只是一种善,即使是被“含混地思维”,与善也“没有任何特别的区别”。[①]

莱布尼茨和沃尔夫的“完善”,不过是“善”的同义词而已。善分外在与内在两种,“完善”是一种内在的善。当鲍姆加登说美是“感性认识的完善”,强调“存在于感觉中的完善”,强调用特有的方式来“完善”地显现一对象时,他想在美与善之间作出区分。但这种区分,在康德看来,是远远不够的。审美无利害、无目的,审美快感的形成不依赖于认识对象,而只依赖认识活动本身,这些才是审美的根本属性。将美与善区分开的这决定性的一步,是康德迈出的。盖耶说,鲍姆加登更像是一位摩西,从沃尔夫主义的岸边窥见了新的理论,而不是一位征服了新的美学领地的约书亚。那么,这位约书亚就是康德,他带领人们来到了一个新的美学领地,这是“审美无利害”和“艺术自律”的领地。从他开始,现代美学真正而确定无疑地起源了,或者说,用我们在本文一开始所确定的原则,严格意义上的美学,或被打上引号的“美学”,到这时才真正起源。

在这个意义上,我们可以说,“美学”是从一个人开始的。这个人不是鲍姆加登,不是毕达哥拉斯或柏拉图,也不是夏夫兹伯里、维柯、夏尔·巴图,而是康德。“美学”在18世纪一直处于孕育过程中,《判断力批判》的出版,这个学科,用朱光潜的话说,才“呱呱落地”。

6

一个人、一个事件的历史意义,不仅取决于其本身,还取决于其所产生的影响。一部著作也是如此,不仅取决于它的思想创新性和理论严密性,还取决于以后的人怎么看待它。康德以后,美学出现了一个新的面貌,对美学的讨论有了一个新的基础。康德不仅将此前的一切观点都汇聚到一个焦点之上,而且使此后的一切讨论都处在一个新的平台之上。

《判断力批判》出版不久,就出现了一位忠实而具有创造性的读者,他就是席勒。席勒写道,他的看法“大多是以康德的原则为

---

① [德]康德《判断力批判》§15。这里的译文引自邓晓芒译本,第64页。

依据”[①]，但实际上，他对康德体系作了很大的修正。对于康德来说，美存在于认识活动之中，是知解力与想象力的和谐。从本质上讲，这种理论仍是一种过渡，美不再是所认识到的对象的性质，而成了认识活动本身。因此，康德虽然走出了认识论美学，但他仍将美归结为人的认识官能。这是康德面对种种审美现象，不得不先假设一个抽象的纯粹美，又不得不再附加上许多依存美的原因。

与康德不同，席勒将注意力从人的认识转向了人的行动。他从人的两种状态，即自然的或感性的状态和自由的或理性的状态，开始了他的讨论。自然的状态是人所遇到的必然，人要活着，有着属于感性的生活，受着自然法则的制约。但是，人作为人，有着自身的道德性，这是人的理性所赋予人的自由。两种状态相互间形成了对立。这种对立又表现为植根于人的自然本性之中的感性冲动，与人作为人所具有的形式冲动之间的对立。席勒设想出第三种冲动，即游戏冲动来协调前两种冲动。用他的话说，“应在形式冲动与感性冲动之间有一个集合体，这就是游戏冲动，因为只有实在与形式的统一，偶然与必然的统一，受动与自由的统一，才会使人性的概念完满实现。”[②]

从这里更进一步，席勒提出著名的美是“活的形象”的思想。席勒认为，康德的美学是主观的，康德认为美不是由于对象的性质，而是由于诸认识官能的自由活动，而他的美学是客观的，是作为“活的形象”的对象。但是，这种客观性与那种将美归结为“完善”的理性主义哲学不同。“完善”论者说的是客体本身在自身所属的类中的完美，或者客体起作用时在功能方面的完满。在席勒的“活的形象”概念中，“活的”是指对象的感性特征，而“形象”或“形式”是对象的抽象特征，在生动的对象中具有类的表现，它成为具有游戏冲动的人的对象。由此，在席勒那里，客体成了主体的对象，而主体成了相对于对象的主体。对象与主体的共同变化，使审美活动成为可能。这种“活的形象”既是客观性的，又是相对于主体而言的。席勒对审美以及审美教育寄予很高的希望，认为通过审美，人们可以从自然走向自由，使人和社会都得到改造，并由此建立一个审美乌托邦。[③]

---

① [德]弗里德里希·席勒《审美教育书简》第一封信。中译本请参见冯至、范大灿译，北京大学出版社 1985 年版，第 10 页。

② [德]席勒《审美教育书简》第十五封信。中译本请参见冯至、范大灿译，第 77 页。

③ 高建平《席勒的审美乌托邦及其现代批判》，《陕西师范大学学报》2006 年第 12 期。

自康德和席勒以后，19世纪的欧洲美学，一直笼罩在一些大的哲学体系之下。对于美学界所提到的康德美学，我们也许可以取其狭义和广义。狭义的康德美学，指的是《判断力批判》中所讲的美学，即他对美的四个契机，对两种崇高，以及对趣味、天才等一系列艺术问题的分析。今天，人们在讲康德美学的影响以及今天的美学在走出康德美学时，更多的是讲一种广义的康德美学。这种广义的康德美学，指的是认同“审美无利害”和“艺术自律”，将艺术放在一个形而上学的大体系中来理解，认为美学是哲学三分（认识论、伦理学与美学）中之一，是研究人的知、意、情三种官能中的情的学科。

实际上，对康德体系的冲击，在19世纪出现了多次。费希特的自我设定非我，将康德的主观性哲学向前推进一步。如果说康德只是在说人的认识如何可能的话，从费希特开始，哲学家们重新回到了世界是如何可能的问题上来，只是他们不是从客体，而是从精神上寻找这种可能。在他以后，谢林寻找自然与自我之间的潜在的和谐，而这种和谐最终被归结为“绝对”。在黑格尔那里，精神性的“理念”成了世界存在和发展变化的原因。

在美学上，黑格尔毫不犹豫地将从夏尔·巴图开始发展起来的“美的艺术”的体系认定为既有的事实，并将它们看成是“理念”发展的一个阶段。他的定义“美是理念的感性显现”，表明美与艺术是理念发展旅程的一个阶段。理论最终还是要超越艺术，走向宗教和哲学。

康德与黑格尔在美学上的区别，在一个方面体现得特别突出，那就是关于审美优先还是艺术优先的讨论。我们过去一般都说，康德重自然美，而黑格尔重艺术美。这固然是事实，但换一种说法，也许更符合实际，这就是，对于康德来说，自然和艺术都在激发人的审美快感，都应该同等地成为美学研究的对象；黑格尔则认为，美学应该是艺术哲学，对于他来说，艺术是他的主要研究对象，他也提到了自然的美，但那只是“灌注生气”，只是将自然当做艺术来看而已。

19世纪是一个美学大发展的世纪。人们对这个新生的学科的各种可能性进行探索。总的说来，这个世纪的美学，是从一些大的哲学体系中生长出来的。从康德走出犹豫，将美学构建成为他的哲学体系的一个部分起，19世纪的哲学家们，都把美学看成他们的哲学的一个重要组成部分，在谢林那里，甚至被放到了哲学体系中最高的地位。此后在叔本华和尼采的哲学中，美学都扮演着重要的角色。一些被今人称为美学家的人，都是哲学家。

但是，19 世纪的美学贡献，并不仅限于此。这是一个文学艺术领域发生着翻天覆地的变化，无论是在美学理论，还是在艺术实践领域，都留下了众多的大师、无数的杰作的时代。康德呼唤天才，在他之后，天才果然就成串地出现了。正是由于这些人的努力，“美学”作为一种对无利害的审美经验的研究，被确定下来。也正是由于这些人的努力，“美的艺术”的概念，用大写字母 A 开头的 Art 概念，以及作为一个学科的美学，才确立起来。

7

作为结论，我想再一次重复这一观点，当我们说“美学”时，我们至少是在两种不同意义上说这个词。

一是指广义的美学，它包括从毕达哥拉斯时代到今天，直至将来都会存在的美学。这种美学是对美和艺术进行理论上的反思，或者用比厄斯利的话说，是对艺术进行哲学性的思考。这种美学在许多国家都存在。我们可以在这个意义上讲印度美学、波斯美学、传统日本美学，等等。我们可以说，在中国古代，孔孟、老庄关于美和艺术的论述，后来的文论、诗论、乐论和画论，都是美学。朱光潜、蒋孔阳所说的“美学思想”，叶朗主编的巨著《中国历代美学文库》所指的美学，都是这种意义上的美学。这种对美学概念的使用，并不是鲍姆加登和康德的本意，而是后来的美学史家们加上去的。我们也可以说，确实能找到一条从对美和艺术的反思到完整的美学建构的发展线索，鲍桑葵和比厄斯利就是这么做的。但是，我们同样也可以说，正是后来有了“美学”，人们才开始在过去的思想中寻找类似因素，为这个“美学”建构它形成以前的历史。

当鲍姆加登提出“美学”的概念时，他试图建立某种不再仅仅停留在对美和艺术进行反思意义上的美学。他所要建立的，是某种与感性有关的学问。也就是说，不再是美和艺术的哲学，而是“审美学”或“感性学”。这种“美学”有着其专门的含义。鲍姆加登是一位理性主义者，他所追求的感性独立性，还是有限的。对于他来说，美还是事物本身的完善性与事物存在于感性认识中的完善性的结合。这种思想，正如我们前面所说，仍是一种处在发展和过渡之中的思想。

关于鲍姆加登是否是“美学”的亲父的问题，仍应放在这样一个语境中来思考。除了鲍姆加登之外，其他许多人，也都处在这个过渡之中。我们可以认为，从英国的夏夫兹伯里和哈奇生，到法国的夏尔·巴图和达朗伯，还可包括克罗齐所说的维柯，再到同时代的许多人，都是这一过渡时期中的重要人物。如果说“美学”这个词只是鲍姆加登个人的一个发明的话，那么，这门学科的形成，靠的是众多人的多种研究形成的一个合力。

这种理论上的发展，最终形成了康德美学。康德美学中关于审美无利害，关于知解力与想象力的自由活动，以及关于趣味、崇高、艺术、天才等等的论述，真正为现代美学奠定了基础。在康德美学之后，众多哲学家们都在批判和试图超越康德美学。但是，这些对康德美学的种种批判，恰恰说明了康德美学的生命力。康德美学出现以后，在美学上占据着主导地位的核心思想，是审美无利害和艺术自律。

从18世纪末开始，“美学”作为一个学科得到了确立，19世纪德国哲学上出现的一个接一个的大体系，实际上都起着强化康德美学的一些基本前提的作用。这就是“美学”这个学科的一些基本预设。当我们说“美学”、“审美学”或“感性学”时，它的含义就是如此。在康德美学以后，“美学”是否还存在，还是否名副其实？新的时代出现了新的问题。当“审美无利害”和“艺术自律”的思想被人们批判和超越之后，我们继续使用“美学”一词，就又从它的狭义回到了它的广义。于是，我们一方面可以根据一种历史的视角提出，没有广义的“美学”所准备的条件，就不会有狭义“美学”出现。但是，从学科、术语和概念的形成的角度，我们也可以说，没有狭义的“美学”，就不会出现广义的“美学”。当一位写作“美学”的人开始写作“美学史”的时候，他就完成了一个概念的扩容行为，从过去推及未来。也许，人们可以说：美学死了！美学万岁！这两个口号都是正确的。从事美学研究，而不只是对美学持业余爱好态度的人，从这两个口号并存状态中，所看到的不应是一种浪漫的抒情，而应是一部深刻的概念变迁史。

（作者单位：中国社会科学院文学所）

虚构的悖论及其解决

彭　锋

内容提要　"虚构的悖论"是20世纪后期引起广泛争论的一个美学问题。围绕这个悖论的解决形成了许多相互竞争的主张，其中有代表性的主张有幻觉主义、事实主义、假装理论和思想理论。本文试图在假装理论的基础上运用身心关系理论提出自己的解决办法，并由此得出一个具有普遍性的观点：艺术虚构的一个重要目的，就在于提供身心切换的练习，维持身心之间的平衡。

关键词　虚构的悖论　身心关系　瓦尔顿　博兰尼

1

"虚构的悖论"(paradox of fiction)是20世纪后期引起广泛争论的一个美学问题。这个问题起源于拉德福德(Colin Radford)1975年发表的一篇文章，题为"我们如何为安娜·卡列尼娜的命运所感动"。在这篇文章中，拉德福德第一次明确地提出了我们如何对一个虚构的人物作出真实的情感反应的问题。拉德福德自己设想了六种解决方案，他得出的结论是："我们以某些方式被艺术作品所感动，尽管这对我们来说是非常'自然的'，因而是完全可以理解的，但还是让我们陷入了矛盾和混乱之中。"①因为拉德福德相信："只有我相信在某人身上发生了某些可怕的事情，我才会被他所处的困境所打动。如果我不相信这一点，他没有痛苦或无论其他什么情况，我就不会悲痛或感动得

① Calin Radford, "How Can We Be Moved by the Fate of Anna Karenina?" in Peter Lamarque and Stein H. Olson eds., *Aesthetics and the Philosophy of Art: The Analytic Tradition* (Oxford: Blackwell, 2004), Vol. 3, p. 305.

落泪。"[①]现在的问题是,我们并不相信文艺作品中虚构的人物真的处于困境之中,我们却也通常会被他们感动得流泪。这就是拉德福德所说的欣赏文艺作品给我们心理造成的矛盾和混乱。

在我们对虚构的文艺作品的自然反应中蕴涵着矛盾和混乱,这是虚构的悖论的最早表述。在后来的争论中,虚构的悖论被精炼地表述为下面三个引起矛盾的命题。

1. 读者或观众对于某些他们明知是虚构的对象如虚构的人物产生诸如恐惧、怜悯、欲望、羡慕之类的情感经验。

2. 产生诸如恐惧、怜悯、欲望等等之类的情感经验的一个必要条件,是经验这些情感的人们要相信他们的情感对象是存在的。

3. 读者和观众知道那些对象是虚构的,他们不相信那些对象是存在的。[②]

这三个命题中至少有一个命题是错的,但究竟是哪个命题错了却不那么容易确定,因为如果分别开来看,这三个命题都有可能是对的。正是在这里,不同的美学家提出了不同的看法,于是形成了著名的关于"虚构的悖论"的争论。这里,我先简要地描述这场争论中一些有代表性的观点,然后尝试提出自己的解决办法。

2

解决虚构的悖论的第一种方案是否定命题三是真的,即读者和观众在对文艺作品的虚构人物作出相应的情感反应的时候,并不知道这些人物是虚构的,而是相信他们是真实存在的。

比如,在演出《白毛女》的时候,就有愤怒的战士朝扮演黄世仁的演员开枪;在演出《哈姆雷特》的时候,就有激动的英国老太太从座位

---

① Calin Radford, "How Can We Be Moved by the Fate of Anna Karenina?" p. 300.

② Peter Lamarque, "Fiction", in Jerrold Levinson ed., *The Oxford Hand book of Aesthetics* (Oxford: Oxford University Press, 2003), p. 386.

上站起来，提醒扮演哈姆雷特的演员，对手的剑上有毒。这就是朱光潜所说的“分享者”(participant)。“这一班人看戏最起劲，所得的快感也最大。但是这种快感往往不是美感，因为他们不能把艺术当做艺术看，艺术和他们的实际人生之间简直没有距离，他们的态度还是实用的或伦理的。”[①]由于分享者“不能把艺术当做艺术看”，因此他们也就不能把艺术中虚构的人物当做虚构的人物来看，而是当做真实存在的人物来看，由此他们对文艺作品中的人物产生真实的情感反应就是不矛盾的了。

在欣赏虚构的文艺作品时，我们有时候的确分不清对象是虚构的还是真实的，我们至少是“部分地相信”(half-believe)虚构的人物和事件是真实存在的，或者借用 S. T. 柯尔律治(S. T. Coleridge)的术语来说，我们悬置了对虚构对象的真实性的怀疑。“构成对诗歌忠诚(poetic faith)的东西，就是自愿地暂时悬置怀疑。”[②]

我们可以适当地将这种看法称之为幻觉主义(illusionism)。

幻觉主义者主张，虚构的文艺作品能够让欣赏者产生幻觉，将虚构的东西当做真实存在的东西。对虚构的文艺作品的欣赏经验，的确有幻觉经验的部分，但不全是幻觉经验，甚至最好应该避免幻觉经验，否则文学艺术跟魔术之类的幻术就没什么区别。尤其是自从现代美学将无利害的静观(disinterested contemplation)视为典型的审美方式之后，没有多少人再相信这种幻觉主义。人们更倾向于将审美经验视为“旁观者”的经验。因此，朱光潜说：“真正能欣赏戏的人大半是冷静的旁观者，看一部戏和看一幅画一样，能总观全局，细察各部，衡量各部的关联，分析人物的情理。”[③]旁观者始终知道自己在看戏，知道舞台只是舞台而不是真实世界，知道演员只是演员而不是真实人物。尤其在欣赏悲剧的时候更是如此。如果我们以为舞台上的那些杀人犯和叛国贼都是真的，就根本不可能产生任何审美快感。幻觉主义的弱点是显而易见的。

还有一种比幻觉主义更精致的看法，也是通过否定命题三来解决虚构的悖论，那就是罗伯特·J. 亚奈尔(Robert J. Yanal)所说的“事

---

① 朱光潜《文艺心理学》，安徽教育出版社 1996 年版，第 53 页。

② S. T. Coleridge, *Biographia Literaria*, ed. J. Shawcross (Oxford: The Clarendon Press, 1907), vol. 1, p. 6.

③ 朱光潜《文艺心理学》，安徽教育出版社 1996 年版，第 53 页。

实主义"(*factualism*)。[①]

根据事实主义者的主张,《白毛女》中的黄世仁是虚构的,但是黄世仁这个人物形象所意指的那一类人在现实生活中是真实存在的,我们在看《白毛女》时对黄世仁的憎恨,不是针对那个虚构的黄世仁,而是针对现实生活中许许多多真实存在的"黄世仁"。比如,持这种观点的皮特·麦考密克(Peter McCormick)就认为,虚构的作品在隐喻上意指一个语言之外的领域,这个领域"超出了语言上封闭的和由语言书写的文本世界"。[②]

同样是对第三个命题的否定,事实主义者与幻觉主义者不同,事实主义者并不像幻觉主义者那样,认为文学艺术作品中的虚构人物和事件是真的,而是认为虚构的人物和事件所隐含的意义是真的。我们在欣赏虚构的文学艺术作品时,与我们的情感反应相应的对象,表面上看起来是虚构的人物和事件,实际上是虚构的人物和事件所意指的真实的人物和事件,这里并没有什么矛盾和混乱。

但是,如同幻觉主义者的看法一样,事实主义者的看法也只是部分地符合我们的审美经验。的确,我们在观看《白毛女》的时候,会从黄世仁这个人物身上看到我们现实生活中的某个恶人,我们对黄世仁的愤怒实际上是对我们现实生活中的某个恶人的愤怒。但这种情况并不经常出现,而且我们应该避免出现诸如此类的情况,否则我们就离开了文艺作品而进入了自己的回忆之中,我们欣赏的就不是文艺作品。一句话,我们走神了。

另外还有一种情况是事实主义者很难处理的。文艺作品中一些虚构的人物和事件在现实生活中根本就不会有相应的真实存在,因此不可能有某种真实的存在与我们的情感反应相对应。比如,一些文学艺术中塑造了吸血鬼的形象,而一般人都不会认为真的存在着吸血鬼。我们对文学艺术作品中虚构的吸血鬼的情感反应,就是对虚构对象的情感反应。文学艺术中这种虚构的形象比比皆是,《西游记》中的绝大部分形象都属于这种类型。

---

① 亚奈尔关于"虚构的悖论"的争论中的各种观点的概述,见 Robert J. Yanal, "The Paradox of Emotion and Fiction", in Peter Lamarque and Stein H. Olson eds., *Aesthetics and the Philosophy of Art: The Analytic Tradition*, Vol. 3, pp. 317—338.

② Peter McCormick, "Real Fictions", *The Journal of Aesthetics and Art Criticism*, 46 (1987), p. 263.

如果说虚构对象可以引起我们真实的情感反应，那么命题三就是成立的，不成立的就有可能是命题一或命题二。

3

在有关虚构的悖论的争论中发展起来的一个具有广泛影响的理论，就是瓦尔顿(Kendall L. Walton)的假装(make-believe)理论。瓦尔顿明确反对命题一。在瓦尔顿看来，我们对文艺作品中的虚构对象的情感反应不是真实的，而是假装的。瓦尔顿以查尔斯(Charles)观看一部关于绿色黏怪(Green Slime)的恐怖影片为例，对此作了详细的说明。

> 查尔斯正在观看一部关于可怕的绿色黏怪的电影。当黏怪缓慢而无情地在地面蔓延，所经之地一切都被毁坏的时候，他吓得在座位上缩成一团。很快，一个油腻腻的头从一大块波动的黏状物中凸起，两只泡状眼珠紧盯着镜头。黏怪加快速度，开出一条新路笔直朝观众蔓延而来。查尔斯发出一声尖叫，拼命地抓住他的座椅。事后仍然浑身发抖，他承认他被黏怪“吓着”了。①

尽管查尔斯承认他被黏怪“吓着”了，但他真的害怕黏怪吗？瓦尔顿的回答是否定的，否则的话查尔斯就会迅速逃离现场，寻找一个安全的地方。尽管查尔斯吓得浑身发抖，但他并没有逃离现场，这表明他的害怕不是真的害怕，而是一种“类似的害怕”(quasi-fear)。与此相似，我们对安娜的同情也不是一种真正的同情，而是一种“类似的同情”(quasi-pity)。这种类似的情感反应与真实的情感反应在现象上具有许多相似性，但它们是两种性质不同的情感反应。类似的情感反应是假装的情感反应。查尔斯“经验到一种类似的害怕，这是他认识到黏怪只是虚拟地对他造成威胁的结果。这就

---

① Kendall L. Walton, *Mimesis as Make-Believe* (Cambridge: Harvard University Press, 1990), p. 196.

使得这一点成为虚构的:查尔斯的类似害怕是由黏怪具有威胁这个信念引起的,因而他害怕黏怪”[①]。

亚奈尔将瓦尔顿的这种看法称之为虚构主义(fictionalism)。根据这种虚构主义的看法,我们在欣赏文艺作品时,不仅知道那些人物和事件是虚构的,而且知道我们自己的情感也是虚构的或假装的。我们假装对虚构的对象产生情感反应,因此我们产生的只是类似的情感反应而不是真实的情感反应。瓦尔顿认为,任何真实的情感反应都必须建立在相信对象存在的基础上,并且会伴随采取相应的行动,比如因恐惧而逃跑。类似的情感反应就无需这种信仰,同时不会伴随采取相应的行动。但是,如果仅从现象上来讲,真实的情感反应与类似的情感反应之间并没有多大的差别,有差别的只是之前的原因(相信对象真实存在)和之后的结果(采取相应的行动)。尽管瓦尔顿的这种理论似乎赢得了大多数人的赞同,但它也有一个致命的弱点,那就是对这种类似的情感反应的产生机制缺乏清楚的说明,进而无法从情感本身的角度将真实的情感反应与类似的情感反应区别开来。

4

对于瓦尔顿来说,有个问题是致命的。既然我们明知文学艺术作品中虚构的人物和事件是假的,我们产生的情感反应也不是真正的情感反应,那么它们二者之间就不应该有必然的因果关系。然而,事实上并非如此。我们对真正的恐怖事件产生真正的恐惧,对虚构的恐怖事件产生“类似的恐惧”,但不管怎么说,这二者都是恐惧。如果虚构的事件与我们的情感反应之间没有必然的因果关系,为什么我们不对虚构的恐怖事件产生“类似的安全感”? 事实上,瓦尔顿自己也意识到了这个问题,但他认为这个问题与他的假装理论并没有直接的关系。[②] 但是,事实上这是一个至关紧要的问题。在一些美学家看来,虚构中的恐怖之所以引起类似的恐惧而不是其

① Kendall L. Walton, *Mimesis as Make-Believe*, p. 245.

② Kendall L. Walton, *Mimesis as Make-Believe*, p. 245, fn. 2.

他情感反应,原因在于虚构中的恐怖跟真实生活中的恐怖没有多大的区别。正如莫恩斯(H. O. Mounce)分析的那样,"如果真实生活中的A引起了B反应,那么,在正常情况下,作为A的再现的A^1也可以引起B反应,或者至少引起一种在许多方面与B难以分辨的反应。为什么会出现如此情况?这显然是因为A^1在许多方面就像A"①。对于这个问题的重视,引发了对虚构的悖论的另一种解决途径,即所谓的现实主义(realism)②或"思想理论"(Thought Theory)。

总体来说,"思想理论"反对命题二,认为我们的情感反应并不需要建立在相信对象的真实存在的基础上,一种生动的想象也可以引发相应的情感反应。正如莫利尔(John Morreal)所说:"对于我们对某个境遇的情感反应来说,重要的不是我们是否相信这个境遇的存在,而是这个境遇如何生动地、有吸引力地呈现给我们的意识,无论是在知觉、记忆之中,还是在想象之中。"③也就是说,我们的情感反应的关键,在于对象是如何呈现给我们的意识,而不在于对象本身是否真实存在。想象一种恐怖情景也会感到害怕,如果这种情景被想象得惟妙惟肖。恶梦醒来之后仍然心有余悸,这是因为恐怖情景还留在我们的记忆中,而不是因为我们真的相信梦中的情景是真的。

"思想理论"仔细区分了由某物引起的恐惧(by)和对某物的恐惧(of)。④ 我们想象吸血鬼产生的恐惧,是由我们的想象和思想引起的,并不是对我们的想象和思想的恐惧。我们的想象和思想本身并不恐怖,经由想象和思想引起的恐惧还是对吸血鬼的恐惧。对某物的恐惧指的是恐惧内容上的区别,比如对吸血鬼的恐惧不同于对黑蜘蛛的恐惧。由于恐惧是经由思想引起的,因此无需相信对象的真实存在;由于恐惧不是对思想的恐惧而是对某物的恐惧,因此无需宣称经由思想引起的恐惧与真实事物引起的恐惧之间可能会存在什么不同。

---

① H. O. Mounce, "Art and Real Life", *Philosophy*, 55 (1980), p. 188.

② Robert J. Yanal, *The Paradox of Emotion and Fiction*, pp. 332—336.

③ John Morreall, "Enjoying Negative Emotions in Fiction", *Philosophy and Literature*, 9 (1965), p. 100.

④ Peter Lamarque, *Fiction*, p. 388.

5

“思想理论”得到了许多美学家的支持，但是我不认为它对虚构的悖论的解决是成功的。如果对经由思想引起的恐惧与真实事物引起的恐惧之间没有差异，那么就会碰到一个更加棘手的问题：人们为什么愿意去看悲剧，为什么能够承受悲剧中的苦难而无法承受生活中的苦难？正如卡西尔所说：“如果在现实生活中我们不得不承受索福克勒斯的《俄底浦斯王》或莎士比亚的《李尔王》中的所有感情的话，那我们简直就难免于休克和因紧张过度而精神崩溃了。但是艺术把所有这些痛苦和凌辱、残忍与暴行都转化为一种自我解放的手段，从而给了我们一种用任何其他方式都不可能得到的内在自由。”[①]卡西尔这里的观点符合一般人对悲剧美感的认识，这就表明悲剧虚构的苦难不同于真实的苦难，我们对它们的情感反应也会有所不同。还是让我们采用莫恩斯的那个公式化的表达：真实生活中的 A 引起了 B 反应，那么，在正常情况下，作为 A 的再现的 A^1 不可能引起 B 反应，因为 A^1 毕竟不是 A。作为 A 的再现的 A^1 只能引起一种与 B 类似的反应 B^1。这样我们就回到了瓦尔顿的假装理论。我认为瓦尔顿的理论是正确的，只不过他没有对虚构的对象如何引起类似的情感反应作出有效的说明。

这里，我尝试运用博兰尼(Michael Polanyi)的身心关系理论来替瓦尔顿说明虚构的对象是如何引起类似的情感反应的。博兰尼区分了两种意识，即集中意识(focal awareness)和辅助意识(subsidiary awareness)。用博兰尼自己的例子来说，当我将手指指向墙壁并喊道：“看这!”所有眼睛都从我的手指移开，转向墙壁。你清楚地注意到我指着的手指，但只是为了看别的东西；也就是说，看我的手指指过去的那一点。这里我们有两种意识事物的方式。一种方式是对墙壁的意识，一种方式是对手指的意识。其中对手指的意识方式非常特殊，指着的手指似乎并没有被看着，但这不是说那指着的手指正试图使人忽视它的存在。它想要被看见，但是被看见仅仅是为了被跟从而不是

① [美]卡西尔《人论》，甘阳译，上海译文出版社 1985 年版，第 190 页。

为了被检验。这里，对墙壁的意识就是集中意识，对指着的手指的意识就是辅助意识。由辅助意识到集中意识之间的过渡是默识地进行的。

博兰尼进一步指出，集中意识是由心灵执行的，辅助意识是由身体执行的。由心灵发出的集中意识是“对”(to)对象的意识，由身体发出的辅助意识是“从”(from)对象和身体的意识。因为在后一种情况下，对象已经变成了身体的一部分，从对象的意识实际上就是从身体的意识，也可以称之为“寓居”(indwelling)或“内化”(interiorization)的意识。这种辅助意识所得到的是事物的存在性意义(existential meaning)，是非名言知识(inarticulate knowledge)；与之相对，集中意识所得到的是指示性或表象性意义(denotative，representative meaning)，是名言知识(articulate knowledge)。博兰尼所说的默识知识或默识认识就建立在这种辅助意识的基础上。①

博兰尼的这种默识理论跟虚构的悖论有何关系？在将默识理论运用于虚构的悖论的解决之前，让我们先看看博兰尼自己的一个相关运用。博兰尼曾经用他的理论对波佐(Andrea Pozzo)在罗马圣依纳爵(St. Ignazio)大教堂的拱顶上画的那幅神奇的天顶画作出了令人信服的解释。这幅绘画要求观察者必须站在耳堂(aisle)中间才能看见正常的画面。如果观察者从中间位置哪怕移开数码距离，画面上的圆柱看上去就弯曲了，且斜着倒向教堂的建筑物。如果观察者绕着耳堂中心走，画面上的圆柱也绕着移动，总是从他所处的位置向外倒下去。

表面看来，这里似乎没有什么可以引起争议的问题，因为波佐绘画所展示的正是人们熟知的西方绘画中神奇的透视效果，波佐本人也正是这样来解释他的作品的。但问题似乎并不是这么简单。因为当我们偏离透视轴来看一幅正常的用透视法绘制的绘画时，并没有产生这种神奇的效果。我们在博物馆里经常从很大的角度斜着看一幅画，画面也并没有被严重扭曲。因此，波佐绘画所显示的透视效果似乎并不同于一般的西方绘画。现在的问题是：尽管一般的西方绘画也运用了透视技法，但为什么偏离透视轴来观看时不会产生被严重扭曲的效

---

① Michael Polanyi，“The Body-Mind Relation”，in *Science*，*Economics and Philosophy*：*Selected Papers of Michael Polanyi*，Edited with an introduction by R. T. Allen (New Brunswick and London：Transaction Publishers，1997)，pp. 313—328.

果？一般的西方绘画同波佐这幅天顶画之间究竟有什么区别？

博兰尼的解释是：一般的采用透视法绘制的绘画之所以在偏离透视轴观看时不会产生严重扭曲的效果，原因在于欣赏者在观看绘画时始终附带地意识到画布平面的存在，透视的深度效果得到了画布平面效果的综合，从而避免了在斜看时产生被严重扭曲的效果；波佐这幅天顶画之所以在斜看时会产生被严重扭曲的效果，原因在于画中具有的欺骗性，使观看者不能附带地意识到画布平面的存在，从而不能抵制偏离透视轴观看时所产生的扭曲。

根据博兰尼的理论，我们至少有三种观看绘画的方式：1. 集中意识到图像而没有附带意识到画布上的色块和笔迹；2. 集中意识到画布上的色块和笔迹而没有集中意识到图像；3. 集中意识到图像并附带地意识到画布上的色块和笔迹。在第一种观看中，我们只看见自然对象，因此不妨称之为自然观看；在第二种观看中，我们只看见人工痕迹，因此不妨称之为人工观看；只有在第三种观看中，我们才真正看见介于自然图像与人工痕迹之间的真正的绘画，因此不妨称之为艺术观看。博兰尼的结论是：绘画乃至所有的艺术形式，都是在创造介于自然与人工之间的、既不同于自然世界也不同于人工世界的艺术世界。①

在我们对博兰尼的默识理论及其在美学领域中的运用有了大致的了解之后，可以用它来解决虚构的悖论了。如同看见正常的画面需要集中意识和辅助意识的合作一样，解决虚构的悖论也需要两种意识的合作。虚构的对象引起类似的情感反应的关键在于，我们在用集中意识意识到它是真的的同时，始终能够用附带意识意识到它是假的，从而产生一种半真半假的效果，产生一种类似情感。半真半假的吸血鬼既不会产生真正的恐惧，也不会不产生恐惧，而是产生一种类似恐惧，或者半真半假的恐惧。这样我们就成功地解决了瓦尔顿假装理论中一个难题：类似情感的产生机制问题，进而比较彻底地解决了虚构的悖论问题。由于没有发现我们可以有两种意识在同时起作用，以往的所有虚构的悖论的解决方案都不能成功地解释我们对虚构对象的反应——如何在不同于对真实对象的反应的同时又类似于对真实对象的反应，就像以往所有绘画理论家都无法成功地解释波佐的作品所

① Michael Polanyi, "What is a Painting?" in *Science, Economics and Philosophy: Selected Papers of Michael Polanyi*, pp. 351—358.

产生的神奇效果一样。

最后，让我们再做一点一般性的推广工作。根据上面的阐述，作为虚构的文艺作品既不能太真，也不能太假。太真就容易产生幻觉，无法让辅助意识意识到它是虚构的故事；太假就不容易入戏，无法让集中意识意识到它是故事而不是其他别的东西。借用齐白石的话来说，艺术贵在似与不似之间。但是，对于我们为什么需要虚构，为什么需要似与不似之间的艺术，至今没有人能够从根本上予以解释。如果参照博兰尼的身心关系理论，我们可以说艺术的目的就在于维持集中意识与辅助意识之间的和谐，进而维持身心之间的动态平衡。对艺术的审美欣赏实际上是一种身心协调训练，这种训练有助于我们摆脱各种习惯和定式的束缚，更加灵活机动地对面前的事物作出反应。

（作者单位：北京大学美学与美育研究中心、哲学系）

表象与实质

——荷马史诗里人物认知观的哲学暨美学解读(上)

陈中梅

内容提要 史诗人物以貌取人。评价人的优劣,外表是重要的参考。然而,他们也意识到外表并非必然是实质的真实写照。男人的美德首先是刚勇(alkē),是雄健、豪迈的英雄气质以及与之相关的作战效果。史诗人物的审美观注重表象,却也不受长相的局限,涉及评判的深层。除了外表和战力,英雄们可以引以为自豪的还有心灵的活力,众多的“心”词中有 phrēn、noos 和 noēma 的思考能量。史诗人物对“心”和“思”的重视,为后世希腊哲学的产生和拓展奠定了坚实的基础。文学作品中蕴涵丰富的容易被后世哲学家们忽略的深邃哲智。人死后,精魂(psuchē)飘离躯体,鲜活的生命于是陨灭,不再通过轮回复生。荷马的心魂观在一些重要的方面与后世的奥耳甫斯以及柏拉图的灵魂学说迥然不同。在荷马和史诗人物看来,“本人”(autos)才是实体,而“影像”(edōlon)晦暗、虚缈,既不具备活人的健美,也因为失去了心智而不再拥有思力,通常无法进行体现睿智(这也是一种美)的思考。战争不仅消灭人的肉体,而且夺杀年轻勇士的生命,终止他们的社会实践和价值追求,摧毁他们的本真。

关键词 美 外表 实质 心灵 心智 实体 虚影 “本人”

荷马是诗人,也是一位求知欲旺盛、知识面广博的希腊先哲。我们常说文学是哲学的摇篮,用这句话来形容荷马史诗一点也不为过。哲学有理由感恩文学,这不是勒索,而是一种公正。然而,最早的哲学家们中的一些人却不是这么看的。前苏格拉底哲学家中有人(比如毕达哥拉斯、色诺芬尼和赫拉克利特)狠批荷马,而柏拉图则更是毫不留情,扬言要把他的诗歌扫地出门,把唱诵他史诗的诗人逐出城邦。然而,柏拉图没有,也不会愿意从正面明晰地看到,荷马有着粗朴但有时却不失深邃的哲学智慧,有着广泛而细腻的审美情趣,他对表象与实质的认识,在许多方面实际上已经以他的方式牢固地树立了被那些过火批评他的哲人们所完全忽略了的"榜样"。哲学家们假设他们的贡献是横空出世,尽管如此的自命不凡事实上既不公允,也不能正当体现思想与学术发展的循序渐进以及深层次里的顺向继承。哲学当然有必要顺应时代的潮流,用它的代表科学和理性精神的逻各斯(logos, λόγος)否定充斥着神话和反经验叙事的秘索思(mythos, μῦθος)。但是,哲学的"革命"不应是一种彻底的"打倒",更不应对秘索思本身所包含的哲理和强劲的分析能力视而不见,试图完全割裂传统,把洗澡水和澡盆里的婴儿一起倒掉是愚蠢的。必须指出的是,荷马不仅只是在进行构建基础的工作。他在客观上为后世思辨哲学的萌发提供基础的同时,也在以他的更加贴近文学本真的方式努力开掘着自己的思力,独立地(晚出的哲学没有为他提供任何帮助)从事着自己的探索,强势而又不失深刻地进行着卓有成效的思考。本文试图依循一种创新的思路,旨在揭示并多角度研析希腊思想沉淀于史诗中的"原初"状态。为了便于叙事,我们拟总体上把实施认知的主体设定为史诗里的人物,通过对人物认知观的剖析,考量《荷马史诗》所丰厚蓄含的哲学和美学意蕴,客观展示后世思辨哲学经常倾向于忽略的与之在深层次里实际存在着的或正或反的"递接"。囿于篇幅,我们只打算把研究的焦点对准史诗人物对人的认识,亦即他们对人的表象与实质的分辨。

一、以貌取人

史诗人物重视表象。表象既是他们生活的世界,也是认知的起点,既是他们审美的对象,也是体现价值取向的平台。史诗人物的表象观里还包含我们认为不存在的事物,给神的活动开辟了广阔的空间。在史诗里,王者或高贵者有与他们的身份相配称的容貌[①]。人物自己这样认为,也知道或期待着别人(会)择用同样的认知取向。王者或英雄应该仪表堂堂,气宇轩昂,与众不同。王者应该高大(希腊人相信高大即美),这一点没有问题,所以荷马史诗里没有既不俊美,又不高大的为王之人。但是,王者也不是越高大地位越显赫,他们的气派不与"高"成正比。忒拉蒙之子埃阿斯是所有英雄中最高大者,但《伊利亚特》里最俊美的英雄却是阿基琉斯[②]。普里阿摩斯不知阿开亚联军队列里的"那位强健、硕壮的阿开亚人是谁",却能凭借他的气质和豪阔的派头推测"此君当是一位王公"(basilēi gar andri eoike),尽管军阵里有人比他"高出一头"[③]。普里阿摩斯的判断正确。海伦告诉他,此人是阿伽门农,阿开亚联军的统帅[④]。为王之人自然应有一种平头百姓所不具备的王者之相。阿伽门农不是最高大的,而与他相比,奥德修斯还要矮上一头[⑤]。但是,奥德修斯有更为宽厚的肩胸[⑥],同样具备王者的威仪,虽然与比他高大魁梧的墨奈劳斯并肩站立时,似乎稍显逊色,但当二人入座后,奥德修斯却更具王者(或高贵者)的气度[⑦]。具备如此堂堂的相貌,特洛伊人即便不知奥德修斯的身份,大概也能猜出他是一位王者,尽管在许多具体的上下文里,他们应该确知对方是谁,不存在需要"发现"(真实)身份的问题。诗人认定并赞美王者和富人的高贵,肯定身份与气质的雍贵在审美和辨识中的作用,他假设史诗人物和史诗的听众都会接受高贵等于俊美的价值

① 荷马史诗里有两个表示"王者"的词汇,一个是 anax (ἄναξ),另一个是 basileus (βασιλεύς)。王者或高贵者应有为王之人的外表(eidos)和体型(demas)。牛倌菲洛伊提俄斯称奥德修斯的长相像似(eoike)"为王的权贵"(basilēi anakti,《奥德赛》(以下简称《奥》)20.194)。王者当然都是英雄(hērōes),是"神一样的"人中豪杰。

② 《奥》11.550—551。这里指的是参加特洛伊战争的英雄们。史诗里不乏长得极其俊美的男子。参考 11.308—310,8.176—177,《伊利亚特》(以下简称《伊》)20.232—235。特洛伊老王(anax)普里阿摩斯由衷赞美阿基琉斯的长相:"何其高大、俊美,看来像似神明。"(24.629—630)

③ 《伊》3.166—170。

④ 《伊》3.178—179。关于联军统帅阿伽门农的雄奇长相,参见 2.477—481。诗人突出了他的高大(2.482—483,比较 18.516—519,《奥》6.107—109)。特洛伊主将赫克托耳的身材也十分魁梧,修饰他的常见用词之一便是"高大的"(megas,《伊》6.263)。双方的英雄豪杰全都长相俊美——读者或许已经看出来了,这里有诗人中性的释事取向。

⑤ 《伊》3.193。

⑥ 《伊》3.194。

⑦ 《伊》3.210—211。

评判取向，也把这看做是众神愿意认同的观点。在不需要“丑化”的场境里，神会乐于幻取俊男的模样与凡人交往。受宙斯嘱令，赫耳墨斯有意把普里阿摩斯引至阿基琉斯的营棚。他变成一位高贵的年轻人的模样，“留着头茬的胡子，正是风华最茂的人生”[①]，走近普里阿摩斯的马车。奥德修斯抵达伊萨卡后，雅典娜意欲帮忙。她变成一位年轻牧羊人的形貌，“一个雅致的小伙，像那王家子弟”(hoioi te anaktōn paides)[②]，接受奥德修斯的咨询。在人间，王者的长相是美的典范，不仅普通人乐于趋同，连莅临人间的神明也愿意袭取他们的模样。对于王者和贵族，美的极致是“像神”[③]，而对于一般人而言，能够美得“像那王家子弟”，或许已是最高(通常是不敢奢望的)褒奖。

王者的长相出类拔萃，既体现在外貌的俊美，也因高贵的气质使然。王者应该俊美，且要美得各有特色，不能千人一面。阿伽门农的眼睛和头颅给人留下印象，他的胸脯和肩膀的宽厚也应该非同一般。[④]墨奈劳斯和帕里斯的发绺或许美得各具特色[⑤]，而与之相比，经过雅典娜的美饰，奥德修斯头发和鬓须的颜色深沉，闪烁着黑亮的光泽。[⑥] 然而，王者之美的差异不应是“无限”的，否则人们将很难就他们的容貌作出判断，称其具备王者之相。为王之人或英雄豪杰们的容貌不尽相同，应该说也不会雷同，但他们必定具备某种共性，拥有高贵者的容貌气质，使人能够透过表象的差异，感受到他们作为人中英杰的俊美，惊诧他们不同于芸芸众生的非凡气派。奈斯托耳光荣的儿子(aglaos huios)裴西斯特拉托斯陪同英雄(hērōs，ἥρως)忒勒马科斯[⑦]抵达拉凯代蒙墨奈劳斯的宫殿。墨奈劳斯初见他俩，虽未确定身份，却已体察到他们身上的那种属于王家子弟的气宇轩昂。他从二位王子的外观

---

① 《伊》24.347—348。

② 《奥》13.221—223。奥德修斯似乎没有认出这位“王家子弟”即为雅典娜。参考13.299—301。

③ 比如，参考忒勒马科斯的英姿(《奥》2.1—5，比较 20.124—126)。奥德修斯亦有神一样的长相(8.14)。比较他的父亲、老王(参考 24.378)莱耳忒斯的王者之相(24.253)。奥德修斯家族将在伊萨卡世代为王(16.533—534)。

④ 《伊》2.478—479。阿伽门农是军中超一流的枪手(23.890—891)，他的一个常见饰词是“强有力的”(比如 1.130、285 等处)。

⑤ 比较《伊》4.183 和 3.54。

⑥ 参考《奥》16.175—176。奥德修斯的头发本色似为棕黄(13.399、431)。

⑦ 《奥》4.21。hērōs(复数 hērōes)可作“豪杰”、“壮士”解，显然是一个尊称。在 4.312 里，英雄(4.423)墨奈劳斯亦称忒勒马科斯为 hērōs。

上看到了双方父母的亲种(genos),认为他俩应是宙斯养育的手握权杖的王者的后代(genos este diotrepheōn basileōn)——“卑劣之人(kakoi)不会有像你们这样的儿男”[①]。王家的气度和风范可以传代。相似可以体现在气质上,也可以程度不等地体现在具体的长相上,其最大限度的“外化”可以接近于(或就是)酷似。如果说刚见面时墨奈劳斯只是注意到来者的王者“类别”,即他俩属于王家子弟一类的人物,那么稍后他的观察视角收缩,趋于具体,看出了忒勒马科斯与“某一位”王者,亦即奥德修斯长相上的相似(他认为忒勒马科斯的谈吐也像奥德修斯)。奥德修斯的亲种(genos)“容易辨识”[②],而墨奈劳斯和海伦也确实主要凭借忒勒马科斯的长相,便不无把握地猜出对方乃奥德修斯之子[③]。其实,在此之前,奈斯托耳已作过类似的判断[④],而最早提及此事的是女神雅典娜。她称忒勒马科斯长得高大,想必是奥德修斯的儿男(pais eis Oduseōs),“你的头脸出奇地像他,还有英武的眉眼”[⑤]。神和人都认为忒勒马科斯像奥德修斯,看来这一点应该是个不争的事实。奥德修斯的王者之相不仅一般地传代到了忒勒马科斯身上[⑥],而且还非常具体地在儿子的长相上实现了“克隆”。然而,酷似奥德修斯的儿子却未能在其后与“陌生人”见面时据此辨识(并发现)父亲,仿佛这不是识人的一个重要依据。此举多少让人感到纳闷。除了忒勒马科斯的年轻(但奥德修斯也未作相关的提示助识)[⑦]和当时情况的复杂,场景和情节的需要恐怕是诗人不让奥德修斯父子注意对方长相相似的主要原因。

史诗人物注重外表,评价人的优劣,外表是(他们)少不了的参考。俊美的相貌和体面的外表象征身份、地位,有助于提高当事人的威望和感召力,能为他们赢得别人的仰慕和尊重,提高办事效率。俊美的外表大概还会增强人的自信心,这一点诗人没有明说,但我们却可以

---

① 《奥》4.62—64。参考18.217—219。

② 《奥》4.207。

③ 《奥》4.137—150。

④ 《奥》3.123—125。

⑤ 《奥》1.207—208。

⑥ 参考《奥》2.1—5。参阅18.217以下。但裴奈罗佩没有说忒勒马科斯像奥德修斯。她似乎也不认为儿子已“继承”了老子聪达的心智(参考8.220—225)。裴奈罗佩或许言过其实。比较奈斯托耳的见解(3.124—125)。

⑦ 参阅《奥》16.166以下。欧迈俄斯亦未注意到二位主子长相上的相似。

从他的某些叙事里间接地体察、感悟到“俊美”(与否)也影响心理,远非一个狭隘的美学命题。① 应雅典娜的嘱令,忒勒马科斯决定召聚民众集会。当黎明到来,年轻的王子披挂完毕,迈步出门,模样像似神明(theōi enalinkios antēn)。② 应该说忒勒马科斯其时的模样已相当俊美,但雅典娜却似乎还是放心不下,当他走向会场之时,给他抹上迷人的风采,致使全体与会者们(pantes alloi)全都惊慕他的长相。③ 雅典娜深知人物公众形象的重要。法伊阿基亚国王阿尔基努斯举行集会,意欲探察奥德修斯。雅典娜幻取使者的模样,对人们说话,要他们弄清陌生人(即奥德修斯)的身份,声称后者的“体型像似神明”(demas athanatoisin homoios)。④ 像对待忒勒马科斯一样,女神惟恐奥德修斯的外表不能取悦于人,不能给法伊阿基亚公众留下美好的印象,所以还是运发神功,美饰他的长相,从而保证使他赢得全体法伊阿基亚人的爱戴,经受住各种考验,使他们惊畏、崇仰。⑤ 有一点值得注意。在上述两例里,忒勒马科斯和奥德修斯原本已有“神一样的”形貌,但雅典娜还是决意为他俩增美,这似乎暗示“神一样的”形貌(有时)还不是人之相貌的至佳,还可以接受美饰,在美的程度上更上一层楼。诗人没有说经过如此美饰的相貌应该像什么。⑥ 此外,还有一点值得一提,那就是诗人似乎不认为,至少是没有告诉我们经过如此增美的相貌是否已达到美的极致,美的极致是否是一种概念(或概念化的完美)? 诗人大概没有想得这么多。但是,有一点他应该是知道的,那就是在人的俊美之上还有神的俊美,奥德修斯和忒勒马科斯再美也比不上宙斯和阿波罗。⑦

雅典娜增美奥德修斯父子的行为,使原本就长相出众的他俩又增

---

① 参考奥德修斯的“害臊”(《奥》6.221—222)。稍后,雅典娜美饰了他的外表,使姑娘“惊慕他的长相”(6.235—237,参考 244—245)。参阅 8.17—23。

② 《奥》2.5。比较墨奈劳斯的英姿(4.306—310)。4.310 同 2.5。

③ 《奥》2.12—13。史诗人物对“美”的感觉敏锐,美的事物能使他们“惊讶”(《伊》24.629—632,《奥》4.69—75)。

④ 《奥》8.12—14。

⑤ 《奥》8.18—22。

⑥ 或许也只能像神。人不可能比奥林波斯山上的神俊美(阿基琉斯再美也不可能超过阿波罗)。但是,人或许可在某一点(或几点)上不比神明逊色。比如,匠神赫法伊斯托斯瘸腿,就这一点而言,他的“长相”就应该不如人间的英雄们。

⑦ 参考奥德修斯的实话实说(《奥》5.216—218),基耳刻还远不是最美的女神。

添了几分英俊,使他们在各自所处的场境里赢得了与会者更多的尊重。民众惊畏貌美之人,雅典娜的做法尽管带点锦上添花的意味,却也从一个侧面反映了她对人们以貌取人心理的了解。在神人关系中,人是被变(或接受神明改变长相)的一方。雅典娜既可美化凡人,亦可丑化凡人。史诗里,反面人物以貌取人,鄙视和欺凌衣衫破旧的"卑劣"者,这一点我们将在本文第二节里详细讨论。但是,以貌取人是一个普遍现象,不为品行败坏的求婚人所专有,上文刚刚剖析过的两个实例,便从尊美的角度验证了这是一个"面"上的问题。所以,即便对中性人物(如民众)和正面角色(如裴奈罗佩),褴褛的衣衫也会影响他们的判断,干扰和迟缓(乃至误导)他们对相关人士的身份及时作出正确的评估。

在《奥德赛》第6卷里,奥德修斯一丝不挂、满身盐斑的可怕模样吓坏了在海滩上嬉戏的姑娘们[①],而他本人亦自感形秽,不让姑娘们在他洗澡时近侍左右[②]。史诗里,脏浊的模样不讨人喜欢。奥德修斯发箭透穿斧孔,奏响了杀灭求婚人战斗的序曲。他脱去身上破旧的衫衣,跨上门槛,准备大开杀戒[③]。然而,战斗结束后,那身破旧的衣衫又奇迹般地回到了他的肩头[④],诗人仿佛忘记了开篇时有描述他脱去破衣一说。当然,奥德修斯也可能在战斗的间隙或结束后穿上破衣,而史诗诗人可以不拘小节,略去一些琐事不谈。尽管如此,问题的存在是一个文本事实,如果有人据此质疑,不应被视为吹毛求疵。脱去的破衣怎么又回到了奥德修斯的身上?这到底是不是由于诗人的疏忽?这些问题不仅可以,而且应该探讨。然而,鉴于本文的宗旨,我们在此关心的却不是这些,而是稍后老保姆欧鲁克蕾娅针对破衣的表述,亦即史诗人物的衣衫观。欧鲁克蕾娅承认奥德修斯在22.481—484里对她的叮嘱在理(kata moiran),但紧接着却建议"让我给你取件披篷衫衣"穿上,"可别(如此)站在王宫里,用这身破烂遮搭宽阔的肩膀——这会给人理由,对你指责"[⑤]。保姆有意维护主人的形象,说的在理。即便是再英俊的人,穿着破旧肮脏

---

① 《奥》6.136—138。

② 《奥》6.218—222。

③ 《奥》22.1—2。

④ 《奥》22.488—489。

⑤ 《奥》22.486—489。

的衣衫也会有碍观瞻，遭受他人的奚落。顺便提一句，奥德修斯穿着的这身破衣，应该还是雅典娜给他的那套（含一件衫衣[chitōn]和一领脏秽的“披裹”[rhakos]）或“套装”中的某一件①，没有理由相信他会从别处另外弄来一身②，替换既有的破烂。奥德修斯没有反驳保姆的建议，但也不表赞同，只是要求对方先去取火③，以便用硫磺净熏厅堂。

奥德修斯没有换去破衣，不知当时作何设想，或许是有意借此探察妻子，或许是想待洗过澡后再换——总之，他是穿着这身破衣遇会了下楼前来的裴奈罗佩。裴奈罗佩与他对面而坐，良久难以作出决策，“时而用眼看视他的脸面”，大概会觉得对方与奥德修斯相像，“时而又眼望褴褛的衣衫”（kaka chroi heimat' echonta），大概是觉得对方的穿着与心目中的丈夫相去甚远，难以把他认出（agnōsaske）④。女人清晰记得丈夫离家时的穿衣打扮⑤，那种为王之人的体面与眼前所见的破衣烂衫出入太大，致使她尽管已在内心里倾向于把对方当做归来的丈夫⑥，却无法贸然作出相认的决定，感到左右为难。奥德修斯似乎看出了她的心思，认为问题出在自己外表的脏浊和身穿的 kaka heimata（破衣烂衫）上，“她讨厌这些，以为我不是他”（即她的丈夫）⑦。裴奈罗佩的想法乍听起来有点古怪。她假设丈夫离去时穿什么衣服，二十年后回来时还应一成不变（至少也应衣着体面），否则便会引起她的疑窦，难以予以相认。其实，裴奈罗佩是个聪明人，不会愚蠢到真要以貌取人。在此之前，她已对儿子忒勒马科斯表述过自己的真实意图，那就是要通过更好的方式，亦即借助只有她和奥德修斯两人知晓的标记（sēma，σῆμα）来达成互相间身份

---

① 《奥》13.434。rhakeōn(22.1)和 rhakesin(22.488)可作泛指的“破衣烂衫”解。

② 不排除诗人疏忽的可能。但奥德修斯可以在战斗结束后复又穿上他的破衣，而诗人却没有必要事无巨细，必作一番交待。史诗的叙事“期待”并需要听众的积极配合。

③ 《奥》22.491。

④ 《奥》23.93—95。如何对待衣衫褴褛的外邦人，体现人（即接待者）的道德水准。史诗里的正面人物一般不鄙视落难的外来人士。不过，这不等于说外貌和穿着如何对他们不起作用。裴奈罗佩不鄙视轻慢“生客”（xeinos），这固然表明她与史诗里的反面人物不同，但对方的外表衣着还是在一定程度上影响了她的评判，致使她难以完全挣脱以貌取人的“陈规”的束缚。

⑤ 《奥》23.175—176。参考 19.255—257。

⑥ 参考并细品《奥》23.86—87。

⑦ 《奥》23.115—116。

的辨认①。借助 sēma 确证,是一件必做的事情,对于注重和讲究实证的裴奈罗佩来说,几乎无法避免。奥德修斯历经艰辛,不可能穿着出征时的那套体面的衣服归来,所以进一步的深入探察不仅可行,而且必要。退一步说,即使奥德修斯真的穿着那套衣服归来,裴奈罗佩也未必就会爽快接受,不加探察地认下久别重逢的丈夫。时隔二十年,不是衣服的不变就能解决问题的。我们知道,裴奈罗佩早已看出"陌生人"与奥德修斯长相上的相似②,但这一见识并没有促使她认真设想对方就是奥德修斯。由此可见,奥德修斯责怪妻子以貌取人,此话实际上只说对了一半。裴奈罗佩也可以"非常"不以貌取人的,她所信奉的其实不是凭借长相或外表识人,而是通过标记的实证。不管奥德修斯以何样面貌或外观出现,探察和实证都是不可避免的,这不仅符合裴奈罗佩的个性,而且也符合诗人创编《奥德赛》的思想宗旨。不过,话要说回来。在《奥德赛》23.93—95 里,奥德修斯身上的破衣烂衫确实起到了负面作用,客观上妨碍了妻子对他真实身份的辨识。不是说假如奥德修斯穿上一身体面的衣服,裴奈罗佩即会予以相认③,通情达理的说法似乎应该是,以体面穿着出现的他有可能缩小妻子视观和心目中的两个奥德修斯形象之间

---

① 《奥》23.108—110。公元前六世纪以后,老资格的秘索思(mythos)受到了代表理性和科学精神的逻各斯(logos)的强劲挑战。但是,荷马史诗不是单一的秘索思,因为其中既有历史(希罗多德和修昔底得都不怀疑特洛伊战争的历史真实性),也有人物(尤其是在《奥》里)对证示或证据(sēma,复数 sēmata)的重视。逻各斯的兴起受到了西方哲学和思想史家的高度重视(参考伯特兰·罗素《西方的智慧》(上),崔权醴译,文化艺术出版社,第 13 页;W. K. C. Guthrie, *A History of Greek Philosophy*, Volume I, Cambridge University Press, 1962, P. 38),但是他们忽略了 sēma 的作用,没有看到要求提供 sēma(《奥》24.329 等处)是西方认识论发展史上的一个先于(狭义上的)逻各斯(精神)出现的、可以用单个"典型"词汇(即 sēma,"塞玛")明晰标示的里程碑。sēma 意识的觉醒,为逻各斯精神的萌发作了学理和思想理路上的铺垫。指出 sēma 的标志性作用是重要的。如果说 logos 是西方逻辑和论证性叙事的鼻祖,sēma 则撑起了西方理性学观的另一个半边天,是实验和实证主义的先驱(参考拙文《〈奥德赛〉的认识论启示——寻找西方认知史上 logon didonai 的前点链接》及其续篇,分载《外国文学评论》2006 年第 2、4 期)。

② 《奥》19.358—359。

③ 沐浴更衣后的奥德修斯焕然一新(详见《奥》23.153 以下),但裴奈罗佩没有因此当即予以相认。我们注意到,雅典娜美饰了奥德修斯的容貌,乍看似给人有意"促成"之感。然而,裴奈罗佩似乎并不在乎这些(即雅典娜对奥德修斯的美饰),尽管其时的她也可能没有心思体悟女神在其中发挥了作用。神通常不帮助凡人识人(这使得人在认识论领域大有作为),所以 23.156—162 很可能只是一种套话式的表述(参考并比较 6.229—235),不太可能暗示女神一反常态,有意促使裴奈罗佩认知奥德修斯。

的差距。不过，说到底，裴奈罗佩还是带有以貌取人倾向的。23.95 表明，至少在那个时刻，致使她“认不出”(agnōsaske)奥德修斯的，是他穿着的那身破衣烂衫。如此评判，有文本事实为据，应该是可信的。褴褛的衣衫一方面有效掩护了奥德修斯，使其不被求婚人识破，另一方面也在一定程度上迷惑了自己人，增加了他(她)们辨识的难度，迟缓了发现的时间(虽然这一切都是诗人有意安排因而是愿意看到的)。

二、表实不符

以貌取人是一种不稳定的识人(或识事)取向，可能“取”对，也可能“取”错。普里阿摩斯依据阿伽门农的外表(或王者之相)断定他“当是一位王贵”固然是对的，但裴奈罗佩却因为奥德修斯身上的褴褛衣衫而认不出他来，导致误识，表明她已被对方的外表所迷惑。尽管如此，史诗人物总的说来是相信以貌取人的，认为人的外貌可以，而且也应该与他的身份和地位相匹配。然而，这不等于说史诗人物没有表实不符的概念，不知道外表可以与实质脱节，产生不般配或不甚般配的情况。牧牛人菲洛伊提俄斯称穿着破旧衣衫的奥德修斯模样“似权贵国王”(basilēi anakti)①，便是透过表象而看出实质的一个例子。裴奈罗佩因奥德修斯脏乱的外表而 agnōsaske，但她从一开始就没有采取鄙视对方的态度，听过他的讲述后还颇为友好地称其为“我尊敬的朋友”②，可见她并非总是以貌取人，也注重对实质(即人品)的认识。

史诗人物以貌取人，此乃他们所信奉的血统论和人文传统使然。但他们也知道以貌取人不是指导他们辨识的惟一原则，生活中有表象与实际不符的例子，因此辨识时还要具体分析，不能一概而论。生活和现实告诉他们，不能总是以貌取人。人不能貌相，这也是他们能够理解的认知“须知”，虽然它所针对的主要是一些个例，或不具普遍意义的具体现象，不成其为英雄世界里识人的主要标准。塞耳西忒斯貌丑，可谓阿开亚军中最丑的八怪③。然而，此人敢于挑战统帅阿伽门农

---

① 《奥》23.94—95。参考 18.218—219。

② 《奥》19.254。

③ 《伊》2.216—219。

的权威，批评他的过错。如果说这不是诗人有意褒扬的优点，那么他能冲锋陷阵，能抓俘虏[①]，则是当时在场的阿开亚将士认同的事实，大概也是诗人愿意认可的豪勇作为。阿开亚人塞耳西忒斯不乏英雄气概，而特洛伊人多隆大概也可以算得是一条貌丑的好汉。此人长相丑陋，但腿脚轻快。[②] 值得一提的是，他乃一位富家子弟，父亲是“神一样的使者”欧鲁墨得斯。[③] 在史诗里，富人之子都是人中佼杰，这是常识。多隆不具备豪杰或富人子弟的体面长相，在史诗里只能算是个例外，但他腿脚轻快，而这却是诗人推崇的史诗英雄的一大优点。我们知道修饰阿基琉斯的一个常见用语是“捷足的”(podas ōkus)，可见腿快(或捷足)并非无关紧要，放在多隆身上是一种褒奖，足以为他增彩。多隆的勇气也应该得到肯定。当赫克托耳提议派出侦探时，会场上众人“无言悚然”[④]，惟有多隆挺身而出，虽然动机不甚纯正，却也多少带点知难而上的悲壮气概。通常情况下，他的其貌不扬会使人觉得他不可能具备上述属于英雄豪杰的优点，但史诗里确有这样的见例，似乎是在不经意间提醒大家：人不可貌相。如果扩大评析的范围，人们更能感觉到多隆“壮举”的不甚简单。在阿开亚联军方面，奈斯托耳亦曾提议派员前往特洛伊营区侦探，结果却无人响应，全体与会的军头们“悚然无言”[⑤]，惟有“啸吼战场的”狄俄墨得斯表示愿意领此使命，稍后又挑选奥德修斯与他同行。[⑥] 狄俄墨得斯和奥德修斯何许人也？相信不说大家也都知道。多隆能在衔命侦察这一点上与两位顶尖的阿开亚将领“对称”，客观上也算抬高了他的身价，提升了他的“级别”。当然，多隆不是他俩的对手，招供后被狄俄墨得斯挥剑杀死。[⑦]

---

① 《伊》2.231。从塞耳西忒斯(Thersitēs)说话的口气和遣词用句来看，他似乎没有把自己看做是军中的普通一兵或无足轻重的小人物。或许，奥德修斯会把这理解为他的狂妄，故而对他进行了不留情面的呵斥(2.246—264)。thersitēs 源出 thersos(伊奥尼亚方言作 tharsos)，thersos 既作“勇敢”解，也可意指“鲁莽”。

② 《伊》10.316。

③ 《伊》10.314—315。指出这一点并非没有意义。这表明多隆是个有身份和地位的体面人物，由此我们可以得知，贵族子弟中也有个别相貌特别丑陋的，并非无例外地个个长相英俊。

④ 《伊》10.313。

⑤ 《伊》10.218。

⑥ 详见《伊》10.219—247。狄俄墨得斯提到了奥德修斯的心灵、高傲的心气(thumos agēnōr)和心智。此外，他还点到雅典娜对奥德修斯的钟爱(10.244—247)。参考奥德修斯的回答(10.250)。

⑦ 《伊》10.455—457。

塞耳西忒斯和多隆应该都不是诗人心目中严格意义上的英雄。然而,外表与实际不符的反常事例,并不仅仅适用于史诗里的"小丑"们,堂堂正正的英雄豪杰们也可以形不副实。图丢斯乃骁将狄俄墨得斯的父亲,他"身材矮小(mikros),却是一位勇士"(machētēs)[①],独自在比赛中击败了所有的卡德墨亚小伙[②]。阿伽门农虽从未与他谋面,却曾听闻与他并肩战斗过的人说他如何英勇,"人们说他是出众的英雄"(peri d' allōn phasi genesthai)[③]。身材矮小自然不配称英雄,或者说不是英雄应有的模样,然而图丢斯却是个特例,体形虽小,却是一位出类拔萃的斗士。在他的身上,外表与实际严重不符,假如有谁以貌取人,那就会大错特错。卡德墨亚乡勇们争先恐后地要与他比试[④],不知是否欺他身材矮小,以为有机可乘。饶有趣味的是,在阿伽门农看来,图丢斯虽然英勇善战,比儿子狄俄墨得斯威猛,但口才却似乎不如后者[⑤]。能说会道,口若悬河,亦是英雄应该具备的素质,图丢斯在这方面不尽如人意,虽然不影响他在战场和赛场上获胜,却有损于他豪杰品格的完善,对照他的英雄身份,或许多少有点名不副实。

外表不一定是实质的真实写照。诗人和史诗人物都不是唯表象论者,他们的思考和认识也透过表象,触及深层,表现他们的哲思、伦理观、宗教感和经常溢于言表的审美意识。墨里俄奈斯的马鬃发秀美,却是最慢的主儿[⑥];伊罗斯看似身材高大,却没

---

① 《伊》5.801。

② 《伊》5.804,4.385—390。

③ 《伊》4.374—376。在史诗里,"人们说"经常是可靠的消息来源(比如,参见11.880,20.105,《奥》3.245,18.125等处)。然而,"人们说"是可以受到质疑的(16.419—420,另参考16.241—243)。应该看到的是,带有可靠"舆论"性质的"人们说",似应与一般的"传闻"有所区别(比如,参考《伊》2.486)。此外,在《奥》里,外来者关于奥德修斯的传闻似乎都不可信靠,使裴奈罗佩等人屡屡受骗。比较柏拉图对"意见"(doxa,复数doxai)的不信任(《法律篇》2.607B—C)。《泰阿泰德篇》区分了"感觉"(aisthēsis)、"真实的意见"(alēthēs doxa)和系统知识(epistēmē)。参考孔子的见解。子曰:"道听途说,德之弃也。"(《论语·阳货》第14章)

④ 《伊》4.388—389。

⑤ 参考《伊》4.400。

⑥ 《伊》23.530。表象容易误导,诗人和史诗人物(像后世的哲学家一样)对此不无明晰的认识。日后,赫拉克利特以哲人的语言讲述了荷马的观点(J. H. Lesher, "Perceiving and Knowing in the *Iliad* and *Odyssey*", *Phronesis* 26 〈1981〉, p. 20),虽然我们不便说,他是在明知的情况下故意不提荷马的贡献。Lesher举了片断56和40以为例证,但他所采的(史诗)故事资源与我们的不同,着重于强调的是奥德修斯的智性和智慧(见上引Lesher的著作,第8—19页)。参考注〈284〉。赫拉克利特关于事物的表象总是处于变动之中,因而不能成为可靠的认知对象的思想,长时期和实质性地影响过柏拉图的哲思(亚里士多德《形而上学》1.6.987a33—b1)。

有勇气[①];而奥德修斯虽然身披破旧的衣衫,但一经撩起,便会露出他的英雄本色:豪硕、健美的大腿,宽阔的双肩和粗壮、强有力的臂膀[②];埃吉索斯"雍贵",却做出了不光彩的行径[③];安提努斯高贵(ōristos),看来"像似王者"(basilēi eoikas)[④],却为人狠酷,品行低劣;求婚人俊美,是人中的佼杰[⑤],但潇洒、体面的长相却没有使他们拥有与之相媲美的道德感和责任心,他们骄横肆虐,为非作歹,最后被归家的奥德修斯一个不饶,尽数杀灭。雅典娜是一位有着较强区辨意识的神明,上文提及的"图丢斯身材矮小,却是一位勇士",便是出自她口。不过,在此之前,赫拉已作过一次类似的评论,但指对的却不是某位首领,而是战场上的阿开亚军兵。此外,在比项的设置上赫拉也与雅典娜不同,或者说反其道而行之,亦即借用表象的绚美反衬实质的懦弱。战场上,特洛伊人在战神阿瑞斯和赫克托耳的带领下攻势强劲,赫拉和雅典娜意欲助佑阿开亚人,莅临疆场。赫拉幻取斯腾托耳的形象疾呼,嗓门大得有如五十个人的喊叫:"可耻呀,阿耳吉维人,一群低劣的无能之辈(kak' elenchea),(只是)外表(eidos,εἶδος)鲜亮(agētoi)!"[⑥]赫

---

① 《奥》18.4。

② 《奥》18.67—69。雅典娜硕壮了他的肢腿(18.69—70)。求婚人惊诧于"老人破衣下的粗腿"(18.74)。

③ 详见《奥》1.29—43。

④ 《奥》17.416。安提努斯是伊萨卡的一位 basileus(24.179,另见 18.64—65)。

⑤ 《奥》24.107—108。奥德修斯称其为"伊萨卡最棒的年轻人"(hoi meg' aristoi kourōn ein Ithakēi,23.121—122)。

⑥ 《伊》5.787。显然,赫拉区分了外表(eidos)与实际的战力。外表的俊美并不必然等同于战力的强劲。不过,赫拉的责斥似乎也从一个侧面反映了史诗人物的一个共识,亦即外表俊美的勇士们应该拥有与之配称的战力(否则便会招致徒有其表的指责)。eidos 最初的意思是"所见",亦即(通常指人的)"外表"、"模样"、"形状"(比如,参考 3.224)。在希罗多德生活的年代,eidos(以及它的同源词)的词义有所扩展,可作"性质"或"类型"解(《历史》1.94,另参考修昔底得《伯罗奔尼撒战争史》2.50)。eidos(复数 eidē)是柏拉图形而上学里的核心成分。eidē 不是可见,而是可知的真实存在,是事物的本原或本真之"形",是形成知识(epistēmē)的"推动"和它的终极意义之所在(参阅《斐多篇》65D—E,《巴门尼德篇》135B—C,《国家篇》6.508C 以下)。柏拉图认为,形(eidē)是可感知的现象(aistheta)的存在之因(aitia,《斐多篇》100B—101C),现象(或表象)背离 eidē 的实质,是对原型(paradeimata,亦即 eidē)的失真摹仿。我们知道,马克思颠倒使用了黑格尔的辩证法(dialectic,比较希腊词 dialektikos)。柏拉图的做法不尽相同,他在保留使用 eidos 之旧义的同时赋予了它技术性术语的含义,使其在本体的指对上彻底翻身,一步登天,成为哲学研究中最高和最具概括力的释事范畴。参考注〈252〉。eidos 有"及物"的一面。陈康先生认为,eidos 与事物不形成空间上的分离(陈康译注《巴门尼德篇》,商务印书馆 1982 年版,第 376 页)。eidē 的最具概括力的体现是 idea(即 eidos)agathou(善之形)。

拉的呼喊表明,外表的俊美并不必然表示当事人拥有强劲的战力。赫拉不仅身体力行,而且还指使别人,命其激励阿开亚人苦战。在《伊利亚特》第8卷里,她鼓动阿伽门农督励阿开亚军兵,英雄于是站临奥德修斯的船边,喊出了一段督战的言词。出于摹仿的动机,而更合理的推测似应为出于迎合程式化表述的需要,阿伽门农喊出的第一句诗行也突出了(阿开亚军兵的)表实不符,一字不差地照搬了上引赫拉的用语。①

此类指责(或对比)有时不一定公允。阿开亚人并非主观上怠战,而是因为宙斯属意于让赫克托耳和特洛伊人通过凶猛的攻势获取光荣②,使得他们抵挡不住,陷于被动。赫拉和阿伽门农喊出那番话来,与其说是辱骂,不如说是以他们的方式激发阿开亚人的斗志,使其更加奋不顾身,更加勇敢顽强。希腊人脾气急、火气大的毛病也在这里得到了体现,把话说得过头一点,在他们看来既没有什么不可以,也没有什么不好。当然,从诸如此类的责词中我们也看到希腊人的直率和坦诚,有话明说,不在背后搞小动作。首领之间可以互相批评(尽管有时给人辱骂的感觉),当事者既不必心存太多的顾忌,也不用十分在乎错怪。赫克托耳既责辱别人,也受到别人的批评。本来,他战杀骁将帕特罗克洛斯,剥取对方的铠甲,是一件很大的功劳,应该受到赞扬,然而,鲁基亚人的首领格劳科斯却揪住他的"过失",把他在埃阿斯面前的后撤看做是怯懦的表现,于是两眼盯视,紧皱眉头,出言呵责③:

> 赫克托耳,你长相俊美(eidos ariste),打仗却很不在行,
> 你的荣誉(kleos)看似十分显赫,(而事实上你)却与一个逃兵伴旁④。

---

① 《伊》8.228,同5.787。

② 《伊》8.215—216。

③ 《伊》17.140—141。

④ 《伊》17.142—143。从荷马的 eidos ariste 到柏拉图的 idea(或 eidos)agathou,西方认识史的发展轨迹耐人寻味。小亚细亚是希腊哲学的摇篮,也是荷马(广义上的)故乡。格劳科斯来自小亚细亚的鲁基亚。鲁基亚将领格劳科斯和萨耳裴冬,能对生活作出"拉开距离的"审视,发表一些具备"半哲学性质的"(quasi-philosophical)言论(H. Mackie, *Talking Trojan: Speech and Community in the Iliad*, Bowman and Littlefield Publishers, 1996, p. 66)。如果有意认真追溯西方哲思的起源,人们有理由借鉴荷马史诗。

格劳科斯的责斥洋洋洒洒,长达二十七个诗行。作为助战的盟军首领(之一),他有理由指望赫克托耳为保卫自己的家乡特洛伊在所不惜,奋不顾身。但是,他的此番呵斥是过分(因而是不甚客观)的,理所当然地受到赫克托耳的反驳。[①] 不过,格劳科斯能沿用显示外表与战力(亦即实质)形成反差的模式说话,表明他具备区分"表"与"里"的意识,知道人不可貌相。其实,赫克托耳也有同样的认知水平,只是他的表述似乎更为复杂,联系到心智(phrenas)的作用,这一点我们将留待下一节再作讨论。在格劳科斯看来,赫克托耳的战力不般配他的俊男模样。外表重要,是人们用以对比和评估实质的一个参照项。但是,对外表作用的评估要有分寸,我们的上述研析表明,史诗人物关注的经常不是外表,而是实质。他们有时是很讲究"实际"的。奥德修斯和墨奈劳斯曾出使特洛伊,给特洛伊人留下的印象是:墨奈劳斯更为高大,却不及奥德修斯更具王者的气度。[②] 由此可见,王者的气度并不对等于高大。问题出在奥德修斯发言前的"死板"模样:身体木直,双眼直勾勾地盯着脚下的泥土,像个不懂事的痴汉,"你可以把他当做……一个傻瓜"。[③] 如此古怪的模样或许会有损他的王者形象。然而,当他亮开宏大的嗓门,语句像冬天的雪花从丹田喷发而出时,情况就发生了根本的变化。这时,人们会全神贯注地聆听他的讲演,陶醉于他的修辞技巧,而将"不再带着惊异的神情,观注他的外表"(eidos idontes)。[④] 外表的"呆相"(当然,这不等于说奥德修斯长得不英俊)怎能比得上讲演的瑰美?当人们充分领略到超一流演说家当众慷慨陈辞的美感时,对内才的关注会压倒一切,外表(或姿态)如何已经退居

---

① 《伊》7.170—182。细读赫克托耳的"解释"(17.220 以下)。赫克托耳认为,格劳科斯的傲慢态度不配称他的体面身份(17.170—171)。格劳科斯把赫克托耳的俊美和光荣(kleos)看做表象,而赫克托耳的做法则是把过去对格劳科斯心智(phrēnes)的高度评价作为否定的内容(17.171—173),以他的方式将一种既有的"误解"列为有必要予以剔除的"表象"。二位英雄的讥责当然都有过火的地方,但他俩在方法论上是有"共识"的,那就是都知道可以通过揭示(不排除假借)表象与实质的不符,在辩论中讥嘲乃至攻讦对方。

② 《伊》3.210—211。

③ 《伊》3.216—220。

④ 《伊》3.221—224。关于 eidos,参阅注〈65〉。柏拉图区分了人的感官(如眼睛)可感知的表象(aistheton,复数 aistheta,比较英语词 aesthetics,"美学")和(事物)永久的原型(paradeigma,复数 paradeigmata),亦即真形(eidos,eidē)。在哲思的层面上,eidē 是人的智性和理智(nous)察知的对象(《国家篇》7.532A—B,《蒂迈欧篇》51D)。史诗人物知道表象可以与实质(或实际)不符,可能误导人的认知(参考《伊》3.43—45)。

其次，甚至有点微不足道。

当然，史诗人物不总是言过其实的。格劳科斯责斥赫克托耳并非完全没有道理，因为后者毕竟暂时撤离了战场，尽管不是出于对埃阿斯的惧怕。史诗人物会把话说得过激一点，但经常不是无中生有或不着边际的，有时虽然用词严厉，却也颇能切中肯綮，在特定的场合中甚至显得很是得体。按照诗人的理解，特洛伊战争的起因是帕里斯（即亚历克山德罗斯）客访斯巴达时诱拐了国王墨奈劳斯的妻子海伦。战争无情，双方的人员伤亡都不在少数。然而，冤家路窄，帕里斯与墨奈劳斯在战场上狭路相逢。本来，这是一个在家乡父老面前将功补过的机会，但“神一样的”帕里斯却因自感战力不济，在对手面前心里哆嗦，不战而退。[①] 赫克托耳当时置身现场，见状后怒不可遏，“新仇旧恨”一齐迸发：

> 可恶的帕里斯，俊公子(eidos ariste)，诱骗狂，女人迷！
> 但愿你未婚而卒，不曾出生在人间。
> ……
> 毫无疑问，长发飘逸的阿开亚人正在讥笑，
> 以为你是我们中最勇的将领(aristēa promon)，只因你看起来
> 模样潇洒(kalon eidos)，但心胸之中却既没有力量(ouk esti biē)，也缺少勇气(oude tis alkē)
> ……
> 难道你就不能站稳脚跟，与嗜战的(arēiphilon)墨奈劳斯一拼？
> 这样，你就会知晓此人，你夺走了他丰美的娇妻。
> 其时，你的竖琴(kithari)、发绺和阿芙罗底忒的钟爱
> 都将不能帮你，当你在泥尘里打滚，你的美貌
> 不能助济。特洛伊人(Trōes)都太胆小，否则，冲着你所
> 带来的这许多祸害，你的披篷里早就该乱石横飞[②]。

---

① 《伊》3.30—32。

② 《伊》3.39—57。3.57作了意译处理。“披篷”原文为chitōna，直译可作“衫衣”解。河神斯卡曼德罗斯相信在他的凶猛攻势面前，阿基琉斯的勇力和俊美“全都无用”(21.316)。阿基琉斯知道，俊美和高大魁伟的长相不能助他逃脱命运，避离死亡(21.108—110)。

帕里斯发绺秀美,像赫克托耳一样长相英俊[①]。此外,他风流倜傥,擅弹竖琴[②],估计也长于诗唱,难怪能诱使海伦随他私奔。然而,男人的美德首要的是刚勇,是克敌制胜的战力。此刻,当嗜战(或阿瑞斯钟爱的)墨奈劳斯从车上跃下,迎战前来,帕里斯心生惧怕,"为了躲避死亡,退回己方的伴群"[③]。诗人适时唱响了一个占篇三行的明喻,用以形容他的胆怯[④]。阿芙罗底忒可以助他诱骗女人[⑤],也可以把他救出人死人亡的战场[⑥],却不能为他增添勇力,使他成为一名一流的战将。神对人的帮助是有限的,人要想立足于不败,主要应凭靠自己的真本事。外表的俊美不能代替作为勇士的实质,换言之,不能使人必然拥有豪莽的战力。所以,在赫克托耳看来,帕里斯徒有漂亮的外表,却没有决战疆场的雄心;他给特洛伊人带来了祸害(kakōn)[⑦],却不能在关键的时刻挺身而出会战墨奈劳斯,为自己的过错负责。不过,帕里斯可能不是墨奈劳斯的对手。他之避而不战,不知是否出于某种自知之明。事实上,当不久后真的与墨奈劳斯过招时,他从一开始就处于下风,若非阿芙罗底忒及时求助,他完全有可能被对手生俘[⑧]。事后,海伦劝他不要与墨奈劳斯再战[⑨],除了嘲讽的用意之外,也是基于对他俩战力的客观评估。

英雄应该貌美,此乃史诗人物认可的常规。阿基琉斯是史诗英雄里最美的,也拥有最强的战力。正因为如此,人们有可能形成误识,以为貌美之人都是能征惯战的英雄。赫克托耳指出了一个有趣的现象,即阿开亚人会以为帕里斯是特洛伊最猛的战将(aristēa promon),只因他长相俊秀。[⑩] 当然,赫克托耳只是假设,实际情况不一定如此。

---

① 《伊》3.39。参见17.142。

② 《伊》3.54。赫克托耳似乎有意在此把竖琴(亦即诗乐)置于战力的对立面。然而,擅长诗唱并非总是坏事。在《奥》里,诗人把奥德修斯比作歌手(11.368)和训练有素的琴师(21.406)。参考阿基琉斯的艺术修养(9.186—189)。

③ 《伊》3.31—32。

④ 《伊》3.33—35。

⑤ 参考赫克托耳的"暗示"(《伊》3.54—56)。比较裴奈罗佩的说词(《奥》23.222)。

⑥ 《伊》3.373—382。参考宙斯的评说(4.10—12)。

⑦ 《伊》3.57。参阅3.159—160,6.525。

⑧ 《伊》3.373—376。

⑨ 《伊》3.433—436。墨奈劳斯的战力当在帕里斯之上,但可能不是赫克托耳的对手(7.111)。阿伽门农的评价应该属实,尽管他有时会带有徇私的倾向(参考10.240)。

⑩ 《伊》3.43—45。史诗人物会(乃至习惯于)以貌取人,赫克托耳据此进行了合理的发挥。

阿开亚人已与特洛伊人鏖战九年，应该了解敌方战将的情况，不致妄抬帕里斯的身价，把他当做 aristēa promon。不过，这一假设也有它的经验基础，因而也是有"道理"的。赫克托耳的讲述或许不是阿开亚人的真实想法，却是对人们以貌取人的一般识事取向的真实反映。人们会想当然办事，以为帕里斯的相貌如此俊俏，就一定是最出色的将星。无意中，赫克托耳以他的方式告诫世人不要以貌取人，不要被表象所迷惑。战场上，能够解决问题的不是相貌。评价一位英雄首先要看他的实质，亦即他的战力(biē)和刚勇(alkē)，而这些却是帕里斯所欠缺的。① 赫克托耳使用的是文学语言，没有也不可能像后世哲学家那样把表象与实质的区别当做一个需要思辨的问题提出。我们的上述分析已经带有替他"立言"的意思，所幸的是这一切都是对他的思想的自然延伸，是一种带有哲思意义的概括。不是只有哲学家才具备分辨表象与实质的意识的。诗人也告诫人们要透过表象，抓住实质，不要被人或事物的表面现象所迷惑。当柏拉图狠批诗和诗人的时侯，他很可能极不应该地忽略了一个基本的事实。希腊学术和思想的发展既有割断(比如逻各斯对秘索思的彻底否定)，也有深层次里延绵不绝或藕断丝连的一脉相承。我们的用意是试图找出其中的一些有意义的"接点"，使我们对西方思想史的研究能超越文学和哲学的樊篱，达到一种通连诗、史、思的高远境界。顺便说一句，赫克托耳并没有指责帕里斯完全没有战力和勇气。在另一个场合，他称帕里斯是一位"强健的(alkimos)壮士，任何一位公正的人士都不会低估你在拼搏中的作用"。② 也正是赫克托耳，于临死前吐露"真言"，正告阿基琉斯，尽管刚健(esthlon)，他将在斯卡亚门前被帕里斯和阿波罗联手杀除。③ 这或许是特洛伊人在那场战争中所取得的最卓著的战功，而帕里斯有幸参与其中，享受击杀阿基琉斯的荣誉(当然是因为有阿波罗的帮助)，总算向世人表明他的卓越不仅仅在于长相俊美，能够魅迷女人。

---

① 《伊》3.45。敢于批评，甚至不惜把话说得过头一点，也是有英雄气概的表现。细读狄俄墨得斯对阿伽门农小看他的提及(9.34—35)，以及他对阿伽门农内容相似的批评(9.39)。

② 《伊》6.521—522。

③ 《伊》22.359—360。比较帕特罗克洛斯的亡灵(psuchē)对此事的预告(23.80—81)。参考 18.95—96，19.409—410。

三、心　灵

人(有时)不可貌相。史诗人物可以表里不一,可以形与质不符,或不甚符合。以貌取人有时会出现偏差,就像赫克托耳所假设的那样,阿开亚人可能会凭据帕里斯的美貌而误把他当做是特洛伊最出色的战将。与外貌(或表象)相比,实质当然更为重要,是识人(和识事)更为可靠的依据。外貌可以变动,但本质却不能,或难以改变。面容憔悴、身穿破衣、一副工奴打扮的莱耳忒斯仍然固执地透露出王者之相,本质上不像是一个为奴之人。① 此外,人可能受神摆布,以不同的

① 《奥》24.253。史诗人物相信,王者应有一种与他的血统、身份和地位相般配的王者之相。莱耳忒斯的穿着再寒碜也不像一个奴隶,而是"看来像似一位王者"(24.253)。奥德修斯大概会觉得,为王之人应有一种稳定的"类型"属性(比较第 59 页注①),有一种属于高贵者的不变气质,虽然他可能缺少哲学和美学的自觉,不会把问题提升到思辨哲学的高度来考量,像后世赫拉克利特和柏拉图所做的那样。史诗人物中自然没有典型意义上的哲学家(当然,更没有我们今天所说的美学家)。不过,我们或许可以通过对比他们和后世哲人的某些论述,感悟到希腊思想的延续和继承——那种连绵不断的着意于对属性和类型的体察与重视。荷马史诗和其后的希腊(思辨)哲学,"都是伊奥尼亚精神的产物"(E. Zeller, *Outlines of the History of Greek Philosophy*, Translated by L. R. Palmer, London: loutledge and K. Paul, Reprinted 1969, p. 8)。荷马史诗具备触发哲思的潜质。古代学问家斯特拉堡(Strabōn)把荷马史诗当做哲学论著(philosophēma,《地理志》1.2.17),新柏拉图主义者普罗提诺的学生珀甫里奥(Porphurios)称荷马为"神学家"(theologos,转引自 R. Lamberton, *Homer the Theologian*, Berkeley: University of California Press, 1986, p. 22)。上述评价不一定十分准确,但也并非全然没有道理。在亚里士多德看来,神论学(theologikē)可以是理论科学(theōrētikai)中的一个分支(《形而上学》6.1.1026a19)。德国学者 H. Fränkel 认为,早先的希腊人(当然包括荷马)重视能量(power)和质量(或性质[qualities]),他们的这种思维范式,为早期希腊哲学提供了描绘世界图景的蓝本(*Early Greek Poetry and Philosophy*, Translated from the German by M. Hadas and J. Willis, Basil Blackwell, 1975, p. 61)。荷马和赫西俄德认知世界的方式具有哲学意义,应该将其纳入哲学史的范畴来考察(E. Hussey, "The Beginning of Epistemology from Homer to Philolaus", in S. Everson 〈ed.〉, *Companions to Ancient Thought*: (1). *Epistemology*, Cambridge University Press, 1990, p. 11)。在塞阿格奈斯(Theagenēs)和阿那克萨戈拉(Anaxagoras,苏格拉底曾师从于他)看来,荷马所讲述的故事里隐含着"道德和科学真理"("moral and scientific truth", J. W. H. Atkins, *Literary Criticism in Antiquity*, London: Methuen, 1952, p. 15)。虽然阿那克萨戈拉等人(Anaxagoras and others)的"解喻"经常显得荒唐,却开启了日后盛行不衰的此类解析的先河(参考 G. Saintsbury, *A History of Criticism and Literary Taste in Europe*, Edinburgh and London: William Blackwood and Sons, 1900, p. 11)。高耳吉亚的(转下页)

形貌出现，像奥德修斯所指出的那样①，但真正使他"为人"的个体却只有一个；外貌多变，但实质却是同一或固定的，难以变更。奥德修斯只有一个，"没有别的奥德修斯归返家门"②。用审视的眼光来衡量，这些议题无疑十分重要。我们知道，柏拉图非常重视本体与"摹仿"的区别，但我们不很清楚倘若涉及奥德修斯，他是否会说此人的"形"比他本人更具代表的资格。史诗人物是意识到实质比表象重要的，只是他们习惯于注重二者的统一，认为内在的素质应该匹配外在的形象。老英雄奈斯托耳赞扬忒勒马科斯模样英俊（kalon，καλὸν），身材高大（megan），希望他再勇敢些（alkimos），以便像奥瑞斯忒斯那样受到后人的赞扬③。奥德修斯称赞猎狗阿耳戈斯体形佳美，却因不便暴露自己的身份，故而假意话对欧迈俄斯，说是"但我不敢确信它的腿力速度

---

*（接上页）学生安提塞奈斯（Antisthenēs）主张不受荷马史诗字面意思的局限，并率先尝试从中寻找区分"表象"与"实质"的例证（金嘴迪翁《讲演》53.5）。有迹象表明，巴门尼德受过荷马史诗的影响，《奥》9.401—412 里说及的"无人"（outis，mē tis；比较 mētis［智慧］）促使他形成了对空无（nothing）的思考，空无"甚至是对它（即"无人"）的有意识的回应"（D. Gallop，*Parmenides of Elea*：*Fragments*，Toronto：University of Toronto Press，1991，pp. 24 - 25）。有学者认为，波鲁菲摩斯事件是"对巴门尼德哲学预示性的戏剧解读"（"Parmenides and *Outis* in *Odyssey* 9"，*Classical Journal* 68［1972］，p. 18）。如果允许适度的夸张，人们或许还可以说，柏拉图的写作是对巴门尼德哲学的注解（见上引 Gallop 的著作，第 3 页）。参考第 74 页注②。公元前二世纪以后，一些斯多葛学派的学者们（如马洛斯的克拉忒斯〈Crates of Mallos〉等）甚至从《荷马史诗》里读出了宇宙论和古代诗人的哲学关怀（详阅 P. Delacy，"Stoic Views of Poetry"，*American Journal of Philology* 69〈1948〉，pp. 241 -271）。关于斯多葛学派成员对奥德修斯"类型"形象的重视，参阅 W. B. Stanford，*The Ulysses Theme*：*A Study in the Adaptability of Traditional Hero*，Oxford，1954，pp. 118- 127。指出公元前六世纪及以后哲学的逻各斯对文学的秘索思进行过转向性的批判是必要的。西方学者称之为"一次断然的决裂"（"a definite break"，G. E. R. Lloyd，*Early Greek Science*：*Thales to Aristotle*，New York and London：W. W. Norton，1970，p. 1），和一场"思想革命"（"the revolution in thought"，M. I. Finley，*Early Greece*：*The Bronze and Achaic Age*，New York：W. W. Norton，1970，p. 141）。尼采说过"柏拉图与荷马的抗争"（*On the Genealogy of Morals*，Translated by W. Kaufmann and R. J. Hollingale，New York，1969，3.25）。但是，西方文化和思想里有一些自古以来就一脉相承的东西，能否准确把握，也是我们应该予以高度重视的问题。

①《奥》16.208—212。奥德修斯的变相使忒勒马科斯深感疑惑（16.199—200）。参考娜乌西卡的评说（6.242—243）。

② 《奥》16.204。真正的"本体"奥德修斯只有一个。P. Pucci 重视奥德修斯的"伪装"，却忽略了他的本体意识（参阅 *Odysseus Polutropos*，Ithaca and London：Cornell University Press，1985，p. 96）。

③ 《奥》3.199—200。

是否媲美外表的佳好”[①]。

除了外表和战力(或刚勇),史诗人物可以引为自豪的还有心智[②]。恶战在即,雅典娜有意让求婚人充分“表演”,故而搅乱他们的心智(pareplagxen noēma),使其发出难以抑制的狂笑[③]。其时,整个厅堂被可怕的黑暗笼罩,出现了史诗里罕见的令人毛骨悚然的异常景象。神一样的(theoeidēs)卜师塞俄克鲁墨诺斯适时描述了他所“见”到的恐怖场景,受到求婚人的恶意讥嘲,扬言要把他赶出宫房[④]。塞俄克鲁墨诺斯从容答对欧鲁马科斯,声称“无需你派人送我;我有眼睛耳朵,有自己的双脚,还有胸中的心智(noos, νόος),相当不错,它们会引我出去,我已察悉(noeō)凶祸”[⑤]。赫克托耳知道,宙斯的心智总是比凡

---

① 《奥》17.307—308。奥德修斯自然是明知故问。狗本来就是他的,他当然比谁都清楚它的腿力。或许有必要指出的是,与老猎犬阿耳戈斯相比,欧迈俄斯在识人方面表现得相当迟钝。阿耳戈斯一眼便能认出主人奥德修斯(17.301—302),但欧迈俄斯却与老者相伴多时而未能辨识,甚至未起一点“疑心”(即怀疑对方有可能是奥德修斯)。

② 参考《奥》9.19—20, 20.20—21。另参考《伊》1.269—272,比较《奥》8.214—233。但史诗英雄通常不在战场上自吹自擂自己的长相。阿基琉斯虽有过“破例”的表示,但目的却在于强调英雄们人生结局的悲哀(21.108—113)。

③ 《奥》20.346。参考并比较 16.297—298,21.102。noēma 作“想法”、“主意”、“计划”、“心智”(比 noos 具体)解。比较同根动词 noeō,名词 noēsis。

④ 《奥》20.350—362。

⑤ 《奥》20.364—367。凭借心智(noos,后世通行其缩约式 nous,“努斯”)的明晰,“神一样的”塞俄克鲁墨诺斯已察知凶祸(noeō kakon)。塞俄克鲁墨诺斯在此强调了心(智),而非眼睛的洞察力。求婚人都有眼睛,却对当时弥漫在厅堂里的凶象(kakon)无所察觉(20.360—362)。柏拉图区分了可见的世界和可(由心智)察知的世界(《国家篇》6.507E—509B),没有迹象表明他自以为在这方面受过荷马的影响。noeō(我觉察),不定式为 noein。该词有时可作(眼睛)“看见”解(同 idein)。参考《伊》5.590。然而,较之 idein(看见),noein 通常强调心智的活动,是由洞悉达成的知晓。在这一点上,noien 的意思与 gignōskein(知道)相近,不同之处在于前者偏重于当事人对周边环境的察知,而后者则主要指对人的认识(或认出,B. Snell, *The Discovery of the Mind*, New York: Dover Publications, 1982[first published 1952], p. 13)。noos 和 noēma 同源,均意涉人的心智和思力(包括理解力)。宙斯称奥德修斯的 noos 比别人聪灵(《奥》1.65—66,比较《伊》17.176)。墨奈劳斯阅历丰广,曾到过埃及等地,领略过众多英雄的心智(noon te andrōn hērōōn,《奥》4.267—268),换言之,知晓他们的思路想法(比较 1.3)。noos 的含义跨度较大。在《伊》9.104 里,noos 作“主意”或“想法”解。noos 为人的心智(亦即思考和理解的能力),从这个意义上来说,它或许比人的长相(亦即外貌)“内在”,更能界定人的属性(参考《奥》10.493—495)。noos 还与人的语言能力有关,是话语的“来源”。没有说出来的言词(或思考)“沉寂”在 noos 之中(《伊》1.363)。noēma (复数 noēmata)指“意图”、“设想”或“计划”。宙斯不会兑现凡人所有的 noēmata(18.328,比较 23.149)。

人(的心智)高强①。狄俄墨得斯选择神一样的(theoio)奥德修斯与他同行夜探敌营,赞扬他有别人难以比及的心灵(kradiē)和豪莽的心气(thumos)②,称赞他最富心计(nostēsaimen),善于思考(noēsai)③。值得一提的是,年轻的狄俄墨得斯把奥德修斯心智的佳杰看做是胜利的保证(请注意,他没有提奥德修斯的力量[biē]和刚勇[alkē])。短短的几行诗里多次用到"心"词(几乎就是心词的堆积),不能不引起我们的重视。

孟子云:"心之官则思。"④荷马和史诗人物相信,心是主掌思考的器官(以及承载感觉和思维的人体"部位")。人用心,而不是如我们所理解的那样,用大脑思考。忒勒马科斯抵达拉凯代蒙,墨奈劳斯与他

---

① 《伊》17.176。noos 是日后希腊哲学的核心概念之一,其重要性不可低估。该词的词根许为 new(或 now),可能与 neuo(点头[动词]同源,比较拉丁词 nuo),noose 和 neuma 原本同义,正如 rhoos 和 rheuma 均可指"溪水"和"流动"(L. Pearson, *Popular Ethics in Ancient Greece*, Stanford: Stanford University Press, Reprinted 1966, p. 58)。尽管如此,noos 的词源依然扑朔迷离。参考 E. Boisacq 编撰的 *Dictionnaire étymologique de la langue grecque* 里的相关词条。关于荷马史诗里的 noos,参阅 K. von Fritz 的论文"Noos and Noein in the Homeric Poems", *Classical Philology* 38 (1943), pp. 79—93。对 noos 的词义发展和演变感兴趣的读者,可参考 R. Schottländer 的"Nus als Terminus",载 *Hermes* 64 (1929), pp. 228—242。

② 《伊》10.242—247。thumos 主要司掌人的感觉和喜怒哀乐(即情感),位于人的胸腔(4.152),亦即横膈膜(phrenes)的所在之处(8.202)。thumos 的活动表明人活着或处于清醒状态,死人没有 thumos。kradiē、kēr(6.523)和 ētor(《奥》1.48)均可作"心"或"心灵"解,但似比 thumos"实在",不具或少具后者带有的"气"质。thumos 具"气"感(但也能思考,正如 noos 也能感觉),可与人的勇莽和激情相关,故含"勇气"(7.50—51)和"怒气"(8.178)之意。可能是考虑到 thumos 所具备的"气"质,有西方学者倾向于把它的词源与拉丁词 fumus(烟)联系起来(比如,参考 P. Chantraine 编纂的 *Dictionnaire étymologique de la langue grecque* 里的 thumos 条目)。R. B. Onians 认为,thumos 原指从热血中蒸升的气体(*The Origins of European Thought*, Cambridge: Cambridge University Press, Reprinted 1988, p. 47)。Onians 教授引用了弗雷泽在 *Taboo* 一书中谈到的爱斯基摩人的"气血观",以论证他的见解(同上)。thumos 的直接来源似应为 thuō,意为"(我)激情勃发"。不过,kradiē 也是情感的载体(比如发泄愤怒〈《奥》20.13—16〉),诗人在《伊》10.244 里并列使用了 kradiē(kardiē)和 thumos,表明二者的含义既可形成互补,也可以比较乃至相当接近。

③ 《伊》10.247。

④ 《孟子·尽心上》。显然,中国古人尚不知脑是主思的器官,但是,他们的见识同样深邃。"是思者,心之能也"(《孟子字义疏证》卷上)。眼睛和耳朵可以见闻,但不能思考。"耳目之官不思,而蔽于物"(同上),容易被表象所蒙蔽。程颐指出:"闻见之知,非德性之知,物交物则知之,非内也,今之所谓博物多能者是也。(这使我们联想到赫拉克利特对"博学"的鄙视——引者)德性之知,不假闻见。"(《遗书》卷二十五)王夫之认为:"人之生也,唯心最灵,而耳目次之……心之灵非听其自然之灵,而所察者乃在事物之理。"(《四书训义》卷三十五)

稍事交谈，便已大致认出他是奥德修斯之子，于是在“心里魂里(kata phrena kai kata thumon)思考(mermērixe)，是让年轻人自己说及亲爹，还是由他先提，询问盘查事情的来龙去脉”[①]。诗人重视思考，认为思考是一件严肃的事情。他用了 kata phrena 和 kata thumon 表示思考的承载，显然是为了强调。除此之外，我们或许还可以从中看出诗人认识上的模糊，不很明晓“心”的确切所指，因此采用了一种“复杂”的表述，很可能是沿循了传统的提法[②]。墨奈劳斯思量此事，大概持续了一段时间。就在他沉湎于思考斟酌之时，“在心里魂里盘算”(hōmaine kata phrena kai kata thumon)[③]，海伦从房间里走来，先他评判，声称她已看出忒勒马科斯与奥德修斯的相像[④]。诗人喜用“心”词，这当然表明他和他的同胞们对心灵的高度重视。阿基琉斯拒不出战，致使阿开亚联军战事受挫，阿伽门农作为联军的统帅夜不能寐，思绪纷乱。诗人把此刻英雄心灵的芜杂感当成了叙事的焦点，连用了多个“心”词(即 phrēn、kradiē 和 thumos[外加短语 en stēthessin])予以承托[⑤]，把整

---

① 《奥》4.116—118。phrena 和 thumon 在此大致等义，但似亦有所侧重，分别强调心的思性和运思的能量。荷马史诗远非仅限于描写打打杀杀。史诗里“心”(以及“思”)词众多，说明诗人对“心”和“思”的重视。

② 参考《伊》1.193，《奥》20.10。

③ 《奥》4.120。

④ 《奥》4.138—146。

⑤ 《伊》10.1—17。thumos 可作“心”、“心魂”、“魂气”或“命息”解。与之相比，kēr(《奥》7.69)和 kradiē(20.13)等近义词似乎相对少一些“气脉”和“魂息”的直接所指，此外也比较“固定”，通常不会飘离躯体。kēr 有时含“生命”(乃至“命运”)之意(《伊》18.115)，与 moira(命运、命限)意思相近(18.115—121)乃至等义(23.78，《奥》18.155)。参阅《神谱》211、217(赫西俄德在这两个行次里并立使用了 kēr 和 moira)。细读 M. L. West 的评论(*Hesiod*: *Theogony*, Edited with Commentary, Oxford, 1966, p. 229)。史诗人物对“内心”(以及与之相关的各种感觉)的重视，客观上会淡化他们对人和事物外在状态的关注。“心”词的众多既表明他们的迷惘，也反映他们对“内心”或人的内在状态的求知欲望。在公元前五世纪，thumos 在雅典人的日常谈话中(比如，见之于阿里斯托芬的喜剧里)可作“愤怒”、“欲望”或“本能”解。但总的说来，荷马以后 thumos 的用量呈下降的趋势(D. B. Clause, *Towards the Soul*: *An Inquiry into the Meaning of Psuche before Plato*, Yale University Press, 1981, p. 49)。公元前四世纪，psuchē 的用例大幅度提升，在哲学论述中取代了以往为 thumos 等“心”词所占据的地位。有趣的是，柏拉图激活了已经趋于沉寂的 thumos，用以表示人的心魂(psuchē)中的欲念部分(详阅《国家篇》第 4 卷)。或许是受他的影响，亚里士多德亦在《尼各马可伦理学》7.5—6.1149a—b 里启用了这个在当时已显得古旧的词汇(参考 M. F. Bernyeat, “Aristotle on Learning to be Good”, in A. Rorty 〈ed.〉, *Essays on Aristotle's Ethics*, Berkeley and Los Angeles, 1980, pp. 79、84、90)。

段叙事有机地连接起来，既突显了“心”的作用，又巧妙利用了古希腊语里“心”词众多的有利条件，丰富了诗歌的表现力。对此感兴趣的读者，可细读《伊利亚特》10.1—17，以体察品味荷马的良苦用心。

众多的“心”词为诗人的构诗提供了便利，但是，“心”词的意义却不仅限于此。心主思，但也能感觉，是情感的的源发之“所”。实际生活中，思考和感觉同为人的智性体验，经常交叉或重叠进行，诗人的表述兼顾了二者，众多的“心”词各有所司，各显自己的特长，有效（但有时却不一定清晰）而又色彩纷呈地配合着叙事的展开。决战前夜，奥德修斯垫卧生牛皮，身盖篷毯，静躺不睡，心中（eni thumōi）谋划着求婚人的祸灾①。已成为求婚人情妇的女仆们其时走来，嘻嘻哈哈，好不欢快，奥德修斯胸腔里的心灵（thumos, θυμός）②烦愤，心里魂里再三思量（polla de mermērize kata phrena kai kata thumon）③，是冲上前去把她们一古脑儿杀光，还是让她们和求婚人最后再睡一回④。他的心儿（kradiē）⑤在身内怒吼，像一条母狗，为守护弱小的犬崽，面对不识的生人，咆哮着准备打斗。奥德修斯心潮起伏，暴怒于女仆们的恶劣行径，但他挥手拍打胸脯，责备自己的心灵（kradiēn）⑥：

> 忍着点，我的心啊（kradiē），你曾忍受更坏的景况，
> 当肆无忌惮的库克洛普斯吞食
> 我骠健的伙伴，但你（su）强忍，直到智算（mētis）
> 把你（se）带出洞穴，虽然你已料想死亡⑦。

在这里，奥德修斯把心灵（kradiē）当做了交谈的对象，此乃史诗里

---

① 《奥》20.5—6。

② 《奥》20.9。

③ 《奥》20.10。比较 9.299。

④ 详见《奥》20.6—13。

⑤ 《奥》20.13。

⑥ 《奥》20.17。参考并比较 5.298。

⑦ 《奥》20.18—21。关于奥德修斯的 mētis（智慧、谋略），详阅 9.318 以下。请注意，奥德修斯没有说“我的智慧”（或“我的精明”），而是说“智算把你（se）带出洞穴”（20.20—21），因为谋略和机智通常被认为是心及心智的产物，而与“身体”无关。诗人显然在此陷入了短暂的迷惘。他的本意或许是想让奥德修斯说“我的智慧”（比较 3.120—122，9.19—20），但考虑到上述原因又觉得有所不便，故而选择了把 mētis 作为一个独立的成分，既不从属于奥德修斯，也不从属于心智（即所谓的“你”[su]），来了个随机应变。

人物的常见做法。思考经常也是交谈,是人与心灵的谈话。[①] 奥德修斯称心灵为"你",正式把它当做了交谈的一方,与"我"形成对比,成为他自言自语(或思考)的接受方。自言自语是史诗人物表现思考的一种方式。说话总要有个对象,不是对别人,便是对自己,自言自语时,奥德修斯便把自己一分为二,一方为说话的"我",另一方为聆听的"你"(即他的心灵),由此将一次成功的自我克制转变成了"我"对"你"的成功劝说。古人对心的认识尚很幼稚,对自言自语和复杂的心理活动难以作出正确(或科学)的解释,故而有时会把"心"与"我"对立起来,提升了"心"的重要。奥德修斯对胸中亲爱的心灵(philon ētor)如此讲述[②],心儿(kradiē)[③]服从,强忍冲动,尽管他本人(autos, αὐτός)翻来覆去,显然处于焦躁不安的状态[④]。他说服了心灵,"自己"(autos)却仍然难以平静,辗转反侧,不能入眠。此事有趣,但令人费

---

① 人们常会对自己的心灵讲话,此乃史诗里表示思考的另一种说法。以话语体现的思考经常需要接受话语(或形成交流)的(另)一方。当"话对自己豪莽的心灵"涉及选择时,说话的思考性质便会变得尤为明显。细读《奥》5.355—365,细品5.355、365的用词,参考并比较《伊》17.90—106。史诗人物也会把梦中见到的影像(eidōlon,《奥》4.824)设置为"对方",与之进行交谈(4.830—837)。思考常在心里魂里进行,但诗人不甚澄明的心魂和话语观,会把这看做是人对心魂的说讲。或许,在诗人看来,这是同一回事情的两种可以互换的表达方式(参考《伊》21.551—552)。人在心里魂里思考(比如,参见17.106),但有时诗人可以只提思考(homaine),略而不用"心"字(22.131)。"对于柏拉图和亚里士多德,思考与言词密不可分,共同服务于一个记事的目的——日后,斯多葛学派的哲人们深入探讨并扩展了这一观点的内涵"(T. J. Reiss, *Mirages of the Selfe*, Stanford: Stanford University Press, 2003, p. 100)。

② 《奥》20.22。请注意,荷马史诗里的ētor影响过巴门尼德对存在与真理的思考(I. M. Crystal, *Self-Intellection and its Epistemological Origins in Ancient Greek Thought*, Ashgate, 2002, pp. 44-45)。A. A. Long认为,巴门尼德的《真理之路》沿循了荷马的思路,用ētor指生命、情感和思想的所在("Parmenides on Thinking Being", in J. Cleary 〈ed.〉, *Proceedings of the Boston Area Colloquium in American Philosophy*, Volume 12, New York: The American Press, p. 142)。

③ 《奥》20.23。kradiē与20.22里的ētor等义。kradiē似比kēr和ētor更具独立性,通常不依托于其他"心"位。奥德修斯的kēr在phrenes里思考(18.344—345),而ētor是"这些器官中最不具物质性的"(J. Bremmer, *The Early Greek Concept of the Soul*, New Jersey: Princeton University Press, 1983, p. 15),被认为栖存在胸腔里(《伊》2.188—189),在phrenes中(8.413),甚至在kradiē里(20.169)。

④ 《奥》20.24。autos在此不仅指dēmas(身架、躯体),还应包括人的活力和理智,可作(他)"自己"解。"心"词的众多不仅为诗人的表述,而且也为他的立意提供了方便。比如,针对缺少kradiē的参与智算和理智从何而来的问题,《奥》20.5—10里多次出现的thumos或许会提示人们从它的"存在"入手,寻找破题的答案。

解。诗人实际上已陷入迷惘，只是他不愿承认，或不打算进行深究。我们会以为既然奥德修斯的心灵（或心绪，头脑的思考）已趋于平静（或被有效说服），他的身躯自然就会安稳，不再躁动，但诗人却不是这么想的。身体似乎可以不受心灵（kradiē，ētor）的控掌，相反，它控掌心灵，并且可在心灵趋于平静后自行其是，辗转反侧，持续烦躁。诗人知道真实的奥德修斯只有一个[①]，但又在需要的时候予以分裂，从中区分出“我”与“你”来。问题的繁缛还在于作过如是区分后，他又无意加以能够自圆其说的控掌（比如，为什么劝说者自己其实需要接受劝说）。但是，诗人毕竟在此提出了一个颇值得我们深思的问题，其实质涉及心灵与躯体（或奥德修斯“自己”[autos]）的关系，尤其是在这对关系中身体（或“他自己”）所处的“主格”或主导地位。关于 autos，我们将结合“虚影”，在本文第七章里再作详细讨论。

奥德修斯自己（autos）仍然烦躁，有待他者开导说服。心灵在这种情况下往往是无能为力的。事实上，在荷马史诗里，人自己（autos）与心灵的在话语层面上的关系通常是主动与被动式的，心灵从不主动对人说话[②]。既然心灵无能为力，那就只能等待神助，因为只有神（在诗人看来）才能在这种关键时刻发挥作用，解决问题。“说曹操，曹操就到。”正当奥德修斯翻来覆去，苦苦思考着（mermērizōn）如何孤身（mounos）对付群敌时，雅典娜从天而降（ouranothen），站临他的身边，以一个女人的模样问他为何不睡[③]。求婚人成群结队，而奥德修斯却孤身一人（mounos）[④]，英雄有理由为即将打响的战斗担忧。在从天而降的雅典娜面前，奥德修斯再次区分了“我”和“我的心灵”，并把自己当做是心的代言人。心灵重要，但它却不擅长进行代表整体的（对外）表述。心灵于人（本身）的关系是复杂的。一方面，人不能完全控掌心灵（换言之，心可以自行其是）；另一方面，人（这里指的是 autos）又可以是心的主导，劝说或迫使它服从自己的意志。听过女神的话后，奥德修斯承认对方说的有

① 参考《奥》16.204。比较柏拉图的观点：神只制作一个（床的）eidos（《国家篇》10.596A）。

② 然而，诗人经常会把人对自己心魂的说讲（《伊》11.403）看做是心灵（thumos）与人的争辩（dielexato，11.407）。另参考 17.90、97。

③ 《奥》20.28—35。

④ 《奥》20.30。

理，但问题是“我胸中的心灵(thumos)”[①]仍在思考，“如何以孤身(mounos eōn)对付群敌”。女神未及作答，他又紧接着说出另一桩心事：“我的心里(eni phresi)[②](我)还有一件更重要的事情思量(mermērizō)，即使凭借宙斯和你的帮助杀死他们，我将如何安然逃脱，此事我要你认真忖想”(phrazesthai)[③]。奥德修斯确实深谋远虑，不仅思考着如何以少胜多、杀灭求婚人的战事，而且还想到了事后与求婚人亲友们的较量[④]。不知读者是否注意到，奥德修斯在这段话里把难以入睡的原因归结为心灵(thumos，phrēn)的思考。这就与诗人在《奥德赛》20.22—30里的细述发生了矛盾，仿佛他本人(autos)当时并没有辗转反侧，而心灵已被他说服一事实际上只是一段虚构的托词。奥德修斯的心-我观当然也是诗人的，在他的不甚明晰的感受和表述里，有诗人的迷惘。雅典娜没有明示他应该怎么去做，只是强调了自己的无敌和强悍，劝他快睡，然后撒出睡眠，合拢他的双眼[⑤]。女神的神功即时见效，睡眠“逮住”奥德修斯，轻舒他的肢腿，“消除了他心中的烦闷”(luōn meledēmata thumou)[⑥]。

心灵通连知和知识，是知识的汇聚之地。雅典娜造访伊萨卡，指令忒勒马科斯前往普洛斯和斯巴达打听有关奥德修斯回归的消息[⑦]。一番交谈后，女神旋即离去，“像羽鸟直刺长空”，年轻人思父心切，揣测会晤的含义，甚是惊讶，心知(phresin... noēsas)来者是一位神明

---

① 《奥》20.38。比较20.57。请注意，奥德修斯是说“我的心灵”(thumos)在进行思考。“胸中”原文作eni phresi，在仅隔两行后再次出现(20.41)，作“在心里”解。

② 《奥》20.41。奥德修斯的原话是：“我在心里思量”(eni phresi mermērizō)。细心的读者或许会发现，奥德修斯已把思考的主体由20.38里的thumos悄然变成了20.41里的“我”。奥德修斯有意区分“我”和“我的心灵”，但他在20.38和41里的表述似乎又告诉人们，“我思考”和“我的心灵思考”实际上是同一回事情。thumos可以作为“思”的主体出现，而phrēn(或phrenes)则不同，通常需要有一个执事的主思方，比如“我”：eni phresi mermērizō。

③ 《奥》20.41—43。

④ 雅典娜的回答似乎不是就事论事的(《奥》20.48—51)。奥德修斯知道，杀灭求婚人后，他将去莱耳忒斯的农庄(23.138—139)。参考雅典娜的积极主导(23.344—348、371—372)。

⑤ 《奥》20.47—53。

⑥ 《奥》20.56—57。

⑦ 《奥》1.280以下。

(theos，θεός)[①]。知识(或人的所知)有的来自神灵(daimōn，δαίμων)的启示，还有的"你会知晓在自己的心里"(eni phresi sēisi noēseis)[②]。来自神的点拨(或启示)也作用于人的心灵(epi phresi)[③]，为接受者所知悉。心主思考。像人一样，宙斯在心里(eni phresi)设谋[④]。夜深了，惟独他难以入眠，"心中思考着(merērize kata phrena)如何杀死阿开亚人，使阿基琉斯获得荣誉"[⑤]。思考体现智性，展示人的"知"觉和判断能力。抵达斯开里亚后，奥德修斯被姑娘们的尖叫声惊醒，开始"在心里魂里思量"，进行估测评判，试图弄明白自己到了何方地界[⑥]。史诗人物在心里思考，可以默不出声[⑦]，也可以采取对自己心魂说话的方式，如上文所示奥德修斯所做的那样[⑧]。有时，诗人只说思考，但"心"的承托之意潜在，不提不会引起误会。当人物面临选择时，思考的作用变得尤为明显。面对公主娜乌西卡，奥德修斯站着思量(mermērixen)，是上前抱住她的膝盖，还是呆在原地，讲说温柔的言词请求[⑨]。经过一番斟酌(phroneonti)，他觉得还是采用上述第二种做法更为稳当[⑩]。思考不必只涉及行动(比如，奥德修斯会思念妻儿)，但在突出强调如何"做"的史诗(或悲剧)里，它的展开经常与行动(亚里士多德会说 prattein)相关。即便在上述不直接关涉到行动的事例里(即《奥德赛》6.119—125)，思考的终端还是连接行动。且听奥德修斯作出的决断：好吧，看看去，我将亲自(autos)察看(peirēsomai)事情怎样。[⑪]

---

① 《奥》1.319—323。

② 《奥》3.26—27。3.26(的相关词语)直译作："你自己(autos)会知晓(noēseis)在你的心里"。

③ 《伊》1.55。宙斯既可以亲自(autos)把"念头"(noēma)输入人的心里(eni phresin，《奥》14.273)，也会搅乱人的心智(aphrona，21.102)，亦即使人变得愚笨，做出不当或于己不利的蠢事(《伊》6.234—236)。

④ 《奥》3.132。

⑤ 《伊》2.1—4。

⑥ 《奥》6.118—123。

⑦ 《伊》1.189—193。

⑧ 《奥》6.118—126。hōmaine(6.118)可作"思量"、"斟酌"乃至"评估"解，但 6.127 里的 eipōn 则明示 6.119—126 是奥德修斯在心里魂里的"说讲"。比较 6.141。

⑨ 《奥》6.141—144。

⑩ 《奥》6.145。

⑪ 《奥》6.126。在这里，autos 是对动词所附带(或语法地)表示的"我"的强调。参考奈斯托耳的类似说法，但他用了 egōn(我)，以突出行动的主体(《伊》14.8)。比较阿基琉斯的眺望(11.599—601)。

四、心　智

心智显示心的知感、智性和思力，与人的审美情趣相关。在“心”词家族中，phrēn(φρήν，复数 phrenes，φρένες)是非常令人瞩目的一员。上文对它已经有所阐释，这里设专节讨论，意在突出它的至关重要性。荷马并不确知心和心性，所以在使用 phrēn-词时沿用了传统的多义和含糊。他的诗情和文学才华很可能不仅没有帮助他廓清古代心学的繁琐，反而把事情搞得更加复杂，更加难以梳理。在荷马史诗里，该词以单数和复数形式(作为人体内的器官，它被认为是“双重”[double]的)出现，以复数的见例居多，其含义大致(或粗略地)可分为以下三类。(一)(通常以复数形式，即 phrenes)环围心脏的横膈膜；(二)心、心灵或心智(包括 ētor，thumos，kēr，kradiē，noos)的“所在地”，亦即承托；(三)心、心胸、心魂、心智。第三类含义涉及面很广，包括生命的活力，感察、领悟、思考、分辨和判断的能力，表述情感和情绪的能力等。上述“能力”亦可作“官能”解。该词还可指人的内在自我，比如：mēde phresin eirussaito。①

phrēn(phrenes)的词义纷繁，不一而足。此外，在许多上下文里，它的含义宽泛、模糊，不易准确把握。比如，Dios phrēn② 既可解作“宙斯的意志”，亦可解作“宙斯的规划”，而将其释作“宙斯的意愿”似乎也

---

① “不把机密留在心户”(《奥》16.459)。R. B. Onians 把 phrenes 解作“肺”(参见第70页注②所引 Onians 的著作，第73页)。后世希腊文人重视 phrēn(phrenes)。抒情诗人阿尔克曼(Alcman)接过了前辈诗家关于 phrenes 具有(或通连)“看视”功能(参考《伊》21.61，《奥》8.450)的传统，认为记忆与 phrenes 的看视相关(片断 145〈bgk〉)。对于公元前五至前四世纪的悲剧作家和哲人们，保持 phrenes 的清醒，是有自制力的标志。sōphrōn，即为拥有稳妥的 phrēn，意指思路清晰，办事审慎，表明当事人处于完好的自控状态。参阅柏拉图《克拉底鲁篇》411E，《高尔吉亚篇》491D；亚里士多德《尼各马可伦理学》6.4.1140b。不明智和预示悲剧性结局的行为不展示人物的 sōphrōn，相反，它表明当事人的 aphrōn(亦即失去了 phrēn，参考《奥》21.102)，或 ekphrōn(亦即缺少 phrēn)。emphrōn 由 em(在……之中)和 phrōn 组成，意为头脑清醒(或思路清晰)，在悲剧里经常与“疯迷”(或神志不清)形成鲜明的对比(参考埃斯库罗斯《奠酒人》1026，索福克勒斯《埃阿斯》306)。

② 《伊》10.45。比较 Dios ... boulē(1.5，另见《奥》11.297，8.82)，Dios noos(《奥》5.103、137)。noos 在此亦可作“意志”、“计划”或“意图”解。

能与上下文吻合。我们指出这一点，不是鼓励释译时的随意，而是如实肯定诠解古代史诗的困难（phrēn[phrenes]只是冰山一角），提醒人们在理解时应备加小心，尽可能细致地辨察词义的微妙。为了贴近本文的叙事宗旨，下文将主要针对“心智”展开研讨，所涉词汇主要是phrēn (phrenes)，其次是 noos 和 noēma。

心是主思的器官，思的实施通过心智的运作进行。思考是行动的先行，决定行动的样式和结果。同样，心智的状态如何，决定人能否有效思考以及思考的质量的高低。奥德修斯有佳好的心智①，所以足智多谋，所以办事有条有理，所以最终能取得成功。宙斯告谓众神，奥德修斯的心智(noos)凡生中无人可以比及②。塞俄克鲁墨诺斯有很好的心智，能凭借它察知凶祸③，这是求婚人远为不及的强项，就其极为敏锐、内行的卜察力而言，或许连奥德修斯的心智也无法相比。心智的佳好体现智能的优越。然而，在史诗人物看来，心智的佳好不仅是个智性问题，换言之，不仅表现人的智慧，而且也与行为评判通涉，与人的德行有关。心智佳好的人不会、也不应该做坏事。塞俄克鲁墨诺斯能察知（或心知）求婚人即将大祸临头，而求婚人却始终不知不觉，死到临头了还在发狂大笑——因为他们心术不正，没有健全、善好的心智。史诗人物从不进行抽象的纯理论思辨。对于他们，常识、经验、传闻和祖传的办事规矩等，常常就是智慧。心智的佳好不仅应该体现在运思和谋划上，而且还应该充分展示在战时或日常的行为之中。阿基琉斯报仇心切，意欲让将士们空着肚皮出战，奥德修斯耐心规劝，表明他确实比阿基琉斯更具智慧，或者说办事更为通情达理（nōemati...pollon）。④ 人的行为反映心智的状态，佳好的心智是作出正确或正当行为的心学基础。求婚人不能礼待客人，这固然表明他们邪恶，但同时也暴露了他们心智的拙劣。裴奈罗佩则相反，她要女仆们盛情招待

---

① 《伊》10.247。比较 10.244。品析奈斯托耳的评价(《奥》3.120—122)。

② 《奥》1.66。奥德修斯阅历丰富，见多识广(《奥》1.1—3)，“在后荷马传统里”，此人“经常被当做一位求索者，一位历史学家或尚无哲学家这一称谓之前的哲学家”(philosopher *avant la lettre*，参见 J. Maricola，“Odysseus and Historians”，转引自 T. Whitmarsh，“Greece is the World”，in S. Goldhill 〈ed.〉，*Being Greek under Rome*，Cambridge University Press，2003，p. 281)。

③ 《奥》20.366—367。参考第 69 页注④。

④ 《伊》19.218—219。

陌生的客人，替他洗脚，为他备床，侍候他享用食餐[①]，竭诚实践宙斯监导的客谊(xeniē)。饶有趣味的是，裴奈罗佩在稍后所作的自我赞誉中，既没有把自己的好客直接看做是一种德行，也没有(优先)把它当做是一种敬神的姿态，而是将其归为心智的聪慧，不无骄傲地在客人面前津津乐道：

> 你怎能知道，陌生的客人(xeine)，知晓我的
> 睿智(noon)和精明(mētin)，超胜所有的女流[②]，
> 倘若你脏身不洗，衣着破烂，食宴在我们的
> 房宫？……[③]

神会给人出主意，想办法[④]，使人显得聪明。神还能左右人的心智(phrenas)，既能使原本极其聪明的人变笨，亦能使原本愚不可及的人变得机敏[⑤]。史诗人物倾向于把神看做是致使心智变化的导因。上文说过，心智的运思状况决定行动(或行为)的质量。神会迷糊或扰乱人的心智，使他们失去正常的审视判断能力，从而做错事情。阿伽门农暴抢阿基琉斯的床伴，显然是做了一件错事，阿基琉斯称他的心智

---

① 《奥》19.317—322。在荷马史诗里，主家有“义务”为来访者提供食宿，并由家中的女仆(8.454—455)、女眷(3.465—466)，甚至女主人亲自为其沐浴(4.252—253)。裴奈罗佩建议给生客洗脚，此举或许不是常规做法，很可能是为了配合情节发展的需要而设(换言之，诗人需要她如此安排)。虽然洗澡也能引出相关的情节，但洗脚的针对性更强，有利于直指奥德修斯腿上的伤疤，因此无疑更为“对口”。此外，倘若洗澡，通常都要(浴后)更衣，但奥德修斯显然还不到换穿新衣的时候——他还需要身穿破衣烂衫，继续探察求婚人和相关的工仆们。

② 赞扬裴奈罗佩的心智时，安提努斯使用了多个“心”词：thumos(《奥》2.116)，phrenas(2.117)和noēmata(2.121)。2.122里的enoēse(动词)作“设想”解，2.124里的noon(noos的宾格形式)作“念头”解，2.215里的en stēthessi解作“在(她的)心里”，与en phresi等义。2.116—125大量使用了“心”词，是史诗里“心”词在小范围内高密度出现的又一佳例。参考求婚人的另一位首领欧鲁马科斯赞扬裴奈罗佩的用词(18.248—249)。

③ 《奥》19.325—328。请注意，裴奈罗佩提到了自己的noos和mētis。谈及她的心智时，安提努斯用了thumos、phrenes和noēma。裴奈罗佩的用词无意中形成了对安提努斯所述的补充和“修正”(参考并比较2.124)。mētis可作“睿智”、“精明”解，其源发之处当然是人的心灵。裴奈罗佩拥有mētis，而奥德修斯更是polumētis(足智多谋的，19.335)，夫妻俩不仅在其他许多方面，在这一点上也甚是般配。

④ 《奥》14.273。

⑤ 《奥》23.12—13。

(phrenas)已被多谋善断的(mētieta)宙斯抢夺[①],失去了理智。奥德修斯一行回抵营棚后,没有把这句话转告阿伽门农,然而,阿伽门农却在事后的检讨中重复了这一用语,可见史诗人物受思维定势的影响,英雄所见略同。"不过,"阿伽门农说道,"既然我被惘迷,宙斯夺走我的心智(phrenas),我愿弥补过失,拿出难以估算的礼物赔偿。"[②]宙斯取走格劳科斯的心智(phrenas exeleto),致使他在客谊的"忽悠"下,用一套价值一百头牛的金甲换回了狄俄墨得斯的仅有九头牛换价的铜甲[③]。神要使人忘乎所以,最好的办法即为取走(或扰乱)他们的心智。雅典娜搅乱求婚人的心智(noēma)[④],怂恿他们发出难以抑制的狂笑,更加肆虐放荡,对临头的灾难无所察觉。但不是所有的心智紊乱都是神致的,人也可致使别人犯错[⑤],或自乱阵脚。厄尔裴诺耳脚踏长梯踩空,从房顶上摔下致死,究其原因,除了"神导的命运"外,亦与他自己不节制的豪饮有关[⑥]。恶奴墨兰索辱骂"陌生人"心智错乱(phrenas ekpepatagmenos),心里(thumōi)不知惧怕,必是被酒浆(oinos)灌迷了心窍(phrenas)[⑦]。此女当然在胡说八道,她岂知"陌生人"的用意,岂知眼前的他便是已回家门、即将宰杀求婚人的奥德修斯。然而,她三次使用"心"词,试图从"根源"上解释对方为何行为不当,可见她对心的作用有所了解,以史诗人物的见识来评判,还算具备一定的释事常识。上文说过,能够善待客人是心智佳好的表现,墨兰索无视宙斯定导的行为规范,说话办事不顾体统,辱骂生人,说明她没有佳好的心智,当然也可以说没有美的心智(或心灵)。她的辱骂应该变换对象,因为心智出了毛病的事实上不是受她讥辱的奥德修斯,而恰恰是她自己。

心智的存在和心思的运用先于行动。没有心智,人无法思考,不能

---

① 《伊》9.377。"是哪位神灵(tis ... theōn),奥托墨冬,把这无用的念头(boulēn)塞进你的胸间(en stēthessin),夺走了你聪达的睿智(phrenas esthlas)?"(17.469—470)。

② 《伊》19.137—138。

③ 《伊》6.235—236。

④ 《奥》20.345—346。很难设想心智迷乱之人能对局势作出正确的判断。雅典娜不是直接杀伤求婚人,而是搅乱和震慑他们的心智(phrenas,22.297—298),以她的方式实质性地助佑奥德修斯战胜求婚人。

⑤ 《奥》14.178—179。

⑥ 《奥》11.61。

⑦ 《奥》18.327、330—331。参考 18.406—407。奥德修斯深知酒的负面作用(19.122),但也会借着几分酒气探察工仆是否忠诚(14.459 以下)。

判断，谈不上采取什么行动。心智的重要性甚于外表。诗人显然是意识到这一点的，虽然他没有明说。心智似乎比外表更为贴近人的属性，是决定人之为人的第一要素。女仙基耳刻举杖击打，把探访前来的奥德修斯的伙伴们变做猪猡，使其有了猪的形貌和声音，颈背上也长出猪的鬃毛①。然而，她却没有（或没能）改变他们的心智（noos）②，不知是因为改变心智比容貌更难，还是因为觉得其时没有那么做的必要。伙伴们被变成了猪，却依然有人的心智，所以尽管外表像猪，"内心"里却依然是人，人的属性还在，至少是没有受到毁灭性的伤损。正因为如此，他们能就自身的遭遇作出人"式"的反应，在被基耳刻赶入猪圈时悲声哭泣③。

心智标志人的属性，是人的性质体现。基耳刻要奥德修斯远行冥地，咨询忒拜人泰瑞西亚的灵魂（psuchēi），并称这位双目失明的卜者虽然死了，心智（phrenes）却依然如故④。拥有心智即为不失人的智性。对于已死之人，这是一种极难得到的待遇。冥后裴耳塞丰奈"只给他一人智力（noon），使他死去以后仍能思考（pepnusthai），其他人只能变做飘忽的虚影"（skiai）⑤。通常情况下，心智与活人相伴（"心"使

① 《奥》10.238—240。在此之前，他们已饮食拌有魔药的麦糊（10.233—237）。

② 《奥》10.240。noos 侧重于表示人的智性（和智能），在此或许不为 thumos、kēr 或 kradiē 等词所能替代。不知基耳刻是否有能力改变伙伴们的心智。倘若她有能力并且真的这么做了，估计他们也就全方位地变成了毛猪，"本质"地变成了"猪类"。不过，10.391—399 似乎暗示基耳刻用解药把伙伴们变回人形之前后者不能认出当时在场的奥德修斯，这一点不能不引起我们的重视。参考并比较泰瑞西亚对奥德修斯的"指点"（11.147—148）。奥德修斯称娘亲的灵魂喝过牲血后"认出我来"（11.153）。参考并比较《圣经·新约全书》里的一则小故事：有人着魔，一群恶魔（daimones）进入他的体内，耶稣驱出恶魔（或精灵），使其进入猪身，猪群从山崖上直冲而下，掉入湖里淹死（《路加福音》8）。《荷马史诗》里，daimōn 作"神"、"神灵"或"神力"解，有时亦含"凶邪"或"歹恶"之义（参考《伊》9.600，21.93）。"动物也有 thumos，但 noos 却是人特有的（J. M. Redfield, "Nature and Culture in the *Iliad*: Purification", in H. Bloom 〈ed.〉, *Homer's The Iliad*, New York: Chelsea House Publishers, 1987, p. 74）。

③ 《奥》10.241。

④ 《奥》10.491—493。思考在心智里（en phresi）进行。所以，破坏或损害心智的功能，便是对人实施程度不等的"软"杀伤。参考第 83 页注③。

⑤ 《奥》10.494—495。基耳刻似乎暗示泰瑞西亚的亡灵因为保留了心智而不是飘忽的，但她显然知道要区分飘忽和不飘忽的魂影非常困难。泰瑞西亚亦以灵魂（psuchē）的形式存在，应该也是一个虚像（eidōlon），亦即影子（skia），但他却能手持金杖（chruseon skēptron，11.91）——诗人没有说"金杖"也是虚的（参阅并细察 11.607—612）。或许，这就是文学表述的特色，我们有必要在指出它的不甚精确的同时，努力体察它的"诗情"，适应它的即兴表达，欣赏它的朦胧之美。作为一个 eidōlon，泰瑞西亚却所知甚多，能对以实体形象出现的奥德修斯侃侃而谈，预言他的前程（《奥》11.100—137）。柏拉图有必要思考此类现象，尽管他事实上并没有这么做。

人拥有活力)，人死后魂息(psuchē)飘离躯体，进入地府，而随着psuchē的离去，心智的功能随即中止，人(的躯体)也就因此而进入了死亡状态。psuchē(复数psuchai)一般不拥有心智。拥有心智表明人活着，有感觉，能思考(当然也就能行动)。雅典娜把奥德修斯变做要饭的老头，但应该只是改动了他的外表，而没有调低他的心智。奥德修斯还是奥德修斯，聪明依旧，仍然像未变前那样感觉敏锐，勤于思考，富有智慧。足智多谋的奥德修斯只有一个[①]，不因外表的变更而有所增减。

(作者单位：中国社会科学院外国文学研究所)

① 《奥》16.204。然而，在奥德修斯“内部”却可以两分，亦即分出“我”和“我的心魂”(比如，参见20.18—21)。参考第76页注⑤。

史诗和悲剧作为艺术宗教的形态①

——《精神现象学》中神性本质的表象运动

[德]贺伯特·博德(Heribert Boeder)文　戴　晖 译

宗教精神从本质上说在这样一个时代具有其现实性，这个时代规定自己是历史的。这种宗教历史始终被排斥在当下现实之外，相对于当下现实而具备一种前史的意义。它是没有自身的开端的历史，其开端在另一方那里，它在宗教自身中是宗教精神的他者，这就是近代哲学的原则。

这种原则尤其表现在宗教的三种主要形态的每一种都完成于语言作品中。如果人们想到宗教是自我觉悟的精神，而语言在与自我意识相应的精神阶段中，也就是在教养中，找到其体系位置，亦即其独特的位置，那么，这就必然如此。就此已经可以说，语言在其近代意义上就是说出"我"，把它在其普遍性中表象化。这种语言属于一个发展阶段，在这个阶段还没有达到理性，或者说自我意识面对一切实在还没有卸除片面性并且经验到自身是有限的。然而，这同时是这样一个阶段，意识在此面临向绝对知的过渡，而这个过渡也是意识通往概念因素的教养的完成。

正是在向绝对知过渡之前的最后阶段，在向真实的概念把握过渡之前的阶段，必然会感觉到概念的匮乏。缺少概念，这在宗教精神独具的语言中明显表达出来；也正因如此，这一章节看上去比《精神现象学》的任何其他章节都晦暗而错综复杂。晦暗，这是因为精神在这里作为绝对本质还必须找到其同一性；复杂，这是因为绝对本质无法在近代的规定性中出现。

然而这也并不妨碍思路的清晰性，它遵循自我完善的本质逻辑——但是宗教精神仅"在自身"是清晰的。这向阐述过程提出特殊的要求，一方面抓住黑格尔的言辞，另一方面抓住概念。不让自己弄

---

① 本文选自博德教授的"《精神现象学》讲座"第二十二讲。标题和注释为译者所加。

错,宗教精神的历史形态只是一袭衣装,精神自身在这种装束里是他者,也就是对象。无论是东方世界的还是希腊、罗马世界的装扮都不可以阻挡对宗教的近代性的把握,具体说,它是同时受到排斥的宗教的近代性。

对于尊重近代哲学传统的人,正是当今对语言和对话的谈论不得不引起这样的怀疑,他们在谈论一种宗教的羽翼,同样这种宗教也不愿是宗教并且对其主人的声音——语言的主人的声音——感到恼怒。具体说这位主人就是理性或者概念。当一位阐释的阐释者——伽达默尔,把人的 LOGON ECHEIN(具备理性)阐释为"有语言"并且还把这种意思强加于亚里士多德,强加于神学家,这是对古老哲学的诅咒。这里,只能用赫拉克利特的话说,博学多识并不教人具有理性。

如同精神的自我意识是精神发展的第二个阶段[①],一种第二阶段的特征又最清楚地表达在这一运动[②]的第二个阶段——在艺术宗教中,这属于事情发展的逻辑。艺术宗教的语言本质上是神话,而这种神话从自身方面来说处在这个阶段的第二个步骤上,也就是在有生命的艺术作品本身中得到理解。神话自身是有意识的人工创作,就像它出现在品达的胜利赞歌中那样。在此,神话本质上已经成为一种手段。之所以提起这一点,是因为历史地理解自身的哲学——与语言分析不同,语言分析完全落在第一哲学之外——以其对语言的必然的尊敬而必然地趋向人工的神话,更富有规定性地说,成为诗(Dichten)的邻居。正因如此,荷尔德林对于海德格尔的唯一性的意义乃至这位诗人与品达的独特关系变得清晰起来。具体来说,在近代或者西方意义上,荷尔德林独辟蹊径,唤起那种人工神话的历史意义,并且是在遭受排斥的近代宗教的意义上。海德格尔与荷尔德林的关系又一次显示了这位哲人的勇气——全身心地契合他自己尚没有领会的必然性。这是海德格尔思想纯洁性的一个证明,其思想将他与当今所有的糊涂头脑无限地区分开来。

人工神话的诗人致力于创造共同的天空,在这个天空下,各个特殊的民族精神学会把自己看做一个共同民族精神的分支并且获得对

---

① 第一个阶段指精神的意识的发展,也就是精神在诸世界形态中的发展:真实的精神、伦理,异化的精神、教养,自我确定的精神、道德性。

② 指精神的自我意识的发展,也就是精神在诸宗教形态中的发展:自然宗教、艺术宗教和启示宗教。

普遍人性的观照。特殊的族群不是联合为一个国家，而只是融合为节日游戏的共同行动，在这种共同性中保持了诸个体性。

在行动中不同的民族精神觉悟到人的此在[①]的普遍性，行动的共同性，它是神性本质的回归之地，而过去在有生命的艺术作品中神性本质只显现在向形体性的外化中，可是因为神性本质在本质上是精神，所以它根本不显现在形体中。诗歌所造就的共同天空与这个世界仍然处于外在的关系中，尽管这个关系是友好的。现在，艺术的任务是去掉这种外在性，将神性完整地引入人性，而这毫无例外地发生在语言艺术作品中。

语言艺术作品呈现普遍性，因而成为精神的作品，虽然还不在概念的形式中，而是在观念表象中，一如这种观念表象是精神的对象化行为本身所具备的。精神艺术作品的语言的第一种形态是史诗，虽然史诗没有把普遍的内容作为思想的普遍性而确立起来，但却确立了它是世界的完整性。史诗的吟诵者的激情（Pathos）不是"令人陶醉的自然力量，而是记忆、省思和已生成的内在性，回忆从前为直接的本质"(9,389—37)，史诗作品从中获得精神性。行吟诗人是缪斯的歌喉，完全消失在内容之中。他化入他的作品的个别性之中，作品以民族英雄为中介与众神的世界的普遍性结合起来。甚至这些英雄也像众神那样是"仅仅表象化的并且因此也是普遍的"人(9,390—7)。

"在祭祀礼拜中自在地发生的，在这种史诗中对于意识完全呈现出来，这就是神性与人性的关系"(9,390—9)。这个关系在有生命的艺术作品中还看不出来，相反被埋没了——从一种对自身没有理解的震慑和感悟出发，经过精神的舍身外化而达到形体性，直至用胜利赞歌来庆祝人的尊敬，不同的族群都委托诗人来完成这些凯旋之歌。神性本质最初曾在祭祀礼拜中进入与人性的关系，而史诗这样的艺术作品才只是为神性本质的回归准备了地点——虽然还不是概念的普遍性之所在，却也是观念表象的普遍性之所在。

在祭祀礼拜行动中已经自在地发生的，在史诗中特地为意识而呈现出来，具体说史诗的内容是"自我觉悟的本质的一种行动"(9,390—

---

① 原文"Dasein"是古典哲学的常用词，在黑格尔的中译本中译为"定有"、"定在"、"实际存在"、"特定存在"等等。这里译为"此在"，并非借取海德格尔赋予这个词的现代性，相反必须与这个词的现代意义区别开来。"Dasein"的最生动的含义即"在此"(ist da)，它启发读者去思考"此"是何处？例如本文中的"此"指精神的语言艺术作品。

11)。英雄矗立在现实中各个民族的顶峰,正是英雄们的行动把普遍和个别结合起来,也就是实体的神性的种种力量与个别的诸民族的个体性的结合。如前所述,英雄只是观念表象的,所以,表象在英雄身上突出了普遍的方面,才完成了普遍和个别的合题。更准确地说,情形相反,正是因为这个合题是目标和使命,所以观念表象必须充分发挥作用,确立自己是这个合题的实现。黑格尔这样说,“这个世界的判断依赖于这种规定性”(9,390—22),一如后来所表明的那样,这个提示为发现在整个艺术宗教中的近代思想提供了关键性的启发。这个世界的判断——哪一个世界?在宗教的意义上这是我们的世界——理性的自然之光的世界。

普遍与个别、众神和人的关系,在这里是一种混合的关系,双方交叉而存在。一个同样的行动由双方来做,“前者之力量的严肃是可笑而多余的,显然这些力量其实是行动着的个体性的力量;而后者的勤奋和劳作同样是无用的努力,显然前者主宰着万物。可朽者是空无,而日夜辛劳的可朽者同时是强大的我自身,它征服普遍的本质,冒犯众神并且为众神取得现实性和营造行动的兴趣;反之亦然,这些软弱无力的普遍性,它们依靠人的施与而过活并且通过人才获得一些事情可做,它们却是自然的本质和一切重大事件的材料,并且同时是道德教化的题材和行动的激情。”(9,390—29)

神话的爱好者情愿把神话留在炙热的黑暗和其观念表象的混乱里——他们无法承认,这是观念表象,是在史诗诗人自身的意义上视之为一种思念——因为他们混淆诗人的回忆和他们的思念,对于这些神话的爱好者来说,黑格尔对史诗中众神与人的关系特征的阐述必然作为一种启蒙的行动而出现,他们拒斥这种非虔敬的清晰性和明确性。但是,反对那种所谓理性主义的希腊之友出示了些什么?无非是学者的宗教、多愁善感的语言学家的休假地,路牌指向在无意识中的放松和减压。

辛劳的可朽者——这里处在与悠闲的不朽者的对立中——是我自身的空无,“否定性的莫测之力量”,这种否定性是知性,处在与自然的本质的对立中,而自然的本质对于可朽者来说是行动的材料和伦理题材。在这种对峙中,出世的或者天国的众神还没有在此,没有对行动作出规定。

普遍和个别的综合联系经过这种对立而过渡到矛盾,这里,一方面"自然元素通过自由的个体性的自身才切入现实性"(9,391—1),另一方面它们从这种联系中隐遁而去并且把所有个体的(东西)消解于不受限制的普遍的纯洁性之中。但是,这个矛盾转移到神性本质那里,神性本质虽然在所有它的个体中"免除了短暂性和陌生的强力"(9,391—10),而另一方面这些个体以它们的特殊性相互抵触。这种彼此间的自我炫耀毫不严肃,是"没有任何结果和成效的确保自我的游戏"(9,391—21)。虽然众神彼此间是有规定性的,但是仍然意义模糊。正是这种在其个体性中的无规定性将"否定的纯洁力量"(9,391—25)放到众神面前;omnis determinatio est negatio (所有规定皆是否定)——"作为它们没有能力超越的最后的力量"(9,391—26),整个内容属于观念表象,而必然性凌驾于观念表象的完整世界之上,上述这种最后的力量则是这种"必然性的无概念的空洞"。(9,391—26)

在这种必然性下,神的种种行动的游戏才获得严肃性,也就是踏入概念的统一性,它是真实普遍性。"观念世界的内容在中央自为地散漫地游戏着运动,聚集在英雄的个体性周围,而英雄却在他的力量和美中感觉到生命的破碎,看到死亡提前来临而满怀悲伤。"(9,391—36)

这里也可以看到后黑格尔哲学在其体系位置中的典型主题:观念世界的内容游戏,这些观念已经置身于概念的统一性和必然性之下,可是必然性不能够被确立为概念的必然性,在艺术宗教的状态下无法做到这一点,所以,对于艺术宗教来说必然性是盲目的,或者说是荒诞的,它不仅仅是伟大的行动和死亡的毫无意义的联系。这里不可以忘记,宗教是已经成为历史性的精神,最优秀者走向毁灭,宗教在整体上是一个堕落的历史,宗教历史表现为荒谬。

英雄在行动中只把神性和人性、普遍与个别这两个极端结合起来。这两个极端所排斥的,一方面是必然性的抽象的非现实和个别,这种必然性高于众神,另一方面是现实的个别,也就是吟唱者。"两个极端必须向内容靠近,一个是,必然性应该以内容充实自己,另一个是吟唱者的语言,它必须参与到内容中,而先前任凭自身的内容必须在自己身上获得确定性和坚实的否定性规定"(9,392—9)——也就是不仅是观念表象的,而且是现实的我自身;不再为空洞的,而且从事概念把握的概念。两个极端向内容的这种靠近,向观念表象世界的靠近,发生在悲剧中。

在这种艺术作品中,语言不再是叙述的,情节运动按照概念来安排。这里,自我意识的人出现了,他们的语言不是其行动的没有意识的伴随，相反他们把内在的本质完全放在语言中。不过，对于演员来说面具仍然是重要的——演员扮演一个不同于自身的他者。这说明："艺术还没有在自身包含真实的、本来的我自身"(9,392—33)。

虽然史诗的表象语言及其无自身的内容——没有行动者的我自身——也仍然出现在悲剧中，具体说在普通民众的合唱队中，合唱队只"构成出现在它对面的政府的个体性的积极和消极的材料"(9,393—2)。合唱队或者民众只是"普遍的土壤，由概念产生的各种形态从中生发出来"(9,392—35)。首先在敬神的赞歌中，众神作为神性生活的个别的诸契机，具备了独立性。

"一如概念在(个别契机的)诸形态之上，摧毁着它们(的独立性)而阔步走来，在民众感觉到概念之严肃的地方，受民众颂扬的胆敢存在于概念所统治的大地上的众神，在民众看见其境遇是如何糟糕的地方，民众本身不是在行动中切入的否定力量，而是停留在这一力量的丧失自身的思想中，在陌生命运的意识中，并且带来空洞的安慰的希望和软弱的和缓的论调"(9,393—8)。如果人们理解这里所发生的，那么就难以按捺住这样的思想：第一哲学的历史和借以登上舞台的外部方式在这里变得透明了。情节的作用也支持这一点，黑格尔同意亚里士多德，把这种作用理解为畏惧和同情，它表现在合唱队的态度上，对更高力量的斗争和毁灭性的必然性的畏惧，同情为命运所击中者，带上与他们的同一性的外相，在这种同情里集合了毫无作为的惊恐、无助的惋惜和"顺从必然性的空洞的平静"(9,393—19)。

尼采以超人的悲剧所看见的正是这一点，超人，那无畏者，却仍然为同情所威胁——最后为对自身的同情所威胁。具体来说，在最沉重的思想的压迫下，这一思想承认同情者永恒轮回，进而承认超人行动的绝对无意义。不过，这是对那种哲学的预先介入，这种哲学本质上是"后"黑格尔的宗教。

在那观望着的合唱队的意识里，人们也许说，在这种时间历史意识里，"作为在观念表象的冷漠土壤中，精神没有在漫无边际的多样性，而是在概念的单纯分裂中亮相。因而精神的实体只表现在两种极端权力上的分裂"(9, 393—22)。通过其中任何一个极端，英雄接受了他们的性格，在英雄身上，概念把观念表象收归自身，就像行动者把旁观者的意识收归自身。

精神的内容一如它在这里所显现的那样，是分裂为神的权利和人的权利这两种力量的伦理实体。在道德教化的层面上，也在法的层面上，诸神与人的关系才抵达概念把握的领域，才抵达论证和实现的领域。赋予权利，这就如同承认这种关系及其对平衡的要求。又是尼采十分准确地理解了这一点，他把希腊哲学的第一阶段作为悲剧的时代来阐述其特征。

相应地，不仅在内容上而且同样也在形式上，精神分为知(Wissen)与不知(Nicht-Wissen)的对立，行动者处在这种对立之中。也就像在神的和人的权利面前，在这里神性的诸个体的区别走向光明面和黑夜面的对立——一者是全知的和启示的神，另一者是神所宣示的“其所是”的欺骗性的公开性。在公开的意义中潜伏着欺骗及其腐败。与之相应的是一种犹豫不决的意识——它处于这样原因而犹豫，“因为这个启示的精神也可能是魔鬼”(9,395—2)。以魔鬼这个名字近代意识突破希腊世界的外壳而钻出来，在笛卡尔的《沉思录》里，近代意识在怀疑的顶峰仍然对这样的思想保持警惕，即我们的理性的创造者可能是一个恶意欺骗的精神，也就是谎言之父——魔鬼。

然而只是在呈现带着希腊世界的所有特征的宗教时，这个名字才在黑格尔这里脱口而出。

对启示性精神的不信任“因此而建立起来，因为知的意识置身于自身的确定性与对象性本质的确定性的对立之中”(9,395—3)这表明：对象性本质没有确定性，而这又表现在意识中，即现实性自在地什么都不是而处在与道德教化的绝对法则的对立中。但是在行动中，通过把伦理实体规定为启示的，随着意识自身的这种片面性，意识经验到这个“已知者向其反面(向)存在”(9,395—8)的倒转。行动即实现已知的法，在这里法自身翻转过来，并且让隐秘的权利变得可见。

道德教化的实体曾是不同的，分为神性法则和人的法则的实体、家庭精神和国家精神的实体。相应地，实体亮相于两种性格之中。因为它只承认其中一种法则，知与不知的区分在两种性格里都不成立。知与不知这两个方面虽然在现实中没有各自的形态，但在观念表象中却形态各异——“一者是启示之神的形态，一者是保持隐秘的复仇女神。一方面两者分享同等的尊敬，另一方面实体的形态——宙斯，是双方相互关涉的必然性”(9,395—28)。这里出现了所有意识的形构(Gefuege)：诸相互关涉者各自自为地具有相同的等级，具体说双方在实体的品级上；其次，相关者的关系是概念把握的，这就是说作为必然的关系；第三，这种关系是实体的形态，或者说，是实体观念的规定性。

现在转入自我意识的基本状态，即实体的另一方面同样是纯粹的知和确定性——仅仅作为第一方面的对象而相区别；这个区别造成另一方面或者对象方面出现在遗忘的规定性中。如果人们耳朵里有海德格尔的话并且知道整个精神或者绝对者的历史是借宗教而成为主题，黑格尔的洞见是具有说服力的。哲学史为何是自我遗忘的历史，其理由在这里闪现出来。但这是后话。

“实体是这样的关系：知是自为的，但是它的真理在单纯者身上，现实的意识通过区分而存在，区分的根据在取消这个区分的内在本质那里，确定性的清楚的自我保证在遗忘那里获得证实”(9,395—31)。这就是说：知是自为的并且在这种自为存在中排斥自身，其自身作为另一方的这一方，具体说，另一方即它的真理或者自在存在者。自在存在者是单纯者，其态度对立于自知的意识的区别，作为取消区分的内在本质。正因如此，“确定性的清楚的自我保证在遗忘那里获得证实”才有效，或者说，实体的观念表象在自我意识的统一的概念那里具有综合的根据。自我意识被遗忘了，因为作为存在着的被否定了并且为自我认识所排斥，从这种自我意识中生发出“我思”，作为确定性的保证。这个对艺术宗教在近代哲学中的地位的提示同时让人理解，康德的位置在近代意味着怎样一个转折点？让人真正理解，在后黑格尔哲学中不间断地向康德的回溯要做什么？Incipit Tragoedia（悲剧开始了）[①]，而意识仍没有厌倦于观赏悲剧。

（作者单位：德国，奥斯纳布吕克大学；
译者单位：南京大学哲学与宗教学系）

---

① “Incipit Tragoedia”见于尼采的著作《快乐的科学》第四卷的最后一节，亦即第342节的开头。就像这一节结束于“如是查拉图斯特拉的坠落开始了”，用破折号与“Incipit Tragoedia”隔开的以下部分后来成为《查拉图斯特拉如是说》序言的第一节，也就是全书的开始。

在《偶像的黄昏》中，《“真实世界”如何最后变成了寓言》这一篇的最后一句话是：“INCIPIT ZARATHUSTRA”。尼采确实把他的著作《查拉图斯特拉如是说》称做悲剧的艺术，这种独特的悲剧是现代堕落的灵魂实现权力意志的自我超越的艺术。博德先生借用“Incipit Tragoedia”，反讽黑格尔以后的直接意识对表象的动物性执著。

直接意识渲染对自然基础的依赖性，以便增强对直接性的确认。排斥任何中介的“自然”脱离了传统自然意识的自我教养，其实是直接意识的泡影。严肃的现代思想家都把他们对生活世界的思考与满足直接意识的需求的生活替代品——各种意识形态——区分开来。

酒神式的忠诚还是基督式的拯救

——尼采眼中的瓦格纳

何兰芳

内容提要 尼采对瓦格纳的戏剧主题曾先后做过两个针锋相对的论断：忠诚和拯救。这也是尼采对瓦格纳的精神特质前后完全不同的两种理解。当尼采认为忠诚是瓦格纳关注的中心问题时，他是把瓦格纳看做酒神颂戏剧家的自我成全，是希腊精神的复兴；当尼采认为拯救是瓦格纳关注的中心问题时，瓦格纳则被视为基督教的代言人。因而在尼采的思想中，忠诚和拯救指示着对立的精神取向，二者的对立是希腊世界与基督教世界的对立，是健康与疾病的对立，也是古典主义与浪漫主义的对立，在某种意义上还是古典与现代的对立。

关键词 瓦格纳 忠诚 拯救 酒神 基督

瓦格纳在尼采的精神成长中起了不可估量的作用，自 1868 年他们相识以来，尼采的青年时代就与他同瓦格纳的交往密不可分，这对他们双方而言都是不可抹却的深刻记忆，也是影响深远的思想体验。尼采早期的思想成果与瓦格纳不无关联，正如与叔本华不无关联一样。尼采第一部公开出版的著作《悲剧的诞生》就是献给瓦格纳的，书中有相当一部分内容评述瓦格纳的音乐。不管在精神实质上尼采多大程度上是独立的，至少表面看来，尼采的青年时代俨然是一个"瓦格纳之徒"，他自己也曾以"瓦格纳之徒"自居。[①] 的确，瓦格纳无疑是他那个时代乃至整个西方音乐史上最具影响力的音乐家之一，他引发了音乐和戏剧创造上的一系列重大变革。他的歌剧——他自己的称呼是"音乐戏剧"，内容很多取材于民间神话和英雄传说，在音乐的形式上则将能够造成宏伟气势的"主导动机"运用到极致。瓦格纳通过他

① Nietzsche, *Ecce Homo*, Tran. W. Kaufmann, in *On the Genealogy of Morals* (New York: Vintage Books, 1967), p. 249.

的音乐创作及大量理论著作，致力于探索所谓“总体艺术作品”，力图使各种艺术门类之间不再分离隔绝，而是彼此形成整体。这些对青年尼采具有相当的吸引力，也与他有关酒神的观念、高贵生存的理想以及对文化完整性的追求相契合。因此，在早期尼采看来，瓦格纳代表高贵文化的理想，是悲剧精神在现代复兴，瓦格纳的音乐是德国文化中酒神力量的苏醒和表达。但是，当尼采后来不遗余力地批判浪漫主义的时候，瓦格纳是其抨击的主要靶子之一，尼采将其视为艺术上的浪漫主义，可以说，正是对瓦格纳——当然还有对叔本华和基督教的深入洞察，使得尼采举出浪漫主义作为对现代文化精神的总结，并对之进行批判。比照尼采早期对瓦格纳的高度赞誉，尼采后来对瓦格纳的严厉批评及其与瓦格纳的决裂就颇让人费解，尼采何以对瓦格纳的前后评价有天壤之别，在何种意义上赞赏瓦格纳又在何种意义上批评瓦格纳？

按照尼采自己的解释，他前期对瓦格纳的理解实际上与瓦格纳本身关系不大[①]，他自始至终是将他自己的思想投置在瓦格纳身上。他赞美或批评瓦格纳均出自同一个原因：赞美瓦格纳，是因为他曾认为瓦格纳和他从事共同的事业、追求共同的目标，即对抗现代文化，在现代世界建立一种全新的文化；而批评瓦格纳并与之决裂，则是出自一种巨大的失望，他意识到在早期他误解了瓦格纳，瓦格纳实际上是现代文化的最集中体现。

如此，深入考察尼采对瓦格纳的态度是追索尼采本人思想脉络的重要途径。《瓦格纳在拜洛伊特》、《瓦格纳事件》、《尼采反对瓦格纳》是尼采集中探索瓦格纳问题的三个重要文本，前者是尼采对瓦格纳的正面称赞，后两者集中体现了他对瓦格纳的批评，我们可以以之为主要依据，从赞赏与批评的鲜明差别中透视尼采的思想主张。《瓦格纳在拜洛伊特》是《不合时宜的考察》之第四个考察，虽然是对瓦格纳的正面评价，但实际上这篇文章写作之际，尼采与瓦格纳之间已经存在分歧，并且有了公开的争吵，尼采甚至一度不打算出版这第四个“不合时宜的考察”。[②] 文中时时不加说明地引用瓦格纳的文字，基本的用意

---

① Nietzsche, *Ecce Homo*, Tran. W. Kaufmann, in *On the Genealogy of Morals* (New York: Vintage Books, 1967), p. 274.

② 参见 Nietzsche, *Untimely Meditation*, Tran. R. J. Hollingdale (New York: Cambridge University Press, 1997), Introduction.

很可能是要以瓦格纳自身来反对瓦格纳。可以说,早在尼采对瓦格纳公开赞扬的时候,他已经对其有所批评。这一方面可以说明尼采对瓦格纳的态度的转变是他长久思考的必然结果,与私人恩怨无关,他们之间的决裂完全是一个文化事件,有着更高的精神旨趣。另一方面也似乎一定程度上印证了上述尼采的自我解释,即认为自己早期借瓦格纳的形象说出的不是瓦格纳,而是他自己。也正因为如此,这三个文本在表面上的鲜明差别中却贯穿着思想上的某种一致性,在前期称赞瓦格纳的地方恰恰构成后来对瓦格纳的批评。

《瓦格纳在拜洛伊特》和《瓦格纳事件》对瓦格纳戏剧的主题分别进行了两次不同的概括,前一文本认为瓦格纳的主题是"忠诚",后一文本则认为瓦格纳是深入思考"拯救"问题。从这两种对瓦格纳主题的不同概括出发,尼采对瓦格纳戏剧的解释也前后迥异。我们拟从这两个不同的主题入手,考察"忠诚"和"拯救"这两个主题及其对立在尼采那里的内在寓意,以及尼采在对瓦格纳的评价中所体现出来的思想主张。

一、忠诚与酒神颂戏剧家:《瓦格纳在拜洛伊特》

在《瓦格纳在拜洛伊特》中,尼采认为,忠诚的问题是瓦格纳思考、创造的核心。瓦格纳在他的作品中创造了一系列有关忠诚的形象:《罗恩格林》中爱尔莎忠诚于罗恩格林;《汤豪赛》中伊丽莎白忠诚于汤豪赛;《漂泊的荷兰人》中森塔忠诚于荷兰人;《尼伯龙根的指环》中齐格弗里德忠诚于沃旦,等等。瓦格纳之所以孜孜以求忠诚问题,之所以每每通过他的作品传达各种可能的忠诚形象,正是因为瓦格纳自身体验到有关忠诚的问题,忠诚是他的内在本质中所发生的事件。

《瓦格纳在拜洛伊特》把忠诚看做是瓦格纳思考的核心问题,是他的内在本质经历的中心事件,这实际上可以视为尼采自己对忠诚问题的深入探讨。以忠诚问题为中心,《瓦格纳在拜洛伊特》追踪两个主要线索:第一,瓦格纳本质中的戏剧性因素的破壳而出、生长成熟,或者说瓦格纳作为"酒神颂戏剧家"的生成过程;第二,瓦格纳思考的问题:音乐在现代兴起意味着什么?前者可以看做尼采对什么是忠诚这一问题的思考,后者则回答在现代文化的境况之下,如何能够保持忠诚。

根据第一条线索，我们可以推测出，忠诚问题关乎酒神颂戏剧家的自我成全，即酒神颂戏剧家之成其自身。尼采首先描述瓦格纳生活中的“前戏剧阶段”：在少年时代，瓦格纳还没有成为一个艺术家，用尼采的话来说，瓦格纳还没有成为他自身。这是因为，艺术家天生的高度摹仿力使他比常人更容易受到现代生活的侵扰，这使他过于早熟，他在少年时代却更像成人。而艺术家的成熟是返璞归真，是在其成年时反而更似孩童。当瓦格纳本质中的戏剧性因素开始凸显成型时，当他作为戏剧家开始逐渐向自身转变时，他的存在简化成为“两种本能或领域”。一种本能是他的“主导激情”，是奔腾冲撞、四处寻求出路、渴求强力的激烈意志，是潜藏的暗流，这是瓦格纳本质中“阴暗的、狂暴不羁的部分”，这种本能如果没有得到好的引导，没有向着正确的道路获得满足，将会导致灾祸。另一本能是“完全纯洁、自由的力量”，是瓦格纳本质中“创造的、清白的、光辉的部分”，惟有这一力量可以给前一种本能指明道路，使其通向“善和仁爱”[①]。而瓦格纳自身体验到的忠诚，就是他的纯洁的、光明的本能对汹涌泛滥的狂暴本能的忠诚。前者守护着后者，为其开山引道、保驾护航，使其免于无尽的放纵与过度。瓦格纳本质之一部分对另一部分的忠诚使瓦格纳作为戏剧家成其自身。

尽管在对瓦格纳的这一分析中，尼采完全没有使用酒神、日神这两个《悲剧的诞生》中的核心概念，但尼采对于瓦格纳两种本能力量的区分，显然与他对酒神与日神的区分有内在关联。我们可以在这两种区分之间找到某种对应。从尼采对希腊悲剧的分析中我们看到，酒神和日神是自然的两种本能冲动，同时也是两种相反的艺术力量，二者的结合孕育分娩了希腊悲剧。关于这一点尼采特别强调，自然的酒神冲动在其他地方都表现为狂暴野蛮的性放纵，而只有在希腊人这里成为艺术现象，创造出光辉的希腊悲剧，这正是因为日神力量在酒神冲动泛滥之处发挥作用。人的艺术力量来自自然本源的艺术力量，一切人间的艺术都是自然艺术力量的显现。瓦格纳这一人间艺术家，其存在简化为两种本能，这恰恰可以看做是从自然禀赋而来的两种艺术力量。而正如酒神力量在日神力量作用下的约束性显现创生了希腊悲

---

① [德]尼采《瓦格纳在拜洛伊特》，载《悲剧的诞生》，周国平译，三联书店 1986 年版第 112—116 页。译文有改动。

剧一样,瓦格纳的一种本能对另一本能的忠诚就是他作为酒神颂戏剧家之实现自身。所以我们大致可以认为,忠诚不仅是在瓦格纳这一人间艺术家身上发生的事件,它还是而且首先是自然两种艺术力量之间发生的事件:忠诚首先是日神对酒神的忠诚,正是这种忠诚产生出阿提卡悲剧或说酒神颂戏剧。就此而言,忠诚绝不仅仅是一个伦理概念,由于酒神和日神是尼采对自然的总体把握,具有形而上的意味,因而也必须在形而上的层面来理解忠诚。

现在我们还只是获得了忠诚之最浅表问题的回答,即谁忠诚于谁的问题,而对忠诚的内涵、忠诚究竟是什么样的事件还并不明了。既然忠诚涉及酒神颂戏剧家的自我成全,那么我们可以通过分析尼采有关酒神颂戏剧家的描述,进一步思考尼采所说的忠诚的内涵。《瓦格纳在拜洛伊特》中有两处关于酒神颂戏剧家的详细描述。一是尼采提到在酒神颂戏剧家的灵魂中有一种"真正的奇迹",这是一种"交错"[①]的感受。一方面当酒神颂戏剧家异常清醒地面对世界时,他感到惊愕异常,从而企图用"纵情的嘲笑"来对待这种因对世界的洞察而导致的印象,企图远离、向上超脱出这世界。但同时又渴望接近这世界,渴望从高处向下降临大地,在对世界的爱中达到自弃。这种交错的感受中既包含对世界的"可怕的理解"、"放肆的洞察",也有"慈爱的亲近"、"欢快的自弃"。[②] 正是从他对世界的交错感受中,酒神颂戏剧家创造了悲剧作品。有关"交错"的描述,在尼采那里曾多次出现,比如,他认为在瓦格纳的发展过程中两种本能力量之间发生着变化,两种力量越来越紧密地交错。之前,纯洁、光明的那部分本能对狂暴的本能的态度是屈尊俯就,现在前者出于对后者的"爱"、为后者的服务成为一种必然的行为,当达到完全的融合,光明的本能就寓于狂暴本能之中,而狂暴本能并不停息它的奔流汹涌,却是朝着光明本能所昭示的方向而去。在《悲剧的诞生》中,我们也看到种种交错:陷入酒神迷狂的人痛苦与狂喜的交错,悲剧观众既想观看又希望超然于观看的交错,悲剧艺术家同时作为音乐家与造型艺术家的交错,音乐与言词、与形象世

---

① 交错(Kreuzung)R. J. Hollingdale 译为 hybrid,John Sallis 译为 crossing。前者侧重混合、杂交之意,后者则侧重"交叉"、"交错"。就语境而言,似乎后一种译法更为恰当。John Sallis 的译法见 John Sallis, *Crossings: Nietzsche and the Space of Tragedy*, Chicago and London: the university of Chicago press, c1991.

② [德]尼采《瓦格纳在拜洛伊特》,载《悲剧的诞生》,第 142 页。

界的交错，可见世界与不可见世界的交错，生成之流中创造与毁灭的交错。在尼采那里，所有这些交错最终都可以归结为日神与酒神的交错。因此，我们也必须在日神与酒神的交错中来解释尼采所说的酒神颂戏剧家感受中的交错：对世界的惊诧错愕来自艺术家作为日神领域中有界限、有尺度的个体生者，对自然之酒神本质的深切领悟；对世界的爱则是他意识到他与本质上作为酒神的自然的亲缘关系，他从万物一体、生成流变的自然中产生，对自然的爱是对母怀的爱、对源生地的爱。而对世界的爱的感受可以看做是对前一种感受的克服。

日神与酒神的交错，是自然本身的两种力量的交错。当酒神颂戏剧家在对自然的交错感受中最终以一个"爱者"的身份接近自然时，自然本身的交错由于酒神颂戏剧家的创造行为而变得可见：

> 迄今不可见的、内在的东西逃入可见领域，变成现象；迄今仅仅可见的东西逃入幽暗的音响之海，所以，当自然试图掩饰自己的时候，她暴露了她的矛盾的实质。①

使自然显露其双重实质，在尼采看来就是酒神颂戏剧家的特色，在另一处，尼采通过对瓦格纳的分析描述了酒神颂戏剧家的这一本质：

> 我们最真切地感到，在瓦格纳身上，世界的一切可见之物都想深化和内化为可闻之声，并且寻找着他们失落的灵魂；同样地，在瓦格纳身上，世界的一切可闻之声也想显现为可见之物，仿佛想获得躯体。他的艺术总是引他走一条双向的路，从一个听觉剧世界到一个与之有神秘亲缘关系的视觉剧世界，或者相反。他不断地受到驱迫，要把可见的动荡移回到心灵和原始生命中去，又要看见内心最隐秘的活动，给他们安上外观和躯体。这一切正是酒神颂戏剧家的特色……②

尼采还补充说，酒神颂戏剧家这一概念同时包含演员、诗人和音乐家。很明显，尼采有关酒神颂戏剧家的观念，与他在《悲剧的诞生》

---

① [德]尼采《瓦格纳在拜洛伊特》，载《悲剧的诞生》，第 142 页。译文有改动。

② 同上，第 138 页。

中阐发的思想一脉相承。在此，尼采认为酒神颂戏剧家是在交错的感受中创作了悲剧，而在《悲剧的诞生》中，尼采认为酒神颂戏剧家同时作为酒神艺术家和日神艺术家，以音乐和形象世界对自然进行双重的摹仿，作为摹仿的结果，悲剧使自然的本质得以显现。可见世界与不可见世界的关系，也就是音乐与形象世界的关系，在根本上是自然的日神力量与酒神力量的关系。

总结以上分析，关于酒神颂戏剧家我们可以得出几点。第一，从其作为艺术家的先天禀赋来看，酒神颂戏剧家天性中的两种力量秉从自然，是自然的两种力量涵盖于人，而这两种力量是其成为酒神颂戏剧家的先决条件。第二，从其对于自然的感受来看，酒神颂戏剧家灵魂中的“交错”感受归根到底是日神与酒神的交错，在这种交错中更为根本的情感是爱。爱可以看做是对自然的错愕感受的克服，戏剧家的创作可以看做是对自然恐怖真理的克服。第三，从其创作过程来看，对自然怀有交错感受的时刻是其创作力迸发的时刻，他的创作是对于自然的日神状态与酒神本质的摹仿，由于日神以酒神为根基，这种摹仿归根到底是对自然的酒神本质的摹仿。第四，从其创作的成果来看，悲剧是音乐和形象世界的交错，是可见世界与不可见世界的交错，在这种交错中自然本身使日神力量与酒神力量的交错得以显现。

透过这些信息我们来理解尼采意义上的忠诚，大概可以得出以下几个关键的方面。第一，日神对酒神的忠诚就是要保持两种力量应有的交错，而不是各行其是地发展。这在作为个体存在的艺术家方面就是保持天性的完整，成为自身之所是。在自然方面就是保持自然本身的完整，是自然的自我成全。第二，日神忠诚于酒神的方式，或者说保持交错的方式：一方面日神在形象世界中使酒神这不可见的洪流变得可见，这种显现是对酒神真理的一种克服，是对于酒神汹涌奔腾之力的规范和定形，使酒神力量按照一定的方式运行；另一方面，对酒神的定形不是对酒神的僵化，不是让酒神的奔流、生成的过程停止，归根到底，日神以酒神为根本，日神必须回到酒神中以获取它存在的深度，可见的个体化形象世界的真正诞生地在酒神的不可见的流变之中。如果日神是光明之神，代表的是光之所从出的天空，是向上的高度，酒神则是大地，或者更确切地说，是深渊，是向下的深度，如同大树必须首先深深扎根于地底，才能获得生长的高度一样，深度更为根本。日神对于酒神的忠诚，就是遵从这一根本，并向上寻找生长的方向，使从地底而来的生命脉流成为有形的可见之物。第三,在尼采那里,酒神是生成的代名词,而日神是个体化的存在世界,那么,日神对于酒神的忠诚,根本上是存在对生成的忠诚,保持日神与酒神的交错,在根本上也就是保持存在与生成的合一。

忠诚是保持交错、保持自然力量的完整,但在交错、融合中存在分离的可能性,在保持忠诚的过程中有不忠的诱惑:每一种力量都想从其他的力量中挣脱出来,获得单独的满足。这种彼此隔绝,朝着不同的方向自行发展所带来的危险是:不同的力量之间冲突争夺,彼此分裂,破坏整体。这既威胁着作为个体存在的艺术家的自我保全,也威胁着自然之完整。就艺术家个人而言,他的发展过程同时也是与不忠诚的可能性斗争的过程,即抗拒与成为自身之所是背道而驰的发展倾向。就自然而言,在自然力量已然分裂涣散的现代,需要迫切思考的首要问题就是如何恢复自然的完整。

《瓦格纳在拜洛伊特》的第二个线索就是寻求对这一问题的回答。在这一线索中,尼采通过瓦格纳思索以下问题:音乐在现代兴起意味着什么?现代是缺乏艺术精神的时代,现代文化是非艺术的文化,艺术在现代沦落为满足所谓有教养之士虚假需要的工具,现代艺术或者是麻醉,或者是刺激,根本目的在于使人回避自己,摆脱生存的无聊和贫乏,可在这样的时代,却出现了一系列伟大的音乐家,出现了真正的音乐,这是偶然事件还是出自必然?真正的音乐在这样的时代出现预示着什么?

尼采认为瓦格纳从两个方面回答了这一问题。第一个回答与语言在现代的衰落相关。在尼采看来,原初的语言表达情感,它使人在“最简单的生命需求”上可以向他者传达自身,并因此使人与人之间互相沟通、理解。对于尼采的这一说法,我们不能只在心理学和一般的人际交往的意义上来理解,“情感”在尼采那里绝不仅仅具有现代心理学上的含义,绝不单单指称人的几种心理过程之一种,而是具有形而上的意味。按照海德格尔的解释,在尼采的概念中,感情往往直接指涉意愿、强力意志①,而强力意志概而言之是对生命整体的基本规定,

① 参见[德]马丁·海德格尔《尼采》,第一章第8节,孙周兴译,商务印书馆2002年版。强力意志思想是尼采后期形成的重要思想,把感情看做是强力意志,或者确切地说以感情来作为对强力意志的说明,其明显的证据也是在尼采的后期文本出现的。但笔者认为尼采强力意志思想与他早期以酒神所阐发的思想关系密切,而“感情”与作为生命冲动本身的酒神的联系,在《瓦格纳在拜洛伊特》中也可以找到佐证。

强力意志、世界、生命等等词语在尼采那里表示的是同一个东西，也就是尼采以酒神所命名之物。语言表达情感，换言之，语言就是自然最本质的生命冲动的表达，是自然的酒神力量的自我显现方式，原初的语言就是自然本身的语言，一切人类的语言都在此有其隐秘的根源。通过这种语言，人可以“朴素地说话”，传达人的“正确情感”。① 尼采提出“正确情感”这一概念，实质上就是强调情感的形而上根源，人的情感源生于自然，是自然大生命的力量贯穿于人。原初语言使人可以传达自身、彼此理解，是因为这种语言传达的是一切个体生命所共有之特性。人在自然的生命中联生共存，因而也在自然生命的语言上联生共存。

但现代语言在尼采看来不再是原初的语言，而是衰落了的语言、病态的语言。语言失去了它本来的特性和职责，不再能够表达情感，而是以概念和词来表现理性的思想，人成了理论家，用概念说话。语言远离了自然，不再是自然生命冲动的表达，而是沦落为理性的工具。概念化的语言使人成了“词的奴隶”，无法传达自然的生命冲动。同时，由于生存根基的抽离，现在支配人的是“不正确的情感”，即远离了自然、远离了原初生命冲动的情感。这样一来，现代语言不能使人很好地自我传达，同时，不正确的情感使人失去了在自然中的联生共存，由此导致的必然结果就是人与人之间的隔绝、疏离、互不理解。现在，人类在自然生命意义上的情感的一致性已经失去，但词和概念的语言又要求某种普遍性，所以，人类开始遭受“约定俗成”的痛苦。②

在衰落的语言左右着人的生存的现代，音乐的兴起则意味着原初语言的回归。根据上述解释，原初语言是情感的表达，因而是自然生命表达自身的语言。而从《悲剧的诞生》和《瓦格纳在拜洛伊特》中，我们大致可以总结出尼采对于音乐的几个论断：音乐是酒神艺术；音乐是世界的直接再现；真正的音乐能够清晰地表达激情③。这三个论断说的是一回事，即音乐是自然自我倾诉的语言，像原初语言一样，音乐

---

① Nietzsche, *Untimely Meditation*, Tran. R.J. Hollingdale, p.215.

② [德]尼采《瓦格纳在拜洛伊特》，载《悲剧的诞生》，第129页。

③ 尼采对音乐的第三个论断见《瓦格纳在拜洛伊特》第9节对瓦格纳音乐的评价。尼采提出西方音乐发展的一个线路：先是伦理音乐，然后贝多芬开始以音乐表达激情，但基本上仍受伦理音乐的旧模式的限制，到了瓦格纳，音乐才真正能够清晰准确地表达激情。而与感情这一概念一样，激情在尼采那里，也是对强力意志的说明。

表达作为自然生命本身的情感，原初语言与音乐根本上具有亲缘性，都是自然表达自身的方式。也正是在这个意义上，尼采说，在现代兴起的音乐是“向自然的复归”，同时，由于创造这种音乐的艺术家心中怀着对自然的爱，因此通过音乐自我倾诉的自然是“沉浸于爱中的自然”，从而这音乐不仅仅是向自然的复归，它还是“自然的净化和改造”。[①] 就这种音乐对于人的影响而言，如同原初语言是人的正确情感的传达，在音乐中奏响的也是正确的情感，即出于自然生命的情感。正如原初语言使人彼此理解，音乐恢复了人类在情感上的一致性，消除人为的隔绝，使人类摆脱“约定俗成”的痛苦。归根到底，音乐在现代的兴起首先意味着自然之酒神力量的复苏，是要通过音乐来恢复生存的自然根基，将生存置回到一个总体性的统摄力量中去。

对该问题的第二个回答关涉文化形态的建立，是要从作为根基的总体性统摄力量出发，重新创造出人类生存的可见形式。由于缺乏自然根基，现代人的生存形式是假象，是虚伪的自我掩饰，音乐的兴起则是要从音乐这一不可见的听觉世界中生发出全新的视觉形态：

> 音乐借这些心灵来期望自己匀称的姐妹——体操，如同期望自己在视觉领域的必然形态。在这寻求和期望中，她成为审判现代整个骗人的视觉世界和假象世界的法官。[②]

尼采强调必须按照希腊人和瓦格纳的理解来把握“体操”的含义。体操是从音乐中产生的视觉形态，这可以看做是对以自然为根基的全新文化形态的总体概括。体操是可见的形象，但非静止的、固定化的，而是在运动中的；它有一定的节奏，因而可以与音乐的韵律相合；它有秩序、规范，有章法、技巧，在对运动的把握中见出总体的和谐；它轻盈、灵巧，类似于舞蹈，而作为健身术又蕴涵着高度的力感，并且是一种对人的训育。从这些特性可以看出体操与音乐的紧密关联，体操是按照音乐的精神建立的形态，同时也是音乐精神的视觉再现。

从音乐中创造新的文化形态，使新的文化形态成为音乐在视觉世界中的可见形式。这一论断表明，一方面，音乐恢复生存的自然根基，

---

① [德]尼采《瓦格纳在拜洛伊特》，载《悲剧的诞生》，第 130 页。

② 同上，第 131 页。

按照音乐的精神建立形象世界，即是说一切文化形态必须从这一共同的根基中产生，文化的各个单独的形式在根本上是联成整体的。另一方面，音乐在现代的兴起绝不仅仅是狭义的艺术内部的事件，还涉及国家、社会、政治、教育、风俗等等，涉及对于世界的改变。用尼采的话来说，以音乐为基础并从音乐中创生的戏剧要产生强大的效果，必定同时使文化的其他一切领域发生变革，在艺术中首先变得强大的爱和正义，也必定伸展到其他各个领域。[①]

由此，尼采认为瓦格纳看到了音乐与人生之间的关系，在这个意义上，瓦格纳是世界的简化者，因为他在不同的领域之间看到了联系，把世界视为不可分割的整体，力图恢复自然的完整。

按照以上对忠诚概念的分析，可以看出，在尼采眼里，瓦格纳对音乐问题的两个回答根本上仍是对忠诚问题的思考。音乐的兴起是原初语言的回归，这意味着统摄性的本源力量在分裂涣散的现代回归，意味着忠诚的行为有所着落。而一切文化形态必须从音乐中产生，则是要让日神的形象世界服从于酒神的不可见的世界，意味着忠诚的行为得以实现。这样，自然的两种力量在音乐中得以恢复，并在忠诚行为中实现了二者的完整。依照尼采的解释，这在根本上指示着希腊精神的复归。显然，当尼采认为瓦格纳深入思索忠诚问题时，他是把瓦格纳当做希腊精神的体现，瓦格纳在其身上体现忠诚，自我成全为酒神颂戏剧家，同时，在分裂的时代他代表着酒神音乐的复兴，使分散的力量归属于统一的力量，使自然恢复完整。

二、拯救与颓废的基督徒:《瓦格纳事件》与《尼采反对瓦格纳》

瓦格纳作品中的全部艺术形象在《瓦格纳在拜洛伊特》中都被看做对忠诚的阐释，同样是这些艺术形象，在《瓦格纳事件》中却有了完全不同的解释。尼采认为它们表达的真正主题是拯救，如罗恩格林拯救爱尔莎、伊丽莎白拯救汤豪赛、森塔拯救荷兰人、齐格弗里德拯救沃坦。在尼采看来，瓦格纳歌剧中的任何角色都有被拯救的需要。瓦格

---

① [德]尼采《瓦格纳在拜洛伊特》，载《悲剧的诞生》，第123页。

纳歌剧中的形象似乎可以支持尼采的这种解释，因为他们似乎都需要一个他者来为自身摆脱险境，比如《罗恩格林》中爱尔莎期待着罗恩格林这个神秘者的降临为她证明清白，《漂泊的荷兰人》中被诅咒遭受永恒漂泊之苦的荷兰人只有通过森塔的拯救才能终止漂泊，在《尼伯龙根的指环》中沃坦只有等待齐格弗里德来为他完成他自身无能完成的事业，并由此获得拯救。

尼采还认为，瓦格纳的作品甚至也体现了瓦格纳自己的得救，《尼伯龙根的指环》所展示的就是瓦格纳自己被拯救的过程。[①] 瓦格纳曾经是革命的坚决拥护者，认为世上的不幸、灾祸来自"旧的契约"，只有通过向"旧的契约"开战才可以摧毁原有的旧世界，消除世界的灾祸，创造新世界。齐格弗里德就是一个向原有的传统、习俗，即"旧的契约"开战的革命家形象。简言之，革命就是向"旧的契约"宣战，齐格弗里德对沃旦的拯救就来自与"旧的契约"的战斗。尼采对瓦格纳革命观念的概括，在某种程度上似乎可以理解为对犹太教向基督教的变化的描述，革命是与"旧的契约"开战，似乎可以类比于基督教以"新约"取代"旧约"。新约与旧约最主要的差别，概而言之，旧约中没有耶稣，而在新约中耶稣作为救世主弥赛亚出现。若尼采果真隐含以上类比，我们大概可以说，相信革命就相当于相信基督教的拯救，相信神圣上帝对人类的爱可以拯救人类，可以实现一个没有灾祸、苦难的新世界，而革命的胜利就相当于拯救的实现。[②] 尼采也的确认为社会主义乌托邦实际上就是基督教彼岸世界的替代物，只不过是把基督教彼岸得救的希望移回到此世。革命家瓦格纳就持有这样一种关于未来美好世界的乐观主义世界观，《尼伯龙根的指环》原本是这乐观主义世界观的

---

① 参见[德]尼采《瓦格纳事件》，载《悲剧的诞生》，第 4 节。

② 在《瓦格纳在拜洛伊特》中，尼采也提到，瓦格纳在其发展的过渡阶段曾经是一个革命家，他期待未来时代的到来，期待着人民在未来时代出现。但这一未来时代并不是没有灾祸的黄金时代，而是更接近自然的时代，更真诚、更坦白、更具有优秀的文化形态，简言之是有悲剧信念的时代。人民则是自然本身的力量的表达者，而革命就是要摧毁一切伪善的文化形态。另外，在《论道德的谱系》中，尼采曾说他在旧约中"找到了人民"。可见，尼采在《瓦格纳在拜洛伊特》中说瓦格纳是革命家，其意义与《瓦格纳事件》相反，如果使用我们的上述说法，可以说，不是从旧约到新约，反而是要从新约返回到旧约。从中也似乎可以看出，在尼采那里，体现在新约中的基督教是基督教本身的一种沦落。而原初的基督教在尼采看来，甚至与希腊有相似的精神旨趣。参见尼采《瓦格纳在拜洛伊特》，载《悲剧的诞生》，周国平译，第 8、11 节，尼采《论道德的谱系》，周红译，三联书店 1992 年版，第 120 页。

宣言。但是瓦格纳突然遭遇叔本华的悲观主义哲学,这使他意识到革命世界观的浅薄,对自己的乐观主义感到羞愧,认为对没有灾祸的新世界的期望是他的一种过错。他开始信奉叔本华的哲学,放弃对世界的乐观主义看法,不再相信革命、相信可以实现的没有灾祸的新世界,《尼伯龙根的指环》转而宣讲世界的虚无,承认现世本质上的苦弱。悲观主义哲学家叔本华使得瓦格纳在悲观主义世界观中找到了新的归宿。尼采就把瓦格纳的这种转变称之为瓦格纳的得救。

可以认为,尼采对瓦格纳的以上剖析意在揭示瓦格纳思想中基督教观念和叔本华哲学的双重交织。叔本华哲学和基督教都承认生命的苦弱:在叔本华,苦弱是生命的本质;在基督教,苦弱是生命之罪的证明。因此,无论在叔本华还是在基督教,生命都有拯救的需要。但是在能否实现最后的拯救这一问题上,二者存在差别。基督教相信最后的拯救能够实现,而在叔本华看来,如前所述,这是一种浅薄的乐观主义,生命从苦弱中的最终摆脱是不可能的。尽管二者在能否实现拯救上存在差别,但如果考虑到基督教的拯救是在彼岸世界,因而基督教并不认可现世的希望,那么,叔本华与基督教在对于现世的否定上、在对于生命的基本看法上并不冲突,基督教根本上也是对于虚无的渴望。瓦格纳受叔本华影响,放弃革命的信念,尼采称之为一种“拯救”,乃在以下意义上而言:瓦格纳彻底认同人自身的虚弱、生命本质上的虚无,放弃任何有关现世的通过人自身的力量获得拯救的可能性信念。这样一来,一方面有拯救的需要,另一方面否认人在现世自我拯救的可能性,这两方面的合谋正好可能开辟出朝向神圣上帝的道路。因此,瓦格纳思想中存在叔本华和基督教的双重影响,但在基本的精神取向上更趋近基督教,在一定意义上瓦格纳甚至是在叔本华那里找到信奉基督教的支持。①

拯救问题在尼采看来是典型的基督教问题,瓦格纳的作品以拯救问题为主题,如此,尼采认为瓦格纳的作品充斥着浓重的基督教气息。瓦格纳的人物都有拯救的需要,他的作品也在向人宣讲拯救的必要并激发人的被拯救的需要。为什么需要拯救?因为生命的原罪,因为人类的堕落,因为现世的生命难以忍受。如荷兰人因傲慢而被诅咒受永

---

① 参见[德]尼采《论道德的谱系》,周红译,第三章第5节。在此尼采认为正是有叔本华的哲学作为支持,瓦格纳才有勇气鼓吹贞洁、信奉禁欲主义理想。

世漂泊的折磨，如汤豪赛因歌颂感官之爱而背负生命之罪。依照尼采的观念，拯救的需要恰恰来自人对自身生命的贬低、否定。承认自身存在的谦卑，也就是承认原罪，因为在根本上讲只有有罪者才需要拯救。那么如何可以获得拯救？——信仰可以拯救。在尼采看来，《罗恩格林》显然是为基督教有关"信仰"的观念辩护，罗恩格林突然降临，拯救爱尔莎于险境，其前提在于爱尔莎对他的无端信赖，在于爱尔莎对探询之禁令的服从：爱尔莎不能询问自己的丈夫罗恩格林的姓名和来处，否则将失去他。这与基督教的信仰观念极为类似：信仰高于理性，科学的探询是有罪的，应该遭到惩罚。同时，尼采还认为瓦格纳的作品也宣讲献身、贞洁、禁欲、服从等德行。如《帕西法尔》是对禁欲主义的信奉、对生命感官之爱的仇恨，《汤豪赛》中森塔则以她的贞洁拯救了汤豪赛。献身、贞洁、禁欲、服从等这些人间的德行在基督教中都以信仰为核心，最终指向人的拯救。最后，谁来拯救？既然现世的生命如此谦卑、苦弱，那么惟有在现世之外、在人之外寻求拯救。正因如此，尼采在《论道德的谱系》中提到瓦格纳所持有的观念：在世上寻找拯救是无用的，应该到别的地方去寻找拯救，乃至到救世主的血中去寻找①。虽然瓦格纳的作品中拯救的实施者都是人，但按照尼采的分析模式，他很可能会得出以下结论：罗恩格林的神秘降临类似于道成肉身，对罗恩格林的信仰类似于对上帝的信仰，这样，能够实施拯救的惟有神圣的上帝。

将瓦格纳的作品解释为基督教拯救主题的艺术表现形式，藉此，尼采就给瓦格纳定了性，瓦格纳是基督教精神的体现者：瓦格纳"迎合一切基督教精神"，为一切彼岸世界的理想辩护②，瓦格纳作为"衰败绝望的颓废者"，"突然颓丧无助地拜倒在基督教的十字架前"③，瓦格纳是向基督教和蒙昧主义理想的倒退，宣讲"反转、皈依、否定、基督教、中世纪"④，瓦格纳"基督教式地叹息，使人得以共睹伟大的基督教的同

---

① [德]尼采《论道德的谱系》，周红译，第 78 页。

② [德]尼采《瓦格纳事件》，载《悲剧的诞生》，第 311 页。

③ Nietzsche, *Nietzsche contra Wagner*, in *The Portable Nietzsche*, Trans. W. Kaufmann, (New York: Viking Press, 1982.), p. 676.

④ Nietzsche, *On the Genealogy of Morals*, Trans. Walter Kaufmann and R. J. Hollingdale, (New York: Vintage Books, c1967), p. 100.

情”，而拜洛伊特音乐节中的瓦格纳追随者都是一些谦卑的基督徒[①]。

《瓦格纳事件》及《尼采反对瓦格纳》中对瓦格纳的这些评价，与《瓦格纳在拜洛伊特》形成鲜明对照。《瓦格纳在拜洛伊特》将希腊之后、迄今为止文化发展的历史归结为世界的希腊化和希腊的东方化这两方面的因素彼此交替发展的历史，基督教作为东方化的力量，与希腊文化是正好相反的文化力量。而瓦格纳则被看做基督教影响衰退之后希腊文化力量兴起的表现，甚至与埃斯库罗斯相提并论。作为代表希腊文化的力量，瓦格纳具有一种凝聚力，将文化的各个方面聚合成整体。但在《瓦格纳事件》中，如上所述，瓦格纳恰恰被认为是希腊的对立面——基督教文化精神的代言人[②]。世界的希腊化在尼采看来是“世界的简化”，即文化的各个力量彼此关联、融合，使世界形成整体，那么依照尼采的解释，必定会得出以下推论：作为相反的发展方向，现代基督教所代表的东方化倾向可能就是分裂、涣散的倾向。

尼采对基督教的这种解释与一般的解释有些差别，我们知道，大多数思想家在思考西方现代性问题时，一般认为基督教曾经是文化的整合力量，控制着生活的一切方面，而启蒙以来理性的过度发展导致基督教信仰的衰落，基督教对于文化的整合力量丧失。也就是说，基督教使世界成为统一的整体，而基督教信仰的沦落又导致分裂。尼采却认为须到古希腊寻找文化完整的理想，基督教已经是涣散的倾向。尼采的看法与一般看法的这种对立大致可以从两个方面来解释。

第一，在尼采眼里，理性主义和基督教之间并无根本的不同。现代科学信仰真理，将真理设定为最高的价值，这实际上仍是在我们身处其中的这个世界之外悬设另一种存在，根本上与基督教对上帝的信仰是一致的，确切地说，理性主义是从基督教对上帝、对最高存在、对彼岸理想的信仰中获得发展的前提。因此，基督教信仰的衰落是基督教本身的内在结果[③]，基督教本身就已经包含了导致分裂的因素。在

① [德]尼采《瓦格纳事件》，周国平译，载《悲剧的诞生》，第 296、317 页。

② 尼采对瓦格纳的这一批评，不仅仅与尼采对瓦格纳的音乐作品以及思想的把握有关，显然也与瓦格纳后来对基督教的态度的变化有关。瓦格纳曾经因为卷入革命事件而被当局禁止进入德国达十多年之久，但后来瓦格纳回到德国后，有意与德国社会达成和解。瓦格纳后来皈依基督教，并让自己的孩子受洗，这在尼采看来无疑是一种背叛。

③ 参见[德]尼采《论道德的谱系》，周红译，第 126、134 页。在尼采的思想中，关于基督教的衰落是基督教的内在后果的看法必须放在尼采有关西方虚无主义历史的思想语境中来理解。

尼采那里，具有整合性力量的宗教可能是希腊的宗教，也可能是犹太教，或者其他一切有生命力的民族宗教，但不是两千年来统治西方世界的基督教。

第二，尼采意义上的文化的完整，主要侧重生命的力量和高度。生命的力量在于生命的控制力，即对于各种相互冲突的力量的制衡，使生命形成整体。从以上对忠诚问题的分析我们看到，文化的完整就是要使文化的各个形态从一个总体性的统摄力量中生发出来，并服从这一统摄力量，这一统摄力量就是自然的酒神力量——尼采以强力意志所命名之物。生命的高度则在于保持差异，保持较高类型的生命对于其他存在形态的绝对优势，惟有保持差异才能担保生命的高贵性，也才能担保生命的完整。从这种对于完整的理解出发，当尼采说基督教代表分裂的倾向时，主要是指生命力量的衰退、涣散，以及生存高度的丧失，也就是生命的颓废倾向。就此，尼采始终是把基督教看做是下降、衰退的生命的体现，即颓废的体现：基督教是颓废的宗教表现形式之一①，颓废代表着对整体的破坏，基督教则是分裂的倾向；颓废是"在艺术及道德上通向虚无的意志"②，而基督教对于上帝、彼岸世界的信仰，对于自然生命的否定就是求虚无、毁灭的意志。

拯救的需要，作为基督教最基本的需要，就是生命颓废的结果及表现形式，尼采认为瓦格纳艺术作品以拯救为主题，也就是认为瓦格纳的作品是颓废的典型表现。在尼采对瓦格纳作品的解释中，所谓拯救，实际上就是生命走向毁灭和虚无，即对生命本身的否弃。比如《漂泊的荷兰人》中森塔拯救荷兰人，使其从永恒漂泊的痛苦中解脱出来，这种拯救在尼采那里恰恰是生命的毁灭，因为生命的本性就是永无停息的流变，而终止漂泊有违生命之本质。又如《尼伯龙根的指环》代表瓦格纳自身的拯救，而这种拯救正是源于瓦格纳对虚无的认同。

瓦格纳的主题是拯救问题，拯救问题是基督教的基本问题，基督教是颓废的宗教表现，通过这一系列剖析，尼采作出对瓦格纳的基本诊断：瓦格纳是颓废者。尼采对瓦格纳同时还有另一个诊断：瓦格纳是作假者。这两个诊断实际上是相互归属的：在尼采的观念中，彻底的颓废本质上就是作假，是将颓废伪装成健康、将生命的衰颓倾向装

---

① ［德］尼采《瓦格纳事件》，周国平译，载《悲剧的诞生》，第311页。

② ［德］尼采《尼采反对瓦格纳》，陈燕茹、赵秀芬译，山东画报出版社2002年版，第89页。

扮成崇高之物来追求。判定瓦格纳为作假者，尼采也在某种程度上为自己前期之所以高度赞扬瓦格纳提供了一个解释：正因其作假，所以蒙蔽视听、引发误解。

颓废之作假乃一种“两面性”，是将原本截然对立之物混杂起来。这种对立也就是上述尼采在生命之完整与生命之涣散之间所作的区分，也即上升的、强健的生命与下降的、衰落的生命之间的区分。两种生命的对立在尼采那里总是与主人道德和奴隶道德的对立相一致。上升的生命主张主人道德，其标志是肯定生命、肯定世界，这种肯定源于自身生命的丰满、强健；衰落的生命需要奴隶道德，其基本特征是否定生命、否定世界，因其疲乏而无能从事肯定。根据尼采的观念，基督教的道德作为生命颓废的征兆，就是一种与主人道德相对立的奴隶道德。瓦格纳是颓废者，是基督教精神的体现者，因而在根本上与上升的生命、与主人道德相对立，但颓废者瓦格纳却在他的艺术作品中使用类似于主人道德的象征，模糊甚至取消这两种生命、两种道德之间的对立：

> 这是作假，是与生俱来的两面性，想要不把这种对立感受为对立：例如瓦格纳的意志，他是颇擅长这样的作假的。他一面觊觎着主人道德、高贵的道德（冰岛神话几乎是它最重要的证书），一面鼓吹“衰亡者福音”，拯救之需要的相反教条！①

尼采认为，瓦格纳的音乐戏剧在神话和音乐两个方面都存在作假。就内容而言，瓦格纳的戏剧大多取材于民间神话。在尼采看来，神话对于一个民族具有非常重要的意义：神话是一个民族日神力量的表达，民族的文化形态，如国家、政治、风俗等等都与神话紧密相联；同时，神话是自然酒神本质的形象化的个别例证，根本上与自然的酒神力量相关联，因此，神话是该民族生命力的显现，有无神话的土壤是该民族文化生命健康与否的标志。瓦格纳戏剧以民间神话为题材，尼采在《瓦格纳在拜洛伊特》中曾对此给予高度评价：当神话已经沦落为妇孺“童话”之际，瓦格纳恢复了神话的男子气概；在神话已经被理论化倾向破坏的现代，瓦格纳复兴了神话，重新以神话而不是概念化语言

① ［德］尼采《瓦格纳事件》，载《悲剧的诞生》，第 317 页。

来思考世界的本质。但是瓦格纳对神话的利用现在却成了瓦格纳的罪证，被认为是瓦格纳用以作假的骗术，貌似宏伟强健的生命强力，实际上是用一袭华美的外衣掩盖衰弱的内在。从尼采的视角来看，颓废者瓦格纳利用神话，从神话中寻找某种外在的形式，这是因为自身文化生命的弱化，不能自我创造新的文化形式，需要向其他文化——无论是自身的历史还是其他民族的文化讨取资源。因而瓦格纳戏剧对民间神话的利用，充其量仍不过是一种对所谓的异国情调的倾慕。瓦格纳甚至对本来表现英雄事迹的神话进行了改写，使神话成为现代基督教精神、也就是现代颓废精神的表达，因此，按照尼采的说法，瓦格纳以远古神话为内容的戏剧实际上都是现代市民剧，其中的人物都可以置换成为现代颓废者。尼采有关神话的思想某种程度上曾受瓦格纳神话观念的影响，而我们看到这种影响反过来成为尼采批评瓦格纳的有效工具。

就瓦格纳的音乐而言，他对“主导动机”的运用极具特色。瓦格纳的戏剧中几乎每个人物、事件、情感、景物乃至概念等等都有相应的音乐主题，不同的主导动机彼此交织构成庞大的主导动机网，带来恢弘的气势。《瓦格纳在拜洛伊特》中关于瓦格纳的音乐表现激情的评述，实际上就是尼采对瓦格纳音乐“主导动机”的正面评价。尼采认为，瓦格纳使激情的表现达到高度的清晰性和确定性，瓦格纳极为精细地掌握了每种情感的细微差别，他能够“赋予自然中迄今未肯说话的一切事物以一种语言”①。藉此，瓦格纳音乐中每一事物都用各自独特的方式表达不同的激情，这大大扩展了音乐的传达能力。而在严格区分各种不同事物，给予它们不同的音乐主题，使它们以各自独特的语言表达“严格个别化的激情”的同时，瓦格纳的音乐却还能将这些纷繁复杂、各具差别的主导动机统一成整体，从中追踪“总激情的伟大轨迹”。由此，瓦格纳的戏剧“叙述了不同个人平行的单史和一切个人的总史”②。“激情”一词如前文所述，在尼采的思想中具有形而上的意味，因此，我们可以把每个各具特色的主导动机看做是日神的个别化界

① ［德］尼采《瓦格纳在拜洛伊特》，载《悲剧的诞生》，第158页。

② ［德］尼采《瓦格纳在拜洛伊特》，载《悲剧的诞生》，第160页。尼采对瓦格纳音乐戏剧的这种描述与他在《悲剧的诞生》中对埃斯库罗斯的普罗米修斯的描述极为类似，参见尼采《悲剧的诞生》第9节：“骤然汹涌的酒神洪波背负起个人的单片小浪”，周国平译，第40页。

限、个体之间严格的区分,而“总激情”则是酒神的总体性力量,是一切个体交汇融合的自然。瓦格纳的音乐既有日神式的个体生命在彼此冲突争斗中的自我张扬,也有最终在自然永恒生命中的合一,它是自然的回响:它“作为整体是世界的一个摹本,这个世界如同那位伟大的爱非斯哲学家所理解的,乃是通过斗争所显示的和谐,乃是正义和敌视的统一体”。①

但是这种曾经被尼采大加称道的音乐形式后来遭到尼采的激烈反对。尼采对瓦格纳音乐的批评大致可以归结为以下几个方面。第一,瓦格纳所无能达到的,正是这“总激情的伟大轨迹”,也就是说,瓦格纳缺乏控制力,无能达到整体。现在,“主导动机”成了某种缺陷的后果:由于在创造整体上的无能,瓦格纳转而分析区别单个事物,注重并强调细微末节,音乐被分解为单个要素,整体则不复存在,至多只能达到这些单独小品的机械组装。整体的瓦解、“总激情的伟大轨迹”的失落,在根本上指示着生命的统摄性力量的丧失,这正是颓废的集中表现。第二,既然瓦格纳的音乐失落了自然的酒神力量,它作为自然表达自身的语言的地位也就丧失了,确切地说,它丧失了音乐之为音乐的本性——它不再是音乐,而是图画和修辞,也就是对个别事物的单纯摹仿和夸张。第三,瓦格纳虽然只能雕琢细节,但又想追求崇高、宏伟的整体效果,规模巨大的主导动机网就是这种追求恢宏戏剧风格的表现。但由于已经丧失了本源性的自然力量,由于生理上已经没有真正的恢宏风格借以产生的健康前提,它对整体风格的追求只能是一种伪装,是故作姿态,是对伟大风格的粗鄙摹仿。真正的伟大风格是对各种冲突斗争的力量的控制,所以它要求法则、均衡、尺度,瓦格纳恰恰缺乏这种控制力,他抛开一切法则、秩序,仅仅追求表面上的恢宏气势。第四,为达到这一表面上的恢宏气势,瓦格纳的音乐还有两种手段。一是表现激情,但这种激情不是形而上意义的自然激情,而是混沌状态的单纯重复,表现在音乐手法上就是取消音乐的旋律,其直接的目的就是刺激神经,引起精神的亢奋。二是表达“理念”,瓦格纳的音乐已经沦为图画和修辞,不再是自然至高本质的表达,但瓦格纳

---

① [德]尼采《瓦格纳在拜洛伊特》,载《悲剧的诞生》,第 160 页。尼采对瓦格纳音乐戏剧的这种描述与他在《悲剧的诞生》中对埃斯库罗斯的普罗米修斯的描述极为类似,参见尼采《悲剧的诞生》第 9 节:“骤然汹涌的酒神洪波背负起个人的单片小浪”,周国平译,第 160 页。

企图使人相信他的音乐有更为高深的内涵，有某种"无限的意味"，因而他的音乐成为诠释"理念"的手段，这反而使音乐失去了清晰和明朗。

对恢宏戏剧风格的追求最根本的目的在尼采看来是为了造成某种剧场效果，以期迎和现代剧场的趣味，靠现代剧场和现代公众获得声名。音乐只是达到和加强这种剧场效果的手段。而在尼采眼中，现代剧场中占据支配地位的是中产阶级的所谓"有教养之士"，也就是现代庸众，他们对艺术的要求如前文所述，或者是麻醉，或者是刺激。剧场中没有个人的判断，趣味趋于大众化、平庸化，因而尼采认为剧场是艺术上的奴隶起义。就此看来，瓦格纳的拜洛伊特剧院实际上就是现代剧院的翻版，是对庸众施加效果，从庸众那里获得成功的地方。尼采对拜洛伊特的这种批评也与早期形成巨大反差，拜洛伊特剧院曾经被尼采认为是对现代剧院的反抗，是为了建立一个新的风格传统，并以此培育人的心灵的。瓦格纳实现忠诚、成为酒神颂戏剧家的过程，其第一个阶段就是他克服对于现代剧院和现代观众的期待。而当尼采把拜洛伊特等同于艺术上的奴隶起义时，其含义与他说基督教是道德上的奴隶起义相同，即颓废的生命类型开始占据主导，成为对更高的生命类型的压制，也就成为对于生命之提升的压制。

如果艺术成为迎合剧场趣味、获得剧场效果的手段，则必然失去艺术之为艺术的真诚，在这个意义上，尼采说瓦格纳不是音乐家、不是戏剧家，而是一个演员，这与说瓦格纳是颓废者、作假者含义相同：作为演员，瓦格纳企图让人相信并非真实的东西，在他那里，衰落企图装扮成强健，卑贱企图装扮成高贵。尼采看到，颓废已然成为西方现时代的基本特性，一切置身于其中的人作为"时代的产儿"，都是颓废者，瓦格纳是这一现代特性最鲜明、最集中的体现——因为他不去抵制这种颓废，反而顺从并推动这种衰败、涣散的倾向，他使得艺术背离本源，沦落为颓废的仆从，不再为更高的目的服务，就此他屈服于不忠的诱惑，丧失了艺术家的忠诚。

从尼采对瓦格纳主题前后两种解释之间截然的差别中，我们可以看到，忠诚和拯救的对立，实际上也就是尼采在古典主义与浪漫主义之间确立的一个基本对立，而这一对立在尼采的思想中含意丰富，它意味着古典与现代的对立，也就是希腊异教与基督教的对立，健康与颓废的对立,主人道德与奴隶道德的对立,上升的生命与下降的生命的对立,概而言之,忠诚与拯救的对立实际上就是尼采所提出的酒神狄奥尼索斯与被钉十字架者耶稣的对立。

(作者单位:南开大学)

杜威的实用主义“经验”论

李媛媛

内容提要 本文对贯穿杜威整个思想体系的关键性术语“经验”进行概念史的考察，在此基础上对“一个经验”、“审美经验”的概念予以解读。“经验”是杜威实用主义哲学和美学的基石，杜威正是通过对“经验”概念的重构来摒弃西方传统哲学中普遍存在的二元论，恢复经验与自然、审美经验与生活的正常过程之间的连续性，从而完成哲学的改造。杜威的经验论美学旨在引导人以一种全新的方式看待与欣赏世界，使审美经验成为塑造日常经验和我们生活的有益向导。他教给人们一种生活的智慧，致力于使人类的生活更加美好、更有意义。

关键词 经验自然主义 一个经验 审美经验

约翰·杜威是美国古典实用主义的著名代表人物，他在哲学、伦理学、教育学、美学等各个领域都有独创的研究，取得了很大的成就，并产生了广泛而深远的影响。美国新实用主义的代表人物理查德·罗蒂把杜威与维特根斯坦、海德格尔并列，认为他们是20世纪最重要的三位哲学家。作为实用主义学派的集大成者，杜威秉承了这派哲学的传统，同时将他的经验自然主义应用到美学领域，形成了独特的实用主义美学。

“经验”是杜威实用主义哲学和美学的基石，这个术语在杜威这里获得了不同于其传统意义的新的内涵，它不是指涉局限于人内心的精神状态或通过感官获得的知识，而是包含心与物、主体与客体以及它们之间的相互作用和融合，它是有机体适应环境、改造环境的有效途径。杜威正是通过对“经验”概念的重构来摒弃西方传统哲学中普遍存在的二元论，恢复经验与自然、审美经验与生活的正常过程之间的连续性，这是其哲学美学的根本出发点。本文对贯穿杜威整个思想体系的关键性术语“经验”进行概念史的考察，在此基础上对“一个经验”、“审美经验”的概念予以分析和探究，从而更为客观深入地理解杜威的哲学和美学。

一、“经验”的概念史考察

“经验”一词的希腊文是*empirie*，在拉丁文里是*experientia*。几乎每一部哲学辞典，都会把经验规定为通过感官，而不是从书本上获得的知识。《牛津哲学指南》将“经验”定义为：“对世界的直接的、观察性的知识。更狭隘地说，经验有时是限于这种知识的感官基础的”[①]。《布莱克威尔西方哲学词典》将“经验”定义为：“我们通过感官所感知到的东西（感官经验），我们从其他人那里学到的东西，或来自外部来源的或内部反省的东西。在此意义上，经验是与观察和实验联系在一起的”[②]。这两个定义，前者较为朴素，后者显然带有近代认识论的色彩。事实上，作为一个古老的哲学术语，“经验”这个概念经历了一个漫长的发展过程，我们首先回顾一下这个词在哲学史上的意义流变。

在西方哲学史上，“经验”一直是一个颇具争议的概念。在古希腊，由于对理性思辨的推崇，希腊哲学具有明显的唯理主义特征。经验处于永远流变的状态，它意味着需要、欲望，理性知识则是全面的、自给自足的，是关于永恒真理的。经验被当成低级认识，它是实用性的，只涉及个别的、表面的、偶然的现象，因此顶多是知识的一个来源，却不能把握真理。[③] 柏拉图出于对“理念”的极端珍视，认为一切感性事物都是变幻无常的，处于永恒的流变之中，不能达到对普遍本质的认识，并且，对理念的把握可以不通过感性经验，甚至需要抛弃这种经验，而直接由理性直观来获得。亚里士多德在批驳了柏拉图的理念论之后，承认人的知识来源于感觉经验，但是又指出这种认识并不可靠，

---

① Ted Honderich (ed.), *The Oxford Companion to Philosophy*, New York: Oxford University Press Inc., 1995, p. 261.

② Nicholas Bunnin and Jiyuan Yu, *The Blackwell Dictionary of Western Philosophy*, Blackwell Publishing Ltd, 2004, p. 240.

③ 杜威认为，原因在于希腊人重视粗糙的原始材料，而不像近代科学那样，利用工具对它们进行观察、分析和改造。

它不是普遍的、必然的，必须上升到理性的高度。[①]

到了近代，以笛卡尔、莱布尼茨等为代表的理性主义者，将“天赋观念”的预设作为一切论证的前提，它是我们获得可靠知识的保证，并且只能通过理性直观来把握。在他们看来，虽然感官经验可以作为获得知识的途径，但它们是不可靠的。笛卡尔认为，经验的确实性和真实性是值得怀疑的；莱布尼茨则更进一步指出，经验无法提供具有普遍必然性的知识；而在斯宾诺莎那里，感觉经验不但不能提供正确的知识，而且是错误认识的来源。在理性主义者看来，各种经验之间的结合和联系必须诉诸理性，否则它对他们所追求的具有普遍必然性的知识就是绝缘的。

在近代哲学中，对“经验”的探讨最细致也最具代表性的是以洛克、贝克莱和休谟为代表的英国经验论。与理性主义相反，经验论的首要原则是一切知识都来源于经验[②]，超出经验之外的所有事物都不在他们的探究范围之内。

英国经验论是在 17、18 世纪实验科学兴起的背景下逐步产生的。弗兰西斯·培根(Francis Bacon)是它的奠基者，他把对自然的观察和实验作为知识的出发点，以归纳法为基本方法，确立了一切从经验出发，不盲从任何习见、不轻信任何权威的经验主义原则。正是在这种精神的指引下，其后的洛克、贝克莱和休谟等人将规定人类认识的范围和界限作为自己的首要任务。洛克在《人类理解论》的开篇就明确表示，他的目的是“探讨人类知识的起源、确度和范围，以及信仰的、意见的和同意的各种根据和程度”[③]。本着这个意图，洛克否认理性主义者所信仰的“天赋观念”，他断言，人心是一张白纸，原本空无一物，只

---

① 一个较为普遍的意见是，柏拉图代表了理性主义，而亚里士多德的理论中的经验主义成分更重：柏拉图哲学中最高的存在——理式、本质或形式——是存在于现实世界之后的，而亚氏认为这些东西存在于世界之中，是“形式因”，因此给予经验以更多的肯定。但是事实上，他们两个人的思想中都糅合了经验主义和理性主义这两种成分。在古希腊思想家中，更具经验论色彩的是德谟克利特和伊壁鸠鲁，前者是原子论的代表者，认为知识应依据经验事实，这种原子论在近代随着科学的兴起而得到复兴，也是此后的英国经验论的科学基础；后者指出感觉是推理的基础，并将知识追溯到被感知对象影像的流溢。

② 虽然有时也有例外，如洛克虽否定了先天观念，却仍承认上帝、物质、实体等观念的存在，这是他赋予心灵以抽象能力的结果，仍说明了其学说中存在的矛盾和不彻底性。贝克莱正是在此基础上，将洛克经验论中的不彻底性加以克服，以至走向了极端。

③ [英]洛克《人类理解论》，关文运译，商务印书馆 1959 年版，第 1 页。

是由于外物作用于感官才产生了观念。观念是人类知识的对象[①]，我们所能获知的所有知识都源于此，也应还原于此。与洛克相似，贝克莱也认定一切认识材料都是由经验提供的，我们无法思考我们所经验或经验过的对象之外的东西。他用一句"存在即被感知"将一切涉及外部世界的问题都排除在外了。休谟也说："任何东西我们如果在以前不曾借外部感官或内部感官感觉过，那我们便不能来思想它。"[②]这样一来，经验主义者将现实世界、本质以及真理等问题统统抛弃，剩下的只有内在经验这种原始的存在物。

如果像经验论者所说的那样，经验仅仅发生于内心，那么，是否有独立于我们的感知而存在的物质客体？对这个问题，洛克、贝克莱和休谟给出了不同的回答。洛克认为人的经验和知识归根到底是外界事物作用于我们的感官的结果，他并不否认外在对象的存在，也不否认它们是我们的感觉和思维的对象，是我们产生观念的原因。但是，他又说，外物究竟以怎样的方式引起观念，我们不得而知，因为我们不能直接察觉外物，只能直接感知到我们自己的观念，虽然如此，我们仍能获得关于外部客体的知识。贝克莱认为外物的存在是无法证明的，他给出了这样的论证："要说事物的任何部分离开精神有一种存在，那是完全不可理解的，那正是含着抽象作用的一切荒谬之点。读者如不相信，可以在思想中试试自己能否把可感知事物的存在和其被感知一事分离开。"[③]外界对象没有独立的存在，它们只是以观念的形式存在

---

① 观念有简单和复杂之分，感觉和反省构成了简单观念，心智对简单观念进行处理而形成了复杂观念，但不管观念如何复杂，都仅有这两个来源，其根本的来源仍然是感觉经验。需要注意，在洛克看来，心灵没有产生简单观念的能力，它是被动地从经验中接受来的。只有在构造复杂观念时，心灵才有自觉活动的能力，但仍然是建立在对简单观念进行比较、重复、联结和抽象的基础上的，有一定的限定性。并且，这些复杂观念是"人心随意做成的"(见《人类理解论》，第130页)，因而不保证具有可靠性。

② [英]休谟《人类理解研究》，关文运译，商务印书馆1957年版，第57页。着重号为原作者加。

③ [英]乔治·贝克莱《人类知识原理》，关文运译，商务印书馆1973年版，第22页。初看起来，这句话的荒谬性不言而喻。难道我们闭上眼睛，看不到眼前的风景，就可以说它不存在吗？难道我们在睡梦中或幻想中所看到的东西(它们也是精神的产物)与事实上看到的东西之间没有什么区别吗？第一个问题涉及物体的持续存在问题。贝克莱的解释是，我写字用的桌子之所以存在，是因为我看到它，我触到它，感觉到它。当我走出书房，看不到它时，如果我说它依然存在，我的意思就是，如果我还在书房中，我还可以看见它，或者有别的精神现在还在感知到它。那么，如果有人反驳说，对于这世界上的那些未被观察的东西(转下页)

于感知它们的心灵之中。换言之，如果心灵不对这些对象进行感知，对象就不会存在。这样一来，物就成了观念的集合，对象与感觉成了同一种东西。[①] 休谟对物体存在这个问题不置可否："我们很可以问，什么原因促使我们相信物体的存在？但是如果问，毕竟有无物体？那却是徒然的，那是我们在自己一切推理中所必须假设的一点。"[②]当然，从休谟的论著中我们可以看出，他是承认并相信心灵之外的世界存在的，但是这无关紧要。因为本着"一切知识源于经验"的原则，外界客体即使存在，也不是我们的认识所能达到的范围，我们对它的探讨是一种僭越。因此，不论是否相信外物存在，对于这个外部世界，我们一无所知。

既然外物的存在不能得到经验的支持，探讨我们的观念是否与这种外物相符合就变得毫无意义。关于人的意识与外部世界的关系问题，基本上可归纳为两种立场。一种是符合论，它认为，我们的每一个观念都是对外界事物的精确摹本，认识就是对实在及其本质的原原本本的反映。另一种是表象论，这种理论认为，观念所反映的仅仅是实在的表象，而不是实在本身，因此，"符合"问题无从谈起。英国经验论者普遍持表象论立场，他们认为，外部事物是无法认识的，我们所直接知觉到的是心灵的影像，而不是事物本身，因此观念是否真正地摹写了外部世界的问题是我们所无法回答的。当我看一幅图片时，如果我从未见过这幅图片所表象的东西的话，那我如何知道这幅图片与原物

---

*(接上页)(譬如，生长在无人到过的山野中的花)，这个解释如何有效？贝克莱会这样应对："虽然它未被我实际感知，却存在于某个永恒精神的心中"，这里的"永恒精神"当然是指上帝。但是，"上帝"显然是由超出经验之外的推论得出的，这违反了贝克莱的经验主义原则。因此，这个回答与其说是一种解决，不如说是一种搪塞。至于第二个问题，贝克莱回答说，当然有区别，前者是想象观念，后者是感觉观念，而"感觉观念要比想象观念更为强烈、更为活跃、更为清晰。它们是稳定的、有秩序的，而且是互相衔接的；它们并不是意志的结果，并不能任意刺激起来；它们是在有规则的系列中出现的，其互相联系之神妙，足以证明造物主的智慧和仁慈。"(《人类知识原理》，第33页。着重号为原作者加)将人的知觉领域之外的物的存在归结为上帝的仁慈，贝克莱所给出的解释显然过于牵强，不能令人满意，但是仔细想来，它是经验论经过发展得出的必然结论。

①贝克莱不仅将外物的存在排除出哲学研究的范围，而且还将物质概念视为多余。因为支持物质存在的人说，它是种无色、无味、无温度的东西，也就是说，它不具有洛克所说的第二性质。在贝克莱看来，这种在本质上不可感知的东西简直难以想象，完全超出了经验可把握的范围之外，因此，它没有任何意义，是应该用"奥康剃刀"剃掉的多余的东西。

② [英]休谟《人性论》，关文运译，郑之骧校，商务印书馆1980年版，第214页。着重号为原作者加。

是相似的呢？正如康德所说，我们永远都无法知道以物自体方式存在着的物体。不过，我们看到，这仅仅是一种普遍的情况，并不是绝对的。事实上，洛克的理论中明显有符合论的痕迹，这主要表现在他关于第一性质的说明中。在他看来，第一性质的观念与第一性质本身是相似的。① 但他的这个信念立即遭到贝克莱的反驳。② 并且，我们可以看到，这种符合论在后来的经验主义者的讨论中消失殆尽。休谟和贝克莱一致认为，我们在感知时，并没有感觉到对象的实体本身，我们所经验到的仅仅是一些颜色、声音、气味，这些被直接感知的东西仅仅是一些知觉或表象。当一个人说“这是一把刀”、“那是一棵树”时，他已经在超出经验范围作推论了，尽管他自己并未意识到这一点。但是，休谟说，我们凭什么仅从“金属”、“锋利”这些孤立的感觉经验就得出“这是一把刀”的结论呢？况且，这些感觉经验也仅仅是我们的知觉，而不是对象的真实性质。因为我们所能把握的只有构成知觉的印象和观念，对于处于知觉之外的事物的实体本身，这些事物之间的联系以及它们的本质，我们无从认识。

观念与其外物之间的联系被割断了，那么，观念与观念之间是否存在联系呢？对于这个问题，休谟用他的“心理原子主义”来作答：“心灵是一种舞台；各种知觉在这个舞台上接续不断地相继出现；这些知觉来回穿过，悠然逝去，混杂于无数种的状态和情况之中。”③关于这个见解最典型的一个例证是休谟关于因果必然性的论断，在他看来，科学家们所说的因果必然性纯属“臆说”。实际上，我们只看到对象一个接着一个地出现，却看不见对象之间的联系和作用，所谓因果关系，仅仅是对象之间的恒常会合而使我们产生心理习惯的产物。当我把手伸向火炉，感觉到热时，我会习惯性地将火与热联系在一起，但是，我们不能由此得出结论说，火是热的原因，也不能推断出当我下次重复

---

① 洛克区分了对象的第一性质和第二性质，第一性质（如广袤、形象、运动、数量等）是对象本身固有的，而第二性质（颜色、声音、味道等）则并非对象本身所具有的性质，而是“借其第一性质在我们心中产生各种感觉的那些能力”。（《人类理解论》，第101页）虽然同为外物作用于心灵的结果，我们对第一性质的观念与这种性质本身相似，而第二性质的观念则根本没有相似物。

② 贝克莱指出，既然第一性质与第二性质是紧密相关、不可分离的，那么第一性质也与第二性质一样，只存在于我们的心灵之中，而不是什么固有性质。也就是说，在他看来，一切知识都是经验者的一种机能，所谓的第一性质是根本不存在的。

③ ［英］休谟《人性论》，第283页。

这一行动时，会出现同样的结果。也就是说，我们所能知觉到的只有现象，即康德所说的“现象界”。我们关于因果关系的观念只不过是一种思维的惯性，而不是真正的规律。“整个说来，必然性是存在于心中，而不是存在于对象中的一种东西。”[①]因此，“关系”是发生于内心的，不具有客观性，我们无法从以往的经验中推证出具有必然性和确定性的因果关系。杜威一针见血地指出：“这样要弄到没有科学亦没有真理的地步，因为科学所以能存在，就在承认经验中事实的本身有一种关系，才可以找出通则和公理，现在把关系都看做人造，科学就不存在了。”[②]

由此可见，不论是洛克、贝克莱，还是休谟，他们思想上的一个共同点是都带有唯名论色彩，即只承认个别事物或事物的某些个别性质，而不承认普遍性的事物的客观存在。他们将感觉经验视为纯粹主观的事件，它们是孤立的、原子式的，因此，不具备普遍性和必然性，仅仅是或然性的知识。并且，通过经验获得的结论也是特殊的，而不是普遍的。在这样的情况下，心灵越是被动，就越能获得真实的知识。贝克莱说：“我们在自己方面，并在借感官或思考印入心中的一切观念、感觉和概念方面，都看不到有什么东西，可以使我们断言，有一种无活力、无思想、不被感知的缘由存在”；“事实上，抽象观念的学说，实在是有损于许多有用的知识的”[③]。我们对于事物的外部原因或绝对本性一无所知，它们并不是我们感知的对象。休谟自己也承认：“经验……永远不能使我们洞察对象的内在结构或作用原则。”[④]经验主义者的辞典里没有理性主义者所极力探求的“共相”、“一般”、“本质”，在他们那里，只有个体事物现象的存在。这种知识只能成为过去和现在的表象，却并不指向未来。

通过以上表述，我们看到，英国经验主义发展到贝克莱和休谟，知识的对象不再是外界事物，而是内在观念，“经验”逐渐由认识外在世界的途径变成为内省的工具。这种狭隘的经验论使意识封闭于自身，缺少通向外界的门户。如果人的经验就是“知觉的集合体”，或“一束知觉”，那么我们就无法对外物的存在，甚至无法对心灵本身的存在给

---

① [英]休谟《人性论》，第190页。

② [美]约翰·杜威《杜威五大讲演》，胡适口译，安徽教育出版社1998年版，第223页。

③ [英]乔治·贝克莱《人类知识原理》，第53—54页，第65页。

④ [英]休谟《人性论》，第194页。

出证明。这样一来,感觉不仅是一切知识的来源,它还是知识的界限。经验不再是连接主观认识和外界事物的桥梁,反而成了阻隔二者的蔽障。更进一步,既然我们所能获得的唯一的实在就是内在观念,那么用来检验这些观念的只能是观念本身,如此,我们如何确定这种观念的可靠性和真实性?至此,经验论陷入感觉的泥淖不能自拔,最终只能以不可知论的悲剧收场。

从承认外物存在,到否认心外之物的可把握性,从可知论发展到不可知论,这是英国经验论发展的内在逻辑的必然。休谟曾这样精辟而绝望地概括哲学的宗旨:"确信人类的盲目和无能为力是全部哲学的结果。"[①]正是这种怀疑精神启发了康德,使他从独断的迷梦中惊醒。康德一方面承认一切知识都始于经验,理性无法单枪匹马地完成把握实在这个任务,但同时他又认为这并不代表一切知识都来源于经验。康德深深意识到人类知识不能囿于经验内部,而必须用先天能力来调和我们知识能力的限制,他的整个批判哲学的目的就是证明通过经验获得的知识如何具有必然性,即先天综合判断如何成为可能。但作为自在之物的"物自体"的存在以及它的不可知却暴露了康德的这种努力的不彻底性。

英国经验论用经验来规定认识的范围,否认一切超感觉的事物,经验的重要性得到了史无前例的张扬。然而,它是一种消极的反映论,心灵仅仅是被动的接收器,而且只能个别地接受感觉和观念;观念与对象,以及各观念之间没有相互作用,没有内在联系。休谟说:"有两个原则,我不能使它们成为互相一致,同时我也不能抛弃两者中的任何一个。这两个原则是:我们全部的个别知觉都是个别的存在物;而且心灵在个别的存在物之间无法知觉到任何实在的联系。"[②]如果我们对外界事物的经验是零散的、片断性的,我们就不可能获知一个作为对象的对象。这个致命的缺陷天生注定了怀疑论将成为它的必然命运。

尽管如此,这种缺陷却不能掩盖英国经验论在哲学史上的价值。它试图为人类的知识规定范围和界限,对人类的认识能力本身也进行了几近苛刻的考察,对于哲学研究来说,这种怀疑精神是非常必要的。

---

① [苏]敦尼克等编《哲学史》,三联书店 1972 年版,第 295—296 页。

② [英]休谟《人性论》,第 673—674 页。着重号为原作者加。

更重要的是,它不仅影响了以马赫、阿芬那留斯为代表的经验批判主义,以孔德、斯宾塞为代表的实证主义,以胡塞尔为代表的现象学,尤其影响了以皮尔士、詹姆斯和杜威为代表的实用主义。由于地理位置、语言、文化等原因,英美哲学之间保持着千丝万缕的联系。换言之,英国哲学在很大程度上影响着美国哲学。这里,出于研究的目的,我们只讨论詹姆斯和杜威的经验论对传统经验论的批判、继承与发展。

二、哲学的改造与杜威的"经验自然主义"

实用主义拒绝采纳任何一种传统的哲学立场,因此,它的研究性质和范围以及它解决问题的方式就不囿于旧传统的圈子之内。它不满足于仅仅成为"新瓶装旧酒"的哲学派别,而是从全新的视角出发,对许多古老的哲学问题给予了极富创造性和启发性的解答。作为实用主义的重要代表人物,詹姆士和杜威基于同一立场,却从不同角度对经验概念进行了全新的阐释。可以说,到了实用主义,经验论逐步完成了从古典到现代的嬗变。

詹姆士称自己的经验主义为"彻底的经验主义",以示与以贝克莱、休谟等为代表的传统的经验论之间的区别。在实用主义者眼中,传统的经验论显然不能算得上是一种充分而彻底的经验论,具体说来,它在很大程度上是一种不够完善的认识论①,而实用主义的经验论则带有更多的现象论色彩,它关心的是深入经验本身。按照彻底的经验主义的看法,传统经验论割裂了作为整体的经验,并设定了经验的界限,但经验是一种复杂而无限丰富的存在,所有对它进行分割和限定的做法都会带来片面性。

然而,詹姆士所主张的"彻底的经验主义"与英国经验论之间仍然存在一些共通之处,从某种意义上说,它是从实用主义立场出发,对后者进行了改造和发展。与英国经验论的基本精神相同,彻底的经验主义也将哲学的论域限制于所经验或可经验的范围内,它的公准是"在

① 虽然由于天生的缺陷,英国经验论无法为经验提供一个有效的基础,因而并未能解决认识论的问题,而陷入了怀疑论的困境。

哲学家中间唯一可以展开辩论的东西将是可以用从经验中抽出来的项来说明的东西"[1]。哲学思考必须以活生生的经验为基础，并在经验中得到扩展和充实。当然，不被经验的事物仍可存在，只是不在哲学讨论的题材范围之内。除此之外，英国经验论的某些观点在詹姆士这里得到了清晰化和彻底化。例如，贝克莱的"存在即被感知"的理论，就是将感觉与事物本身看成是一体的，这一点启发了詹姆士。[2] 詹姆士认为实体是我们所经验到的属性，它不是独立自存的，而是存在于人的感知中。因而，经验是具有连续性的整体，它既包含了现在，又指向未来。

詹姆士把整个世界都看做是一个纯粹经验的世界，他这样来定义纯粹经验："如果我们首先假定世界上只有一种原始素材或质料，一切事物都由这种素材构成，如果我们把这种素材叫做'纯粹经验'，那么我们就不难把认知作用解释成为纯粹经验的各个组成部分相互之间可以发生的一种特殊关系。这种关系本身就是纯粹经验的一部分；它的一端变成知识的主体或担负者，知者，另一端变成所知的客体。"[3]詹姆斯这里所说的"纯粹经验"在杜威关于"原初经验"（primary experience）的论述中得到了更为明晰的说明。[4] 在经验中，思维和事物是绝对同质的，是用同一的材料做成的。这就好比是一瓶油彩，把它放到商店里，它就是一种物质、一个可售的商品，而把它涂抹到画布上，它就行使精神的职能。"当前的瞬间场（instant field）永远是在'纯粹'状态中的经验，是平实无华的未经限定的现实性，是一个单纯的这，还未分别成为事物和思想，仅仅是可以潜在地归类为客观事实或为某人关于事实的意见。"[5]纯粹经验不是由各种不同要素混合而成的，它就是其本来的样子，是未分的，原初的。同时，它身兼二职，同

---

① [美]威廉·詹姆士《彻底的经验主义》，庞景仁译，上海人民出版社1965年版，编者序言第4页。着重号为原作者加。

② 詹姆士甚至认为贝克莱并未否认物质，而只是告诉我们物质是由什么组成的，对于贝克莱来说，物质就是可以被感知的东西。罗素认为，詹姆士使用"纯粹经验"这个词，"表露出一种或许不自知的贝克莱派的唯心论"（罗素，《西方哲学史》，马元德译，商务印书馆 2001年版，第371页）。

③ [英]威廉·詹姆士《彻底的经验主义》，第2—3页。

④ 杜威多次论及原初经验，它是直接的、非推论性的，还未受到反省的侵蚀，因而还没有形成主客体、形式与质料的划分。

⑤ 同③，第39页。着重号为原作者加。

时扮演着主观意识和客观内容的角色。比如一本书，它不仅是物理的存在，同时也存在于我的心中，我在它所处的各种关系（既包括它与其环境的关系，也包括它与我的个人生活的关系）中来想它。并且，这种“纯粹经验”是直接的生活之流，它是我们后来进行反思的物质材料。正如在闻香水时，未经训练的人只能闻到一种气味，而经过训练的香水大师可以辨别出普通人所知觉不到的香味元素。类似地，即使我们在对经验进行深入的反思时，可能会区分它的不同类别和方面，但这种划分仅仅是功能性的，而不是实质性的。然而，纯粹经验是一种混沌状态，只有懵懂无知的婴儿或处于昏迷状态的人才能拥有它。当人进入清醒状态之后，就会有选择地从纯粹经验中挑选材料，并对这些材料进行划定和分析，用来引导自己的行动，于是，这个这就立即有了重点，某些部分被突出出来，并得到固定和抽象。

詹姆士竭力反对把人的意识经验简化为孤立的要素，并在此基础上提出了著名的“意识流”理论：人的意识就像河水一样，是流动的，绵延不绝的，各部分之间没有间断，没有衔接。[①] 即使一个人睡觉时，他的意识可能在时间上存在间歇，但一醒过来，他又会毫不费力地与先前的意识流联系起来，因此，他的意识不存在明显的断裂。詹姆士认为，洛克、贝克莱等人把经验视为孤立的感觉，这些感觉之间缺乏连续性，似乎河流中流淌的不是成为水流的水，而是一盆盆、一桶桶的水。詹姆士的经验主义的“彻底性”就表现在不仅把过去的经验主义者没有当做经验的东西当成经验，从而将经验的概念扩大化，而且还认为这些经验之间的关系是可以直接经验到的，因而也是经验的内容，从一个经验环节到下一个经验环境的过渡是连续的、统一的。

杜威肯定了詹姆士的彻底经验主义的基本立场。他指出：“‘经验’是一个詹姆士所谓具有两套意义的字眼。好像它的同类语生活和历史一样，它不仅包括人们做些什么和遭遇些什么，他们追求些什么，爱些什么，相信和坚持些什么，而且也包括人们是怎样活动和怎样受到反响的，他们怎样操作和遭遇，他们怎样渴望和享受，以及他们观

① 詹姆士认为这种心理状态是神经作用的结果，当神经作用变化速度慢时，我们就感觉到我们思想的对象，而当这种变化速度快时，我们就感觉到一种过渡、一种过程。前者为“实体部分”，后者为“过渡部分”。

看、信仰和想象的方式——简言之,能经验的过程。”①经验包括被经验的对象,也包括经验的方式;既包含一个主动的因素,也包含一个被动的因素,这两个因素以特有的形式结合在一起。在主动的方面,经验就是尝试;在被动的方面,经验就是经受结果。经验是行动与所受的结果之间的联结,把经验的主动行动的方面和被动经受方面割裂开来,就会破坏经验的意义。但是,杜威的经验论并不局限于詹姆士所开辟的天地,事实上,他是在批判性地融入黑格尔的“有机整体”、达尔文的进化论和科学主义视角的基础上,致力于经验概念的重建;他站在自然主义的立场上对詹姆士的经验观进行发挥,从而扩充和完善了实用主义经验论的内容。

在杜威看来,经验是第一性的,在人类历史上,首先有关于某物的经验,然后这些经验才演化出了各个领域——艺术、道德、宗教、科学等等。他想要发展这样一种经验哲学——在这里,经验的内涵丰富而复杂,有时甚至是模糊而混沌,不属于任何简化的公式或定义,不承认各种泾渭分明的划分。可以说,“经验”不仅是杜威的认识论、价值论、教育论的基础,而且也是他的美学理论的基础。事实上,杜威正是以“经验”这个概念为突破口,对整个哲学进行改造。简要说来,杜威的思路是这样的:当人与事物相遇并发生互动时,经验便产生了,这种经验是最初的事实。只是到了后来,经过反思和分析,我们才把经验分为主与客、心与物。但我们不自知地把反省的结果当成原初的现实,就产生了各种各样的二元论,这种二元论体现在各个方面,它的心理基础是人类对确定性的寻求。哲学改造的第一步就是对传统二元论的摒弃,人生活的世界是动荡的、不安定的、无法预料的、危险的,同时又在一定范围内具有稳定的、有条理的规律性,这两个方面不可分割地交织在一起。在这样一个世界中,人时时感到恐惧、渴望安全,哲学便是在这样一种心理氛围中应运而生。因此,从产生之日起,哲学就一直在致力于对确定性的寻求,变动的事物天生就是该遭到唾弃和贬抑的,具有永久规律性的事物则被高高地供奉起来。哲学家们形成了这样的信念:距离实在、日常生活越远的东西就越高贵,哲学变得不食人间烟火。因为现实变动不拘、危机四伏,于是一个超自然的永恒境

① [美]约翰·杜威《经验与自然》,傅统先译,商务印书馆1960年版,第10页。着重号为原作者加。

界被构造出来。稳定、安全、自足的事物与变化、危险的事物之间的对立将原本一体的世界人为地一分为二，此后心与物、经验与理性、现象与本体、人与自然之间的分裂都是这种对立的派生物。但是，在造成这种分裂之后，进一步的问题出现了：既然人的内心与外部世界是对立的，那么人的认识是否可能？外部的世界是否影响人的内在心灵？而人类的内心活动又是通过何种方式把握外在的客体？这些棘手，却是根本性的哲学问题使哲学家们在人为地将原本一体的世界分裂为二之后，又忙于奋力地沟通这两个世界，使它们统一起来。[①] 这个传统经过笛卡尔和康德的发展愈演愈烈，弊端也越来越明显。后来经过费希特、谢林的反拨，直到黑格尔，才得到了某种程度上的克服。杜威深受黑格尔对同一性的寻求的影响，但抛弃了后者的唯心主义立场，用时间性的"经验"置换了永恒不变的"绝对理念"。这样，在批驳了二元论之后，杜威避免了很多哲学上的两难问题——这些问题都是建立在二元论的基础之上。

让我们来看看杜威是怎样描述经验的："'经验'指开垦过的土地，种下的种籽，收获的成果以及日夜、春秋、干湿、冷热等变化，这些为人们所观察、畏惧、渴望的东西；它也指这个种植和收割、工作和欣快、希望、畏惧、计划、求助于魔术或化学、垂头丧气或欢欣鼓舞的人。"[②]经验的内容既包括经验的事物（对象），又包括能经验的过程；既包括经验什么，又包括怎样经验；既包括经验的对象，也包括作为经验主体的人，包括人的思想、意志以及人在经验时的方式、过程。这样，杜威的经验论与传统经验论迥然不同，他并未将经验视为某种心理性的东西，而将经验的外延进行了无限扩展，使之成为一个同质的、包罗万象的概念。经验是一个过程，而不是一个固定的结果，在这个过程中，心与物乃是自然的两个不同的特性或机能，物质表达自然的一种顺序条理，而心灵表达它们的逻辑关系和意义条理。因此，它们恰似一枚硬币的两面，代表了同一事物的不同方面，而不是独立且对立的两端。

---

① 例如，笛卡尔认为物质的本质属性是广延，而精神的本质属性仅仅是思想，不具有实体性和广延性，因此，心与身是彼此独立的。在得出这个结论之后，他又试图用"松果腺"的假想来弥合这种分裂。由于灵魂是单一的，因此它只能跟身体中的某一部分发生作用，同时，这个相互作用点必定存在于大脑中。由于松果腺是脑中唯一完整的结构，因此，笛卡尔推断，它就是心身交互作用的集中点。

② 杜威《经验与自然》，傅统先译，商务印书馆 1960 年版，第 10 页。

在这里,各种事物之间的二元对立销声匿迹了。[①]

要恰当地理解杜威的经验论,首先要把握他对经验方法与非经验方法的区分。实用主义经验论以原初经验为出发点,采取的是经验的方法,而其他的很多哲学由于未能成功地摆脱传统的二元论和旁观视角,则采取了非经验的方法。[②]"从逻辑上推论起来,它(二元论——笔者注)是不承认粗糙经验之原始性与最后性的必然结果——当这种经验是在一种未经控制的形式中给予我们时,它就是原始的;当这种经验是在一种比较有节制和有意义的形式中(这种形式之所以可能是由于反省经验的方法和结果)给予我们时,它就是最后的。"[③]真正的经验法是从纷乱复杂、未分裂的原初经验出发,通过选择来提炼经验材料,通过反省将原先混乱而模糊的材料变成清晰而确切的经验,并将这种分析的产物放到现实经验中去接受检验。非经验的哲学则把这种经反省而获得的明确的东西当成是先在的、固定不变的,而哲学的任务就是获知这个事先存在的永恒的东西。这个永恒的自在之境仅仅是如海市蜃楼般的幻象,它用超感觉的理想对象诱惑唯理论者对理性、演绎的求索,同时阻止了经验论者用经验来达到真知的努力。杜威说:"哲学如能舍弃关于终极的绝对的实在的研究的无聊的独占,将在推动人类的道德力的启发中,和人类想获得更为条理、更为明哲的幸福所抱热望的助成中,取得补偿。"[④]如果像传统的真理观所主张的那样,宇宙万物在人类参与之前就已经完成了,如果真理是在人的认识范围以外确立的,并且,这一切都是固定的、无可改变的,那么,人的作用是什么?实用主义告诉我们,所谓的"真理",这个传统哲学追求的目标,并不是第一性的、最重要的,它充其量只是获得更好经验的手段和工具,而经验是使人生活得更好的工具。

"经验方法的全部意义与重要性,就是在于要从事物本身出发来

---

① 罗素也同样认识到了经验论存在的问题,他从"中立一元论"的立场出发,反对把"心"和"物"视为不同的两种东西,并指出构成世界的元素既不是物,也不是心,而是介于两者之间的某种中立的东西。但与杜威不同的是,罗素从逻辑原则出发进行一系列的哲学推论,依然是从理论到理论,缺乏实践的环节,自然得不出具有现实性的结论。

② 杜威并不认为英国经验主义采用的是经验的方法,因为它仍然从反省的结果出发,将经验看成是心理的、私人的,与其对象相对立。

③ 杜威《经验与自然》,傅统先译,商务印书馆 1960 年版,第 16 页。

④ [美]杜威《哲学的改造》,许崇清译,商务印书馆 1958 年版,第 14 页。

研究它们,以求发现当事物被经验时所揭露出来的是什么。”[①]当我们用这种方法来研究经验时,就会发现,原先的认识论是有严重问题的。知识的对象是一个困难、一个需要解答的问题,有理智的人通过思维从有问题的情境向安全可靠的情境过渡,使原先模糊不清的东西变得清晰。因此,“知识是内在不定的或怀疑的情境得到完全的解决”[②]。人们寻求确定性,这是一种正常的心理诉求,但是如果在这种渴望的驱使下人为地臆造某种超自然的神秘力量,或亘古不变的真理,则无异于将头埋进砂子的鸵鸟,因为这些高高在上的东西只能起到心理安慰的作用,并不能解决现实中的困难,对我们的生活也没有什么帮助。

杜威在某种程度上继承了弗·培根的“打破偶像”的目标,把人从永恒不变的对事物的崇拜中解救出来。这似乎带来了一场灾难,否定了宇宙的固定法则和秩序,打击了人们对于“世界在根本上是可以理解的”的确信。杜威说,这种感觉是由于理智的教条对我们造成的束缚。如果把眼光放得长远一些,我们就会发现,这种变化并非不幸。因为它证明我们的知识可以无限扩展,以前被我们所掌握的知识现在依然被我们掌握着,并且,我们可以更正确地把握它、理解它。普遍而确定的法则仅仅是一种不切实际的形而上学的产物,它只能起到麻痹和安慰的作用,而不能带来任何有用的实际效果。反而,它还产生了消极的后果,使人们为了一般而放弃个别,为了“真理”而放弃关系,成为人们追求知识的过程中的绊脚石。

实际上,在这样的变故中,我们通过另外一种方式获得了确定性。这种确定性是积极的,有根据的,可变的,它是通过我们的实践来取得的。以往的哲学之所以轻视经验,是因为把实践放在低于理论的位置上的观点在作祟。前面我们曾说过,经验是与实践密切相关的,而实践不像理论那样独立而自由,实践需要借助外物,它是有所依附的。然而,正因为如此,实践才成为连接经验与自然的桥梁,成为人改造世界、与世界互动的途径。人不是盲目地介入自然,而是有目的地将原本混乱而不确定的情境变成确定的状态,并通过实践来控制事态的进展,在这个过程中包含着对意义的知觉,在这种知觉的指导下,不断向

① [美]杜威《经验与自然》,傅统先译,商务印书馆 1960 年版,第 5 页。

② [美]杜威《确定性的寻求》,傅统先译,上海人民出版社 2004 年版,第 228 页。

目的前进，从而使实践的后果变得更加稳定可靠。在这个意义上讲，人重新找回了确定感。

如果说詹姆士主要从心理学角度来研究经验，那么杜威的哲学则更为侧重经验与自然的互动。由于长期受主客二分的二元论影响，人们普遍将经验和自然视为是互不相干的，一个发生于内部世界，一个存在于外部世界。如果将这两个词结合在一起，就像是说“圆的正方形”一样不可理喻。但是，在杜威的哲学中，经验与自然是连续的、一体的，离开经验，无所谓自然，必须通过经验才能揭示自然，也只有通过与自然的互动，经验才能得以深刻化和丰富化。正是在此意义上，杜威把他的哲学称为“经验自然主义”或“自然主义的经验论”。作为一位自然主义者，杜威坚决否认人是与自然相分离的独特存在。我们习惯于以皮肤为界将自己与环境分开，但是，在我们的身体内部有属于自然的东西，在自然界中也有属于身体内部的东西。人与其他动物一样，对自然作出反应，与自然相互作用。人对刺激的反应可能不像低等动物那样本能，但是在人和动物那里依然可以发现同样的需要和必要的满足。人作为更复杂的动物，可能会有更复杂的需要，但他的需要和低等动物的需要一样，都来自短暂的缺乏与周围环境的适应，于是与其他动物一样，人不断地寻求平衡。这样说并不是把人降低到低等动物水平上，而是说要说明人的经验，就必须清楚他的生物性。比如说人的呼吸，它不仅需要人的内部器官，如肺、气管等等，而且还需要外界的空气，是一个内外合作的协调过程。生物体要维持其生命，就要适应环境，并且，这种适应不是被动的、单向的。它并不是等待外界有什么事情发生，相反，它按照自己的机体需要向环境索取和行动，环境因此而发生变化，这种变化又对此生物体和它的活动产生影响。经验是在机体与环境之间的一种交互作用，是一个不断打破平衡、建立平衡的动态发展过程。生活不仅在环境之中进行，而且还与环境互动。有机体必须为了适应环境而改变自身，才能谋求生存与发展，因此，生命的进化既需要变化，又具有连续性。经验是有机体与环境之间互动的通道，但是，这里并不存在有机体、经验、环境这样的三方关系，这三者是一体的，处于同一层面，我们之所以用不同的名称来谈论它们，只是为了便于分析。

真正的经验应当是人与世界的积极交流，而不应封闭在私人的感觉之中，在此意义上，个人与世界是彼此开放的。以往的哲学要么将经验视为人与自然之间的屏障，要么从自然主义的立场出发，抬高物质、贬斥经验。但是在我们的日常生活和科学中，这种对立是不存在的。科学工作者都是以对自然的经验材料为起点和终点，来探索自然界的规律、揭示自然界的真相的。从理论到理论的方法在科学领域是行不通的。同样，对于普通人来说，经验是他们可以直接面对和把握的东西，我们常夸赞一个人对某事“很有经验”，就是说他因为经常接触这个事物，因而获得了较为深入和透彻的知识。因此，“经验并不是把人和自然界隔绝开来的帐幕，它是继续不断地深入自然的心脏的一个途径”①。人与动物的区别在于动物只能够对刺激作出相应的条件反射，而人能够有意识地积累经验，并用这种经验来指导自己将来的行动，更好地应付环境。人有更多的工具，有更大的行动的可能，有更多的寻求平衡的机会，更重要的是，通过实践，人得以控制自然。

经验首先是行动，是实践，是与世界发生互动的行为事件，杜威哲学的这一根本立场避免了传统哲学的诸多弊端。以近代哲学为例，传统经验论由于用感觉来作为构造观念的素材②，并将这些观念是否与最初的印象相符作为验证这些观念正确与否的标准，因而陷入了感觉主义，而唯理论将知识规定为对先在真理的揭示，并用观念是否与这种真理相符合来作为检验观念是否为真的准绳。在这两种倾向中，观念是从属性的，它的职能仅仅是摹写，没有自由，失去了创造性。但是，如果用实践作为媒介，“用所从事的操作去界说观念的性质和用这些操作所产生的后果去检验这些观念的有效性，就是在具体的经验范围以内建立起了联系”③。

实践是人与自然发生互动的方式，杜威抛弃了传统哲学的“旁观”立场，因为它建立在一种旧式的、过时的心理学④的基础之上。它把人放到世界之外，将人心看做是自然的一面镜子，被动地反映对象。也就是说，人只能作为旁观者在自然之外行动，不能参与自然的变化。这种旁观立场从古希腊哲学以来一直存在，却很少有人对此提出异议。在近代哲学中，理性主义主张用理性对感觉材料加以综合，而经

① [美]杜威《经验与自然》，原序第4页。

② 例如，休谟区分了印象和观念，印象是直接的感觉，更为生动、强烈，而观念是印象的摹本，较为模糊、微弱，但它必须还原到印象。

③ 杜威《确定性的寻求》，傅统先译，上海人民出版社2004年版，第113页。

④ 这种心理学则将人心作为被动地接受信息的接收器，把人看成消极被动的感受者。

验论主张客观世界独立于人的经验，人无法认识它，这两种思想实质上都是旁观者理论。"传统的学说主张心灵是从物理的和社会的事物世界以外去观察和把握对象的东西，而我们则主张心灵是一个参与者，与其他事物交互发生作用，而当这种交互作用是在一种明确的方式之中被控制着的时候，心灵便认知了这些事物。"[①]任何经验都是人类有机体与环境相互作用的产物，这种相互作用既影响了人，又改变了物。在自然主义经验论者看来，我们并非站在自然之外来探究自然，我们是作为积极的参与者与它相互作用。自然不是一部精密的机器、一口总是准时的钟，按照自己的内部规律运行，不受人的行动的影响。相反，自然总是在变化之中，它的很多变化与人的参与是分不开的。人是有作用的，人的作用不在于被动地处于所谓的永恒规则的支配之下，认识自然、把握真理，而在于利用工具，有目的地控制自然、改造自然，因为人是自然的一部分。自然是可以理解的，我们可以通过实践，把自然变成我们认知的对象，使它服务于人的目的，满足人的需要，为人们更好地生活提供条件。通过实践，经验者与被经验的对象都发生了变化。经验者获得了更广的视角，态度发生了变化，知识得到了增加。经验的对象则获得了新的意义，从而发生了改变，因为这些意义一旦得到揭示，就可以得到交流和传播。

杜威以对"经验"概念的改造为基础，致力于对整个西方哲学体系的改造。他自始至终坚持非旁观者的立场，主张全身心地投入自然，与自然完全融合，而造成这种融合的正是人的活动。杜威认为，我们应该放弃希腊传统以来的各种毫无意义的争论，转而研究现实生活中的普遍问题，研究人的问题，包括研究人的行为、人与环境的关系问题。哲学家们不应该躲在象牙塔里，不切实际地思考那些与人无关的问题，而应将"人的问题"凌驾于"哲学问题"之上。杜威不是囿于传统哲学内部，对其进行修修补补，他果敢地站到这个体系之外，对整个西方哲学体系进行重建，从而为整个西方哲学带来了新的活力。正如杜威所说，哲学的改造"毁坏了将善意的人们划为两大敌对营垒的分界。它允许那些尊重过去和既成制度的人们与兴趣在于建设一个更自由、更幸福的将来的人们彼此合作"[②]。当经验与生活进程合为一体时，所

---

① [美]杜威《确定性的寻求》，傅统先译，上海人民出版社 2004 年版，第 201 页。

② [美]杜威《哲学的改造》，许崇清译，商务印书馆 1958 年版，第 55 页。

谓的感觉原子论就解体了，哲学摆脱了那种以沙结绳的绝望感。我们看到，从杜威的立场出发，传统哲学的种种谜团得到开解，一种新的经验观破土而出。改造后的哲学将重新回到它疏远已久的普通生活，对人们存在的方式和状况进行考察；改造后的哲学将致力于人类经验的积累、改善和进步，它坚信，只有如此，人类才能过上更理智、更美好的生活。

三、一个经验与审美经验

在弄清杜威关于"经验"的基本观点之后，我们再进一步分析他的"一个经验"(an experience)与"审美经验"概念。这两个概念是杜威的独创，也是杜威美学的核心所在。

我们已经知道，在杜威这里，经验是一个动态的、发展的过程。但是，在日常生活中，由于精力不集中，又常常受到各种各样的干扰和压力，我们的经验经常发生中断、转移，得不到完满的实现。一个经验是所有经验的典范，它例证了经验可能拥有的高度统一性和完整性："我们在所经验到的物质走完其历程而达到完满时，就拥有了一个经验。只是在后来的后来，它才在经验的一般之流中实现内部整合，并与其他的经验区分开。"[①]一项很好地完成了的工作、一个得到完满解决的问题、一次声情并茂的演出，甚至一次不愉快的激烈争吵……只要它善始善终，获得了圆满的成功，而不是中途被打断，它就是一个经验。一个经验是一个整体，具有自身的个性，正因如此，我们才能将它视为一个独立的经验。不完整的经验常常被生活的嘈杂背景所淹没，而一个经验却常常令人难忘。我们时常提及"那餐饭"、"那次聚会"、"那次难忘的旅行"，其实就是在谈论作为一个整体的一个经验。我们可以带着满足感来回忆它们，它们清晰而充满个性。统一性和独特性使一个经验获得其作为那个经验的名称，并从混乱的生活之流中突显出来。并且，这样的经验各部分之间是连续的，各自具有自身的特性，正如在一场融洽的交谈中，虽然谈话各方互相交流，吸纳对方意见，但仍保持自身的鲜明个性一样。"在一个经验中，流动是从某物到某物。

① 杜威《艺术即经验》，高建平译，商务印书馆2005年版，第37页。

由于一部分导致另一部分，也由于这一部分是跟在此前的一部分之后，每一部分都自身获得一种独特性。持续的整体由于其相连的、强调其多种色彩的阶段而被多样化。"[①]"持续"暗示了一个经验的时间性，它必定是一个连续的发展过程。只有这样，各部分之间才能充分地结合，通向最终的结局。生活是从过去到现在、从现在到未来的一个连续不断的过程，因此经验也是从旧到新不断流变递进的，正是在此意义上，经验具有连续性。在这个过程中，过去融入了现在，而现在则即将呈现于未来，构成这种连绵不断的过程的正是在具有意向性的意义结构指导下的人的实践。我们把一个人格分裂的人看成是疯子，因为完整而统一的人格必须在前后相继的经验互相结合时才能形成。经验的连续性源自于任何经验总是吸取以往经验，并以某种方式改变未来。并且，在这样的经验中，尽管其构成部分多变，却仍然是由遍及整个经验的单一性质组成的。整体的特性呈现于每个部分中，单一的渗透性将经验整体内在地统一起来。在一个经验中，各个部分都弥漫着一种塔式的有机性和整体性，这种整一性构成了一种秩序，它使一个经验与其他经验区分开来。并且，一个经验有其开端和结尾，它的开端是受某种冲动推动的结果，它的结尾并不是一个独立的事态，而是能量运作所达到的自然结局，标志着一个经验的完成。一个经验的结束是一种完满，而不是一种终止。这里所说的"完满"并不意味着这个经验的结局是令人愉快的，例如，印度洋海啸或一场噩梦，对于经历它的人来说，它可能是痛苦的，甚至是悲惨的，却仍可成为一个经验。"完满"仅仅意味着经验的材料得到彻底的实现，手段和目的达到融合。

在我们的时代，有各种原因使经验变得碎片化、不完满、不彻底、无法令人满意，这是人类的悲剧，因为这意味着大多数的经验的意义都是不完满的，是自我分裂的。因此，经验者的全神贯注是形成一个经验的必要条件，松弛散漫会造成中断，这样的经验不是一个经验。然而，人有将一个经验贯彻到底的本能，如一个没有讲完的故事、一本没有读完的书，会让我们产生一种难以割舍的挂念；如一场没有进行到底的球赛、一次中途被打断的谈话，会让我们有一种不尽兴的感觉。在正常状态下，经验的完满状态并不经常发生，因此一旦出现，就显得

---

① 杜威《艺术即经验》，高建平译，商务印书馆 2005 年版，第 38 页。

很突出，并与经验的其余部分区别开来，这时，它就是一个经验。杜威以从山上向下滚落的石头为例，形象地说明了一个经验的性质。石头从山上的某处开始往下朝着一个地点滚动，它最终会停下来，这就是它的结束。我们可以设想这块石头带着欲望期待着最终达到的结果，它在途中会遇到障碍，也会遇到推动它前进的力量，并根据这些影响来感受和行动。这时，我们可以说，这块石头将拥有一个经验，一个带有审美性质的经验。

那么，什么是带有审美性质的经验呢？杜威说："任何实际的活动，假如它们是完整的，并且是在自身冲动的驱动下得到实现的话，都将具有审美性质。"[①]审美性的特征在于它的统一性、完整性和完满性，而不在于它是否令人愉快。"某个经验可能会对世界有害，人们不愿看到它的完成。但是，它却具有审美的性质。"[②]可以看出，杜威并没有从伦理的意义上对这种经验进行价值判断，审美性在很大程度上仍然是形式上的属性。那么，什么是破坏审美性的因素呢？"非审美性存在于两种限制之中。其一极是松散的连续性，并不开始于某一特别的地点，也不结束于——从某种意义上讲是中止于某一特别的地点。其另一极是抑制、收缩，在那些相互只有机械性联系的部分间活动。"[③]如果任凭经验自由发展，不去设定它的起点和终点，那就毫无审美性可言，而如果限制性过强，材料就不能得到充分的结合。因此，过分的松懈和过分的压制都会破坏经验的审美性和整体性。

当审美性在一个经验中居于支配地位时，它就成为一个审美经验。一位专心致志地解答问题的数学家就拥有了一个经验，也就是说，他的经验带有审美性质，但是我们不能说他拥有审美经验。审美经验是被经验的材料达到完满，因而具有彻底性、强烈性和清晰性的经验。审美经验之为审美的，"不是因为它具有某种独一无二的独特要素，也不是因为它独一无二地集中于某种具体的层面，而是由于它更有热情地将日常经验的所有要素结合进一个吸引人的、发展着的整体，这个整体提供了某种令人满意的情感性"[④]。因此，审美经验区别

---

① [美]杜威《艺术即经验》，高建平译，商务印书馆 2005 年版，第 42 页。

② 同上，第 41 页。

③ 同上，第 43 页。

④ Richard Shusterman, "The End of Aesthetic Experience", *The Journal of Aesthetics and Art Criticism*, Vol. 55, No. 1 (Winter, 1997), p. 33.

于一个经验的地方在于它的情感特征。并且，“使一个经验成为审美经验的独特之处在于，将抵制与紧张，将本身是倾向于分离的刺激，转化为一个朝向包容一切而又臻于完善的结局的运动”①。审美经验是由作为一个活的生物的基本需要所规定的，即与环境结合。非审美的经验就是没有与环境充分结合，没有很好地适应环境，因而是不完整、不彻底的经验。“审美经验的仅有而独特的特征正在于，没有自我与对象的区分存乎其间，说它是审美的，正是就有机体与环境相互合作以构成一种经验的程度而言的，在其中，两者各自消失，完全结合在一起。”②在审美经验中，目的和手段达到了完美的结合。通过它，经验得到了扩大、加强和生动化。

那么，什么会阻碍审美经验的产生呢？杜威说：“有两种可能的世界，审美经验不会在其中出现。在一个仅仅流动的世界中，变化将不会被积累，它不是朝向一个终极的运动，稳定性与休止将不存在。然而，同样真实的是，世界是完成了的，结束了的，没有中途停止与危机的痕迹，不提供任何作出决定的机会。在一切都已经完成之处，没有完满。”③审美经验涉及能量的积累，同时也需要世界的开放。在积累能量时，不一定从头到尾都平稳进行，在这个过程中，斗争与冲突是必要的组成部分。自然中必须有稳定的因素存在，否则的话，生命就不能存在。但是，自然也同样有新鲜、异常、无法预料的一面。如果稳定性因素过于缺乏，也就是说，在有机体的当前状态与它恢复平衡的状态之间的鸿沟过大，那么它就会出现功能失调而停滞不前。如果有机体能够克服障碍，那么就会出现两种结果：一种是阻抗力对有机体而言不过是个小麻烦，可以轻易克服，这样，它很快就能回到以前的状态；另一种结果是这种障碍对于有机体来说较大，它需要改变自己以迎接这个挑战。这时，有机体努力克服障碍，当再次达到平衡之时，它就不再是先前的状态，而是拓展了自身，经验的结构也就会更加丰富，更具有张力，更为精妙。因此，暂时的不谐调可以推动经验的发展，使生命更有内容。正因如此，杜威特别强调审美经验的过程性和时间性，它具有一个生成性的结构特征。美国当代美学家诺埃尔·卡罗尔

① [美]杜威《艺术即经验》，高建平译，商务印书馆2005年版，第60页。

② 同上，第277页。

③ 同上，第16页。

曾反对杜威的这种观点，他说："不是所有对艺术品的审美经验都会随着欣赏的持续而得到扩展。某些绘画一下子就可以征服你。嘿！罗思科(Rothkos)的某些绘画就是这样。"[①]杜威会这样回答卡罗尔的质疑："的确，它们可以在瞬间震撼我，但是震撼之后的思索则是构成一个经验的必不可少的成分。"一首诗可能只需花几秒钟就可读完，但是却要花几分钟、几天，甚至一生的时间来咀嚼和玩味它。这难道不属于个人关于这首诗的经验的一部分吗？

为了更好地理解杜威的审美经验观念的卓越之处，让我们先来看一看历史上对于这个概念是如何分析的。审美经验自古希腊以来一直被广泛讨论，但是，直到18世纪，鲍姆加登创立美学这个学科时，"审美"才进入了现代语言，成为一个重要的美学术语。最早对审美经验进行描述的应该是毕达哥拉斯，他说："生活就像是一场竞技赛，有人是摔跤选手，有人是小贩，但最佳角色是观众。"[②]人们必须将注意力集中于对象之上，才能拥有审美经验，这可以看做是观照(contemplation)理论的前身。在很长一段时间里，审美经验被等同于对美和艺术的感知。但是对崇高、悲剧、喜剧等的经验也属于审美经验，因此，"审美经验"这个概念的范围与"美的经验"和"艺术经验"都有很大的不同。并且，对审美经验的讨论从开始的对客观美的发现，逐渐过渡到依赖于主体的一种独特官能而产生的快感，从而成为带有心理学的特质的一种现象。除此之外，由于康德美学的影响，审美经验也带有了非功利的色彩，与实用的目的对立起来。总的说来，传统的美学理论将"审美"视为一个独特的领域，认为它与平凡的日常生活无关，并且高于日常生活。

在当代美学界，"什么使一个经验成为审美的"依然是一个处于争论之中的问题。如比尔斯利所说，审美经验是一个"曾经在20世纪的美学中起到重要作用，但是在今天的圈内人中失去名望并陷于危险之中的概念"。[③] 对于这个问题，美学家们给出了不同的回答。有些美学家认为，使一个经验成为审美的东西不是人们在理解或经验一个对象

---

① Noel Carroll, *Beyond Aesthetics*, Cambridge University Press, 2001, p. 51.

② W. Tatarkiewicz, *History of Six Ideas: An Essay in Aesthetics*, Polish Scientific Publishers, 1980, p. 310.

③ Monroe C. Beardsley, "Aesthetic Experience Regained", *The Journal of Aesthetics and Art Criticism*, Vol. 28, No. 1 (Autumn, 1969), p. 3.

时的注意、意识或观照，而是经验的对象或内容本身是否是一个审美对象。[①] 也就是说，一个经验是否具有审美性的根据是经验对象的性质或特征。但是立即会有人反驳说，一个具有审美性质的对象也可以用非审美的态度来经验。并且，这还涉及如何判定审美对象的问题。这一派的人主张审美并不是作为呈现给知觉的一种现成的性质或一系列性质，使经验具有审美性的归根结底是审美态度。还有人认为这个问题应当改为"在什么条件下，人们才能将一个对象作为审美对象来感知"[②]，将审美情境视为审美经验的重点。这些定义仍然未脱离传统关于审美经验讨论的主客二分的窠臼，仍将经验和审美经验都看成是异质的概念，即将经验的组成要素分为意识和意识对象，将审美经验分裂为审美和经验。将经验一分为二的二元论是前面已经批判过的，而对审美经验的划分则使审美性成为与经验无关的性质。但是，根据杜威的美学思想，审美并不是一种附加到经验上去的单一属性，也就是说，审美经验并不是经验与审美的简单叠加。

美学家们之所以在审美经验问题上争论不休，仍然是由于他们受二元论的影响，将审美经验限于感官层面，将经验者与经验对象、审美与实用看成是对立的。事实上，当我们全身心地沉浸于经验之中时，它的各部分相互渗透，我们根本不会感到自我、对象、事件之间的分离。我们在恐惧时喉咙发紧，在激动时热血沸腾，在忧伤时浑身绵软，我们的心理状态与身体的反应始终是联系在一起的，因此，心灵与肉体之间的分裂是人为的。此外，我们常常说"一首温柔的诗"、"一曲悲哀的音乐"、"一场可怕的暴风雨"，事实上，在采用这样的说法时，主观的状态与客观的事物（如果一定要这样区分的话）是交融在一起的。诗本身仅仅是诗，是一堆词句，毫无粗暴或温柔之分；同样的，音乐本身没有"悲哀"这种性质，它是在人的经验中产生的效果。我们对事物的感觉被当成它们的属性，这样的句式并不是巧合，如果内部思想与外部事物之间是分裂的、毫无相似性的话，我们怎能把这些只有人才有的感情状态用到事物之上呢？事实上，审美经验的突出特征是自我与对象、自我与世界之间没有区分，因为审美性正是出于有机体和环

---

① Kingsley Price, "What Makes an Experience Aesthetic?", *The British Journal of Aesthetics*, Vol. 19 (1979), pp. 131—143.

② Michael H. Mitias, "What Makes an Experience Aesthetic?", *The Journal of Aesthetics and Art Criticism*, Vol. 41, No. 2 (Winter, 1982), p. 158.

境之间的相互协调，在这个过程中，这些要素完全结合在一起。

对于杜威来说，审美经验既不是主体的内在感觉，也不是由对象本身或情境所决定，它是人与自然互动的产物，是一种结构性的性质。“审美的敌人既不是实践，也不是理智。它们是单调；目的不明而导致的懈怠；屈从于实践和理智行为中的惯例。”[①]传统的对于审美经验的看法虽然充满争议，但总的来说可以总结为两点。其一是认为审美经验的对象是艺术，但在杜威美学中，审美经验并不局限于在美的艺术领域发生，尽管后者确实是审美经验的一个非常杰出的例证。审美性不是艺术独有的特征，它是所有具有连贯、丰满性的事物和行动的共同特征，任何经验，只要它是统一的、连续的、完整的、具有内在张力的，哪怕是一次外科手术也能具有审美性。其二是“审美无利害”。自康德以来，审美经验就一直被当成是观照的、脱离实用目的的，“审美”这个词被抬高到一个至高无上的地位，人们在使用它时总是充满敬意。这是人类寻求确定性、寻求永恒真理的企图在美学领域的表现。杜威抛弃了将被动的观照作为最高境界的审美观，他认为，审美并非遥不可及，它是日常经验的彻底化和清晰化。正因为平凡之事的圆满状态很少出现，这种状态就尤显突出。“审美既非通过无益的奢华，也非通过超验的想象而从外部侵入到经验之中，而是属于每一个正常的完整经验特征的清晰而强烈的发展。”[②]审美不应仅仅是闲暇之事，这种想法会造成审美与日常生活的分离以及使审美成为有钱有闲的上层人的专利，一种装点高雅生活的奢侈品，而普通人只能从低劣艺术中寻找审美满足。

在杜威看来，审美经验并不陌生和遥远，它可以成为任何合适地建构起来的正常经验的一个功能，它是每一个完整经验的清晰而强烈的发展。这一点尤为重要，它暗示了任何人类活动都可以具有审美性和艺术性，甚至都可以成为“审美经验”。在生活中的很多时候，我们都能拥有这样的经验，它们并不只限于某些特定的时刻和领域，我们的日常生活中充满了审美的，或者具有潜在审美性的经验，这些经验是值得我们珍视的。

杜威将审美经验放到一个完全不同的框架中来讨论，不仅将审美

---

① [美]杜威《艺术即经验》，高建平译，商务印书馆2005年版，第43页。

② 同上，第49页。

经验从对于审美对象的争论中解放出来，而且还使其从传统的美的艺术领域中游离出来。审美经验的可能性不仅仅限于艺术品中，而且还存在于自然界的万物、日常生活中的每一个事件，甚至科学研究之中。实际上，它可以在任何的人类活动领域中获得。

总结一下以上所讨论的几个概念之间的关系。一个经验就是其材料得到完满实现、具有独特个性的完整经验。凡是一个经验，都具有审美性，它是使一个经验变得完满和整一的性质。当审美性支配了整个经验时，这个经验就是审美经验。这里只存在程度上的区分，而没有性质或类别上的差别。审美经验是所有经验的典范，它要求人们停止浮躁而功利的状态，静下心去体验生活之美，使人以一种全新的方式看待、经验与欣赏世界。审美是过程性的，在这个过程中，经验得到了扩展、加强与生动化。因而，审美经验可以成为塑造日常经验和我们生活的有益向导。并且，审美经验不是私人的，它在本质上是社会性的、交流性的，因此它是改造人类经验的其他领域，如哲学、教育、道德、政治等的基础。在此意义上，审美经验具有改变个人与世界关系的潜力。

审美经验何以具备这样的能力呢？首先，在杜威看来，经验与日常生活是连续的，甚至经验就是生活，是发生于自然以内的，是与世界的积极而活跃的交流，因此，它可以直接加强我们的生活感受，塑造我们的生活。其次，杜威认为所有经验都具有审美的维度，不存在独立于日常经验以外的具有独特价值的审美经验，不管这种经验是否是在传统上视为审美的背景下发生。审美经验并不是一种独一无二的经验，而是大多数经验所内在具有的可能性。再次，在杜威那里，经验是指向未来的，是创造性、生成性的。对于人来说，重要的是利用过去的经验指导未来的行动，以达到更好的经验。"一个真正的美感对象并不是完全圆满终结的，而是还能够产生后果的。如果一个圆满终结的对象不也是具有工具作用的，它不久就会变成枯燥无味的灰尘末屑。伟大艺术所具有的这种'永垂不朽'的性质就是它所具有的这种不断刷新的工具作用，以便进一步产生圆满终结的经验。"①

杜威美学基本的推动力是恢复审美与生活之间的连续性，他的经验概念背后的哲学观与20世纪西方哲学反对近代哲学的知识论传统的主流取向是一致的。例如，杜威哲学的出发点与尼采是不谋而合

① [美]杜威《经验与自然》，傅统先译，商务印书馆1960年版，第292—293页。

的:反对传统的在艺术与生活之间的区分。杜威认为,只要有恰当的条件,在我们的生活中,有理智的活动的任何领域都可以当成艺术。在他看来,大多数的生产性经验的形式都拥有成为艺术的潜力。另外,杜威的基本立场与存在主义的看法非常相近。存在主义试图摒弃古希腊的本体论、认识论对哲学造成的束缚,认为不应该从世界入手去进行哲学探讨,而应该首先从存在入手去解决问题。因此,人的存在、人的感受、人的体验本身才是世界的基本内容。杜威将美学的任务规定为"恢复作为艺术品的经验的精致与强烈的形式,与普遍承认构成经验的日常事件、活动,以及苦难之间的连续性"①。完成这一任务的第一步是回到日常的或普通的经验,发现这些经验中的审美性。看一看厨房里为一家人准备晚餐的主妇,看一看在花园里辛勤劳动的园丁,看一看整日哼着小曲的邻居,谁能说他们没有时常拥有审美经验呢?将审美与日常生活对立起来,既是将生活看成是枯萎的、沉闷的、令人不快的原因,又是它的结果。如果我们充满了对生命的热爱、对经验的迷恋,那么我们的生活将处处充满审美经验。正如泽特勒所说:"将美的艺术囊括进一个更广泛的理论之中并不是杜威事先计划好的,它是'恢复审美经验与生活的正常过程间的连续性'这一努力的逻辑结果。"②杜威的美学旨在使我们获得更丰富、更满意的经验,而不是学究式地把握某种真理。经验的作用不仅仅是对传统哲学进行纠偏,恢复经验与自然、审美经验与鲜活的日常生活之间的连续性,还在于引导人们的审美体验,使他们的生活更加美好、更有意义。因此,杜威教给我们的是一种生活的智慧,他不仅告诉我们,要获得审美经验,就必须全身心地投入,而且使我们认识到,最强烈、最有生命力的审美时刻,就是艺术产生之时!

结　论

本文以杜威对传统哲学的改造为背景,阐述了他的"经验"、"一个

① [美]杜威《经验与自然》,傅统先译,商务印书馆1960年版,第1—2页。

② Philip M. Zeltner, *John Dewey's Aesthetic Philosophy*, B. R. Grüner Publishing Co, 1975, p. 4.

经验”和“审美经验”的概念。曾经有一种较为常见的对实用主义的误解是指责实用主义哲学在摒弃传统哲学理论时，并没有对这些理论进行仔细的思考。通过以上关于杜威美学中经验概念的分析，我们看到，事实恰恰相反。杜威从未放弃过对古典哲学问题的追问，他所探讨的每一个话题都是对这些问题提出新的解决方案的尝试。在本文中杜威关于经验与审美经验的概念的讨论中，我们看到的是对哲学和美学中古老话题的透彻了解。他的目的是提醒人们注意长久以来遭到忽视的东西，在此基础上提出独特而崭新的建设性见解，而不是对这些问题的逃避与躲闪。

在传统的形而上学中，真理是外在于人的心灵的，心灵根本不能对它产生能动作用，因此，真理是非人化的。但是，如果观念只存在于内心，实在存在于心外，这两者之间像两条平行线一样永远无法汇合，那么，怎样才能把我们的观念与实在之间进行比较，以证明观念的真实性，从而认识真理？唯一的解决办法就是消除二者之间的鸿沟，也就是说，思想与实在是在同一层面上发生的，它们共存于生活的同一进程之中，这个统一体就是经验。这正是实用主义者所采用的方法。对他们来说，只有一件重要的事，那就是在当下经验中呈现出来的东西，也就是说，在现象层面上发生的事。生活过程是连续的，它永远都处于行进之中，因此，经验必然是累积性的。詹姆士和杜威曾多次强调他们是多元论者，但是，从某种意义上说，实用主义也是一种一元论。与传统一元论不同的是，它虽然将世界看成是一个统一的整体，但是强调这个整体内部的流动和变化，并且，各个部分之间也处于一种变动不拘的相互联系之中。这样一种联系与连续性，正是经验的特征。

关于审美经验，杜威还有一点与众不同之处。以往的美学家们总是把审美经验与艺术联系在一起，认为它是后者的独特功能。但杜威从未说艺术仅仅是令人满意的经验，例如，他曾经说：“必要的经历阶段本身令人愉快还是痛苦，这是由具体的条件所决定的。它对总体的审美性质无动于衷，更不用说，很少有强烈的审美经验完全是愉快的。”[①]艺术并不总是令人愉快的，事实上，有很多非常杰出的艺术品是沉重的、令人感到悲哀的等等。因此，在杜威看来，愉快

① ［美］杜威《艺术即经验》，高建平译，商务印书馆2005年版，第44页。

不能成为衡量一个经验是否是审美经验，或巅峰经验(consummatory experience)的标准。他甚至公开宣称有害性无损经验的审美性，这自然会引起道学家的不满。对于杜威来说，世界的不完满和邪恶并不意味着存在一个更高的绝对领域，而是意味着在可以成为审美的经验中存在和生长着的机会和自由。审美经验具有连续性、累积性、张力等特征，涉及能量的积累、意义的保存，这样它才能朝向完满终结而运动。

杜威试图回到人类最初的状态，回到活生生的经验本身，这恰恰是被"文明"改造了的被人们所忽视的东西。然而尽管贡献巨大，杜威关于"经验"的论述，也存在一定的局限性和片面性。例如，"经验"意义的包容性过强，几乎涵盖了所有事物和活动，"历史"、"生活"、"文化"等都属于它的同义词。而杜威在阐述"经验"概念时，也常常是含混不明的，这正是日后分析美学兴起，并向他发出挑战的原因所在。不过平心而论，在厘清概念的历史中、在辨明其语义上分析美学的确作出了非常重要的贡献。但是这种作用在很大程度上仅限于学术研究层面，而对于增进经验来说，则毫无作用。并且，在分析美学看来，审美经验过于多变、过于心理化，不能成为美学的中心概念。在杜威看来，概念的清晰并不是最重要的。可以说，他解决问题的方式不是技术性的，而是一种总体性、全局性的态度。再如，因为吸纳了达尔文的进化论的成果，杜威更多强调人与动物之间的连续性，即人的生物性，而对人作为人的独特性强调不够，这直接影响了杜威的实践观。杜威用生物学观点来解释人的实践活动，认为人在受到外界刺激时作出反应，同时调整自己的行为，适应环境，这样，人的行动本身的个体性得到了张扬，却忽视了实践的社会性。又如，贺麟曾用"重变而未重常，言动而未言静"[①]来评价杜威，认为杜威在强调经验的变化和流动性的同时，对静态性缺乏重视，忽略了"变中有常"的特征，这个评价是较为公允的。强调变动性是实用主义哲学的基本立场，它与美国人开垦荒地、拓展疆土的过程中对世界的动荡性的体会分不开。但不稳定性中也有秩序和规则可循，而对于这一点，实用主义哲学家们没有给予充分重视。我们今天研究实用主义哲学和美学，应

① 贺麟《现代西方哲学讲演集》，上海人民出版社 1984 年版，第 66 页。

当运用马克思主义的立场和方法（事实上，马克思和恩格斯的很多观点恰恰构成了对杜威哲学思想的批判和补充），实事求是地进行分析和评价，从中批判性地汲取有益的资源，推动当代哲学和美学建设的进程。

（作者单位：中共中央党校文史部）

“让哲学关注人的生存”

——论马尔库塞与海德格尔的学术缘分

丁国旗

内容摘要 “让哲学关注人的生存”是马尔库塞与海德格尔结缘的根本原因，海德格尔对于人的“非本真”状态的分析，对于人类社会中人的“异化”的阐述都深深吸引着马尔库塞。马尔库塞在海德格尔那里看到了一条清晰的走向新的“具体”的科学之路，他的“具体哲学”的提出即得益于海德格尔哲学的理论滋养，马尔库塞一生的学术追求似乎都有着挥之不去的海德格尔情结。然而，由于海德格尔哲学本身的理论缺陷，加上早期受到马克思思想的影响，马尔库塞一直试图对于海德格尔的理论进行修正。1932 年马克思《1844 年经济学哲学手稿》的发表，使马尔库塞最终在马克思那里找到了真正心仪的哲学追求，马尔库塞与海德格尔的学术缘分也就此结束。

关键词 马尔库塞　海德格尔　具体哲学　海德格尔哲学批判

第一次世界大战期间，德国发生的革命行动给马尔库塞带来了较早的对于革命、自由和解放的思考，他自己也以满腔的热情加入了社会民主党，并参加到战斗中去。然而，到 1919 年 1 月，当罗莎·卢森堡和卡尔·李卜克内西被暗杀，革命惨遭失败之后，他也最早地看到了德国社会主义革命运动的缺陷。于是在这一阶段，他开始深入学习和研究马克思主义的经典理论（在战争期间，马尔库塞已经读到过关于一些社会主义的小册子），试图借此弄清资本主义和帝国主义发展的动力和德国革命失败的原因，以及他一直无力弄清的左派政党、社会民主党和共产党之间的关系问题。然而，他并没有从马克思的著作中找到答案。就这样，在失望和痛苦中，他离开柏林来到弗莱堡，进入大学，开始了他早就感兴趣的文学研究，并于 1922 年完成了博士论文《德国艺术家小说》。之后，他又离开弗莱堡做了多年的书刊发行和出版工作。1927 年，当《存在与时间》出版以后，他就读到了它。海德格尔的哲学、研究方法以及海德格尔令人振奋的性格,深深吸引了他。于是,1928年他重返弗莱堡,开始向海德格尔学习哲学,直到1932年希特勒上台的前几天离开德国。

在多年后的一次谈话中,马尔库塞说道:"我在海德格尔那里发现了我们曾经在胡塞尔那里发现的东西:一种新的开端,一种新的愿望,以便把哲学置于真正具体的基础——让哲学关注人的生存、人的条件,而不是那些纯属抽象的观念和原则。"[①]的确,正是得益于海德格尔哲学的这种训练,马尔库塞后来的美学思想才在20世纪显现出它独特的魅力。"让哲学关注人的生存"成为马尔库塞美学思想的一个基本追求,一直影响着之后他的学术思想的发展趋向,难怪有论者认为,"海德格尔的'操心'范畴,是马尔库塞思想贯穿始终的核心课题。"[②]然而,马尔库塞虽然从海德格尔那里学了不少东西,但他并未囿于海德格尔的理论樊篱,而是在遵循海德格尔基本方法的前提下,走出了自己的路子。当然也正是这样,他与海德格尔的学术缘分有了更多不和谐的音符,以致最终分道扬镳。

一、"非本真"状态与"根本性活动"

在《德国艺术家小说》中,马尔库塞在区分小说与叙事诗时曾指出:小说培养的是个体对于一个更高更真实的存在方式的向往和奋斗[③]。"真实"这一词的出现预示着马尔库塞后来对于海德格尔"本真性"(authenticity)这一概念可能的心领神会。

马尔库塞声言《存在与时间》对于他自己的研究工作是很重要的,"因为在这本书中它向我们展现了在哲学史中所达到的一个新起点。这个起点就是资产阶级哲学从内部消解了自己,创立了一个清晰的走

---

① 转引自马尔库塞《审美之维》"译序",李小兵译,广西师范大学出版社2001年版,第3页。

② Peter Lind, *Marcuse and Freedom*, London: Croom Helm, 1985, p. 61.

③ 参见 Douglas Kellner, *Herbert Marcuse and the Crisis of Marxism*, Berkeley: University of California Press, 1984, p. 382, 注31。

向新的'具体'的科学之路。"[①]马尔库塞认为,海德格尔对于"本真性"的追寻导致一种"根本性活动"(the radical act)——人对于自己和环境的改变的活动,而海德格尔对于"非本真性"的分析,通过暗示社会怎样来统治个体的问题,揭示了对于激进行动的阻碍因素,这一点将引导他后来对于弗洛伊德的兴趣与研究。马尔库塞相信海德格尔的哲学起点"在世之在"(being-in-the-world)克服了流行于资产阶级哲学中的主客观的二分法,同时海德格尔的"历史性"概念说明了一个历史运动的过程,克服了永无止境的对于现实本质的唯心和唯物的争论。与胡塞尔不同,海德格尔似乎已经把现象学的方法具体化了,并发展了关于人的每天存在的现象学。这种新的具体和历史的方法提供了进入具体的社会和人类事物的切入点,这些是海德格尔学说的魅力,也正是其对马尔库塞的诱惑之处。

海德格尔解决"非本真"的异化的存在方法就是他的个体真正的筹谋计划,即要求用一种根本性的行为来实现个体的自我改造。他认为在一个"非本真"的状况下,人还有向往"本真"的能力。他认为每一天的焦虑、死亡的面临、罪恶和对于良心的呼唤可以把个体带到对每天世界的拒绝和对于本真的选择的准备之中。[②] 对于海德格尔来说,从"非本真"到"本真"的转变需要的是决断(resoluteness)。而这一决断的动力不是源于人类社会的什么传统,而是源于人的遗传的潜能。海德格尔所说的"遗传"是指个体向往"本真"的所有过去的能力,而"传统"则是指对于这些能力的解释。非常明显,海德格尔是以遗传为根来对抗传统的,他寻求到的是"源",是人在本能层次上对于一种"本真"状态的追求的能力。虽然海德格尔这里的"源"并不指的是人的形而下的生物本能,但他毕竟找到了一个可以和传统对抗的东西,为解决人的异化问题开启了一种思路。以遗传为根来对抗传统,应该说对于后来马尔库塞以"爱欲"与"新感性"为其现世救赎的重要手段直接相关,只是海德格尔的玄虚促使马尔库塞在弗洛伊德那里找到了更为具体的着落点。

马尔库塞从海德格尔那儿发现了对于社会的批评性分析以及一

---

① [德]马尔库塞《历史唯物主义现象学》,转引自 Douglas Kellner, *Herbert Marcuse and the Crisis of Marxism*, p.43。

② 参见 Douglas Kellner, *Herbert Marcuse and the Crisis of Marxism*, 1984, p.45。

种克服"无法容忍的生存条件"的"根本性活动"。这样,他就通过综合马克思和海德格尔的思想,创造出了一种被萨特称为"革命的人类学"(anthropology of revolution)理论。用他自己的话说就是:"既然发展只能通过他自己的行为,未来就将是一种不断的对于当下状况的否定。……因为必要的存在从一种历史发展的观点来看成为一种堕落,所有的存在形式都变为非本真的,那么使本真的存在成为可能的历史的行动就必然是革命的行动。"①马尔库塞对于海德格尔和马克思的综合几乎是天衣无缝的,这一观念还直接影响了马尔库塞后来对于艺术、美同生活现实以及与人类未来和解放关系的基本看法。"根本性活动"这一概念是存在主义的,又是马克思主义的,它在马尔库塞的理论中占据着中心位置。马尔库塞引用马克思名言"激进就是抓住事物之根。而人的根本就是人本身"②来阐释这一点。这样马尔库塞就既脱出了海德格尔"存在"的抽象性,又将马克思的"人学"思想很好地运用到了自己的理论之中。

马尔库塞认为:"根本性活动要依据行为人及其所行动的环境的本质的需要,通过行为的发生,而指向对于某些绝对非容忍的事物的改变,并把自己的需要置于其中,即废除非容忍的东西。"③这里所谈的"需要"(有时用"历史性需要")是指在一个主客辩证的意义上来理解的需要,而不是仅仅指客观的历史理论。通俗地讲,就是说历史需要与人的需要成为一个相互成全的关系:这种激进行为的需要是由内在的需要来决定的,这种行为的需要又根植于具体的历史条件之中。显然,马尔库塞在这里并没有放弃马克思关于阶级斗争的观念,而是企图用"根本性活动"这一概念来综合个人斗争和阶级斗争,把海德格尔的"决断"和"本真性"概念,同马克思的革命观念在"根本性活动"上统一起来。

二、海德格尔的"异化"观

在海德格尔看来,现存社会中所有个体都落入到了公众和他人的

① 转引自 Douglas Kellner, *Herbert Marcuse and the Crisis of Marxism*, p. 46。

② [德]马尔库塞《历史唯物主义现象学》,见 Douglas Kellner, *Herbert Marcuse and the Crisis of Marxism*, p. 41。

③ 同①, p. 41。

主宰之中，屈从于规范的行为模式，落入到一种非本真的存在之中，失去了他的个体性和主动性，而无法发展他的创造力、意志和责任等。海德格尔的这一分析加深了马尔库塞先前通过研究马克思而得到的印象，即既有社会总体上是腐败的，同时也解释了马尔库塞对革命意识在既有条件下得不到更好发展的疑虑。这是马克思著作中没有说清楚的东西，通过消化海德格尔的"非本真""沉沦"、"被抛"等概念，马尔库塞看到了人在现实生存中的"异化"现象。

提到"异化"，我们不能不提到卢卡奇对马尔库塞的影响，这与海德格尔对于异化的分析也是相关联的。罗尔夫·维尔施豪斯(Rolf Wiershaus)曾强调马尔库塞的异化理论之源是海德格尔和卢卡奇，他说："两个对马尔库塞影响最大的哲学家是乔治·卢卡奇和马丁·海德格尔，他们在20年代作为异化、物化和非本真的哲学家而获得声望。"[①]虽然马尔库塞自己的异化理论也有着一个黑格尔-马克思异化理论的来源，但在他看到马克思《手稿》之前，对于异化的理解显然主要就是卢卡奇和海德格尔的，卢卡奇和海德格尔都谈到了人被物化(reified)为物(thing)的趋势。其实卢卡奇与海德格尔的异化观是不一样的。首先，海德格尔喜欢用"非本真"、"沉沦"和"常人"(das man)来界定异化，而卢卡奇则用"物化"这一概念。其次，重要的还在于海德格尔将物化和异化作为所有社会中人的存在的一种本体构成，而卢卡奇则将它们看做只是资本主义社会特定历史时期的一种现象，这种现象是可以通过历史实践消除的。因此，卢卡奇对于人的异化持有一种乐观的态度，而海德格尔则显然是悲观的。在这一点上，马尔库塞后来更倾向于卢卡奇，只是早期在论及异化的时候，仍处于海德格尔的观点之中。但不管怎么说，二人都在一定程度上帮助马尔库塞解决了对于德国革命的失望和先前在马克思研究中遇到的问题。

在接触马克思《手稿》之前，马尔库塞认为马克思主义理论只是一个革命的实践的理论，"马克思主义是无产阶级革命的理论，为资产阶级社会提供革命的原则"[②]。虽然他像卢卡奇、柯尔施等一样抵制第二

① Rolf Wiershaus, Die Frankfurter Schule, see Charles Reitz, *Art, Alienation, and the Humanities*, Albany: State University of New York Press, 2000, p. 66.

② 马尔库塞《历史唯物主义现象学》，转引自 Douglas Kellner, *Herbert Marcuse and the Crisis of Marxism*, p. 39。

国际和苏联马克思主义把马克思主义解释为“科学社会主义”[①]，但他更多地看到的也是马克思主义理论的这种实践性和行动性特征。不过马尔库塞对于革命有着他自己的理解，他认为实践一定要是立足于“人的本质”的实现，而这一本质的实现又必须实际上是可能的，比如在革命的情况下是可能的。立足于人的本质实现的可能之上，这是理解马尔库塞思想的一个重要原则，因为他对于革命和解放的一贯的主张和看法都是从这一点出发的，他只关注存在着的人的自由和解放，并在其可能实现的层面上来探讨它，而从不撇开这一点去谈论玄虚深奥的学问，也从不撇开这一点去构建人类遥不可及的天堂。他认为，如果说对于具体的历史条件的观察显示的是人的力量和潜能的自由发展在社会上是不可能的，那么“他自己的行为就作为一种异化的力量而成为他自身的对立面”[②]。换句话说，如果你只会在那里异想天开、不切实际地幻想，那么这本身就是一种异化。由此可见，马尔库塞关于人的解放的理解在这一阶段已经相当成熟，“人的力量和潜能”这层含义虽然在具体的理论语境中，有着不同的内容，但其大致的判断是一致的，人的解放实际上也就是人的“力量”和“潜能”的自由实现。无论是对发达资本主义的批判，还是对极权国家主义的批判，或者是对未来社会的构想，马尔库塞都是将其同情的眼光投置到人的这一向度之上的。因此在试图将马克思主义与海德格尔主义的综合中，马尔库塞已经基本确立了自己今后的学术兴趣和方向。正如大卫·赫尔德所说：“在马尔库塞看来，海德格尔通过现象学考察这一‘让物显示自身’的过程，使‘传统语境中关于超验、现实以及世界的可知性这些问题变成了虚假的问题’，因为人的存在总是‘在世之在’。”[③]然而，对

① 1923年卢卡奇的《历史和阶级意识》、柯尔施的《马克思主义和哲学》都十分强调存在于马克思革命理论中的主体性因素，反对占主导地位的客观经济的马克思主义把社会主义的胜利看成是必然植根于经济的客观原则之上。两人反对这种“科学的社会主义”，强调重新运用黑格尔的辩证法，强调主客之间的相互作用、矛盾和统一，以及主体的作用。马尔库塞对此显然是持赞成态度的。他对于二人的著作都有评论。可参见 Douglas Kellner, *Herbert Marcuse and the Crisis of Marxism*, p. 387 注 7 和 p400—401 注 48，注 51，注 52，注 53。另参见赫伯特·马尔库塞等《西方学者论〈1844年经济学哲学手稿〉》，复旦大学哲学系现代西方哲学研究室编译，复旦大学出版社 1983 年版，“编写说明”。

② 马尔库塞《历史唯物主义现象学》，转引自 Douglas Kellner, *Herbert Marcuse and the Crisis of Marxism*, p. 39。

③ [英]大卫·赫尔德《批判理论导论：从霍克海默到哈贝马斯》，见程巍《否定性思维——马尔库塞思想研究》，北京大学出版社 2001 年版，第 15 页。

"在世的存在"关注不够,正是海德格尔存在的问题。大卫·赫尔德接着写道:"马尔库塞对海德格尔哲学的兴趣也就止于此了,因为海德格尔的整个方法缺乏具体性,缺乏对历史性的物质构成的理解,也就是说,没有界定具体存在得以存在以及这一存在及其所处的世界关系的总体得以根植的那些具体历史条件。"①

马尔库塞进一步指出,被异化的力量所统治,那么个体就"被剥夺了真正的生活内容"(诸如自由、个体性、快乐等),而被简化为一种"抽象的个体"形式。这描绘出了在经济和意识形态形式背后的资本主义社会的存在——"一种非人道存在的现实"(马克思语)。② 以人为出发点,而不是以任何别的什么为出发点,这里再次体现了马尔库塞对于人的生命个体的真切关注,表达了他对于造成异化的资本主义社会的深刻控诉。对资本主义的批判是马尔库塞终生的事业,但他并不是为批资本主义而批资本主义,他只是想通过这种批判为"人的完整"发展和自由解放扫清障碍。马尔库塞后来离开海德格尔,极其热心地投入到法兰克福社会研究所的工作之中,投入到对于权威家庭以及纳粹问题的研究之中,甚至在1964年对于"苏联马克思主义"的深入研究,都是出于同样的考虑。

三、"论具体哲学"

《论具体哲学》写在魏玛共和国最后的日子里,这时严重而持续的经济、政治和社会危机最终将导致法西斯的上台。虽然这种危机表现出的是资本主义的社会危机,然而它所导致的却是人的整体存在的危机。在这种现实条件下,马尔库塞认为,科学和哲学的任务就是要解释这种危机的有关知识、产生的原因和解决危机的方案。既然当代社会中个体所受到的痛苦是由资本主义社会的结构决定的,那么关注存在的个体的真实问题的"具体哲学"必须描述出造成人类痛苦和日常

① [英]大卫·赫尔德《批判理论导论:从霍克海默到哈贝马斯》,见程巍《否定性思维——马尔库塞思想研究》,北京大学出版社2001年版,第15页。

② [德]马尔库塞《历史唯物主义现象学》,转引自 Douglas Kellner, *Herbert Marcuse and the Crisis of Marxism*, p. 39。

生活危机的资本主义结构，并使哲学参与进反对资本主义的斗争之中。[①]"具体哲学"是马尔库塞试图把马克思主义与现象学的存在主义结合在一起的最终成果，它是针对既有社会的危机状况而产生，呼唤对现实的直接关注，避免进入空泛而虚无的抽象哲理的探讨之中。马尔库塞认为，虚空而抽象的哲学是一种无用的哲学，而"具体哲学"关注人生存的物质条件与日常的生产和再生产，对具体哲学的探寻将引向对于劳动的性质、需求、性、意识、艺术，以及当代社会组织的性质和动力方面的研究，同时，还意味着对于历史的关注以及探寻历史运动和变化的动力等。

为此，马尔库塞把存在主义对于存在的个体的具体条件的关注与马克思的对于社会历史问题和革命前景的关注结合起来，并从这一角度出发批评了德国存在主义远离具体的社会问题和当时的具体斗争而去谈论人的"主体性"培养的不良趋势。马尔库塞认为，具体哲学必须成为一种公共的哲学，直接面对当代社会的真实问题，从而使其作为一种责任参与进社会实践之中。这一看法同马克思的"哲学家们只是用不同的方式解释世界，而问题在于改变世界"[②]颇为一致。

马尔库塞提倡哲学家要参与到社会的政治行动中，存在主义虽然承认存在的个体、人类主体的需要和走向本真趋势的重要性，但一个非本真存在的改变必须借助于社会变革。"历史的主体不是'单个的人'，而是'历史的整体'，即社会存在中组成的这个人与那个人的统一体，这是一个'社会'。"[③]个体是社会的个体，生存于社会-历史的条件之中而不在世界和历史条件之外，所以要获得一种海德格尔式的"本真"存在就不能在历史和社会之外去寻找，只有在社会中的存在才是现实的存在，才是个人可以谈论和遭遇到的存在。既然个体的人总是社会的个体，他的思想和行为就要受给定的社会、历史条件所规定，那么个体的解放事业就要以社会的革命事业为前提。将人从海德格尔的本体位置上拉下来，放置于现实之中，这是具体哲学的基本工作。

---

① [德]马尔库塞《论具体哲学》，转引自 Douglas Kellner，*Herbert Marcuse and the Crisis of Marxism*，p. 64。

② [德]马克思《关于费尔巴哈的提纲》，见《马克思恩格斯选集》第1卷，人民出版社1995年版，第57页。

③ [德]马尔库塞《论具体哲学》，转引自 Douglas Kellner，*Herbert Marcuse and the Crisis of Marxism*，p. 67。

严格说来,《论具体哲学》与马尔库塞的第一篇论文《历史唯物主义现象学》在内容上并无太大的不同,只是在这篇文章中,他更明确地提出了自己对哲学问题的基本看法。他把哲学本身作为研究对象,指出了哲学存在的真正价值和意义,从而为他以后的哲学研究打下了理论基础,确定了基本立场。马尔库塞一生为人类的解放事业不懈地探索与追求同他早年所形成的这种具体哲学的观念是吻合的。

对于"具体哲学"的论述在马尔库塞以后的著作中还多有出现。如在《理性与革命》中,在论述黑格尔的一些概念时,马尔库塞认为,"尽管黑格尔的概念很抽象,但它仍保留了其问题的具体论述","黑格尔论述矛盾统一的第一个概念就是生命的概念。黑格尔把生命称做是精神,那就是说,称做是一个能了解和主宰无所不包的对立的存在。换言之,黑格尔生命的概念,指的是理性存在物的生命,指的是在所有其他生物中独具的本质,从黑格尔开始,生命的概念成了根据人类具体历史条件重建哲学的众多努力的起点,也成为克服抽象的唯理论哲学特征的起点"①。马尔库塞十分重视黑格尔抽象哲学中并不抽象的东西,把人置于具体的历史条件下来谈,并把这种生命的具体性当成一种对抗抽象性唯理论哲学的工具。

在《论本质的概念》一文中,马尔库塞也曾谈到人的发展取决于已给予的历史条件,包括控制自然和社会的生产力状况、劳动的组织水平、关于人的实现的可能性需要的发展情况、在各个方面(生活的)可提供的文化价值资源等。有了这决定人的本质实现的四个条件,马尔库塞认为人就可以寻求到真正的解放道路。他认为有了"这些本质的决定条件就同乌托邦区分开来,因为理论能展现出通向实现它们的具体道路,同时作为例证可以印证已经开始实现它们的努力"。② 由于这些具体条件的存在,由于人永远都只是在这些条件下的活动,由于人的本质必然由此才能得以实现,这就使人终究把自己的行动看成是一个实现的过程,人正是在这个实现的过程中体悟到人生的存在意义。

---

① [德]赫伯特·马尔库塞《理性与革命——黑格尔和社会理论的兴起》,程志民译,重庆出版社 1993 年版,第 33 页。

② Herbert Marcuse, *Negations:Essays in Critical Theory*, Harmondsworth: Penguin Books, 1972, p. 73.

四、生命纠结的“此在”之学

马尔库塞学术的海德格尔“情结”是浓重的，他的代表性文集《现代文明与人的困境》中所收录的不同时期的论文，都贯穿着这样的一根主线——对“此在”的人的关注，他不仅清醒地分析了“存在”对人的每一点束缚，每一点压抑，同时又热心地体察到了“人”的每一点可能的自由。无论是对萨特的存在主义、对哲学与批判理论的论述，还是对弗洛伊德关于人的概念、对经济学中劳动的概念、对总体主义国家、对快乐主义的分析，甚至于对艺术形式的探讨，马尔库塞实际都在沉思着一个主题，那就是人。

法兰克福学派史研究专家马丁·杰伊曾指出：“在弗莱堡时期，马尔库塞的思想充满现象学范畴，同时又坚信马克思主义……在其第一本著作《对历史唯物主义现象学的贡献》（即《历史唯物主义现象学》，引者注）中，几乎全部是海德格尔的特有词汇：烦、历史性、决断、在世等等都出现了。”[①]这的确是一个无需争辩的事实。在马尔库塞当时的著作中，就是对黑格尔和马克思的论述，他重视的也是历史本真性和本体性而不是历史或辩证法，《历史唯物主义现象学》就是为海德格尔而写的。海德格尔曾说他自己具有特色的对于“历史性”这一术语的运用是源于狄尔泰的工作，尤其是狄尔泰对社会科学和人文科学的研究，“‘历史真实性’是属于人学本身的存在的惯常的形式。”而马尔库塞对于“历史性”的看重，也是狄尔泰和海德格尔的而不是马克思主义的。从早期对狄尔泰的喜爱到之后同海德格尔一起工作，这些事情对于马尔库塞来说并不是什么巧合，而是有其内在的必然性。马克思主义强调的是自然历史和生物的进化，包括历史的人通过社会斗争而产生，这些社会斗争包括生产斗争、获取知识、主宰自然和劳动的解放。这同狄尔泰、海德格尔所谈的社会科学的历史性显然是不一样的，那时的马尔库塞显然更看重人学意义上的历史性，而认为马克思主义理

① [美]马丁·杰伊《法兰克福学派史(1923—1950)》，单世联译，广东人民出版社 1996 年版，第 86 页。

论存在缺陷。[1] 凯尔纳也认为，在《单向度的人》最后一章，“马尔库塞对于根本的个人和对于个人造反的重视是他思想的一个基本的方面。这一点，我们可以在他早期的著作中看到，他以‘根本性活动’来反对资本主义社会，虽然他以马克思的术语来组成这一概念，但在他的事业中却有着海德格尔个体主义的成分在其中，这一个人主义成分在他的《爱欲与文明》、《单向度的人》和其他的作品中又浮出了水面。一些马尔库塞的批评概念，如‘大拒绝’，在他的思想中就有着无法根除的海德格尔的成分。”[2]

凯尔纳只承认马尔库塞著作的海德格尔成分，而不认为马尔库塞同海德格尔有更多的联系，依然将马尔库塞放置于马克思主义学者之列。正统的马克思列宁主义者罗伯特·斯泰格沃德（Robert Steigerwald）则认为马尔库塞的早期著作从海德格尔存在主义的立场出发与马克思构成一种对话，实际与真正的马克思主义毫无关系，他认为马尔库塞的理论体系贯穿着主观唯心主义；而哈贝马斯将马尔库塞看做是第一个海德格尔主义的马克思主义者，认为马尔库塞在早期的作品中实现了对马克思和海德格尔的混合[3]。笔者认为，马尔库塞是马克思主义者或是海德格尔主义者，抑或是海德格尔主义的马克思主义者，都不是最重要的，真正重要的是马尔库塞通过吸收海德格尔和马克思的一些理论营养，形成了关于“具体哲学”的基本主张，并最终奠定了自己一生的理论旨趣。这一点应该是我们理解马尔库塞与海德格尔学缘的关键。

海德格尔对马尔库塞的影响不仅仅是一些方法观念上的，而且还表现在对一些具体问题的看法上。比如“想象”问题。对于想象的认识在马尔库塞的理论中占据着重要的位置，无论对于“新感性”的培养，或是对于审美之维的论析，想象的作用都是关键性的。瑞兹认为，海德格尔 1929 年发表的《康德与形而上学问题》一文，就是马尔库塞在这一方面的一个最引人注目的前驱。海德格尔认为，想象的本质是没有具体的表象而凭直觉来感知的能力，他认为这种认识方法的澄明是他对康德所从事的认识论工作的贡献。“本体的知识从来不是靠体

---

① Charles Reitz, *Art, Alienation, and the Humanities*, p. 59.

② Douglas Kellner, *Herbert Marcuse and the Crisis of Marxism*, p. 279.

③ 参见 Douglas Kellner, *Herbert Marcuse and the Crisis of Marxism*, p. 389，注 31。

验来给定的，而是存于想象之中的，并且拥有一个生而有之的超越的特性。"[①]对海德格尔来说，人的想象处于真正的哲学知识的本源位置，并作为教育和形而上学的基础。海德格尔对人的"本真"状态的确认，是以对死亡的想象为例子的。存在是一种"向死的存在"，人凭着想象对此有所体会并最终超越于它。与海德格尔一样，马尔库塞也认为想象探寻着存在的本体之维，这从他把想象的艺术作为一种"异在"的生活从而引领现实的艺术观中可以很明显地看出来。另外，马尔库塞对于死亡的看法与海德格尔也是基本一致的。他认为，从整体上来理解的话，死亡不是生命之后的人的存在的一个方面，而是生命必然的一个部分，使生活本身显得丰富多彩。"生欲"与"死欲"都是人的生存欲望的本能构成，除非死亡从生命中分离并被取而替之，否则人的异化将会持久存在，马尔库塞写道："只有这种超越被征服——当永恒成为此地此时的现在的时候，人才成为他自身。"[②]

海德格尔对马尔库塞的影响是深刻而长久的，瑞兹在评析马尔库塞1964年的著作《苏联的马克思主义》时还认为："在本书的陈述中，马尔库塞同样又表现出他是海德格尔的门徒，操心和焦虑是海德格尔《存在与时间》中人的此在的存在主义分析的主要范畴，而这本书中马尔库塞同样强调人类世界中主体和客体存在主义的本体特征。"[③]对于马尔库塞美学思想中的海德格尔影响，瑞兹也同样有着精辟的见解，他认为，"对马尔库塞来说，美学理论更多关注着存在而不是存在者，更多的是本体而不是科学。"[④]这种在海德格尔概念上对于美学本体的认识是马尔库塞美学思想的一个重要特色，马尔库塞后期对以"艺术形式"为切入点的美学的价值向度的承认与这种美学本体论的认识也是一致的。海德格尔哲学是马尔库塞美学思想中一个蛰伏的幽灵。

五、海德格尔哲学批判

尽管海德格尔对于马尔库塞的影响是举足轻重的，然而由于海德

① Charles Reitz, *Art, Alienation, and the Humanities*, p. 117.

② ［德］马尔库塞《爱欲与文明》，黄勇、薛民译，上海译文出版社1987年版，第87页。

③ Charles Reitz, *Art, Alienation, and the Humanities*, p. 58.

④ Ibid., p. 99.

格尔理论的天然缺陷，以及他后来同纳粹的亲密关系，加上马尔库塞本人早已具备的马克思的理论研究背景以及在纳粹统治下不得不逃亡国外的现实处境，他最终在 1932 年离开了海德格尔。笔者认为，就学术而言，马尔库塞与海德格尔的分歧主要表现在以下几个方面。

（一）海德格尔虚假的具体主义

与许多海德格尔主义者不同，马尔库塞早就对马克思很感兴趣，并作过一些研究，还专门给社会民主杂志写过有关马克思主义的文章。在 20 年代后期，马尔库塞曾试图把马克思主义同海德格尔的现象学存在主义结合进他的“具体哲学”之中，从而强调积极的行动和真正的社会主义改革。在《海德格尔的政治》一文中，马尔库塞谈道：“首先，像其他人一样，我相信在存在主义和马克思主义之间有着结合的可能，准确地说因为他们都坚持对于实际的生存方式和存在着的人以及他们所处的世界作具体的分析。然而不久我意识到海德格尔的具体性在一定程度上说是骗人的虚假的具体性，就像是当时统治德国大学的相当枯燥的新康德主义、新黑格尔主义、新唯心主义，还有实证主义哲学一样，实际上他的哲学不仅是抽象的远离现实的，甚至说是躲避现实的。”①不难看出，马尔库塞对海德格尔的看重源于海德格尔对人的生活和存在的关注，而他对海德格尔的最终失望也主要源于海德格尔实际上对现实存在的人的生活的疏离。马尔库塞对于“生存方式”和“存在着的人”以及他们“所处的世界”的具体性的关注显然不是海德格尔所探讨的抽象的“此在”所能解决的，人的存在必须落实到现实生活中一个个有血有肉的生命个体之上。

马尔库塞认为，威胁着人的当下的状况需要的是反思，而海德格尔关心的是存在的总体的方法和对于“什么是真实的存在和它是如何可能的”一种追问，阐释的是真实的可能性的本体论条件，这对于现实中的人是没有什么实际作用的。1948 年马尔库塞在《论萨特的存在主义》一文中，在谈及人的存在时，曾写道：“只有在它不再以‘自由主体’的术语来描述它的对象时，而是以这个对象在现实中的实际情形，即在物化世界中作为一件‘物’的情形去描述这个对象时，它才能够接近

① ［德］马尔库塞《海德格尔的政治》，转引自 Douglas Kellner, Herbert Marcuse and the Crisis of Marxism, p. 36。

它的对象:具体的人的存在。……人的自由的实现并不表现在'我思之存在',即'自为'中,而是在'广延存在',即作为物的身体中。"[1]因此,必须超越海德格尔对于"非本真"的本体论分析,而去关注现实条件下人的具体处境以及是什么阻碍着人的真实存在,才能真正寻找到人的解放之路。凯尔纳认为:"对马尔库塞而言,海德格尔的问题就在于抽象的本体论分析不能提供任何具体的对于现在条件下的行动的指导。海德格尔的沉沦和非本真的主张是总体性的,对于所有的历史条件都是有效的,然而今天问题的特殊情况在原则上却是排除在海德格尔的本体分析之外的。"[2]对于现实条件下的人的关注,是马尔库塞具体哲学的根本旨趣所在。"哲学存在主义的意义在于反对理性唯心主义的抽象性的'逻辑'主体,恢复历史主体的全部具体性,也就是消除从笛卡尔到胡塞尔一直不可动摇的'我思'的统治。海德格尔在《存在与时间》出版以前所持的立场,是哲学向这个方向的最大的进步。然后又出现了反向运动,哲学不无理由地避免对自己所论述的主体的历史境况和物质事实作更为仔细的考察。在这一点上,具体性停止了,哲学满足于谈论民族与'命运的联系',谈论每一个个人必须接收的'遗产',谈论'世代'共同体,而事实的其他方面也被放到这样一些范畴下进行论述。……这样它就否认了理解历史境遇的事实以及理解它们之间诸特点的任何可能性。"[3]存在主义最初是以其具体性而出现的,然而在其自身的逻辑序列中,它最终却又走向了它的反面。马尔库塞与海德格尔的分歧在此处表现得最为清晰。

(二)海德格尔虚假的激进主义

由于海德格尔把人的"沉沦"和"非本真性"存在置于总体的本体的意味之上,这样他对根本的社会行动的可能性就持有一种悲观的态度,把社会革命当成是一种统治和异化的新形式,这样,社会的发展就是以新的异化、新的非本真存在代替旧的非本真存在的过程,于是他就只能把希望寄托于个体的自我改变上。马尔库塞对此显然是反

---

① [德]马尔库塞《论萨特的存在主义》,见赫伯特·马尔库塞《现代文明与人的困境——马尔库塞文集》,李小兵等译,三联书店 1989 年版,第 7 页。

② Douglas Kellner, *Herbert Marcuse and the Crisis of Marxism*, p. 47.

③ [德]马尔库塞《总体主义国家观中反对自由主义的斗争》,见赫伯特·马尔库塞《现代文明与人的困境——马尔库塞文集》,第 299—300 页。

对的，他认为："海德格尔把决定性的措施交付于与世隔离的个体而不是使人勇往直前的果断的行动的企图是必须拒绝的。这一行动不仅是对于过去经验的'修正'；而且是对于所有公共生活形式的重构。"①

马尔库塞认为，"根本性活动"必然改变人自身和身外的生存条件，而海德格尔的真实的个体关心的却只有他或她自己的本真性而不包括社会的改变。这样，海德格尔对于"非本真"的批评、对于一种决断和自我改造的呼唤、对于哲学传统的毁灭性的工作，虽然有时听起来是非常根本的，实际上却是真正保守的。这样的结果就使德国学生虽然可以追随着海德格尔的学说，但面临社会力量的统治时却仍然不知所措。对此，凯尔纳评论道："这种伪激进主义是很危险的，因为它将导致社会生活中现实问题的压抑和对于社会政治参与的拒绝。"②海德格尔理论所可能导致的负面效果是明显的。一个人可以假定自己是生存于一种"本真"状态之中，但这种"本真性"究竟凭借的是什么却不得而知，海德格尔对此也没有提供答案。在《存在与时间》中，海德格尔拒绝任何有限的社会、道德和政治价值，而陷入尼采所警告的西方文明的虚无主义命运之中。果然，这种虚无主义到了法西斯之手，海德格尔也与法西斯同流合污了，海德格尔的哲学自行破产。国内也有学者认为："对一个异化和分裂的工业文明时代的厌恶，使海德格尔构想出一个人与大地、世界和谐相处的乌托邦，而这个乌托邦对对立性的排斥，使它具有一种无为的接受性和消极性，是一个禁欲主义的乌托邦，而这无助于人在具体的历史-社会存在中消除异化和分裂，因而，从政治的含义上，具有一种肯定既定社会存在的保守倾向。"③

（三）海德格尔历史唯物主义的缺失

马尔库塞一直企图将海德格尔的理论同马克思的理论结合起来，马尔库塞曾提到，对他的这一想法，海德格尔从没有任何反应。1928年，马尔库塞发表了《历史唯物主义现象学》，这是试图综合马克思主义和海德格尔现象学的一篇文章，也是马尔库塞发表的第一篇哲学论文。1929年他又发表了《论具体哲学》一文。从这两篇论文中，我们可

---

① ［德］马尔库塞《唯物主义现象学》，转引自 Douglas Kellner, Herbert Marcuse and the Crisis of Marxism, p. 48。

② Douglas Kellner, *Herbert Marcuse and the Crisis of Marxism*, p. 49.

③ 程巍《否定性思维——马尔库塞思想研究》，北京大学出版社 2001 年版，第 22 页。

以清楚地看到马尔库塞虽然师从于海德格尔，但他实际上已经在做着对海德格尔理论的修正工作，试图以自己的方式重新读解海德格尔的“存在”理论。

凯尔纳认为，虽然海德格尔的个人主义和本体性理论对马尔库塞思想的形成产生了很大的影响，并且在他的后期著作中仍扮演着重要角色，但从一开始，马尔库塞就试图把海德格尔的“本真性”、“历史性”和他自己的社会理论置于马克思的历史唯物主义的基础之上。马尔库塞认为，个人的世界不是由任何抽象的世界关系所组成，而是由特定的物质构成的社会-历史的世界所组成。同样，个人也不是总体意义上的人，而是一个活着的、饥饿的生命物，生存于一种由特定的社会所组成的历史环境之中，有着一定的生产模式。社会的生产模式是历史发展的基础，展示着人存在的需要……“我们称做历史唯物主义的状况，是最终的决定人的存在的因素……”①马尔库塞还依据马克思在《德意志意识形态》中的论述②，指出唯物主义的状况就是指人的和社会的需要，这关系着社会的生产和再生产、阶级统治和意识形态体系等所有这些组成人的生活世界的因素。他还用马克思的这一基本理论来解释海德格尔的重要范畴“操心”(care)，认为“操心”是人的决定性特性，一个人的基本的“操心”就是寻找他的物质需要的操心，这一满足体现于社会的生产和再生产之中，这样就给海德格尔的“操心”理论找到了一个唯物主义的基础。③

马尔库塞对海德格尔的态度是十分明显的，那就是不满于海德格尔的抽象性，他要使海德格尔的抽象性回到现实的生活世界之中，为揭示人的现实的生存服务。胡塞尔所创立的现象学方法对待自然的“存在的悬置”、对待历史的“历史的悬置”，不允许我们从所有的方面

---

① [德]马尔库塞《唯物主义现象学》，转引自 Douglas Kellner，Herbert Marcuse and the Crisis of Marxism，p. 50。

② 凯尔纳认为马尔库塞是第一个对最新出版的《德意志意识形态》给予足够重视的人。他用书中的“唯物主义”来指历史、社会和人的自然的基本结构。而他对于历史唯物主义的喜爱使他最终拒绝了现象学和存在主义，形成了他自己的哲学和社会理论。这种理论的形成发生在社会研究所时期。见 Douglas Kellner，*Herbert Marcuse and the Crisis of Marxism*，p. 394，注 73。其实，笔者认为马尔库塞对于历史、社会和人的自然的重视早在他写作《德国艺术家小说》时就已经表现出来了，只是在研究所时更加明确了。

③ [德]马尔库塞《唯物主义现象学》，参见 Douglas Kellner，Herbert Marcuse and the Crisis of Marxism，p. 50。

和所有的关联和媒介中去把握事物，而只从事物的“历史性”背景中通过一系列抽象的“还原”来构想事物的存在，忽略了事物中具体的社会物质构成。虽然海德格尔与胡塞尔相比，在《存在与时间》中，已经把现象学研究置于工作世界、社会世界与日常的生活之中，但是他的本体论的分析方法与现实生活的物质状况和历史构成是脱节的。因此，在他的现象学中真正的历史之维还是缺失的。凯尔纳认为，正是“在现象学中这种历史、社会和社会改变的唯物主义理论的缺乏使马尔库塞转向了马克思主义，从而提供了在现象学中丢失的‘具体哲学’的决定性方面”[①]。

马丁·杰伊曾经指出：“《存在与时间》的社会环境太抽象了，海德格尔的历史性概念也实在太一般了，不能解释人类活动的真实历史条件。马克思主义则以激进行动来回答海德格尔关于本真存在的可能性问题，这是马克思主义的‘基本处境’，是其自我显示、自我创造的关键。”[②]因此，马尔库塞在马克思思想的启发下力图在新的视角下审视人的自下而上的“本真”状态，也就是说在对人的生存状态的考察中，加入马克思的社会和阶级因素，使得对人的探讨不再陷入纯哲学的抽象之中，就是十分自然的了。1932 年马尔库塞发表的《黑格尔本体论和历史性理论》一文证明了这一点，这一加进了更多马克思理论元素的论文被学界认为是马尔库塞对于海德格尔的一种背叛，海德格尔甚至从未读过马尔库塞提交的这篇论文，哈贝马斯认为海德格尔实际上是拒绝了这篇论文。[③] 国内也有学者认为“《黑格尔存在论和历史性理论》(即《黑格尔本体论和历史性理论》，引者注)不是一部独立的作品，而是对《存在与时间》的一种内部阅读，一种解构式的阅读……”[④]

1932 年，一个值得永远记住的年份，这一年，马克思《1844 年经济学哲学手稿》的发表使已经成为法兰克福社会研究所新成员的马尔库塞兴奋异常，他随即写出了《历史唯物主义的基础》这一评论《手稿》的著名文章，并称《手稿》的发表必将成为“马克思主义研究史上的一个

---

① Douglas Kellner, *Herbert Marcuse and the Crisis of Marxism*, p. 55。

② [美]马丁·杰伊《法兰克福学派史(1923—1950)》，单世联译，广东人民出版社 1996 年版，第 86 页。

③ 参见 Douglas Kellner, *Herbert Marcuse and the Crisis of Marxism*, London, 1984, p. 406，注 1。

④ 程巍《否定性思维——马尔库塞思想研究》，北京大学出版社 2001 年版，第 2 页。

划时代的事件",《手稿》的发表"使关于历史唯物主义的由来、本来含义以及整个'科学社会主义'理论的讨论置于新的基础之上"①。马尔库塞发现的这个"新的基础"就是马克思对"处在现实的、可以通过经验观察到的、在一定条件下进行的发展过程中的人"②的关注,马尔库塞论道:"我们所论述的是关于政治经济学的哲学批判以及政治经济学作为一种革命理论的哲学基础。"③在马克思那里,哲学、经济学和革命实践并不是割裂开来的东西,如果说,马克思在后来的著作中废除了哲学,那么现在是该拯救哲学的时候了,就这样,马尔库塞终于从马克思的原著中找到了他多年来一直寻求的东西,与马克思再次结缘也最终宣告了他同海德格尔学术缘分的结束。关于马尔库塞与马克思的学术承传,那是需要另文研究的,这里不再赘述。

(作者单位:中国社会科学院文学所)

① [德]赫伯特·马尔库塞等《西方学者论〈1844年经济学哲学手稿〉》,复旦大学哲学系现代西方哲学研究室编译,复旦大学出版社1983年版,第93页。

② 马克思、恩格斯《马克思恩格斯选集》第1卷,人民出版社1995年版,第73页。

③ [德]赫伯特·马尔库塞等《西方学者论〈1844年经济学哲学手稿〉》,复旦大学哲学系现代西方哲学研究室编译,复旦大学出版社1983年版,第93页。

史论合一型美学体系:迪基《美学导论》

张 法

一、迪基《美学导论》的结构和方法

迪基的《美学导论》(1997)与其他美学原理不同的地方,在于它是一本紧紧围绕美学史来讨论美学原理的著作。这样,一方面,它用美学原理的框架去把握美学史,让美学史呈现了一个美学原理的结构;另一方面又用美学史来讨论美学原理的问题,把美学原理的一个个重要问题都放到了美学史的视野之中。这样做的好处,就是把美学史与美学原理统一了起来,但这一统一的结果,当然又使美学完全限制在西方美学的范围之内。也正因为如此,它的西方性鲜明地显示了出来。此书的第一版出版于 1971 年,1997 年出第 2 版时,把作者 20 多年的美学研究成果——《趣味的世纪》(1996)、《艺术与美学》(1974)、《评价艺术》(1988)这三本书中的内容也总结了进去。这本著作告诉我们,20 世纪末的西方美学是怎样从今天的角度去看待和总结美学史的,又是怎样把历史悠久的西方美学史总结成一个美学原理的。

迪基的《美学导论》,分为四大部分:第一部分,走向分析美学的历史导论;第二部分,20 世纪的美学:1960 年代至现在;第三部分,美学四大问题(直觉、象征、隐喻、表现);第四部分,艺术评价。这样一种划分,把美学分为两个阶段,一是古典论,从古希腊到 1950 年,在古典论里,美学分为三大部分:美的理论、审美态度、艺术理论;二是现代论,从 1960 年到成书时的 20 世纪末(1997),20 世纪的西方美学,特别是后半世纪艺术理论是其主流,因此,第二阶段是将艺术理论的总体,分为四个部分:制度论、创作论、作品论、评价论。①

① 迪基由于以史出论,没有明晰地分出这四部分,这是笔者总结的,下面将会讲何以这样总结。

如果不用古典现代的二分法，而把美学看成一个整体，那么迪基的《美学导论》可以说是一个层套结构。第一层是美学三分：美的理论、审美态度、艺术理论；在艺术理论的下面，再三分：艺术制度、艺术作品、艺术评价。但这一个层套，有点违迪基的初衷，因为，在这样一个层套结构中，艺术制度、艺术作品、艺术评价变成次要的了。对于迪基的本意来说，这三个应该是主要的，因此，要把这一层套倒过来，以艺术三论为美学主体，艺术三论缩简为单一的艺术理论，再以之与审美态度和美的理论并列，形成一个主体。但是《美学导论》自身的结构所呈现的，是一个可逆的灵活结构，这一结构还是两个层套，只是这两个层套没有主次之分：从古代看过来，是美的理论、审美态度、艺术理论，再以艺术理论为中心展开为艺术制度、艺术作品、艺术评价；从现在望回去，是从艺术制度、艺术作品、艺术评价，凝结为艺术理论，再从艺术理论平推开，为艺术理论、审美态度、美的理论，六个方面构成整个美学理论的结构，这一结构，有历史，有今天，有在时间上的演化，有在理论上的逻辑，形成了美学原理的一种类型。

二、美的理论

迪基的古典美学三论（美的理论、审美态度、艺术理论）都归结为走向分析美学的历史，可见其基本的观点：美学主要是对概念的分析。从概念分析这一角度看，美学原理中的重要概念，必然要追溯到所产生、形成、发展的概念史，因此，美学史成了美学原理的一个组成部分。正是这一点成了迪基《美学导论》的特色，是一本以史说论、以史呈论的美学原理著作。在这一点上，与黑格尔的《美学》具有相同的趣旨，只是黑格尔用的是艺术作品的历史，迪基用的是美学概念的历史。

在迪基看来，整个美学理论包括两个部分：美学理论和艺术理论。在美学理论中，又包括两个部分：美的理论和审美态度。后者即中国美学中的审美心理学。这一种层级划分，不同于中国美学那样，美、美感与艺术三者并列，显出了与中国美学的异趣。在美的理论中，具体又分为两种。一是美的理论，是以客观性的美为主题，从柏拉图到18世纪。二是趣味理论，这是18世纪英国美学的主潮，趣味理论既是美的理论向审美态度的过渡，又是审美类型的一种扩展，在这里，美的理论的主潮转向了审美心理,最后把美学定型在 aesthetics(感美学)上。从 aesthetics 出发,并进一步沿主体方向发展,于是出现了审美态度,形成了美学的另一个题域(这将在下一小节专论)。由于迪基用美学理论来统括美的理论和审美态度,因此实际上,他把美的理论、趣味理论、审美态度三者看成了一个整体。这个整体,一方面是一个历史的演进,另方面是一种逻辑的展开。要而言之,迪基的美的理论包含了三个方面:一是具有客观论的美的理论;二是具有主体性的趣味理论;三是在主客关系中展开来的审美类型论,这就是优美、崇高、如画三类型。对迪基来说,aesthetics 既是对以前美的理论的总结,又是以后审美态度的开始。由于迪基把美学史作了如是理论性归纳,他在讲述历史的时候,就完全把历史以自己的逻辑理论化了。

对美的理论的开始,他只讲了两人,一是柏拉图(前 428—前 348),一是托马斯·阿奎那(公元 1225—1274)。然后就进入了 18 世纪的趣味理论。因此对这两位 18 世纪前的美学大家,就必然要为演进到后面的作准备。所以,讲柏拉图,他不提《大希庇阿斯》中的美的本质问题,而专讲《会饮篇》中的美的观念。《会饮篇》一方面讲了美的层次,另方面讲对美的爱,这样柏拉图的美的理论就包含了两个部分,一是美分为现象中事物的美和本质论上理式的美;二是人通过感官(视、听、触)感受到美,通过对美的爱,一层层(从个别的美形体到美的一般形体,对心灵的美,对行为和制度的美,对知识的美)展开,最后达到美的理式。爱,作为一种审美愉悦,被强调了出来。柏拉图对美的两个方面的理论,在后世分别被人所承传和发展,从美的理论的角度,迪基呈现的只是后一方面。托马斯·阿奎那的美学,与柏拉图一样,是两个方面,即美的客观世界和主体对美的体验。托马斯说,美在于三个方面,一是完整或完美,二是比例或和谐,三是明亮或清泽。这三方面暗含着一种柏拉图式的二分法,前两者明显呈现为经验世界,后一者则暗含了与上帝的关联。这三方面贯彻在一切美的事物之中。人在审美过程中对美的事物的"认识"功能是重要的,在审美中,一方面人通过认识到一种物的理式而愉悦;另一方面,人能感到审美的愉快更重要的在于上面所讲的三方面的结合。

虽然,18 世纪以前的美的理论,从柏拉图起,就有主体和客体两个方面的性质,但总体说来,美被看成是客观的,不是客观事物自身的性质,就是一种在事物之后的美的理式。到 18 世纪,趣味成为美学的中心,客观之美就转到了主体之美。在这一转折中,夏夫兹伯里(公元1671—1713)是关键性的人物。在迪基看来,夏夫兹伯里的贡献在三个方面。一是内在感官开趣味理论之先。夏夫兹伯里是个新柏拉图主义者,在对美的理解的客观方面,他把事物的美与事物后面的美的理式相关联,但对于人何以能感受到美,他首创了内在感官说,让人感到美的不是眼耳鼻舌身等外在感官,而是与这些外在感官不同的内在感官。内在感官说把美学的注意力放到了主体上,因此,可以说是趣味理论的源头。二是崇高理论的开启人。夏夫兹伯里是18世纪第一个关心崇高的美学家,他的与新柏拉图主义相关的宗教思想把崇高归于上帝,上帝创造的无比巨大和超出理解只能归之于崇高。三是非功利的创立者。夏夫兹伯里区分了欣赏一个对象与占有一个对象的差别。沉思一个对象与欲求一个对象是不同的,高尚的道德具有一种非自私的性质,对美的欣赏具有一种非功利的性质。其实,从他的内在感官说也可以推动非功利性,外在感官是与现象界与功利相连的,内在感官是与本质界与超功利相连的。也许是因为夏夫兹伯里用内在感官把美学的重心摆到了审美主体上而开启了趣味理论,库普《美学词典》说夏夫兹伯里是"美学的创立者"。

对于18世纪的趣味理论,迪基选了6人来讲,分别是夏夫兹伯里、哈奇生、柏克、休谟、爱笛生、康德。

如果说夏夫兹伯里是一个美学上从客体到主体的转折,那么,哈奇生(1694—1746)则是这一转折的完成。哈奇生没有新柏拉图主义的理论背景,因此他完全从感性现象出发,他的理论包含了趣味的官能和趣味的愉快,非功利性十分成功地渗透进他的理论之中。在哈奇生看来,美,不应是用来指柏拉图的理式,也不应是用来指我们用感官看到、听到、触到的客体,而是一种观念,是对外在客体的知觉而产生的愉悦。美是在主体心中被引起来的,是一种内在感官所引起的。与夏夫兹伯里认为有一种内在感官、多种功能不同,哈奇生认为有多种内在感官(道德的、审美的、宏壮的等等)、一种功能。因为是一种功能,因此审美感官不像夏夫兹伯里那样是认识而具有审美的直接性;因为是内在感官,因此是与心相联系的,它把外在感官的视、听、触,转化为一种复合观念,从而认为美是多样性的统一;因为不同于外在感官,它不可能像柏克理论那样是自私的,因而是超功利的。对哈奇生来说,趣味的存在是主体,但它存在于主体又是客观的。

柏克(1728—1797)将趣味理论进行了一个变向和一个推进:一个变向,通过拒绝内在感官论,改变了夏夫兹伯里和哈奇生的重点方向,而把主体结构放到经验可以证实的心理感受上;一个推进,是把崇高作为一个与美不同的范畴,从而对趣味的类型进行了扩大,在区分崇高和美的基础上,对崇高的类型和美的类型进行了罗列,把趣味体系化了。由于重在经验,崇高和美是人的两种快感——美是积极的快感,崇高是关联的快感,所谓积极,就是纯粹的愉悦(pleasure),所谓关联,就是由痛感转为快感,是一种喜悦(delight)。美与崇高都是基于人的本性的,美基于人的社会性,是由社会中的"爱"所引起;崇高基于人的自我保存,是由人面临危险而产生的恐惧所引起的,但仅有可怖,还不是崇高,只有虽可怖却又危及不了人时,可怖才转为一种欣赏对象,在欣赏中,可怖之物引起的痛感,就转化为快感,痛感与快感的叠加,就构成崇高感。在美与崇高的基础上,柏克又对二者的类型进行了系列的分类,美有娇小、柔和、清丽、滑腻、娟秀、曲形……崇高有巨大、晦暗、力量、空无、无限……迪基强调,柏克对美与"爱"的关联,突出了一种无功利性,按此逻辑,崇高突出了看似有惊实则无险,还包含着一种超功利在其中。柏克用崇高对趣味类型进行了扩大。

休谟(1711—1776)是把趣味论题讲得最深而又体系化了的哲学家。他的《论趣味的标准》(1757)对趣味的本质作了基本性的论述。休谟承认,趣味的个人的和多样的,很难争辩,但他通过"倒比"法,提出了趣味的共同性。所谓"倒比"(a disproportionate pairs),就是把一个优秀的作品与一个拙劣的作品放在一起,人们会一致认为前者好而后者差。休谟认为,趣味的构成规律是经验。对于什么是美的问题可以通过对趣味的普遍而广泛的观察得到,而正确的观察需要正确的时间、地点、客体、心态,各种条件都具备,美的普遍性才可以得到。从经验出发,可以知道,美不是客体的属性,而是客体在主体身上产生的效果,而主体能产生美的效果,一方面在于客体的一种构造,另一方面在于人性的特殊构造。因此,在趣味的差异性上要强调趣味的普遍性,它来自于人性的稳定性。而人性是通过经验来归纳的。

爱笛生(1757—1839)被迪基专门列出来,是因为他提出了联想的观点,并认为联想在趣味官能中具有本质性的意义。他认为,对美的事物的感知不仅是对外界的一种知觉,而且是一种更广阔的意识,它包含着情感反映的感受、观念联想和想象。因此,对爱笛生来说,趣味是一种情感的趣味(taste of emotion),在这一意义下,面对艺术的美,因为艺术来源于艺术家,我们的心成为艺术家的心;面对自然的美,因为自然来源于上帝的创造,我们的心也成为一颗神性的心。正是这"成为",使我们感受到美,而我们能够"成为",在于联想官能。在审美时,最初,趣味的对象被感知,一种简单的情感(如欢愉)在心里产生;接着,简单的情感又在想象中产生一种思想(这思想被典型化为一种形象),第一种思想在想象中又产生第二种思想,然后第三种……通过这样的观念联想,最后是一种统一的形象体产生出来。每一形象都关联着思想,也关联着情感,而每一种形象、情感、思想都伴随着愉快。联想既是趣味感官的功能,又联系着客观外物,是客观外物在趣味感受中,并通过主体呈现出来的一种表现。联想既是一种主体的功能,又包含了主体对世界的一种把握。正是在主体的这样一种情感趣味中,物质世界的任何一个方面都可变成是美的。在爱笛生看来,不是对客体的知觉,而是联想,使对象成为美的。

康德(1724—1804)从一种哲学的高度对趣味进行最具理论性的表述。趣味的感官在对美进行判断的时候,由美而来的愉悦,不同于感官占有对象时的快适,也不同于知性认识到对象得出概念时的愉快。正因为与占有对象无关,因此,美是超越个人功利的,审美是个别的,但由于美是超越个人功利的,因此,它具有一种普遍性;个人的审美是偶然的,但也因为美感的超越个人功利,因此美有了一种必然的性质;因为审美不是占有对象,因此关注的不是对象的内容,而是对象的形式,因此,对于对象是内容来说,审美趣味是无目的的,但对于审美自身的性质来说,又具有一种形式的目的性。总之,通过对形式的观赏,而产生美感的愉悦。

以上6家,构成了趣味理论的全面性结构。整个趣味理论中,都存在一种双重性质——美一方面在于客体的性质——另一方面在于主体的性质,趣味正是这两种性质的契合。

如果说,18世纪以前,美学的核心是"美"的概念;18世纪,美学的核心是"趣味"概念;那么,在18世纪末,"趣味"概念开始衰落,美学的核心走向了aesthetics概念。① 在迪基看来,美学这一概念,虽然由鲍

---

① George Dicke, *Introduction to Aesthetics*: *An Analytic Approach*, Oxford University Press, New York, 1997, P. 25.

姆加登提出,但却是到 19 世纪的叔本华那里,才真正诞生的。因为,在趣味理论被冷落之时,叔本华对 aesthetics 的介绍得到了极大的反响。在叔本华看来,一个事物之所以视为美,是因为它是一个人(主体)审美沉思中的对象,是审美意识的客体。叔本华的美学理论与趣味理论的区别可以从如下几点显示出来:第一,他的审美意识与趣味理论所讲的趣味官能(faculty of taste)无关,而完全是从心智(intellect)与对象的关系去论述的;第二,审美意识是用一种心智能力使知觉的客体从其关系中分离出来,处于一种知觉上的孤立状况;第三,这种分离和孤立行动一旦发生,对知觉对象的无功利沉思成为可能;第四,一旦意志对这种心智的孤立活动有所破坏,审美意识也就消失了。因此,审美意识与功利是完全相反的。①

aesthetics 的出现,是美的理论作为美学主流的正式终结。

三、审美态度

在迪基看来,19 世纪以后,在 aesthetics(感美学)代替美的理论的同时,艺术哲学在 20 世纪兴盛起来,与此同时,从叔本华的理论发展出了"审美态度"理论,而与之相对立,出现了一种"形上批评"理论。二者都认为,面对审美对象进行批评和欣赏的时候,自己对于审美对象的本质有更正确的看法。下面就按照迪基的顺序,分别来看两种理论。

审美态度(aesthetic attitude):

迪基选了三种理论作为审美态度的代表,一是布洛的"心理距离",代表作是《作为艺术和审美原理因素的心理距离》(1912);二是斯多利兹(Jerome Stolnitz)和韦艾斯(Eliseo Vivas)的"无利害关注"论,前者的代表作是《美学与艺术批评哲学》(1960),后者的代表著是《审美经验定义》(1937)和《语境主义重思》(1959);三是奥德奇(Virgil Aldrich)的"看做"论,代表作是《艺术哲学》(1963)。

审美态度,就是主体采用一种使对象成为审美对象的态度。在布

① George Dicke, *Introduction to Aesthetics: An Analytic Approach*, Oxford University Press, New York, 1997, P. 26.

洛的理论里,心理距离(psychical distance)就是一种审美态度。该学说自朱光潜于1930年代介绍到中国以后,为中国的美学读者所熟知。迪基在解说时,也是引布洛关于雾的例:船遇大雾,船上的人与实际情况没有距离,担心危险,雾对他们不是审美对象,他们也感觉不到雾之美;而岸上的人不担心危险,与实际情况拉开了距离,雾对于他们就成了审美对象,他们感受到船行于雾中之美。一种与实际的利害关系拉开距离的态度,就是一种使事物成为审美对象的态度。距离太近会妨碍审美态度,岸上的人从望远镜看到船上的惊恐,会引起他的安全意识,而减弱审美感;距离太远也会妨碍审美态度,离海太远,看不清雾,也使美感不强。这样,无距离、近距离、远距离和恰当距离,构成了审美态度从有到少到无。距离是一种心理距离。这种心理距离可以获得,也可以失去,从而使得同一对象对于人既可以是审美对象,也可以不是审美对象。

在斯多利兹和韦艾斯的理论里,无利害关注(disinterested attention)是一种审美态度。迪基认为,对无利害关注论,应区分两组概念,一是有利害(interested)与无利害(disinterested),二是有兴趣(interested)与无兴趣(uninterested)。前一组概念与利益相关,是因与之有利害关系而站在某一部分的立场还是因与之无利害关系而站在超越各部分的立场,或者说,是自私性的还是非自私性的,比如你看见一个现实的美女,是想与之谈情说爱,还是只是观赏;后一组概念与兴趣相关,你是关心此事还是不关心此事,犹如你读一本书,是情不自禁地一口气读下去,还是不想读,读不下去。而无利害关注则是两组概念的合一,与对象既是无利害的,又是关心的。斯多利兹是这样定义无利害关注的:对于意识到的对象,给予无利害的同情的关注和沉思。韦艾斯与之相似,他宁愿用不及物(intransitive)一词,即不涉及对象的现实性内容,基本上与无利害一词的意思相同。按照这一理论,一个艺术作品或自然客体是不是审美对象,就看你用还是不用一种无利害关注去看待它,用这种态度,对象就成为审美对象,反之,就不是审美对象。也就是说,同一个客体,在前一种情况下成为审美对象,在后一种情况下不是审美对象。无利害关注来源于布洛的心理距离和18世纪趣味理论中的无利害观念。它与心理距离的区别是,心理距离更强调一种心理过程,而无利害关注更着重一种知觉态度。

奥德奇的“看做”(seeing as)理论,来自于维特根斯坦的两可图形的言说，最典型的就是“鸭-兔图形”——这一用线画成的图形，有时看起来是鸭子的头，有时看起来又是兔子的头。奥德奇从审美态度的角度来看这一问题，这一图形显现为三种事实，一、它是用线形成的图；二、它表现的是一只鸭；三、它表现的是一只兔。面对这一现象，奥德奇认为，人的知觉方式有两种，一是观察(observation)，二是体认(prehension)。后者是审美方式，前者是非审美方式。用两可图形的例子，这一用线构成的图形本身，形成一种物质对象；对这一图形进行一种观察性认知，形成一种物理对象；对这一图形进行一种体认性认知，形成一种审美对象。通过这一例子，是要说明一种审美态度理论。一个对象，无论是艺术作品还是自然客体，关键在于你把它“看做”什么和用什么方式去看。用观察的方式，将之看成物理对象，它就成为物理对象，用体认的方式，将之看成审美对象，它就成为审美对象。因此，“看做”成了审美态度的关键。

“审美态度理论与18世纪的趣味理论拥有相同的观点，即心理学的分析是一种正确理论的关键之处，但又拒绝了18世纪的假定，即世界的一种特定的性质，如多样性的统一，激起了审美的和趣味的反应。审美态度理论拥有与19世纪美学理论相同的观点，即任何对象都可以变成审美欣赏的对象，但又拒绝了19世纪的假定，认为美学理论一定要具体在一种广阔的形而上体系之中。”①审美态度理论有三个目标：第一，也是最基本的，试图孤立和描述一些心理因素来建构审美态度理论；第二，试图发展一种审美对象理论，作为一种审美态度的对象；第三，试图把审美经验总结为对知觉的一种来自审美对象的经验。对审美态度理论来说，审美对象由于是在审美态度中形成的，就有了一种可以被欣赏和批评的功能，正是在这里，引出了审美对象理论和批评理论的基础。

形上批评(metacriticsim)：

形上批评是受分析哲学影响的哲学性活动，它对艺术批评家在描述、解释、评价艺术作品时使用的基本概论进行分析和清理。迪基之所以在审美态度后写形上批评，是因为在他看来，比尔斯利(Monroe Beardsley)的审美对象论，正好是用形上批评的方式对审美态度所讨

---

① George Dicke, *Introduction to Aesthetics: An Analytic Approach*, Oxford University Press, New York, 1997, P. 37.

论的问题进行了深入的推进。比尔斯利在他的代表作《美学》(1958)中与审美态度论者有一个共同的假定,即可以找到一种清晰的方法去区分审美对象和非审美对象。但比尔斯利不用审美态度这一概念,他认为这一概念是主体的视点,从而不能对艺术作品与自然物体进行区别。比尔斯利是站在艺术批评的角度,聚焦艺术作品,准确些说是艺术作品如何成为审美对象这一问题上,因而其理论的重心是作为客体的审美对象,而不是作为主体的审美态度。迪基认为,一方面,比尔斯利的理论是审美态度论的进一步发展和细化;另一方面,从艺术角度得出来的审美对象论,同样可以运用到自然物体上。正是在这一意义上,迪基把审美态度论和形上批评论放到了一个群集里。

迪基把比尔斯利的审美对象论总结为三个主要概念:显异性(distinctness)、感知性(perceptibility)、体察性(对对象呈现于感知场中的性质的体察,consideraion of the basic properties of perceptual fields)。由于对象是艺术作品,在传统理论上,往往把艺术家的图意看做是作品的审美性质的一部分,显异性就是要指出艺术家的意图与实际形成的艺术作品是截然不同的,不能成为艺术作品的一部分,从而也不能成为审美对象的一部分。感知性是指在面对艺术作品的时候,只有进入欣赏者或批评者的审美感知的部分,才能成为审美对象,没有进入的则不是审美对象。比如赏画时,与画布联在一起的画框,还有画框的颜色、形状等,都不会进入审美感知,从而不是审美对象;又比如观剧时,舞台的形状和幕布的色彩,都不是审美感知的对象,从而也不是审美对象。如果说,显异论是排斥了一切与艺术作品外在相连的东西作为审美对象,那么,感知性则排斥了一切与艺术作品紧密相连的东西作为审美对象。体察性则是对感知性的进一步深入。它对审美欣赏中出现在感知中的一切东西进行体察性的区分,区分哪些是审美对象,哪些不是审美对象。比如在观剧中,从剧场的一个座位上看去,把剧场中的审美对象(舞台上的表演)与台下的关联部分(各种剧场设施、舞台辅助)进行体察,对舞台,也把报幕员、演员、演员的剧情表现与换场时的行动,进行体察,将之区分开来。这种体察性在各门艺术,如音乐、绘画、文学中,都可以看到。总之,比尔斯利的显异性、感知性、体察性,都是为了具体地讲清在欣赏和批评艺术作品的时候,艺术作品是怎样成为审美对象的,它的各种成分中哪些突出出来成为审美对象。而一旦作了这样的区分之后,何为审美对象这一问题，又得到了进一步的细化和深入。因此，尽管迪基对比尔斯利审美对象论的三概念，特别是后两个概念提出了不少质疑，正如他对审美态度论的各个理论一一进行了质疑一样，但从理论的逻辑来说，审美态度论和审美对象论正好构成了研究美学理论的一组。而迪基把比尔斯利放在最后，比尔斯利的研究重心不但是审美对象，还是专论艺术作品的审美对象。一旦走向审美对象，其客体性就显出来了，这样一直作为美学的最重要的一个方面——艺术，就突显了出来。

四、艺术理论

在迪基看来，包括美的理论和审美态度在内的美学理论，其研究方向是在走向主体，而艺术理论，则主要是对于客体的研究。当艺术成为20世纪的西方美学，特别是20世纪60年代以来的西方美学的真正理论重心，艺术理论在美学中的重要性就愈显突出了。但迪基还是把从古希腊到20世纪50年代的艺术理论作为美学理论的一部分来叙述。这一安排，一方面是呈现美学理论的三（美的理论、审美态度、艺术理论）合一（美学）的整体性，另一方面又要从艺术理论上，显示出走向分析美学的历史性。对于从古希腊到20世纪50年代以来的艺术理论，迪基作了一个三段划分：一是从古希腊到19世纪的模仿论；二是19世纪到1914年的表现论；三是1914年到20世纪50年代的以贝尔、苏珊·朗格、科林伍德、维兹为代表的四大理论。

对于从古希腊到19世纪，迪基只讲了柏拉图和亚里士多德，在他看来，这个时期的一切理论，都是在模仿论主题下的不同形态，从理论的角度讲，举这两位大家足以代表全体。柏拉图和亚里士多德都是从理性的角度来看待模仿论的。柏拉图是一个从神话世界中走过来的理性主义者，当他不能忘怀神话体系的时候，对艺术作了一种超理论的言说，艺术的创作是在灵感中受神赐而产生的，因而达到了神的境界，艺术效果也像磁石一般以一种超理性的方式左右观众。这当然抓住了艺术的本质，但是在一种神话语境表述出来的。当柏拉图把神学的上帝变成一个理性的理式的时候，艺术也应从理性的角度进行解说，成了这样：艺术模仿现实，现实模仿理式，因此，艺术与最后的真实隔了两层，是不真实的，就这一点而言，艺术是不真实的幻象，应该受到轻视。理式是最高的真实,也是真实的理想,从理想的角度看,艺术影响着人的非理性的情感,让人偏离理想,也是应受到低看的。亚里士多德就排除了神学的内容,直接从理性解说模仿。在艺术与现实的关系上,他认为模仿正是抓住了现实本质的哲学行为;在艺术作品本身中,他从知识和技术的角度对艺术进行了分类:模仿的媒介(画、音、诗)、模仿的对象(好人、坏人、一般人)、模仿的方式(直接和间接);在艺术的现实效果上,他认为艺术通过激起观者的宣泄而达到一种情感的净化。

19世纪以前的模仿论是一种客体中心论,19世纪的表现论则是一种艺术家中心论。迪基引了三位表现论理论家维隆(Eugene Veron, 1825—1889)、史密斯(Alexander Smith, 1830? —1867)、托尔斯泰(Leo Tolstoy, 1828—1910)的言论,但认为表现论的兴起主要是与浪漫主义相关,从哲学关联上说,是费希特、谢林、叔本华、尼采,还有康德,更重要的是一种神学和神秘主义思想。当科学与技术高扬的时候,刺激了情感与艺术的进一步高扬,与理性相对的情感,与科学相对的艺术,被认为更能达到康德哲学所说的知识达不到的物自体。艺术家用艺术表达这一本质,通过情感直抵这一本质,构成了表现论的理论基础。正是这一理论,诗与乐成为西方艺术中的重要力量。

然而,从艺术理论的角度来看,模仿和表现论都不能满足关于艺术的理论定义。迪基在这里插进了自己的看法,为后面的历史叙述作铺垫:艺术作品是在两种意义上定义,一是分类意义上,一物(艺术)相对于其他物(科学、哲学、伦理)来说,是艺术;二是在评价意义上,这是不是好的艺术。

1914年到20世纪50年代,艺术理论有四位人物具有大的影响,一是贝尔,他的《艺术》(1914),提出了艺术的本质是"有意味的形式";二是苏珊·朗格,他的《感受与形式》(1953)提出了艺术本质是情感的形式;三是科林伍德,他的《艺术原理》(1938)提出艺术的本质是"想象性的表现";四是韦兹关于艺术是一个开放定义的理论。在迪基看来,这四种理论中的前三种都与以前的艺术理论有着密切的关联。贝尔的理论是柏拉图关于美的理论的发展,不过是把一种现象事物后面的理式变成了有意味的形式;苏珊·朗格的理论是模仿理论的现代版本,只是把模仿现实变成了模仿情感;科林伍德的理论是表现理论的精致版。而韦兹则运用维特根斯坦的游戏理论以家族相似的模式来谈论关于艺术的定义，虽然这个理论在迪基看来还有可以讨论和质疑的地方，但是这个理论却可以在总结方面把前面的相互冲突的理论圈围进来，西方文化 20 世纪 50 年代以前的美学，成了走向分析美学的历史。20 世纪 60 年代以后，艺术理论在另一种理论的基础上展开了。

五、艺术制度

20 世纪 60 年代以来，艺术理论转向了一个新方向。即"制度"方向。这最初是从两个领域提出来的：柯亨(Marshall Cohen)与迪基在艺术经验领域，丹托(Arthur Danto)与曼德尔鲍姆(Maurice Mandelbaum)在艺术理论领域。这些理论家发现，以前的艺术理论，除了柏拉图的以形而上的理式为核心的言说外，基本上是一种以个体性为思考出发点的理论。审美态度论是一种个人心理学，讲的是个人在审美中会怎么反应；艺术本质论也是一种个体逻辑学，讲一个作品要具备哪些特征，才能定义为艺术作品。这些个体中心论忽略了一个重要的事实：个人是在文化中，即在一种社会的组织和制度中进行欣赏活动和客体识认的。为什么人会对事物产生一种心理距离、无利害关注、审美知觉的审美态度呢？是一种文化结构使然。人在审美态度中把艺术从生活中孤立出来，这一方式本身是不孤立的，是文化要求其孤立的，这一要求决定了审美态度，因此从本质上看，是不孤立的。同样人把一件事物定义为艺术，也不是由这一事物本身的特征决定的，而是由文化决定的，比如杜尚的《泉》，其作品与一般的小便器在物质特征上并没有区别，是事物后面的文化机制使它成为了艺术作品。用丹托的话说，是使艺术成为艺术的环境，使得一个事物一方面成为某种事物，另一方面被解释成某种事物。这一理论不但把艺术理论从古典的共性论中解脱出来，而且从维特根斯坦的家族相似的理论中解脱出来，新潮理论家主要是从批判维特根斯坦及其在美学上的代表如韦兹等人的理论开始自己的理论创新的。这一理论使事物成为某物和被解释成某物的这一现象，把作为创造的艺术家与作为解释者的公众，从一个更高的层面组织起来，并予以新的审视，这就是艺术的制度理论(the institutional theory of art)。迪基认为自己可以作为制度理论的代表，他说，在曼德尔鲍姆和丹托思想的指引下，自己在《定义艺术》(1969)和《艺术与美学》(1974)中提出了早期艺术制度理论,面对随之而来的各种批评,他又修改和完善了艺术制度理论,而这前后的两个版本,又具有一以贯之的逻辑性,又可以作一个整体的理论,正如其已经在《艺术界》(1984)一书中所阐述的那样。

传统的艺术理论也是把艺术作品放入一个网框整体中进行论述的,如模仿理论把艺术作品放在艺术家与题材的网框中,表现理论把艺术作品放在艺术家与作品的网格中,但传统艺术理论的网框都太"薄",而艺术制度论是要把这一"薄"的网框变"厚"。艺术制度论首先认为,艺术作品不是一个物理客体(physical object),而是一个艺术事实(artifact)。艺术作品都具有一些物理性质,如画上的颜料、诗中的文字、建筑的砖石,但不是这些物理性质使艺术品成为艺术品,而是艺术品作为一种艺术事实使这些物理性质生成为艺术作品。迪基在初呈艺术制度论的时候认为,艺术作品在分类学的意义上被认定为一个艺术事实,社会制度里已经有一种关于什么是艺术世界的分类,而代表社会制度的某人或某些人在欣赏这一由艺术家提出的让其作为艺术作品的候选者时,对这一集诸方面为一整体的作品,进行了一个资质(status)认证,从而使这一物理客体成为了艺术事实,即被认定为艺术作品。这就像国王对骑士的封号,法官对婚姻的立档,学术当局对学位的通过一样。所谓的艺术作品,就是一个艺术事实,作为资质申请的候选者,被一个在文化体系中业已存在的艺术世界,按照艺术的方式欣赏,并予以制度的认可。杜尚的作为物理客体的便池成为一个艺术事实的《泉》就是被展览会予以资质认证后而成为艺术作品的。在迪基的初期理论中,艺术制度论还很粗糙含混。很显然,艺术制度与国家制度、法律制度、学校制度不一样,它是一种特殊形态的"制度",包含了正式的和非正式的组合,它的认证也不是像对物理客体的认证那样有一种明显的、程序的、正式的标准,而是遵循一种文化中的艺术规律。它有一系列明确的机构:艺术协会、学校、教材、出版社、图书馆、展览厅、博物馆……有一批专职人员:艺术家、艺术教师、图书馆员、展览人员、艺术观众、艺术批评家……有一系列使艺术品得以确认的方式和惯例。正是这方方面面的机构和人员在正式的和非正式的实践活动中,在可以意得而难以言传的艺术欣赏过程中,构筑了一个文化制度中的艺术世界,以及使这一艺术世界得以存在和运行的制度机制。按照迪基后期完善化了的艺术制度理论,艺术作品之为艺术作品，是因为它们已经在文化建立的艺术世界中占有一个位置，它们已经被认证为艺术作品，每一类艺术作品都有一种使自己得以成为艺术作品的背景和制度。因此，一个物理客体成为或不能成为艺术作品，是由艺术制度决定的，围绕着不同的艺术作品的，是不同的艺术制度。在西方的戏剧中，一幕演完，须换背景和舞台设施，不然就不成其为剧；在中国的戏曲中，一幕演完后，可以不换背景和舞台设施，正因不换才成为一个标准的剧：艺术制度在里面起了决定性的作用。在迪基看来，物理客体是一种简单的事实，艺术事实则成为一个复杂的客体，艺术作品之成为艺术作品，就在于“简单”的物理事实进入艺术制度之中，成为一个“复杂”化了的艺术客体。复杂，意味着进入一种艺术制度的运作和张力之中。艺术制度可以包含三大因素。一是艺术家，他作为一个深刻理解艺术创造的个人参与到艺术制度之中。这意味着，他之为艺术家是按照艺术制度的规定被认证的，而认证已经使他与制度有了内在的共识，而这一共识，使他一定是按照制度所规定的艺术惯例来进行创造的，艺术家的身份保证着提供出来的是艺术作品。二是公众，艺术家向公众提供艺术作品。公众是在一定程度上时刻准备去欣赏和理解提供出来的艺术作品的人的总合，公众之为公众就在于其已经由艺术制度熏陶和培养成了具有一定的艺术观念和艺术趣味。三是艺术世界，它是一切与艺术相关的因素的总合，与文化中的其他方面区分开来，形成了在文化中的特殊维度。正是在艺术世界中，艺术家把自己的作品提供给艺术世界的公众，公众按照艺术的标准和方式去欣赏艺术作品，并在这一欣赏中认证了这一艺术作品，同时又确认了艺术作品的普遍意义。

艺术制度论把关于艺术作品定义的问题，从一种客体分析转变到一种制度分析，给美学带来了一种新的维度。

六、创作与作品

按迪基的本意，应是艺术结构论，但按其内容所述和迪基自己的整体结构，本文将之命名为“创作与作品论”。何以迪基有此内容而不用此题目？从深层上说，由于包含了整个西方美学的演进趋势和一些理论上的纠缠，这里展开会离题太远，故略去。

按照一般的美学原理,有一个审美类型(或范畴)理论,在分析美学中,重要的是对概念的分析,因此,迪基的理论中专列了一章,讲以四大概念显示出来的美学四大问题。迪基认为,以上各章讨论的问题——美的理论、审美态度、形上批评、艺术理论、艺术制度,是美、艺术、美学中的核心问题,而从美学体系来说,属于非核心问题,但又长期以来受到理论家们和批评家们的关注,成为他们眼中的重要问题,因此,作为一个美学理论,也应该讲一讲。这四大问题就是围绕着四大概念展开来的问题:意图(intention)、象征(symbol)、隐喻(metaphor)、表现(expression)。迪基认为,除了隐喻是文学专有的之外,其他三个概念都是贯穿到各门艺术中去的。其实,隐喻只要作一些引申,再把象征与隐喻加以区分,也可以贯穿到各门艺术中去。可以看到,迪基对于游离于理论核心而又成为理论家们关注的核心的四大概念有些头疼——从理论上可以不讲,从现实上又必须讲。其实,从更高的角度来看,迪基完全可以把20世纪以来西方艺术理论诸问题作如下一种综合,以形成一种结构。一、制度论。作为一个总论,讲艺术的定义问题和艺术在文化中的定位问题,其一是艺术在文化结构中的位置,其二是艺术在文化中形成自己的结构。二、艺术家论。前面讲的四种理论中的科林伍德的表现主义与四问题中的意图与表现两大概念都属于与艺术家相关的问题,意图是一个创作的总题,表现则是意图总体中突出艺术特质的东西,表现不是理性而是直觉,是与艺术和审美相关的部分。用意图和表现及其复杂的辩证关系,就可把一个创作理论讲好。三、作品论。前面讲的四种理论中的两种——符号论和有意味的形式论,与四问题中的两概念——象征与隐喻,都是与作品相关联的。在这里符号论和象征论是同一个英文词——symbol,这个词既有符号之意,又是象征之义,这两者相合,正好说明艺术作品的两层:一是符号层,二是由符号惯例所指向的内容层,用文学为例来说,就是文字、形象、形象的意义,在符号的意义上,形象的意义可以是直显性的意义,如羊就是羊;也可以是象征的意义,如羊是基督的象征。象征有明确的关联,隐喻的关联既可以是明确的,又可以是模糊的。就其明确性一面而言,与象征接近;就其模糊性一面来说,与有意味的形式中的意味接近。而苏珊·朗格的符号论,说艺术是情感的符号,情感的性质就既有明晰的,又有模糊的,具有一种难以言传的意味。四、批评论。迪基认为这是美学理论中重要的问题,花了一篇四章来讲。因此，我们也用一节来专门介绍。

七、艺术评价

迪基的艺术评价论(evaluation of art)，其实包括了艺术批评和艺术欣赏两方面的内容。批评建立在欣赏基础上，又给欣赏以一种理论上的概括，因此，在理论的意义上，批评可以代表欣赏。迪基讲了八种理论，五种理论是传统的，三种理论是最新的。五种传统理论如下：

一、个人主观论(personal subjectivity)。这种理论按照一种个人心理状况来定义评价观念，它主张没有统一的批评原理，任何给定逻辑在现实的批评都有无效之时。

二、直觉论(instuitionism)。这种理论认为，基本的评价术语，因为涉及到非经验的性质，是没法定义的，艺术是一种直觉，直觉相反于逻辑，因此，逻辑性的原理和推理在评价中没有用武之地。

三、情感论(emotivism)。这种理论认为，评价术语是不能定义的，因为它不涉及外在的事物，只关系评价者所表达的情感。因此，批评原理是不存在的，评价活动也不被逻辑所支持，尽管仿佛有一种理性在其中。

四、相对论(relativism)。这种理论认为，评价术语是以多种复杂方式发生作用的，因此，在批评中虽然有一些关系到推出结论的原理，但这些原理与其说是证明性的，不如说是被选择性的。因此，想找到放之四海而皆准的原理是不可能的。

五、单体论(critical singularism)。这种理论认为，虽然在批评中，理性的运作有自己的作用，但评价的术语并不真正是评价性的。因此，没有评价原理，也不存在要证明这些原理的问题。

以上五种理论有一个共同的特点，就是否认评价有共同的基本原理。而新论三种中一个总的特点，就是认为评价有共同的基本原理。因此，迪基对这三种理论进行了较详的论述。由于三种理论都认为评价有共同的基本原理，这种原理是可像使用工具一样运用于具体的评价之中去的，因此这三种理论都被称之为器具论(instrumentalism)。

器具论的第一个代表是比尔斯利(Monroe Beardsley)。他的评价理论包括两个部分：一是关系到艺术批评推理的一般标准理论；二是艺术价值的工具理论,后者是形成前者的基础。比尔斯利器具论不是像以前的理论那样,从实体的角度去从众多的艺术作品中总结出一般的特征,如,好作品一有因素 A,好作品二也有因素 A,好作品三还有因素 A,因此,A 是艺术作品之为好的艺术作品的重要因素。在比尔斯利看来,作品一中之 A 是作品一成为好作品的因素,作品二中之 A 可能不是使作品成为好作品的因素,作品三中之 A 甚至可能是艺术中的败笔。因此重要的不是看有什么因素,而是看这一因素在作品中发挥了什么样的功能。比尔斯利认为:第一,凡是对形成作品的统一性(unity)起了作用的因素是好因素,反之不是;第二,凡是对形成作品的强烈性(intensity)起到了作用的因素是好因素,反之不是;第三,凡是对形成作品的复杂性(complesity)起了作用的因素是好因素,反之不是。这里,作为实体的因素本身不是评价的标准,因素发挥什么样的功能才是评价标准。功能是一个整体性的概念,只有从整体的立场出发,功能的好坏才能够表现出来。这样就有了一个整体标准,比尔斯利认为,这就是前面讲的三点:统一性、强烈性、复杂性。这三点是艺术的审美方面的特质。比尔斯利特别强调,在欣赏与评价的过程中,这三大特质与认识和道德无关,当欣赏者和评价者进入艺术的欣赏和批评的时候,首先是与认识(真)和道德(善)相分离,进入审美之维,在审美的欣赏中感受到艺术作品的这三大特质,艺术作品的这三大特质对欣赏和批评者产生审美经验,三种具有审美本质性的统一的、强烈的、复杂的审美经验,由作品引发,在欣赏者中产生,又反过来导致对艺术作品本有的这三种特质的确认,从而得出对艺术作品的评价。由于这三大基本特质是清楚的,是可以理性地和逻辑地像器具一样地进行运用的,从而艺术评价是可以产生共识的,有其基本原理的,也是可以进行理论化的。

器具论的第二代表是古德曼(Nelson Goodman)。与比尔斯利相比,古德曼的器具论有一个根本上的不同。比尔斯利认为审美经验只是一种与艺术作品有关的经验,而且这一欣赏和评价艺术作品的审美经验是与认识和道德分离开来以后取得的。因此,艺术作品与审美经验与其他领域无所关联。古德曼却认为,艺术作品是一种符号,因此,对艺术作品的欣赏和评价在本质上是一种认识,艺术作品之被体验为艺术作品,正是在其与其他事物和领域的相互关联中被认识出来,艺术的欣赏和评价也正是在一种认识功效的基础上,才得以产生出来,使人们知道作品的所指和所蕴是什么。二人所述的差异，其实是强调重点的不同。艺术欣赏和评价，究竟是认知在先，还是体验在先；是有了审美体验，才由此产生认知（这是艺术作品），还是先有认知（这是艺术作品），才由此产生审美体验。在现实中，应是两种情况都有，在学理上，则见仁见智。但古德曼就是通过艺术是符号这一原则出发，提出一整套艺术评价理论的。迪基把他的理论总结为四点：

一、每一艺术作品都是一个符号，或描绘、或再现、或表现、或例证、或几者的综合而被符号化；二、符号是为认识而出现的；三、艺术的主要目的是为了认识，实践性、愉悦、冲动、交流功效，都依靠认识而获得；四、艺术因其所起认识作用的好与坏而被予以相应的评价。

比尔斯利强调的是艺术与其他领域的必须的分离，古德曼强调的是艺术与其他领域的必要的关联。这就导致了在具体批评个案中的分歧。比如，对一幅没有具体物象的只有蓝色的抽象画，比尔斯利认为，这画在于其对色彩本身的拥有，显出了色彩的强烈性；古德曼则认为，这画在与其他领域的关联中例证了自己，色彩是其例证方式。一个更经典的例子是，有五个长四尺宽两尺的长方形平面，都蓝色而华丽，三个在墙上的画中，并列着，第四个在画下的地板上，是装订起来的地毯标本，第五个是画上方墙上的一个洞，蓝天在洞中呈现为长方形。在这五个长方形的并置中，古德曼强调的是画与其他两个长方形的联系和在联系中的认识，比尔斯利强调的是对画与其他两个长方形的分离和在分离之后对画本身的专注。在这两种器具理论中，迪基倾向于肯定比尔斯利而否定古德曼。当然，迪基更得意的是提出了自己的器具理论。

迪基认为，艺术作品的评价经验比比尔斯利和古德曼所设想的还要复杂，因此，他在综合比尔斯利和古德曼的理论中的有益部分之后，又加进了自己的一些东西。这主要表现在以下几点。

第一，比尔斯利的三标准——统一、热烈、复杂，太强调普遍性，而在评价中，每当审美性质的经验被认为是有价值的时候，总意味着它被内在地价值化了。因此，内在性是艺术评价个体化的一种表现，而正因其个体性，它才在每一具体的评价中产生效用，因此，普遍价值要加上一种内在价值，才能把艺术评价中的具体性突显出来。对于迪基来说，一方面内在价值强调艺术评价的独特性和具体性，另一方面，怎样使这种独特性和具体性不陷入相对主义，能与普遍价值的器具性相结合，就成了一个问题。虽然迪基讲了半天，我觉得他并未解决这一问题，因为他把这一问题放到一个统一的逻辑标准上讲，而没有放到文化和历史中去讲。但这一问题的提出，对艺术评价来说，是重要的。

第二，正因为提出了具体性内在价值，而且内在价值在艺术评价中占了一定的地位，比尔斯利的普遍器具原则就得修改，于是迪基提出了弱原则，由于内在价值是个体的，从而使普遍原理受到减弱，因此把普遍原理与内在原理结合起来，艺术评价原理就成了弱原理。对普遍性来说是弱了，但对具体评价来说却更贴近了。

第三，比尔斯利的三大审美性质有两个特点：一是基本性，二是抽象性。迪基认为，首先，在基本性质之下，还有次性质，如忧郁性、喜剧性，等等，都会在艺术评价中起到他们的作用；其次，基本的性质应该从抽象性和形象性两方面总结。虽然迪基没有明确地指出这一点，但在举例中，突出了比尔斯利具有抽象的统一性概念，同时用了具体性概念，如典雅（elegance），与之相对，构成了两个基本性的普遍概念。这对于器具理论的运用，更有普适性。

第四，对于器具理论来说，一个最要的问题是如何把普遍性的标准运用于具体的艺术作品分析中，也就是如何对一个艺术品的总价值（overall value）作出判断。迪基在古德曼的逻辑性操作基础上，运用一种符号矩阵来进行判断，如作品一有统一、复杂、典雅，作品二有统一、复杂、忧郁，作品三有统一、典雅、热烈，等等，那么，依每一作品中这些因素的多少和每一因素的轻重，列一矩阵，其品位就能鲜明地显示出来。这种带有逻辑性的评价方式其实只是一种概念逻辑游戏，是不适合审美的。

（作者单位：中国人民大学哲学院）

布拉格学派的美学

[美]巴利 P. 舍尔 文　周启超 译

布拉格学派，这是对与“布拉格语言学学会”有关系的那一群学者的通行指称，它形成于 20 世纪 20 年代中期，是一直持续到第二次世界大战之后的一场活跃的学术运动；虽然及至 20 世纪 50 年代初，还未正式解散，但在捷克斯洛伐克那充满活力的时期，在共产党政府上台的 1948 年，它大体上终结了。一如其原初的名称所暗示——布拉格学派，在许多年里更多的是由于其成员在语言学领域的建树而称著于世，尽管从一开始，它的某些成员就已对文学研究、民间文学、戏剧以及一般艺术作出了重要的贡献，然而，只是自 60 年代以降，在学者们开始意识到布拉格学派作为法国的与英美的结构主义之先行者这一重要性之时，这一学派才因其对文学理论和美学的贡献，而获得了至少也是同等的声誉。

在谈论布拉格学派时，若要坚持将文学与语言学严格区分开来，那将会走入歧途。那些语言学家曾专注于文学研究，尤其是对诗的本质的探讨，而最为杰出的文学理论家扬·穆卡若夫斯基，则是以诗歌语言研究起步的，他不仅熟悉布拉格学派语言学家们的著作，而且熟悉费尔迪南·德·索绪尔的著作，后者的思想，对穆卡若夫斯基的符号学著述有重要影响。在某种程度上，语言学家们将其精确的方法应用于文学研究，那些主要是研究文学的学者则将其考察文学的视角建立在语言学理论上——正是这些努力使该学派从其几乎所有的前辈之中突显出来。除了将符号理论应用于审美客体的研究，布拉格学派的成员们还建构了现代结构主义理论，根据这个理论，文学作品的那些构成要素被置于一种动态的、辩证的关系中加以考察，还撰写出了关于接受理论和文学史的本质的著作。他们的思想，经过该学派的若干个成员及其学生的传播，不仅对西方而且对俄罗斯的文学研究也产生了影响，他们的许多著述直到今天还葆有其生命力。[①]

布拉格语言学学会的建立日期可以被准确地确定:1926 年 10 月 6 日。当日,在查理大学专攻英语语言文学的威廉·马泰休斯的办公室,有六个人相聚于此:除马泰休斯之外,还有另外三位捷克语言学家;一位德国访问学者亨利克·贝克——那天要讨论的是他的一篇文章;还有罗曼·雅各布森,他此时虽然住在布拉格,却依然是俄罗斯形式主义运动的一位领袖人物。在头两三年里,只有少数几个人参加这种聚会,但是在 30 年代以后则有好几十位学者加入这个团体,这个团体便有了一种毋庸置疑的国际氛围:除了特鲁别茨科伊和雅各布森,俄罗斯血统的成员还包括民间文艺学家彼得·鲍加蒂廖夫和语言学家谢尔盖·卡尔采夫斯基;来自欧洲许多国家的学者们给这个学会作演讲。在 20 世纪 30 年代上半期有好几位年轻的捷克学者加盟这个团体,包括勒内·韦勒克和费利克斯·沃迪奇卡。这个学会的主要出版物有个意味深长的法文名称(*Travaux du Cercle Linguistique de Prague*)《布拉格语言学学派文丛》;在长达十年(1929—1939)的时间内,这一刊载有用法文、德文与英文撰写的论文的文丛一共出了 8 卷,而捷克文杂志 *Slovo a slovesnoct*(《词与语文学》)1935 年才问世。

起初,布拉格学派的学术探讨重心是语言学,但从一开始该学派的同仁们就意识到语言研究对于文学文本研究也具有重要性。这一倾向,清晰地显现于 1929 年那份由几位学者联名撰写的“论纲”[②]。“论纲”对该学派的成员们在这一学术运动的后一段历程里所要发展的学术方向,给予了清晰的指示。“论纲”一开始就聚焦于语言学,指出有必要将语言的共时研究与历时研究结合起来。然而,为了应对那

---

① 要了解有关布拉格学派的历史与学说的总体评论,请参阅 Lubomir Dolezel,“布拉格学派的结构主义”//《剑桥文学批评史》,卷八:《从形式主义到后结构主义》,1995。Philip A. Luelsdorff,编《布拉格结构与功能语言学学派:简明导读》,1994。Jurij Striedter《文学结构,演变和价值:俄罗斯形式主义与捷克结构主义之反思》,1989。Yishai Tobin,编《布拉格学派及其在语言学、文学、符号学、民间文学和艺术领域的遗产》,1988。Jindrich Toman,《共同语言的魅力:雅各布森,马泰休斯,特鲁别茨科伊,和“布拉格语言学学会”》,1995。Josef Vachek,《布拉格语言学派:其理论与实践简介》,1966。Rene Wellek,《现代批评史 1750—1950》,卷七:《德国、俄罗斯和东欧的文学批评,1900—1950》,1991。(可参看他撰写的一本简要的述评,1969 年以《布拉格学派的文学理论与美学》发表.也可参阅:Ladislav Matejka,编《声音,符号和意义:布拉格语言学会 50 周年纪念集》前言,1976。

② 这篇文章本是作为“论纲”而最初用法文发表在 *Travaux du Cercle Linguistique de Prague* 第 1 期(1929),pp. 7—29。

已然被觉察到的现象即先前的研究中所出现的倾斜，这一论点被提出来了：一个系统的那些本质性特征，主要是通过共时分析呈现出来的。音位学与形态学被置于所要致力考察的那个领域的最前沿：对音位系统的描述，在一个给定的语言中得到实现的特殊的音位，以及形态学探究音位差异所运用的方式。但是，一旦将语言作为一个整体来考量时，这个文件很快就转向那些对文学研究有重要意义的议题。"论纲"强调诗语的特殊性质——以唤起人们对其表达手段本身的注意而区别于标准语，其指向是符号本身，而不是符号所表示的。对诗语也不能孤立地加以研究，既需要置于诗歌传统的背景之中来考量，又要同当代标准语的那些规范相对比。

布拉格学派在语言学研究中的国际声望，主要源于它的音位学著作，以及那些与形态音位学与形态学相关的领域里的著作。1920 年从莫斯科来到布拉格的罗曼·雅各布森，在捷克斯洛伐克度过的近 20 年间，作出了他的那几篇最重要的音位学研究，而尼古拉·特鲁别茨科伊——原籍也是俄罗斯，撰写出一系列对普通音位学、普通形态音位学和俄语音位学、俄语形态音位学都具有奠基意义的著作。[①] 在雅各布森于捷克时期的著作中，有一篇就是《论与其他斯拉夫语比较中的俄语音位学的演变》(Remarques sur l'evolution phonologique du russe comparee a celle des autres langues slaves)，该文最初刊发于 *Travaux du Cercle Linguistique de Prague 2*(*1929*)。在这篇对斯拉夫语言声音系统的历史考察中，雅各布森描述了各种各样的实例，在那些实例中，一些反差明显的对比之新的模型的出现，导致语言去重构其音位系统。雅各布森认为，对一种语言的音位序列的理解乃是认识该语言的基础。在他看来，音位学中一些重要的变异，从根本上讲就是音素库存中的变化，音素库存本身就构成一个结构，这结构就是分析的对象。这样，语音演变史便成为一种可分析的音位系统的变化史。在另外几篇文章里，他发展了这一观点：区别性特征形成一些要素，语言中的所有言语声音都是从这些要素中发展出来的，而这些特征是可以用二元对立的术语来加以描述的。这就是说，那些

---

① 关于雅各布森这个时期的著述，请参阅 Morris Halle，"罗曼·雅各布森对现代言语声音研究的贡献"；关于特鲁别茨科伊的建树，请参阅 Edward Stankiewicz，"布拉格学派的形态音位学"；这两篇文章都刊发于 Ladislav Matejka，编《声音，符号和意义："布拉格语言学会"50 周年纪念集》，1976。

构成元音音素的特征(诸如高音、低音,圆唇音、非圆唇音),一如那些构成辅音音素的特征(浊辅音、清辅音,鼻音、口音),进入一种对比系统。在《儿童语言,失语症与语音共性》(*Kindersprache, Aphasia und allgemeine Lautgesetze*[*1941*])这篇论文中,雅各布森指出了这些区别性特征为儿童习得的过程中所遵循的序列;他的基本论点是:那些对比时反差极大的特征在所有的语言中都是首先被习得的,儿童只有在对那些最显著的对比有了坚实的把握之后,才有能力去掌握那些比较微妙的对比。所有这些音位学著作的主旨,仍旧是强调语言乃是一个系统,是基于那些可界定的、清晰的对比之上的系统,而各个组成部分的变化最终导致这系统本身的变化。

特鲁别茨科伊在形态音位学上的贡献,在他的《俄语形态音位学系统》(*Das morphologische System der russischen Sprache*)一文中已得到归纳,该文刊载于 *Travaux du Cercle Linguistique de Prague*1934 年第 2 卷。在这篇论文中,他第一次尝试对音位选择在词素的结构中的作用方式加以全面的描述。他的方法,基本上还是描述性的,而不是系统化的,但这毕竟标志着一个重要的推进——在致力于确立语言的声音系统与语法系统之间的关系这一探索上的一个重要的推进。特鲁别茨科伊的著述,总体上堪称是对现代语音学贡献甚多的奠基性工作。布拉格学派中的捷克成员中,巴胡米尔·特伦卡对捷克语音学的许多方面都有研究,而被尊为布拉格学派奠基人的威廉·马泰休斯,在英语语音学和捷克语音学的探索上,一如他在现代英语结构的研究上那样,均有著作(他还撰有探讨普通语言学问题的一系列论文)。投入到语音学的这份专注,对于该学会在其文学研究中所选取的方向最终也是至关重要的,正是基于对语言的这一"较低层面"的仔细考察,布拉格学派的成员们才能去描述一个系统的结构,进而将语言在总体上看成是由诸多互相关联的系统组成的系统;然后,他们循着类似的路径,也将文学作品看成是包含着一组互相关联的系统的建构。

就文学理论与美学理论而言,布拉格学派的一个重大的转折发生于 1934 年。在这一年里,扬·穆卡若夫斯基发表了好几篇极为关键的文章,澄清了布拉格学派与俄罗斯形式学派的不同点,有助于布拉格学派的结构主义取向的界定,并为其后来在符号理论与接受理论上的那些建树奠定了基础。在随后的几年里,穆卡若夫斯基和另外几位学者确立了捷克结构主义所特有的核心旨趣，考察出文学发展的一些根本原理，并将他们的兴趣焦点从文学作品扩展到所有的艺术，将对作品本身的关注拓展到作品的创造问题与接受问题上。第二次世界大战的临近与爆发，使布拉格学派蒙受重大的损失。雅各布森和韦勒克流亡到西方，鲍加蒂廖夫则回到了苏联。特鲁别茨科伊死于1939年，好几位捷克学者在战争中未能幸存。不过，这个学派的学术运动只是减缓，而并未停止。布拉格语言学学会的聚会在整个战争年月都未曾中止，一些重要的论著继续出版，直至1948年共产党政府强制终结了文学研究领域中的结构主义方法。最值得注意的是，穆卡若夫斯基曾声明放弃他1948年之前的著述，而变成了马克思主义政权的支持者。不过，许多骨干人物仍然积极工作，一些语言学家仍然忠实于布拉格学派的结构主义传统。

让我们将注意力转向构成布拉格学派的文学研究方法之基础的那些关键学说上来吧。尽管布拉格学派拥有俄罗斯形式论学派的一些成员，而且也继承了俄罗斯形式论学派的某些理论，但若将其说成是仅仅源生于俄罗斯形式论学派，那未免太简单了。毋庸置疑，雅各布森将某些由形式主义者所开创的诗学方法带到了布拉格，而且一些俄罗斯学者——不论是属于形式论学派"彼得格勒支脉"的蒂尼扬诺夫、托马舍夫斯基，还是属于"莫斯科支脉"的维诺库尔，在"布拉格语言学会"学术活动的早期，都曾到那里作过讲座。另一方面，布拉格学派的捷克成员也接受了捷克斯洛伐克本土的一些更早的美学理论学派的影响，并同西方思潮密切接触，包括爱德蒙·胡塞尔的现象学与恩斯特·卡西尔的《象征形式哲学》。形式论学派也是在发展演化的，在20世纪20年代末这一学派的衰退式微期，它已经明显地超越了其早年的那种纲领性的声明；因而，1928年由蒂尼扬诺夫和雅各布森联合撰写的、在俄罗斯的刊物上发表的那篇文章——《文学研究与语言研究的若干问题》，既是早期结构主义的声明，也是后期形式主义原则的一种陈述。[①] 在这篇文章中，两位批评家表达了这样一种观点：原初由形式学派所提倡的那种方法，实质上是机械的与描述性的，有必要从一味倾心于诸种手法的分类这一路子中走出去，而将艺术作品看成一个系统，一个诸种成分在其中处于变动发展的、不断演化的关联之

① 《文学研究与语言研究的若干问题》，载《新列夫》第12期(1928)，pp. 36—37。

中的系统。这里的一个中心论点是:对艺术的共时研究与历时研究不能被看成是彼此分离的两种活动。另一方面,共时研究要求对艺术系统加以理解,但既然系统是在不断地变化着,系统也就还需要接受历时研究,先前那种将共时研究与历时研究截然分开的倾向,在蒂尼扬诺夫和雅各布森看来,不再有任何合理之处了。布拉格学派从其一起步就超越了早期的激进的形式主义的立场。在那种立场上,艺术作品基本上被看成是诸手法的总和,而运用那些手法的目标,就是使感觉与知觉更多地被意识到而更少些自动化。不过,穆卡若夫斯基在1934年为维克多·什克洛夫斯基的《散文理论》(该书于1925年在俄罗斯出版)所写的那篇书评中,还是表达了对形式学派那些成就的心领神会,并试图将什克洛夫斯基从其本人的那些偏激的陈述中"援救"出来。穆卡若夫斯基执意在什克洛夫斯基对作品与文学流派之关联的论述中,去发现那种将文学作品界定为一个语义整体的努力。在穆卡若夫斯基看来,正是形式学派的努力——致力于文学作品本体诸结构成分的分析和其内在动力的描述,而不是那种主要还是驻足于外部诸因素的考察,乃是走向结构主义诗学之必不可少的一步。

此外,布拉格学派还从形式论学派,尤其是从雅各布森那儿吸收了这样一种观点:语言学本身在为文学研究提供精确的方法。雅各布森来到布拉格之后的主要的著作之一——《论捷克诗:兼与俄语诗的具体比较》(1923),展示出对于一种语言的那些显性的韵律特征的仔细分析,以及如何能导向对诗歌传统中的那些发展演化的理解。基于他在对俄语诗结构细致考察时采用的方法,雅各布森不仅在普通诗韵探索上提供出一种具有开拓性的研究方法,而且在捷克诗的探索上也完成了一部重要的研究著作,对斯拉夫诗歌韵律学比较研究也作出了重要的贡献。① 俄罗斯形式论学派的一份不朽的遗产,就是他们对诗歌理论研究的贡献。与雅各布森一道,鲍里斯·托马舍夫斯基和维克多·日尔蒙斯基都写下了一些富有开创性的研究著作,那些著作有助于确立一种基于语言学的作诗法研究视界,此一视界如今还在继续影响着那些研究俄语诗的学者。穆卡若夫斯基当年就曾经运用语言学

---

① 关于这本书的具体情况以及关于雅各布森对诗歌理论的贡献之更为总体的评述,请参阅 Stephen Rudy,"雅各布森的诗探索和结构主义诗学的出现",Ladislav Matejka 编:《声音,符号和意义:布拉格语言学会50周年纪念集》,1976。

的一些原理去研究诗歌，譬如，1928 年，他对卡雷尔·马哈的长诗《五月》作过这样的考察，1933 年，他对语调在建构诗行中的作用也作过探讨(Intonace jiko cinitel basnickeho rytmu《作为诗歌的节奏之构成元素的语调》)。[①]

诗，以其固有的对词语和文学手法的重视，不仅能为形式论学派的那些方法提供现成的材料，而且也能为那些期待着立足于语言本身的特质去确立文学结构的原则的学者们提供现成的材料，故而，最早的一些重要的结构主义著作都聚焦于诗歌传统也就不足为怪了。从雅各布森那里，从形式学派的传统中，汲取的一个重要的教训乃是：不仅仅需要关注那些语言学意义上的手法与文学手法，而且还要阐明它们在文学作品中的诸种功能的必要。在 *Intonace jako cinitel basnickeho rytmu* 一文中，穆卡若夫斯基开始去寻找建构诗句所必不可少的基本特征。他指出，即使是在那些基于重音或同音节的文学传统中，也有可能找到看上去并不是由语言之主要的韵律系统所组织的诗句例子。而这些作为例证的诗句的特征由具体的语调模型得到了描述；这些语调模型，则提供了我们可以将其视之为"诗性的"那种有节奏有格律的组织机制。由此，穆卡若夫斯基推断出，正是语调在作为诗句的组织中的关键因素而发挥作用。这一旨在探明诗中基本的组织建构特征的研究，是将文学作品的各个层面都看成是在创建一个系统这种多方位的努力的一部分。将文学作品的各个层面都看成是在创建一个系统——成了支持以结构主义视界去看待语言艺术的基本原则。形式论学派的另一种观点是：文学的发展变化有其自身所独有的规律，要去弄明白那些规律，就必须去检阅特定的传统包含在其中的那个总体的文学环境的演化，而不仅仅是关注那几部屈指可数的主要作品。意味深长的是，蒂尼扬诺夫 1928 年去"布拉格语言学学会"作演讲时，他演讲的题目就是"论文学的演变"。这些观点在布拉格有了一群志趣相投的追随者，这已明显地体现于穆卡若夫斯基对《五月》的研究之中。当许多研究者都专心于声音模型之类的形式特征及其与诗歌文本的关系之时，他通过指出马哈的长诗中那些引人瞩

---

① 这两篇文章后来都重刊于 Jan Mukarovsky，*Kapitoly z ceske poetiky*(《捷克诗论》)三卷本，布拉格，1948；论马哈的文章载于第 3 卷，第 7—202 页；论语调的文章载于第 1 卷，第 170—185 页。

目的技巧在马哈之后出现的那些诗人的作品中如何呈现出不同的美学价值，而推断出这样一个结论：包括这部长诗在内的那一文学系统乃是经由19世纪后一段岁月而渐渐形成的。

前文所说的那两个理念——其一，将文学(后来则是任何美学的)作品看成是一个系统这一观念；其二，认定文学史乃是遵循着那些独特的原理，只有将作品置于广阔的语境之中才能被探明的那些独特的原理而建构的这一信念——成为由穆卡若夫斯基和他的同行们所大加发扬的理念。的确，这两个理念最终互相缠结在一起，一如穆卡若夫斯基在1946年的那篇演讲——《论结构主义》中所说的那样。[①] 他指出，艺术作品中所有的组成成分——包括诗中的个性化的声音与语法形式，或画中的线条与色彩，都在传达和表示意义，进而参与作品的语义建构。这些组成成分的相互关联(诸如文本中词与词之间声音悦耳的连接，那些连接甚至能在一些词源上并不相关的词语之间引起语义联系)也在创建意义，一如也在使作品本身与作品之外的世界建立联系。因而，每一种特征，从最小的组成要素到整个艺术作品本身，都进入一种错综复杂的互相关联，总体意义既取决于由个性化的组成要素所构成的系统，又取决于作品作为一个部分而置身于其中的那个系统(社会文化环境)。而那个环境，又是随着时间的推移而逐渐演变的：另一批作品会有变化，一如那些艺术惯例、特定的文类以及一部作品在其中被解读的那个广阔的社会环境，都会有变化。

在《作为符号性事实的艺术》(1934)一文中，穆卡若夫斯基已经使这一隐含的理念得到明晰的彰显：艺术作品，既然它是作为一个更大的、不断演变的语境的一部分而存在着的，就不能被仅仅等同于其作者的意识，或仅仅等同于它所加以感知的那些对象；更确切地说，艺术作品最好还是被看成是自主自律的"符号"。[②] 穆卡若夫斯基的基本观点是，艺术作品并不指涉以其本有的形态呈现出来的"现实"本身，而是指涉将特定的环境包含在内的社会现象之总和。有形的作品是作为感觉的符号而发挥功能的，"审美客体"则是某种精神性的东西，它

---

① 《论结构主义》Jan Mukarovsky, *Studie z estetiky*(《美学研究》)(布拉格，1966) pp. 109—116。

② 该文最初用法文发表，其题目为"L'art comme fait semiologique"(《作为符号性事实的艺术》)，刊载于 Actes du VIIIe Congres international de philosophie a Prague,《布拉格第8届国际哲学研讨会论文集》，2—7 septembre 1934, pp. 1065—1073。

栖居于"社会意识"之中。那些具有主题的艺术作品，常常被人们说成是要去展现第二位的、交际的功能，但这一功能又被看成是与那种规定着作品为艺术之例证的自主自律的品质相分离的。在这一表述中，文学作品如何被生产或如何被解读的方式，尚未得到全面的界定，穆卡若夫斯基，还有沃迪奇卡，将他们的注意力也转向这些论题。在《艺术中的意图性与非意图性》(1943)一文中，穆卡若夫斯基考察了(与其他种类相对照的)艺术创造之独有的品质。[①] 意图性的作用，在于使一部作品的个性化的方面获得一种整一性——这种整一性在赋予意义。他指出这一堪称悖论的现象：在意图性的建构中，解读者(甚至比创作者有过之而无不及)扮演着一种积极的角色，因为"受众"必须作出努力去领会作品中各部分之间的相互关系——正是这些关系在产生语义的整一。非意图性也可以进入接受之中，其途径是通过某些不受控制的因子——或是创作者身心中的，或是创作之中的某些不受控制的因子(语言表现的诸多偶然，或是构成作品的物质客体本身的不完美)。沃迪奇卡更为专心地聚焦于文学作品的接受，而不是一般的审美创造，在《文学作品的接受之历史研究》(1941)一文中，他将罗曼·英加登的"具体化"的用法与穆卡若夫斯基关于文学作品的演变的思想结合起来。[②] 他的接受史变成了一种"具体化"的历史——不仅是作品的具体化，还有作者的具体化和作品在其中被解读的那种语境的具体化。沃迪奇卡关注的焦点，一如穆卡若夫斯基那样，在发生变化：并不是那么过多地投入于作品本身，或是作品的创作者，而是转移到作品与作者在其中被解读的独特的文学意识与社会意识上。

结构主义活动的一个重要的概述，是由穆卡若夫斯基在其《美学与文学研究中的结构主义》[③]一文中所提供的。他指出，首先，结构主义之方法应当被视为是"科学的"：它立足于一系列范畴(或预先的假定)，这些范畴或假定基于那些作为论据的事实而获得有规则的变异。穆卡若夫斯基在这里提出了一个带有根本性的论点，这论点对任何科学事业都是有效的：那些"作为论据的事实"，并不是作为绝对的东西

---

① 《艺术中的意图性与非意图性》，Jan Mukarovsky，Studie z estetiky(《美学研究》) pp. 89—108。

② 《文学作品的接受之历史研究》，载《词与语文学》第 7 期(1941)pp. 113—132。

③ 《美学与文学学中的结构主义》，Jan Mukarovsky，*Kapitoly z ceske poetiky*(《捷克诗论》)三卷本第 1 卷，13—28，布拉格，1948。

而存在的，而是以一种动态的方式与它们在其中而受到研究的那个具体的理论建构在发生相互作用。换句话说，一旦那些作为论据的事实被置于不同的语境里而受到研究，它们就能呈现不同的意义。贯穿于结构主义之中并促使它以特定的方式去对作为论据的事实加以阐释的那些理论原则，被人们视为现代学术思想自然演化结果的一部分。因而，在 20 世纪 30 年代，结构主义终于显示影响，并且同包括语言学与心理学在内的诸多领域发生相互作用，这也是自然而然的事情了。结构主义如何处理具有独特品质的材料？穆卡若夫斯基根据广泛的考察而就进入这一思考的路径提出了见解。他先是以外在的视角来讨论艺术作品，将作品看成一种审美客体，或者是既被个人又被社会以随时变更的方式所解读的某种对象。艺术活动与社会关系也是因在变化而有多种样态的，所以，在有的时期里，艺术受到社会的严厉控制，在另一些时期里，艺术则试图去影响社会秩序，还有一些时期里，艺术可以置身于当时社会之外。而以内在的视角去加以考量时，艺术作品就被看成是一种结构——由一些彼此相互作用的成分所构成的结构，在一定程度上，组成一部具体的作品的诸种要素(从对文学修辞手段的采用直至审美价值问题)对于所有的艺术都是相关的，结构的美学从根本上讲是可以比较的。这就是说，结构主义也可以聚焦于个人的艺术作品，或艺术活动的特定类型。故而，在文学研究中结构主义特别关心(作为标准语言之对立面的)“诗性”语言本质的界说，特别关心诗的格律功能的界定。毫无疑问，结构主义者们是通过文学研究而制定出他们的方法论，并且仅仅在这之后才去对另一些艺术的语义结构加以描述，而且还将他们的发现运用到人类活动的其他领域。

从一般的艺术方面说来，布拉格学派对包括民间文学、戏剧、电影和绘画、雕塑等视觉艺术在内的一系列领域都作出了杰出的贡献。早期的一篇关于民间文学的重要文章，乃出自于彼得·鲍加蒂廖夫(此人作为一个民间文学研究者，不论是当年在布拉格，还是后来回到苏联，都有十分出色的建树，如在苏联，他的思想有助于后来以“莫斯科-塔尔图学派”而闻名于世的结构主义的符号学的研究的产生)和罗曼·雅各布森这两位学者之手：《作为独特的创作形式的民间文学》[1]

---

[1] 该文于 1929 年最初刊载于 Donum natalicum Schrijnen (Nijmegen-Utresht) pp. 900—913。

(*Die Folklore als eine besondere Form des Schaffens*)。一如这标题所示,这篇文章的目标,就是要对那些能将民间文学同艺术活动的另一些样式,尤其是同文学创作,区分开来的特质加以确定。这两位作者提出了4个主要的论点。中心主张就是,新的民间文学形式,一如一种语言内部的语言学革新,它要求作为一个整体的社群所认可;也就是说,它不是作为单一的、孤立的例子突然出现,而是作为社区文化的一种产物进入有机的存在。其余的几个论点都是第一个论点的推论。民间文学在其中形成的那种方式,本身就隐含着这一点:没有可确证的作者(像文学作品那样的有作者),而代替这种作者的那种著作者,乃是一个集体。由此导致民间文学没有固定的形式,作品可以以许多不同的但每个都是有效的异体而存在。最后,在进一步推敲民间文学与文学的区别时,他们还指出,甚至当同一种形式(比如一个特定的音步)既出现在文学中又出现在民间文学中之时,这一形式的功能很可能是有很大的不同的。还有一位俄罗斯学者,就是弗拉基米尔·普罗普,他对民间文学研究作出的贡献可谓独一无二,其结构主义的建树最具影响。他的《童话故事形态学》(1928),乃是在"形式主义者"执著于某些方式而倾心于手法和构成要素之际,另辟蹊径,展示出了一种结构主义分析的活力——创建一种对创作活动之全新的理解的活力。他的主要的论点是,尽管有外在的表面上的诸多变异,童话故事从根本上可归结为单个的类型——根据其隐含的叙事结构而确定的单个类型。童话故事中人物所要执行的行动——根据普罗普的研究,是非常有限的(他仅仅发现31个不同类型的行动);何况,并不是每一个童话故事都含有一种行动类型,行动在其中发生的具体的次序并不是千变万化的(这就是说,当叙事要素A与叙事要素B都发生在不同的故事中时,它们将总是以同样的次序出现)。与鲍加蒂廖夫和雅各布森相比,普罗普在他的这部著作中较少分心于广泛的理论思考,然而,他的结论却为这一观点提供了引人注目的证明:民间文学乃是形成于一种同创建文学文本有着实质性不同的创作过程。

如同致力于文学性散文和诗歌的研究中那样,在对另一些创作活动的结构主义的研究中,特别的关注被投入到独特的艺术形式的那些构成层面的分析,被投入到接受问题的探讨,被投入到将艺术作品看成一个系统这一观点的建构上。在其题为"在文学与观赏艺术之间”[1]的文章中，穆卡若夫斯基指出，从一方面来看，这些艺术是由它们所共同的目标联系在一起，这一目标就是：创建出那些审美的思考在其中被置于突出的地位的一种物象或一种表演。也许，正是基于这一原因，一种艺术有时力求达到为另一种艺术所固有的效果：一部文学作品可以尝试以绘画的手法去“描绘”，一首诗可以尝试通过悦耳的声音效果去模拟音乐，或者，电影可以寻求去吸纳戏剧的技巧。然而，从另一方面来看，每一种艺术依然可以根据其基本的材料被区分。因而，文学在根本上是一种语言艺术，它是可以运用一些形容词和名词去促使一幅画面的浮现，但它也如同其他的艺术那样，决不能超越其自身的本质。穆卡若夫斯基的这一论证的意图乃是提醒我们，诸种不同的艺术是可以沿着类似的道路而发展的，那些用于描述某一种艺术的术语也是可以被用于另一种艺术的(比如，印象主义既可用于绘画，又可用于文学)，但仍有必要清醒地意识到那些隐含着的差异，即使在有人潜心探索不同的艺术之间的那些相似之际。否则，就会忽视这一事实：艺术活动的每一个类型，都体现着一种性质截然不同的系统，一种具有它自己的材料与它自己的特征等级的系统。

源于布拉格学派的这种文学研究，对广大学术界的直接影响是相当微弱的。这一学派中的许多学者是用捷克文写书著文，其中的大多数人又显然是在论述那些不太知名的捷克作品或捷克作者。俄罗斯学者的建树更难以进入西方学者的视野，许多结构主义著作在苏联是不能得到广泛的传播的，因为，结构主义在总体上是为马克思主义不相容的。即便那些用法文或德文发表的论文，也往往是刊发于在东欧之外就很少为人所知的杂志上。然而，随着雅各布森和韦勒克在美国成为知名人物，而鲍加蒂廖夫——尽管他在苏俄遭遇种种困难，则影响着一代俄罗斯民间文学学者，布拉格学派的许多关键性的观念还是赢得了相当广泛的接受者。不论是法国结构主义(间接地受雅各布森的影响)，还是“莫斯科-塔尔图学派”(更直接地受鲍加蒂廖夫和另一些学者的影响)，都展现了布拉格结构主义的影响。由于 20 世纪 60 年代以来对布拉格学派成员们的文学研究著作的大量翻译，也由于那些论述布拉格学派成员们工作的文章与著作的一一问世，捷克结构主义在 20 世纪批评研究中的作用，已日益获得关注。的确，穆卡若夫斯

① 《在文学与观赏艺术之间》，载《词与语文学》第 7 期(1941)pp. 1—16。

基和另一些捷克学者如今在西方已享有很高的声誉——这是远比他们在结构主义运动的青春时期的那几十年里要高得多的声誉，这样说，并非言过其实。

布拉格学派的建树，就在于将他们那个时代思想中的诸多流派整合到一起，并创造性地建构出一种更为综合更富于深度的对艺术作品的理解方式。布拉格学派的成员们确立了这样一种观念：艺术作品乃是一种结构——一种由那些彼此关联着而在形成一个错综复杂的系统的诸要素所建立的结构，而作为一个整体的作品，其自身又是另一系统的一部分，后一系统则由那些置于总体的社会文化语境之中的审美代码与审美规范所构成。这一理解，转而又导致一种拓展了的文学演变观念——不仅仅是文学作品中那些构成要素的审美价值在变化，社会规范、作品被理解的语境也在变化。这些捷克理论家显然也是最先去描述了接受理论——基于审美对象形成一个符号系统这一观点而建立的理论。布拉格学派也并不是没有其自身的局限，比如，穆卡若夫斯基在将其分析扩展到捷克文学之外这一点上就做得惊人的少，而有时候对语境的那种倾心，又似乎更多是把美学作品看成是一种理论的存在，而不是一种现实的存在。但是，自 20 世纪中叶以来的文学批评中，恐怕是没有别的运动有如此之多的建树——既体现在对文学批评发展取向的预期上，也体现在文学批评卓有成效的转折上。

（译者单位：中国社会科学院外国文学研究所）

专题讨论

审美现代性:主持人语

周　宪

这里刊出的五篇论文都是围绕着一个主题:审美现代性。晚近一些年来,国内外学界对现代性的热情有增无减。特别是经历了后现代的洗礼之后,重提和重审现代性成为一个涵盖各门学科的理路。美国《新德国批评》(*New German Critique*,99)最近专门推出了一个特辑,主题是“后现代主义之后的现代性”,就是一个很好的例证。

现代性问题可谓无所不包,举凡当下或近代以来的种种大历史、大叙事、大事变和大观念,总是这样那样地和现代性问题纠缠在一起。这其中,文化现代性和审美现代性又是现代性不可或缺的重要组成部分。周计武的论文《艺术的终结与颓废的现代性》重新清理了尼采以来有关艺术终结的美学理论,通过对瓦蒂莫艺术终结论的解析,回到尼采和海德格尔关于艺术终结的思考上,在现代性的背景中来规定艺术终结的复杂意义。作者认为艺术终结乃是某种现代性颓废的表征,终结之后的艺术仍在孜孜追求把存在作为艺术的宗旨。杜安的论文《现代性张力与矛盾的主体》,通过对现代性主体的三种理论的比对分析,凸现了主体作为一个复杂的现代范畴的矛盾性。周韵的论文《追求绝对》是对先锋派美学理论的一种思考。作者在现代性的语境中深入挖掘先锋派的形式主义美学理念,着力提出这一形式主义美学背后的形而上冲动及其暧昧的文化意义。殷曼椁的论文《惯例与艺术观念的生产》,采用了丹托和贝克的“艺术界”理论视角,对现代艺术运作背后的种种体制性问题,尤其是隐含在艺术品背后的复杂的艺术观念的社会生产,作了独到的阐发。朱羽的论文《现代性的空间与美学阐释》以列菲弗尔的“空间生产”理论为出发点,着力考察了其空间理论与激进美学之间的微妙关联,进而彰显出“(社会)空间的生产”命题背后的美学动机，即建构完整的人、恢复完整的身体与全面的感觉。这五篇文章从五个不同的角度深入到审美现代性的不同层面，各位作者的结论虽有所差异，但是都强调了现代性复杂的语境和内在的矛盾性。

显然，现代性是一个具有无穷内涵、探索不尽的大问题。此处刊发的论文不过是抛砖引玉而已，期望着有更多的专家和学者参与到现代性的讨论中来。

（作者单位：南京大学）

艺术的终结与颓废的现代性[①]

周计武

内容摘要 本文从瓦蒂莫的艺术终结论出发，试图在尼采、海德格尔开启的现代性视野中重新思考艺术终结的意义。我们认为：(1)"艺术终结"内在于现代性的颓废之中，是现代性症候的表征；(2)艺术终结之后，艺术依然是走出现代性困境、表现存在之命运的必要方式之一。

关键词 艺术终结 诗性之思 现代性 后现代性

面对杜尚开启的后现代主义艺术实践，法国学者贡巴尼翁悲愤地说："悲伤何在？艺术被彻底消除了超验性，被化简为一种思辨。"[②]艺术消解在日常生活的经验领域，一个到处被审美光晕笼罩的领域。这似乎在无意识间验证了1828年黑格尔美学演讲时的哀叹：在偏重理智的现代，艺术不再是认识和表现神圣性的必要方式了。[③] 这迫使我们回到海德格尔式的追问：在经验贫乏的时代，艺术还是揭示存在之真理的必要方式吗？我们将从瓦蒂莫的艺术终结论出发，并在尼采、海德格尔开启的存在论视野中思考这个问题。

一、艺术终结：一个历史性事件

当沃霍尔在格林威治村开设工厂，以机械复制的手段批量生产"影像"时，人们感到自浪漫主义以来的现代主义信念结束了。从此，

---

① 基金项目：本文为2007年度国家社会科学基金青年项目"现代性视野下的艺术终结研究"(项目编号：07CZW006)阶段性成果之一。

② [法]贡巴尼翁《现代性的五个悖论》，商务印书馆2005年版，第117页。

③ [德]黑格尔《美学》(第1卷)，商务印书馆1979年版，第10、13、14页。

艺术的原创性和本真性成为一种历史的回忆。这就是艺术终结的意识。

在瓦蒂莫后形而上学的视野中，艺术终结是一种历史性的事件：

> 它构成了我们在其中活动的历史的和本体论的星丛。这个星丛既是一种历史和文化事件的网络，也是从属于它们并立即描述和决定它们的话语网络。在所谓“宿命的”形而上学的意义上，艺术消亡与我们切身相关，是不能简单忽略的事情。①

艺术终结的命运与我们的存在紧密相连。一方面，作为文化的和历史的事件，它是现代西方不可逃避的宿命，“与我们切身相关”。换言之，我们无法“克服”艺术终结的困境，只能“承受”它，并在艺术终结的时代氛围中体验存在的意义。另一方面，艺术终结是后形而上学时代的一个事件，它同“现代性的终结”一起构成了我们在其中活动的“历史的和本体论的星丛”，如存在、真理、虚无主义等。作为形而上学的遗产，艺术依然是真理体验的场所，但这里的真理具有转瞬即逝的“衰弱性(weakness)”。这就是瓦蒂莫在《现代性的终结》一书中尽力揭示的意义。

在现代性困境中重新思考艺术终结的必然性和意义是瓦蒂莫最基本的思考路径。这里的“现代性”概念与“新”之崇拜和世俗化的进步论信仰密切相关：

> 现代性是这样一个时代：“成为现代的”变成一个价值，或者说，变成其他一切价值参考的基本价值。②

这是对于一个越来越失去神性的历史进程的信仰，是对于“新即好”的价值观的信仰。从犹太-基督教传统的救赎历史观，到启蒙运动以来的进步历史观，再到后现代的天才历史观，我们看到的是一个逐渐“去神圣化”或世俗化的过程。同时，现代社会的“流动性”——不断加强的商品、信息的流动性和社会地位、身份的流动性，加强了对“新”

① Vattimo, G., *The End of Modernity* (Cambridge: Polity Press, 1988), p. 52.

② Vattimo, G., *The End of Modernity* (Cambridge: Polity Press, 1988), p. 99.

事物的崇拜。这种"必须绝对地现代"信念不仅体现在个性化的生存方式上,而且体现在整个现代社会的规划,乃至未来主义、达达主义等先锋派艺术实践中。

但是,进步论的世俗化也暴露了进步的空洞和虚无:进步已经变成消费社会的"常规",依赖不断消费的"新"之生产。换言之,每一次进步都是对过去空洞的重复,失去了本源的宿命论和历史的目的论意义了。这就产生了"历史的终结"体验。一方面,很少有历史学家相信单一的、有机整体的历史观;另一方面,福柯和海登·怀特等人的历史理论使越来越多的人认识到历史书写中的叙事和修辞因素。但是,进步的世俗化和历史终结的体验并非单纯的否定事件。相反,瓦蒂莫把历史和历史性失落的体验,以及"新"之范畴和"克服"观念的消解,看成一个积极的契机。因为它开启了存在之真理的场域:返回尚未被虚无主义破坏的存在之思。在此意义上,瓦蒂莫把"后现代性"界定为一种历史终结的体验:

> 在与现代性的关系上,如果我们把"后-现代"不仅看成某种新的东西,而且看成对"新"之范畴的消解——换言之,看成"历史终结"的体验,而不是历史本身的一个不同阶段——那么,事情就发生变化了。[①]

显然,这里的"后现代性"与"现代性"不是历史分期的概念,而是一种态度,二者共存在同样的历史空间之中,相互抗争,充满了张力。

艺术终结事件发生在现代性的终点。作为一种历史终结的体验,它是对现代性,尤其是对现代进步论信仰和"唯新是从"价值观的反思和批判。艺术终结之后,艺术转向身体、转向自然、转向生活,如产生了身体艺术、大地艺术、概念艺术、街头戏剧等。但是,再也没有单一的历史发展方向了,因为一切艺术的元素和创造都是允许的。显然,这里所"终结"的"艺术"特指审美的、自律的现代主义艺术。在现代性的转折点上,这种艺术受到三个方面的挑战[②]:

第一,艺术与生活实践重新整合的审美倾向。现代主义艺术是以

---

① Vattimo, G., *The End of Modernity* (Cambridge: Polity Press, 1988), p. 4.

② Ibid., p. 58.

自主性观念为前提的，美、无功利、距离、静观、韵味、为艺术而艺术等概念无不是围绕“自主性”观念展开的。这些观念为艺术摆脱工具理性的支配和日常生活的束缚提供了可能。但是，过分强调艺术的自主性又导致艺术脱离现实生活和日常经验，成为与世隔绝的小圈子艺术。为克服这种缺陷，以20世纪初的先锋派运动为起点，艺术实践积极向生活领域“扩张”。这种审美扩张是对自主性体制和康德美学的突破，但也暗中迎合了消费社会“日常生活审美化”的倾向。最著名的例子就是杜尚的“喷泉”事件。杜尚成功挑战了自主性的艺术体制，但并没有摆脱文化工业生产的逻辑——新奇、震惊和复制。这是一种充满悖论的努力：作品基本上依据有争议的价值系统和对以往艺术局限性的克服来确定它的成功。在这个层面上，评价艺术品的首要标准似乎是艺术品有能力质疑自己的身份。这种反讽的自我意识把艺术引向了自我消解之路。因此，这是一条暗含陷阱的“乌托邦(utopia)”之路。

第二，大众文化的媚俗(kitsch)。机械复制技术和大众文化产生了生活的普遍审美化，因为借助媒介技术，以美的标准所进行的文化符号的生产和传播，被迅速地接受和消费。这种过度审美化的生活催生了一种流行的“庸俗”艺术。① 在某种意义上，它满足了渴望“审美”的大众，但也排挤了高雅艺术的生存空间。在商品化逻辑的操纵下，前者充满了审美的诱惑，更能激发大众的猎奇心理；后者则曲高和寡，使大众敬而远之。于是，在大众文化的亵渎和电子媒介的主宰下，艺术的“光晕”消散了，成为“一颗没有氛围的星星”(本雅明)。

第三，本真艺术的沉默(silence)。为抵制大众文化的媚俗和商品化逻辑的操纵，现代主义艺术坚守自己的“纯粹性”和“本真性”，拒绝文化工业生产和大众文化消费的污染，却往往陷入对美、和谐等传统美学范畴的否定之中。通过拒绝秩序、可理解性甚至成功，艺术获得

① 如格林伯格在《先锋派艺术与庸俗艺术》一文中所言：规范化的文化市场、普遍的闲暇与舒适、都市化大众的出现和一定的文化教养是庸俗艺术产生的前提。在本质上，它是资本化了的消费艺术，主要满足那些对正统文化价值无动于衷而又渴望某种文化娱乐的人。它包括流行的商业性艺术，如带有彩色照片的文学、杂志封面、插图、广告、街道戏剧、踢踏舞、好莱坞电影等。它把真正文化所贬斥和程式化了的形象用作原材料，是“程式化的和机械的，是虚假的快乐体验和感官愉悦”。——参考周宪(编译)《激进的美学锋芒》，中国人民大学出版社2003年版。

了一种“非人化”(奥尔特加)的形式和“谜语一样的特质”(阿多诺),但也深深地卷入了“意义的危机”和“表达的危机”(阿多诺)之中。这种危机不仅是艺术形式的危机,而且是艺术精神的危机——在价值混乱的时代,它“缄默不语”,失去了价值导向的作用。

瓦蒂莫对现代艺术的回顾和反思,不是为了“拯救”现代主义艺术,而是为了批判或消解美学理论中残存的形而上学痕迹。在形而上学的美学观念中,艺术的存在是以作品为中心的,具有永恒的价值和意义。这种大写的艺术观念支配了现代艺术的发展,但也在艺术终结的历史事件中遭到了持续的质疑。这种质疑使形而上学的美学观念陷入虚无主义的危险处境。但虚无主义并不意味着存在陷入主体的权力之中,而是意味着存在直面价值的虚无。在本体论衰落的视野中,后现代性的真理体验具有审美或虚构的成分。它不是以“力”的形式,即伟大、庄严和永恒的形式涌现的,而是以“艺术”的形式,即经验、流动和瞬间的形式发生的。换言之,在艺术终结之后,存在之真理是艺术性的——不断生成,转瞬即逝。这就是传统哲学美学在解释艺术的没落、涣散的感知和大众文化的体验中不断失败的原因:“它持续地把作品认做必然永恒的形式,并在更深刻的层面上把存在看做持久、庄严和力。”①

因此,在艺术终结之后,我们依然能够在艺术的“衰弱性”中体验到存在的意义。在诗性的体验中,只有当真理失去了它先前的伟大,并像一切痕迹、神话和记忆一样具有可消逝性时,我们才能与之相遇。这就是尼采尤其是海德格尔所开启的意义世界。

二、虚无主义:诗性的隐匿与回归

尼采谈论的虚无主义,既是一个地方性的概念——欧洲的,也是一个历史性的概念——现代的。当然,这个欧洲代表着整个西方,这里的现代特指苏格拉底以来的形而上学史。这意味着我们要从整个西方形而上学的历史中来思考这个事件——上帝死了。

海德格尔认为,“上帝之死”意味着超验领域的消失和最高价值的

① Vattimo, G., *The End of Modernity* (Cambridge: Polity Press, 1988), p. 63.

自行贬值。[1] 这个最高价值与人生的“目的”和“意义”有关，它为生存提供了选择的尺度。换言之，它是人生值得活下去的根基。一旦抽去了这个根基，人生就成为一个空荡荡的舞台，失去了价值的坐标和意义的导向。这种价值和意义的迷失感就是一种虚无的体验。问题是，这个根基或尺度是什么呢？是理念、上帝、神圣、绝对或真理吗？是真、善、美等这些更高的价值吗？尼采回答：是，又不是。站在传统的哲学立场上，从苏格拉底学派到黑格尔主义者的哲学史，确实是这些更高的价值观念主宰、支配生存价值的历史。但是，这也是一个“存在的遗忘”史。这种“遗忘”为存在的“回忆”提供了契机。“存在”是指一种肯定生命的强力意志，即“酒神精神”或“酒神的智慧”。它积极地肯定一切生命力的冲动，一切生成、流动、变化的现象世界，一切积极、冒险、勇敢的行为。这是一种浑然忘我的“醉”的艺术境界。这表明“最高价值的贬值”具有双重的意义：既意味着那些形而上规定的自我质疑和贬低，也意味着重返原初价值或生命价值的提升。因此，有两种虚无主义：“A. 虚无主义是精神权力提高的象征——积极的虚无主义；B. 虚无主义是精神权力的下降和没落——消极的虚无主义”[2]。

消极的虚无主义是形而上学的产物。如果以本质和表象的二元论来界定形而上学的话，那么形而上学史开始于柏拉图主义——它预设了伟大的、不变的实体，并以神性和真理的名义使生活成为被裁判、被衡量、被限制的东西。这种决定一切价值的最高实体就是“上帝”。而在现代的人道主义中，“大写的人”取代了“上帝”的宝座，成为新的“神”。因此，历史的疾病在延续：进步、自由、效益和世俗的幸福等现代价值观念，占据了原来绝对或神圣的地位，继续否定艺术和生命的价值。其突出的表现就是科学精神和“群畜美德”。前者相信“知识就是力量”，后者则在“大众的反叛”中成为历史的主宰。在《论历史对人生的利弊》(1874)一文中，尼采“指明了我们科学活动的危险性，指明了这种方式侵蚀和毒害生命的因素——生命受到了这种非人化齿轮装置、机械论、工人的‘非人格化’、‘劳动分工’这种伪经济学的危害”。[3] 这与席勒、马克思对机械化、抽象化的批判是一脉相承的。“群

---

① [德]海德格尔《尼采》下卷，商务印书馆 2003 年版，第 671 页。

② 同上，第 150 页。

③ [德]尼采《看哪这人》，中央编译出版社 2000 年版，第 56 页。

畜美德”与“冒险、非信仰、放浪形骸”的极端体验相反，是“任劳任怨、规规矩矩、自我节制、固定的‘信念’”。[①] 它把整个生命庸俗化了。不过，这种人性的、太人性的价值，在“最高价值的自行贬值”过程中，也必将沉沦。因为人终于意识到，并不存在一个“真实”的、本质的终极价值。一切世界观的信仰都是虚构的，一切都在消极地消逝！这就是意志的虚无，“最后的人或希望灭亡的人”的状态。在此意义上，现代性即“颓废”。

在颓废的现代性中，文化受到“断裂的苦恼”，艺术则暴露了“普遍的贫困”：

> 人们徒劳地模仿一切伟大创造的时代和天才，徒劳地搜集全部“世界文学”放在现代人周围以安慰他，把他置于历代艺术风格和艺术家中间，使他得以像亚当给动物命名一样给他们命名……
>
> 当批评家支配着剧场和音乐会，记者支配着学校，报刊支配着社会的时候，艺术就沦为茶余饭后的谈资，而美学批评被当做维系虚荣、涣散、自私、原本可怜而绝无创造性的社团的纽带了。结果，没有一个时代，人们对艺术谈论得如此之多，而尊重的如此之少。[②]

这种症候性的分析，向我们揭示了现代文化艺术的病因：消极的虚无主义；病状：断裂、空虚、萎缩、羸弱，缺乏创造性和生命力。同时，它为克服虚无主义提供了线索：如果科学精神所自命的普遍有效性业已破产，如果以概念为中介的艺术世界只是衰退文化的标记，那么恢复生命力的药方便是存在的。事实上，在虚无的深渊，一种高扬生命力的意志，一种酒神的激情，已经内在颠覆了科学精神的权威，已经使“奴隶的胜利”变得可疑。这是价值转换的契机：一方面是艺术的贫困，对艺术的贬低；另一方面是追求艺术的强力意志，即“艺术化的生存”。

这种价值的转换是积极的虚无主义，“为生命辩护”是它的旗帜。它肯定一切积极的、向上的生命力，否定一切贬低生命价值的形而上

---

① [德]尼采《权力意志》，中央编译出版社 2000 年版，第 146 页。

② [德]尼采《悲剧的诞生》，华龄出版社 2001 年版，第 104、129 页。

学真理。从艺术和人生的视角看，它认同这样一些信念：1.一切理论、价值、信仰和世界观都是人为地虚构的，是权力意志的体现，不存在一个统一的、本质的真理世界①；2.现象世界是唯一真实的世界，"这个世界虚伪，残酷，矛盾，有诱惑力，无意义……"②3.为了战胜现实，为了生存下去，人需要虚构一个世界，一个充满流动、变化、生成的艺术世界，换言之，人要"艺术化地生存"。颠倒和转换的逻辑支配了这个信念。"颠倒"是价值"转换"的前提。它重估一切价值，试图消除真理与谬误、本质与假象、理性与非理性间差异区分的欺骗性。"虚无主义的规划就是要揭露一切理性体系的劝说性，并指明其逻辑——理性形而上学思想的基础——事实上仅仅是一种修辞学。"③一旦上帝死亡，理性的根基丧失，人们将日益明白差异的本质仅仅是意识形态或权力意志的产物。于是，人重新审视这个世界，并赋予它新的价值。酒神的智慧——激情、冒险、多样性和生成，复活了。它是一种能动的、肯定的强力意志，"永恒回归"的游戏，即多样的"一"、生成的"存在"、瞬间的永恒。它的目的地：超人的产生。不过，"权力意志、超人和一切价值之重估，均脱胎于他早期的艺术观：权力意志是酒神冲动的哲学别名，超人的原型是酒神艺术家，而他据以重估一切价值的尺度正是贯穿着酒神精神的审美原则"④。换言之，新的价值转向"酒神式"的艺术和艺术化的生存，转向一种陶醉的审美境界和创造幻觉形式的能力。现代萎靡不振的文化荒漠，一旦接触酒神的魔力，将获得重生。

毋庸讳言，尼采具有双面性：既是不合时宜的思想家，也是伟大的颓废者，但他更是一位艺术家：在不断生成的现象世界追求存在的永恒。这种艺术家的意志贯穿在尼采的整个思想体系之中。在《悲剧的诞生》(1872)和《不合适宜的沉思》(1873—1876)中，尼采追随叔本华和瓦格纳对现代性的颓废、文化的分裂、历史的疾病和19世纪的"知识庸人"进行了揭露和批判，并在艺术和宗教的表象世界中发现了遗忘和永恒的辩证力量。这种力量能使德国精神在疾病和分裂中康复，

---

① [德]尼采《权力意志》，中央编译出版社2000年版，第469页。

② [德]尼采《偶像的黄昏》，光明日报出版社2001年版，第243页。

③ "Translator's Introduction", by Jon R. Snyder, in *The End of Modernity*, p. xii.

④ 周国平《从酒神冲动到权力意志——尼采艺术哲学初探》，《尼采在中国》，郜元宝编，上海三联书店2001年版，第652页。

“返回到沉思的开端，返回到它的宁静”。① 从《人性的，太人性的》(1878)、《朝霞》(1881)到《快乐的科学》(1882)，尼采的精神从骆驼的“你应当”转变成狮子的“我要”，成为启蒙运动意义上的怀疑者和分析者。一种不计代价的认识真理的激情促使尼采重估一切价值，打碎偶像的崇拜，宣告了“上帝的死亡”和“虚无主义”时代的来临。尽管在这个思想阶段，艺术徘徊在宗教和哲学之间，似乎失去了它崇高的地位和使命。但是，促使尼采精神转型的根本动力依然来源于否定的精神和酒神的意志。因此，艺术在这个阶段所遭受的否定，只是一个表面现象。在整个精神运动中，这个否定仅仅是向更高阶段跃进的环节。在虚无主义的自由荒野中，一种伟大的事物已经开始了“永恒回归”的游戏。这就是《查拉图斯特拉》(1883—1885)所揭示的转折点：艺术作为肯定性的，甚至是唯一激发性的生命力量获得了独一无二的地位。作为伟大的兴奋剂，艺术“是对抗一切要否定生命的意志的唯一最佳对抗力，是反基督教的、反佛教的尤其是反虚无主义的”。② 作为生命的形而上的活动，它享有本体论的地位。因为“要假象、幻想、迷惑、生成、变换(要客观化了的迷惑)的意志要比这里的要真理、现实、表面的意志更深刻、原始、‘形而上学’——后者甚至仅仅是要幻想意志的一种形式”。在这个意义上，“世界乃是自我生殖的艺术品”③，一曲酒神的颂歌。这就是“艺术家的形而上学”，一种波德莱尔意义上的审美现代性精神。④ 这种精神使英勇的现在和最久远的过去联姻，在伟大精神的永恒回归中克服虚无主义。

至此，艺术终结和虚无主义之间的关系可归纳为两点。1. 作为形而上的价值设定，科学精神、“群畜美德”等现代价值观念，既压抑了感性，造成了艺术的普遍贫困，也带来了自身的局限性，产生了消极的虚无主义。换言之，“艺术终结”和“虚无主义”具有同样的现代性根源。2. 通过价值的颠倒和转换，一种积极的虚无主义从内部颠覆了形而上学的本质，重新肯定了艺术的价值。一方面，它质疑并动摇了理性、自由、科学、美学等形而上的价值基础，取消了本质与假象、真理与虚构的二元差异；另一方面，又把感性、多元、虚构、生成、游戏的艺术冲动

---

① [德]尼采《不合时宜的沉思》，刘小枫主编，华东师范大学出版社 2007 年版，第 235 页。

② [德]尼采《权力意志》，中央编译出版社 2000 年版，第 294 页。

③ 同上，第 294—295、81 页。

④ 参考哈贝马斯《现代性的哲学话语》，译林出版社 2004 年版，第 110—111 页。

或酒神精神，提升为最高的权力和生活模式。

三、诗性之思：存在的遗忘与回忆

如果说尼采预言了虚无主义时代的来临，把艺术设定为最高的价值，那么海德格尔则断言哲学“终结”了，艺术才是“思”的起点和本源。

首先，哲学如何在现代进入了终结？哲学即形而上学，它以论证性的表象思维方式来思考存在者之为存在者。它总是按照先验的根据（本原、原理）来把握存在者，使其成为有根据的在场者。因此，“根据显示自身为在场性”，“在场性把各具本己方式的在场者带入在场状态”。[①] 它是存在者的被表象状态，对象性的先验可能性，是绝对精神运动的辩证中介，是那种设定价值的强力意志。因此，柏拉图以来的西方哲学都是一种“在场的形而上学”。它通过存在者的在场状态，排斥了不在场的“他性”，而“存在”恰恰在于存在者的在场状态与不在场的他者的聚集。这意味着“在场的形而上学”，通过主体对世界的表象行为，遮蔽了“存在”。它的最极端的可能性，就是世界的“对象化”或“世界图像”，即世界被把握为图像。用海德格尔的话说：

> 对于现代之本质具有决定性意义的两大进程——世界成为图像和人成为主体——的相互交叉，同时照亮了初看起来近乎荒谬的现代历史的进程。[②]

在此意义上，哲学的终结意味着“在场的形而上学”达到了它最极端的可能性。显然，这种“终结观”与尼采的观点不同。“形而上学终结了，对于尼采来说就是被理解为柏拉图主义的西方哲学终结了。”[③] 而这里则是包括尼采在内的整个“在场的形而上学终结了”。换言之，

---

① [德]海德格尔《哲学的终结和思的任务》(1964)，《海德格尔选集》(下)，上海三联书店出版社 1996 年版，第 1243 页。

② [德]海德格尔《世界图像的时代》(1938)，见《林中路》，上海译文出版社 1997 年版，第 89 页。

③ [德]海德格尔《尼采的话“上帝死了”》(1943)，见《林中路》，上海译文出版社 1997 年版，第 224 页。

通过把酒神事件放到形而上学的批判背景之中，"艺术家的形而上学"被悬置了。

第二，"哲学的终结"如何使"思"与"诗"的对话成为可能？这是海德格尔所要追问的问题。伽达默尔的解释为我们提供了线索：

> 如果形而上学被理解为在的遗忘或对在的忽视，而走向消亡终点的形而上学史，被理解为逐渐深化的对在的遗忘，那么必然地，曾经被忘却了的东西再一次回忆起来，这正是思考这回事的思想的命运。而且，实际上，在逐渐深化的对在的遗忘与对在的回忆或领悟的期望之间，也存在着关联……①

这表明，形而上学的命运涉及到"存在"的真理问题。如果整个形而上学的历史就是对存在的逐渐深化的遮蔽与遗忘的历史，那么克服形而上学的任务就不是简单的倒转或抛弃的问题，而是如何汲取历史的回忆，在承受形而上学的精神成就中，使存在"澄明"的问题。这里所思的是作为存在与存在者之间本体论上具有差异的那个"存在"。让存在涌现，并使之持存的庇护，即为真理。作为存在者的澄明与遮蔽，真理进入存在的突出方式，或历史性的生成方式就是艺术。命运是此在得以展开的历史。艺术的命运就是存在之真理在其中得以展开的历史性轨迹。因此，艺术精神的显现与存在之真理的发生是内在统一的。海德格尔描述了这种历史性转换的轨迹：

> 作为创建的艺术最早发生在古希腊。那时，后来被叫做存在的东西被决定性地设置入作品中了。进而，如此这般被开启出来的存在者整体被变换成了上帝的造物意义上的存在者。这是在中世纪发生的事情。这种存在者在近代之初和近代过程中又被转换了。存在者变成了可以通过计算来控制和识破的对象。上述种种转换都展现出一个新的和本质性的世界。②

---

① 伽达默尔《黑格尔与海德格尔》，见《伽达默尔论黑格尔》，光明日报出版社 1992 年版，第 148 页。

② [德]海德格尔《艺术作品的本源》，见《林中路》，上海译文出版社 1997 年版，第 60 页。

每一次转换都开启或创建了一个世界，使存在者的整体自行显现并庇护这个世界。在天、地、神、人的四重整体之中，此在的历史性命运被决定性地置入作品。但是，在现代的开端，“上帝死了”，存在者成为对象。“上帝死了”意味着神性的逃离或隐匿，意味着超感性世界的不在场或世界的“去魅”。从存在的命运来思考，世界的“去魅”表明：不再有“神性的眼睛”盯视这个凡俗的世界，不再有“神性”能够把人和物聚集在它的周围，并把世界、历史和人在其中的命运整合在一起。“存在者成为对象”意味着形而上学达到了它的最极端的可能性，即世界的对象化。这是现代技术本质的必然结果。在技术对象化的活动中，终有一死者的本质和世界历史的命运成为可供技术处理的材料和对象化的功能。结果，“人之人性和物之物性都在贯彻意图的范围内分化为一个在市场上可计算出来的市场价值”①。因此，世界的“去魅”与世界的“对象化”意味着存在的遗忘或遮蔽。人赖以安身立命的根基消失了。丧失了根基的世界时代陷入了黑夜的深渊之中。它已经变得如此贫困，以至于它不再能察觉到存在的缺席，乃至精神的虚无。

与此相应，艺术成为美学反思和审美体验的对象，“但也许体验却是艺术死于其中的因素，这种死发生得如此缓慢，以至于它需要经历数个世纪之久”②。艺术的这种慢性死亡，是由于艺术的两种内在属性（作为体验的艺术与作为真理的艺术）被人为地分裂了。这种分裂自美学诞生那天起就已经产生。我们知道，现代性的分化使原本统一的形而上价值观解体为三：真、善、美，艺术被人为地划分到自足的、感性的美学领域，与伦理的道德世界和理性的科学世界相分离。这种分离一方面使现代艺术失去了伦理精神的土壤（黑格尔），一方面加剧了诗与哲学之间的冲突（丹托）。这种后果已经渗透到现代主义艺术的本性中了：它失去了那种本原的直接性，而成为反思的对象，并日益被抽象化、形式化了。先锋派艺术试图恢复艺术与生活的直接性。但是，那只是对艺术自主性体制的虚假扬弃，因为它并没有在艺术的自主性与艺术的社会性之间架起可以沟通的桥梁。面对现代主义艺术的困境和先锋派艺术的失败，海德格尔不禁自问：艺术还是一个民族历史

---

① ［德］海德格尔《诗人何为》，见《林中路》，上海译文出版社 1997 年版，第 298 页。

② ［德］海德格尔《艺术作品的本源·后记》，见《林中路》，上海译文出版社 1997 年版，第 63 页。

性此在的本原吗？他的回答是悲观的：

> 世界之逃离和世界之颓落再也不可逆转。作品不再是原先曾是的作品。……它们本身乃是曾在之物。作为曾在之物，作品在承传和保存的范围内面对我们。从此以后，作品就一味地只是对象。①

作为对象的艺术作品，不再是存在之真理的创建，而只是阐释学的对象或博物馆的艺术。这意味着什么呢？艺术作品的本原消失了。它不再能够道说“神圣”、世界，乃至终有一死者的命运。或用黑格尔的话说，艺术不再是显现“真理”的必须和最高的方式了，它已丧失了真正的真实和生命。因为人已经遗忘或尚未“居有”自己的本质：“没有认清痛苦/也没有学会爱情/死亡的驱使/还不曾揭开帷幕”（里尔克）。这种彻底的遗忘状态，恰恰是形而上学的命运。它向现代人提出了这样的问题：如何把现代人从技术对象化的本质中拯救出来，从而“诗意地栖居”？在技术对象化的哲学终结时代，如果艺术也遭受同样的命运，遮蔽了它的本原，那么诗与思何以可能？答案：重新学会在语言中“栖居”。

后期，海德格尔转向存在论的语言观。流行的形而上学的语言观，把语言带向一系列主体性的陈述，经由语言导向某种精神的目标。因此，语言仅仅是思维的工具。作为对前者的“弃绝”，存在论的语言观不是“我说语言”，而是“语言说我”。它是词语的创建活动，是本质性的道说。“道说”即“显示、让显现、让看和听”，“作为道说，语言本质乃是居有者的显示”，它给出“澄明”的敞开之境，使存在者整体在当下的本己之中，自行显示并有所栖留。② 因此，语言是存在之区域，存在之家园，“唯有在这一区域中，从对象及其表象的领域到心灵空间之最内在领域的回归才是可完成的”③。什么是“诗与思”呢？让值得思的

---

① [德]海德格尔《艺术作品的本源》，见《林中路》，上海译文出版社 1997 年版，第 24 页。

② [德]海德格尔《走向语言之途》(1959)，见《在通向语言的途中》，商务印书馆 1997 年版，第 215、225 页。

③ [德]海德格尔《诗人何为》，见《林中路》，上海译文出版社 1997 年版，第 316—317 页。

东西向我们道说，就是“思”。本原的思就是“诗”。“在倾听诗歌之际，我们思索诗。以这种方式存在，即是诗与思。”[①]可见，“诗与思”乃是一种诗性的存在方式。诗与思的对话，旨在把语言的本质召唤出来，使终有一死者重新学会在语言中“栖居”。在诗人的“道说”和终有一死者的应答之中，“灵魂，大地上的异乡者”，“在漫游中寻找大地，以便它能够在大地上诗意地筑造和栖居”。[②] 这种语言歌唱是一条精神的还乡之路。它使终有一死者在“向死而生”中，从此在的沉沦返回到本真的存在。

可见，海德格尔与尼采同样认同艺术的价值和艺术化的生存方式，希望借助艺术，返回到欧洲思想的本原。同时，二者看到了形而上学价值观的瓦解和现代艺术的贫困。值得深思的是，他们没有简单地把这个“历史事件”理解为单纯的衰落，而是看做价值转换的契机。前者认为，在精神贫乏的黑夜时代，只有沉入“深渊”，诗人才能为终有一死者的同类寻找到精神的还乡之路。后者则发现了真理建构的美学根基，把生成、变化的世界看做“求艺术的强力意志”。区别在于，海德格尔没有像尼采那样倒转柏拉图主义。在颓废的现代性中，尼采猛烈地批判了理性的束缚、生命的萎缩和文化的贫困。为了走出现代性的困境，尼采试图把肉体的激情和感性的冒险提升到“绝对”的地位，以艺术化的审美世界代替启蒙了的理性世界。这种思考路径依然残存着形而上学的痕迹，过分拔高了艺术的地位和作用。海德格尔抛弃了这种思维方式，转而强调诗与思的对话，为本真性的“思”、“神性”和“真理”留下了一席之地。

值得强调的是，海德格尔一方面指出了“技术化”对艺术的威胁，另一方面又希望通过“诗意化”来克服技术的本质。这种诗意化与技术化的冲突正是现代人的处境与遭遇。这也充分说明了，艺术终结事件所开启的后现代性体验并没有摆脱现代性的困境，尽管它在哲学话语中终结了作为意识形态的现代性——文化革命式的解放观念和无限进步的技术崇拜。这样说并没有忽视艺术终结事件的历史性意义：在艺术终结的黄昏中，艺术重新获得了直面自身的勇气与清醒。这正

---

① ［德］海德格尔《词语》(1958)，见《在通向语言的途中》，商务印书馆 1997 年版，第 202 页。

② ［德］海德格尔《诗歌中的语言》(1953)，见《在通向语言的途中》，商务印书馆 1997 年版，第 25、28 页。

是“终结之思”的价值：

> 现在，死亡的魔力似乎已在艺术的周围发挥作用，也许艺术以前还从没有像现在这样深刻、这样富于情感地被人理解过。[①]

结　语

在尼采、海德格尔开启的存在论视野中，现代性不是理性之光，而是颓废之源，因为主导现代性进程的动力机制根源于主客对立的二元论思维。这种思维方式把人设定为主体，世界（天地神人）设定为对象，试图使一切臣服在自己的脚下。这种世俗化的征服欲望和不断超越的浮士德精神，不可避免地导致宗教-形而上学价值观的崩溃。用尼采的话说，“上帝死了”，世界陷入精神的虚无之中。这给艺术带来了两个消极后果。第一，艺术失去了精神价值的源泉和伦理生活的土壤。伴随宗教-形而上学价值观的崩溃，价值领域一分为三（真、善、美），使艺术失去了同日常伦理和真理体验的关联性。第二，艺术成为体验和反思的对象，失去了它的“神圣性”。在此意义上，艺术终结是现代性症候的表征。从此出发，他们认为，要走出现代性的困境，就必须克服主客对立的二元论思维。尼采的策略是打破偶像传统，颠覆理性逻格斯，高扬艺术化生存的旗帜。海德格尔的策略是在思与诗的对话中，重写存在的遗忘史，返回本真的道说。在这里，存在具有了艺术化、审美化的特质——过渡、短暂和偶然。这种审美精神被波德莱尔发扬光大，同启蒙现代性之间形成了内在的张力关系。意大利学者瓦蒂莫把它命名为“后现代性”。后现代性是对现代性症候的反思和消解，是“新之崇拜”和“进步论信仰”的崩溃。在逻辑上，“艺术终结”、“历史终结”、“哲学终结”和“现代性终结”共存在同样的历史空间之中，既是现代性颓废的表征，也是现代性颓废的消解。在存在论的视野中，艺术依然担当神圣的使命，是走出现代性困境，表现存在与命运的方式之一。

（作者单位：南京大学文学院）

---

① ［德］尼采《人性的，太人性的》，中国人民大学出版社 2005 年版，第 154 页。

现代性张力与矛盾的主体

——论西方美学主体性概念的发明

杜　安

内容提要　西方美学主体性概念是文艺复兴、启蒙运动以后由近现代哲学移植到美学领地之中的，是现代性的“发明”。笛卡尔的“我思”主体包含了此后被启蒙运动发扬光大，以后又被现代美学所批判的“工具理性”的雏形。主体性在康德美学中集中呈现为审美自主原则，他的美学观念中关于审美自主与主体性问题，充满了矛盾张力和阐释空间。卢梭在主体的主动性之外，认识到了人的屈从性，这对于浪漫主义美学表达的主体性观念有着深远影响。黑格尔用“主奴辩证法”来统摄现代主体自身内居的悖反性，结果却以膨胀的理性主体取代了感性主体和交互主体，得出“艺术终结”命题。现代性的张力产生了矛盾的主体，并为批判主体性理论留下了丰富的阐释空间。

关键词　主体　主体性　美学　现代性　矛盾性

主体和主体性，是美学和文艺学理论重要的基本问题。对于中国当代美学和文论界而言，这两个概念都不陌生。20世纪80年代，“主体性实践美学”、“文学主体性”不但是美学文艺学学科的核心话语，围绕主体性的讨论更是波及相关人文学科的各个领域。然而，综观西方美学史，无论是柏拉图的《文艺对话集》，还是亚里士多德的《诗学》，都没有对“主体”概念的讨论。“主体”是文艺复兴、启蒙运动以后才由近现代哲学移植到美学和文论领域之中的，是现代性的“发明”。

从词源学上看，英文中的“主体”(subject)一词，是一个内在含义相当复杂的概念。按照威廉斯的考证，“主体”可追溯的最早词源为sub(在……之下)与jacere(投、掷)，其最早的英文词意中主要的一项是指“在统治者或君主管辖之下的人民”。[①] 然而，从 17 世纪末(尤其是笛卡尔之后)开始，在成为哲学上的一个与“客体”(object)相对的重要概念之后，“主体”的含义发生了重要转折，即认为经主体的运作，所有其他事物必定成为被投掷在意识之前的客体。到了德国古典哲学，“主体”一词的现代用法得以确立：无论是将主体与客体作区别，或是企图证明两者的同一性，“主体”强调的都是主动的心灵或思考的原动力。主体从而具备了“支配、统治”之意。[②]

近现代哲学关于主体和客体区分的思想，产生了新的衍生词“主体性”(subjectivity)。一般说来，主体性是指“是一个主体”(being a subject)或“是与主体有关的”(being of subject)这样一种性质。本文聚焦于主体性这个重要概念上，力图运用“理想类型”的研究方法，勾勒出现代主体较为完整的肖像。启蒙运动及现代性的确立，是各种主体性话语合法化的根据。现代性保证了卢梭式的“个人”概念、笛卡尔式“我思”和康德式“自律”主体的统领地位，同时，主体概念自身固有的矛盾性，随着“现代性的张力”而发展，既带来了黑格尔的“主奴辩证法”，更催生了绵延不绝以至于今的批判主体性理论。本文尝试为解答以下问题提供思考路径：(1)为何文艺复兴、启蒙运动后出现的主体概念成为了现代性最重要的理论命题？(2)主体的确立对于 18、19 世纪的美学思想产生了怎样的影响？(3)现代主体自身具有怎样的矛盾性？这种矛盾性可能为批判主体理论留下怎样的阐释空间？

一、理性的主体

任何一种重要的现代思想的成型，都有一个积沙成塔的过程，主体性也不例外。笛卡尔等为主体所作的各种规划，同样可以在西方哲学史上追根溯源。

在古希腊，从公元前 480 年赫拉克利特和巴门尼德时代起到公元前 322 年亚里士多德谢世，只不过一个半世纪多一点，而在这一个半

---

① 参见[英]威廉斯《关键词：文化与社会的词汇》，刘建基译，三联书店 2005 年版，第 473—474 页。

② 同上，第 473—479 页。

世纪里，人作为理性的动物进入了历史。后世的研究者认为，把理性完全从无意识的原始水准超拔出来，乃是希腊人的成就。希腊理性主义中人的观念对于近代哲学主体性转向无疑具有潜在影响。柏拉图著名的“洞穴之喻”——主张人要获得自由就必须借助思想的力量，就必须走出盲目生活的“洞穴”，到理性的世界中去看真理的太阳。从突出人的主体性地位来看，康德的“目的国”显然有着师承柏拉图“理想国”的痕迹。理性主义在柏拉图的诗学中的突出表现，首先是著名的“理念”（或译“理式”）论。理性从神话的、宗教的和诗的创作冲动中分离出来，比起艺术的分化（自主）早了将近两千年。怀特海所谓“两千五百年的西方哲学不过是对柏拉图的一系列脚注”的说法，即使不无夸张的意味，就理性思维压抑诗性思维这一点而言，到尼采为止也确实是可靠的。其次，理性的统治还表现为对“美本身”的寻求。与艺术家和普通人相反，哲学家热爱永恒的真理。哲学家不是寻求声色之美，他寻求美本身——某种在美的对象改变和变化，并“摇摆于生灭之间”时，永远保持同一的东西。① 当“美本身”寻而不得时，柏拉图式美学寻思的答案只能是“美是难的”。这种本质主义的思维方式同样在美学史上影响深远。

中世纪通常被认为是西方历史上“黑暗的一千年”，然而，若说从中世纪过渡到现代是用理性观点取代宗教观点，这远非真实。事实正好相反，整个中世纪哲学，如怀特海非常贴切地评论的，比之现代思想是一种“无限制的理性主义”。法瑞尔甚至认为，“犹太-基督教的人格神是现代主体的原型。”②这是因为“我们仍在主体性中找得到必然性、内在本质、自主性、结构能力、作为永恒在场的决定性角色等观念，这些都是先前为上帝所秉持的。”③这样一种“隐性神学”的现代表现是，有限的人类思想者作为“主体”，取代了上帝的功能。曾经具有自身尺度的事物被纳入了主体/客体区分的格局中，一切的决定权皆在人类自我。

尽管现代主体从古代和中世纪承袭了不少品质，但差别仍然是明

---

① [加拿大]查尔斯·泰勒《自我的根源——现代认同的形成》，译林出版社 2001 年版，第 182 页。

② Frank B. Farrell. *Subjectivity, Realism, and Postmodernism-The Recovery of the World* (Cambridge: Cambridge University Press, 1997), p. 4.

③ Ibid., p. 3.

显的：古代的理性统治是外在的，其根源属于上帝或其他的外部世界秩序；现代的理性控制则是出自于主体自身的内部力量。一种真正具有现代性品格的主体性，不可能在柏拉图和斯多葛学派，也不可能在阿奎那或其他中世纪思想家那里被阐述。笛卡尔关于“我思”主体的论述，成为主体性理论成型的重要标志。

在《谈谈方法》中，笛卡尔精简而明晰地阐述了“我思”哲学第一原理：

> 我发现，“我思故我在”这条真理是十分确实、十分可靠的，怀疑派的任何一条最狂妄的假定都不能使它发生动摇，所以我毫不犹豫地予以采纳，作为我所寻求的那种哲学的第一条原理。
>
> ……我仔细研究我是什么，发现我可以设想我没有形体，可以设想没有我所在的世界，也没有我立身的地点，却不能因此设想我不是。恰恰相反，正是根据我想怀疑其他事物的真实性这点，可以十分明显、十分确定地推出我存在。①

笛卡尔首先要为一切知识体系寻找一个阿基米德原点，他认为唯一可以确证的命题就是“有我”，“我存在”。这个“我”是排除了身体和感性的，是精神、理智、理性。这种关于知识和宇宙的非常不同的观点意味着，笛卡尔灵魂与肉体的二元论与柏拉图的二元论有极明显的差别。对柏拉图来说，灵魂和物质尽管是不同的，但其存在的理由都是因为分有了使它们得以存在的理念。对比之下，对笛卡尔来说，没有这类要转向的理念秩序。② 总之，“我思”主体包含了两点重要内容：对于人内在理性的推崇，以及心物区分的强调。正是这两点，赋予了主体真正的现代性品质。唐纳德·霍尔因此认为，虽然笛卡尔没有真正使用“主体”或“主体性”概念，但后世对于主体的描述都联系到 17 世

① ［法］笛卡尔《谈谈方法》，王太庆译，商务印书馆 2000 年版，第 27—28 页。译文有改动。法语“Je pense, done je suis”，拉丁译文“Ego cogito, ergo sum”，英语译文“I think, therefore I am”，一般简称为笛卡尔的“cogito”，《谈谈方法》的中译者王太庆先生不同意“我思故我在”的旧译，主张译为“我想，所以我是”。关于译文差异的讨论参见《谈谈方法》第 27 页，本文从旧译，下同。

② ［加拿大］泰勒《自我的根源——现代认同的形成》，韩震等译，译林出版社 2001 年版，第 215—216 页。

纪这位思想家确立的主体一客体二分的观念。[①] 古代思想家赞颂的理性，是一种“实体性”的理性，它源于神或其他客观外部秩序，人只能通过努力去“发现”并接近它；笛卡尔赋予“我思”主体的，则是“程序性”的理性，它就内在于人自身，人通过内省并按照一定的方法就能“建构”合乎理性的程式。就此可以赞同查尔斯·泰勒的观点，他敏锐地发现，在“我思”主体的观念中，第一次确立了理性霸权进行工具性控制的现代模式。[②] 与柏拉图重理性轻感性，尊“哲学王”而放逐诗人不同的是，笛卡尔的理性霸权并非排斥感性和激情，相反，后者如果置于理性的控制下，则是越强烈越好。“当理性能把激情控制于正常的工具性能中时，理性就支配着激情。对笛卡尔来说，理性的霸权是一个工具性控制的问题。”[③]如此看来，笛卡尔的“我思”主体中，的确已经包含了此后被启蒙运动发扬光大，以后又被韦伯和法兰克福学派所批判的“工具理性”的雏形。主体性与现代性这种深刻的内在联系，是为20世纪各种批判主体性理论所重视的。

除了哲学外，笛卡尔的贡献主要是在数学和物理学上，通常的美学和文论史著作中，并没有他的位置。但美国新人文主义倡导者白璧德却注意到，“笛卡尔哲学的影响分枝为许多不同的派别，并在许多方面与文学运动息息相关”。古典主义，是笛卡尔哲学在17世纪美学中的对应物。可是，白璧德认为这种影响的效应几乎全部是负面的。在笛卡尔那里，最引人注目的是其对逻辑、抽象推理和密切相关的数学论证过程的信仰。无论是什么，只要不能用这种逻辑方法和数学方法进行明确的证明，就会被笛卡尔拒绝。因此，“笛卡尔哲学的明确概念对真正的古典主义来说是致命的……据说布瓦洛曾说过这样的话：笛卡尔割断了诗歌的喉咙”[④]。另一位当代学者，也对美学上的笛卡尔主义进行了指责。在理性主义的影响下产生了拉辛和布瓦洛、德莱顿、斯威夫特，以及蒲柏、吕利(Lully)、拉摩(Rameau)，还有亨德尔(Handel)，英国肖像画家和法国风景画派，他们创造了大量伟大的作品，这些作品总是能不断唤起我们新的喜悦和景仰。尽管如此，古典

---

① Donald E. Hall, *Subjectivity* (New York: Routledge, 2004), p. 3.

② [加拿大]泰勒《自我的根源——现代认同的形成》，韩震等译，译林出版社2001年版，第223页。

③ 同上，第224页。

④ [美]白璧德《卢梭与浪漫主义》，河北教育出版社2003年版，第18页。

主义平静的外表下面，人类心智能力的斗争仍然波澜起伏。理智与情感的对立，仍然是古典主义面临的主要矛盾。“非理性”的成分依然存在——不仅过去，而且以后任何一个时期，它都是生命中盲目和不可抗拒的力量。“历史上的古典主义时代并非像一些现代批评家想象的那样是一个美好的时代……制定‘美好的规则’是一回事，执行它们是另一回事。”①

针对笛卡尔的指责实际上都注意到了现代性与主体性的“工具理性”原则对于人类个体丰富的心智能力所造成的损害。理性主体刚刚诞生，而且它的势力范围仍然被限制在哲学认识论的领域内，但已经彰显出了攫取一切的潜力和野心。审美和艺术在这样的情境下应该充当何种角色、承担什么功用？这个问题在笛卡尔的理性主体确立的同时就已经凸显了，此后始终是启蒙主义、浪漫主义、现代主义和后现代主义的艺术家和理论家面对的问题。

二、自律的主体

笛卡尔确立了一个划时代的起点，但他并没有完善主体性哲学的一切合法性原则。他对于主体心智能力作出的规定，在欧洲大陆哲学界内外都引来了不少诘难。在法国，与笛卡尔同时期的主要反对者是帕斯卡尔，他批判道：“笛卡尔无用且不准确。”②在海峡的另一边，洛克关于人的心灵是一张白板的观点也与笛卡尔认为灵魂被抽象的理性占据的观点针锋相对，他所代表的英国经验主义成为近代哲学史上与大陆理性主义并峙的认识论主流。

因此，当启蒙运动在全欧进行得如火如荼，法国的启蒙思想家编撰的《百科全书》已经形成体系之时，德国古典哲学的“教父”康德在他的哲学巨著《纯粹理性批判》的开篇却写道：“人类的理性陷入困境。”③康德哲学通常被称为“批判哲学”，其实更确切地说，这种哲学的特点应该被概括为“主体性批判哲学”。使用这一称谓，是因为这些著作都

① [美]巴尊《古典的，浪漫的，现代的》，江苏教育出版社 2005 年版，第 43 页。

② [德]毕尔格《主体的退隐》，陈良梅、夏清译，南京大学出版社 2004 年版，第 38 页。

③ [德]康德《纯粹理性批判》，邓晓芒译，杨祖陶校，人民出版社 2004 年版，第1页。

体现了一种以“批判精神”为特质的主体性思想。康德认为此前的经验主义和理性主义的错误在于它们都没有对主体理性能力进行考察和分析，都不懂得人类理性能力所具有的条件和范围，因而都没有找到物质对象转化为意识的具体途径。面对这一困境，康德的解决办法是从批判其错误中引发一种新的思考，即既把科学知识限制在现象界的范围内，又引进主体理性能力的先天概念，给现象界带来统一和秩序，使经验的综合性知识加上逻辑的必然性。这便是康德以主体理性能力构造客观对象的科学知识模式。康德哲学之所以被称为哲学史上的“哥白尼式革命”，原因就在于通过对于主体理性能力的批判，实现了主客体关系的逆转。在完成了三大批判后的康德那里，人是主体，人的理性就是太阳；理性构成对象，理性构成道德，理性构成审美，理性发布法则，人类一切认识都应围绕着理性来旋转，从而，在“思辨哲学”的研究上，开辟了一个“完全不同的方向”。①

总之，康德主体性批判哲学最重要的成果，就是使得主体的自律成为可能。17世纪还是有一定抽象性和局限性的主体，经过了严格地剖析和论证，确立了在哲学各领域中的自主地位。正是在这一意义上，哈贝马斯异常看重康德的三大批判所奠定的主体性哲学的基础：主体的理性反思（思辨）原则，这一原则使得文化价值领域的分化得以合法化。②

本文无意详细分析康德主体性批判哲学在哲学认识论和伦理学上的观点，本文关注的问题是，自律的主体的确立对于现代美学产生了怎样的影响？

虽然鲍姆加登享有“美学之父”的盛名，但众所周知，真正现代意义上的美学，是在康德《判断力批判》完成后，才具备其较为完整的学科形态的。笛卡尔为理性主义和科学主义在现代的胜利奠定了基础，也影响到美学文艺学的开创。鲍姆加登在创建有史以来第一个美学体系时，就是将有关感性的研究置于理性和知性的研究之下的。这一从属地位，导致传统美学始终将审美活动当做理智思维的一个分支。英国学者波威在其著作《美学与主体性：从康德到尼采》中，提出了这样的问题：如果说美学的诞生属于现代历史整体运动的一部分，那么，

---

① ［德］康德《未来形而上学导论》，商务印书馆1978年版，第9页。

② ［德］哈贝马斯《现代性的哲学话语》，曹卫东译，译林出版社2004年版，第22页。

它与同样是现代文化重大事件的哲学上的主体性转向有没有内在联系?[1] 波威对此问题的回答是肯定的,他认为现代美学的兴起与柏拉图等人关于美和艺术的思考有着显著的差别,一个重要原因就在于,正是由于主体性的自律原则,才使得美学(现代意义上)的诞生与哲学上的主体性转向确立了内在的联系。现代美学和批评理论中涉及到主体的诸多问题,追根溯源都可以在康德处找到致思的起点。

在现代历史运动中,主体性的出现作为一个中心问题,其实质是在理性的普遍原则下主体性是否可能与如何可能。波威认为,美学的工作就开始于这个现代课题,即在独断的神学和普遍化的理性之外来理解和确立人与世界的统一性。康德是现代美学的历史起点,同时也是美学与主体性问题的逻辑起点。康德确立的审美自主原则具有真正的现代性和主体性意义。在康德那里,作为理性困难的补充的审美判断,真正发展成为主体性积极的审美行为。在这个意义上,美学作为现代历史的产物,在它与现代性与生俱来的存在中,却又站在了现代性的对立面,批判和抵抗着现代性对世界无所不在的技术化、秩序化和商业化。审美自主的真正含义是反对压抑和同化个性的现代化的普遍(绝对)同一性。按照波威的理解,美学揭示和表达的是理性所不能表述的东西,实际上也是科学化的理性原则所压抑的东西,即普遍性压抑的个性、理性压抑的感性。康德的审美判断力观念,特别是他对崇高感的阐释,表述的正是不可表述者——意志自由本身。[2]

如果接受波威的观点,即主体性在康德美学中集中呈现为审美自主原则,我们就可以对哈贝马斯关于主体性使得文化价值领域的分化得以合法化的观点有进一步的认识。哈氏认为:

> 康德的三大批判奠定了这种反思哲学的基础。他把理性作为最高法律机关,在理性面前,一切提出有效性要求的东西都必须为自己辩解。……由于批判理性确定了客观知识、道德认识和审美评价,所以,它不但保证了其自身的主观能力,即它不但使理性建筑术透明化,而且还充当了整个文化领域中的最高法

① Andrew Bowie, *Aesthetics and Subjectivity*: *from Kant to Nietzcshe* (Manchester: Manchester University Press, 2003)2.

② Andrew Bowie, *Aesthetics and Subjectivity*: *from Kant to Nietzcshe* , p. 4.

> 官。……哲学完全从形式角度把文化价值领域分为科学和技术、法律和道德、艺术和艺术批评，所有这些领域彼此对立，此外，哲学还在此范围内把它们加以合法化。直到18世纪末，从制度化角度来看，科学、道德和艺术还分化成不同的活动领域，各自探讨自身所独有的问题，分别为真实性问题、正义问题和趣味问题。[①]

哈贝马斯表述的即是现代性与价值领域分化的问题，对这一重要问题进行的探讨，一般认为是由德国社会学家马克斯·韦伯发起的。现在看来，主体的自律与价值领域的分化有着紧密的内在关联，这种关系在现代性的场域中是有着深刻矛盾性的，但康德的批判性主体哲学保障了其合法性。现代主体分化到不同的价值领域中，每个领域的主体都标榜自己的特立独行，声称自身价值高于一切。在所有领域中，主体经验都是充满冲突的"总体性"。一方面，冲突使得各价值领域中的主体都谋求自律和独立，以获取凌驾其余社会文化生活领域的权威；但另一方面，由于主体性诉求皆系于个人——通过社会权力机制的联系建立文化和话语领域的个人，现代的各种自主的话语冲突仍然集中在主体自身。这样一来，价值领域分化与主体自律必然带来一种新的现代性境况："'哲学的'主体对于自身的理解迥异于'文学的'主体，两者又都不同于世俗的和政治的主体。"[②]康德之后，主体性在西方近现代美学中的发展，沿着两条路径前进。从启蒙运动到黑格尔的古典美学，重视的是主体理性，与之相反的是重视主体感性的浪漫主义美学传统，主要代表人物是尼采。康德对于这两种主体性美学潮流的影响都是巨大的，这是由于他的美学观念中关于审美自主与主体性问题，充满了矛盾张力和阐释空间。一方面，康德为唯心主义确立了一个信念，即人与世界、普遍性与个性最后统一（绝对同一）的实现，黑格尔的理念论美学没有脱离这个窠臼。另一方面，他的崇高观念，即崇高感是指向不可表述的对象（超感性存在），却又蕴涵了对唯心主义绝对同一观念的根本怀疑。这种怀疑，是19世纪浪漫主义思潮的哲学基础。

---

① ［德］哈贝马斯《现代性的哲学话语》，曹卫东译，译林出版社2004年版，第23页。

② Anthony J. Cascardi, *The Subject of Modernity* (Cambridge: Cambridge University Press, 1992), p. 3.

三、主奴辩证法

文艺复兴、宗教改革唤醒了西方文明中沉睡的“人”的概念，启蒙运动则把过去敬畏上帝、依附权威、膜拜自然和沉迷于肉体感官欲望的人推上了“主体”的宝座，赋予了这一术语现代性的含义：凭借理性的反思，自主而能动地从事认识、实践和审美活动的人。

然而有趣的是，英文中的“主体”(subject)一词，却是一个内在含义自相矛盾的概念：“它既是主动的，又是被动的。例如，一个句子的主语在句子中既可以表示为执行动作的人，也可表示为动作的承担者。”[①]卡勒这样来描述主体概念自身的悖反性：“主体是一个角色，或者是一种能动作用、一个自由的主观意志。……但是一个主体同时也是一个服从体，是被决定的，是‘女王陛下忠诚的臣民’，或‘接受某项实验的对象’。理论往往认为要成为一个主体就必须要成为各种制度的服从体(心理社会学、性学、语言学)。”[②]既是主人，又是奴隶，霍尔认为双重身份对于主体性意味着一种存在于“自由选择与幻觉，强制的确定性与个体对其的质疑，旧的程式与新的规定”之间的张力。[③] 理解主体身份的这种矛盾性，无疑会加深我们对于主体性与现代性的认识。

现代主体的矛盾性自其诞生的那天就内在居有，不仅是不同思想家存在着差异，就是卢梭这样通常被认为是观点鲜明的人，其实也是复杂的。启蒙时代的思想家中最能体现“主奴辩证法”的，当推卢梭的人性观点。

卢梭的代表作《社会契约论》的第一个句子，经常被引用来说明这位浪漫主义之父和个人主义鼓吹者的身份：“人生而自由，然而处处都是枷锁”。但是不要进而推断卢梭想要打碎所有的枷锁，看看紧接着后面的：“一个人认为他是别人的主人，但他比别人更加是个奴隶。”在

---

① [英]丹尼·卡瓦拉罗《文化理论关键词》，张卫东等译，江苏人民出版社 2006 年版，第 93 页。

② [美]卡勒《文学理论》，李平译，辽宁教育出版社 1998 年版，第 115 页。

③ Donald E. Hall. *Subjectivity* (New York: Routledge, 2004), p. 2.

卢梭看来，处于自然状态的人，才能够体现人性。然而，卢梭也认识到了人的屈从性，即“人是一个存在于特定环境下的具体生物，由自然和历史塑造，依靠社会的存在而存在。”[①]人本来是生活于自身内部，并保有一种安静的单纯品格，但在私有制的策动下，他被各种各样的欲望所困扰，并为此同别人发生冲突性关系。如此一来，现代社会就把所有生而自由者绑在一张责任和强制的大网里。卢梭关于个人的概念，对于浪漫主义美学表达的主体性观念有着深远影响：“（浪漫主义者）远离到达统一与平和的捷径，坚持双重意识和自我矛盾的事实。否认传统中把人们结合在一起的和谐与美，而倾向松散的人性的多样性。强烈地认识到自己的欲求，指责社会制度是压抑和不公正的……他的艺术、哲学和信仰注定是多样化的，形式各异的，混乱的——因此也是不满的。”[②]

卢梭未能将主体自居的矛盾性用理论体系来总结，黑格尔则做到了。在《现代性的哲学话语》中，哈贝马斯认为，尽管康德的三大批判奠定了现代主体性哲学的基础，但黑格尔才是使现代脱离外在于它的历史的规范影响，并将此过程升格为哲学问题的第一人。这一地位的获得，主要归功于黑格尔发现“主体性乃是现代的原则”。[③] 在描绘“现代”（或现代世界）的外观时，黑格尔用“自由”和“反思”来解释“主体性”：

> 主体性主要包括以下四种内涵：
>
> (a) 个人（个体）主义：在现代世界中，所有独特不群的个体都自命不凡；
>
> (b) 批判的权利：现代世界的原则要求，每个人都应认可的东西，应表明它自身是合理的；
>
> (c) 行为自由：在现代，我们才愿意对自己的所作所为负责；
>
> (d) 最后是唯心主义哲学自身：黑格尔认为，哲学把握自我意识的理念乃是现代事业。[④]

---

① [美]巴尊《古典的，浪漫的，现代的》，江苏教育出版社 2005 年版，第 26 页。

② 同上，第 34 页。

③ [德]哈贝马斯《现代性的哲学话语》，曹卫东译，译林出版社 2004 年版，第 19 页。

④ 同上，第 20—21 页。

根据黑格尔的看法，主体是绝对理念的载体，是绝对精神复归的一个重要环节，绝对精神的性质——自由——也就是主体的性质。同时，这种原则也形成了它唯一的身份的核心。然而，主体的自由身份的寻求，却是经历了一段极不寻常的道路。这就是《精神现象学》中的“主奴辩证法”。

在《精神现象学》(1807)中，黑格尔力图描述意识经过矛盾发展，达到它的现象和本质的同一的过程，即从意识、自我意识、理性、精神，直到绝对精神。发展中关键的一个环节，在于单纯的意识统一体分裂为两个自我意识，其一是独立的，自为存在的；另一个则是依赖的，为对方而存在的。主人与奴隶相互依存，相互斗争，而且能够相互转化。[①]“主奴辩证法”的重要性，在哈贝马斯看来，在于其中依然存留着青年时期黑格尔的交互主体性的思想，这是哈氏一贯所主张的克服现代性的片面主体性原则的药方。[②] 尽管如此，在黑格尔哲学中，对立面的冲突终归要和解，分裂是自我走向统一的途径而不可能成为最终归宿。尽管否定的作用甚大，但黑格尔更为看重的是“否定之否定”，即“扬弃”。主人与奴隶的二分法，自然也就在黑格尔谋求扬弃之列。在《逻辑学》中，黑格尔对于主体性的认识已经与那个结交浪漫主义诗人荷尔德林，深怀“审美乌托邦”梦想的青年黑格尔相去甚远了。复数关系的“我/他”交互性取消了，“我”仅剩下纯粹的自身联系，成为一个自在自为的普遍性，一个抽象的自由的主体：

> “我”是一个自在自为的普遍性，共同性也是一种普遍性，不过是普遍性的一种外在形式。……“我”，在这个意义下，只是一个完全抽象的普遍性的存在，一个抽象的自由的主体。因此“我”是作为主体的思维，“我”既然同时在我的一切表象、情感、意识状态等之内，则思想也就无所不在，是一个贯串在这一切规定之中的范畴。[③]

“主奴辩证法”的结果，是膨胀的理性主体——“绝对理念”的化

---

① [德]黑格尔《精神现象学》(上卷)，贺麟等译，商务印书馆 1979 年版，第 127 页。

② [德]哈贝马斯《现代性的哲学话语》，曹卫东译，译林出版社 2004 年版，第 35—37 页。

③ [德]黑格尔《小逻辑》，贺麟译，商务印书馆 1980 年版，第 71—72 页。

身——吞没了交互主体，同一性湮灭了异质性。主体的全部涵义只是一个“能思者”，而与理性思维并列杂陈的其他精神活动或能力，如感觉、直观、想象、欲望、意志，却被排除在主体能力之外。这样，主体就成了剥离掉感性、个性、生理性的普遍的“绝对理念”的载体。[①] 在这样的主体观的主宰下，“艺术的终结”就成为了哈贝马斯所概括的“在主体哲学的范围内克服主体性”原则[②]，在黑格尔美学中设定的重要命题。黑格尔尽管也视艺术为弥补主体意识分裂的主要媒介，但是，他同样清醒地意识到艺术从古典向现代转型带来的后果：伴随着古典艺术的解体，艺术已不再是心灵的最高需要了；同时，现代市民社会的兴起，也不利于艺术的生存。这样，艺术作为主体（绝对精神）自我分化、自我复归的一个环节，必然要在精神的自我实现中，被更高级的环节，即宗教和哲学所取代。“艺术的终结”即是主体性的自我“扬弃”。

“主奴辩证法”的理论遗产，对于此后的批判主体性理论影响是巨大的：“20 世纪的主体性思想试图解开这个矛盾和悖论：对于自我作为所有重要的人类经验的强调以及其内部日渐增长的脆弱和混沌感。”[③] 阿多诺从中看到了非同一性的“否定辩证法”的苗头。他认为黑格尔哲学的基础和结果是主体第一性即同一性，否定的辩证法反对同一性，必然也要反对主体第一性。非同一性是使主体冲破关于主体的谬论，返回自身的决定力量[④]。阿尔都塞着眼于理念从外化到复归的纯粹“过程”，对于黑格尔自由主体观念中包含的资产阶级人道主义思想，则弃之如敝履，从而把黑格尔视为“无主体”的“过程辩证法”的开创者。拉康非常重视的是主体意识分裂这一现象，他认为主体的建构从“镜像阶段”开始，就是一个永恒分裂不可弥合的过程。不得不提的当然还有哈贝马斯，他写作《现代性的哲学话语》的一个重要目的，就是要力图解决在他看来是现代性的主体原则的片面性问题。主奴辩证法中隐藏的交互主体性的萌芽，正是摆脱“在主体哲学的范围内克服主体性”这一现代哲学的困境的解毒剂。青年黑格尔交互主体性思想的夭折，令哈贝马斯追思不已。

---

① ［德］黑格尔《小逻辑》，贺麟译，商务印书馆 1980 年版，第 68 页

② ［德］哈贝马斯《现代性的哲学话语》，曹卫东译，译林出版社 2004 年版，第 23 页。

③ Nick. Mansfield, *Subjectivity: Theories of the self from Freud to Haraway* (New York: New York University Press, 2000), p. 2.

④ ［德］阿多诺《否定的辩证法》，张峰译，重庆出版社 1993 年版，第 6 页。

行文至此，我们可以得到一幅现代主体的肖像。与我们通常的看法不同的是，这幅肖像作为“理想类型”的组合，展示出的是现代主体丰富而矛盾的形象。作为一种文化总体性，其不同的面向只能在历史抽象的基础上缝合为一个实质是空虚的主体。[①] 正如海德格尔认为的，现代主体的形象建立在其与任何先在范式（pre-existing paradigm）不可通约性的基础上。主体性是自身具有悖反性含义的概念。这一从近代哲学移植到美学和文论中的重要概念本身就包含了自主性、能动性与屈从性、被动性双重含义。也许正是这一自居的悖论性，决定了主体在由现代到后现代发展的历史潮流中富于戏剧性的坎坷命运。如果说现代性阶段侧重于第一重含义，强调自主性、自为性、选择性、创造性，那么“后现代转向”后提出的“分裂的主体”、“主体的退隐”、“主体性的黄昏”等等命题则更多地是彰显了一度被忽视的第二重含义。

（作者单位：贵州师范大学文学院）

① Anthony J. Cascardi, *The Subject of Modernity* , p. 35.

追求绝对

——关于先锋派形式追求的理论探讨

周　韵

现代主义艺术及其美学有一个重要转向,即从对内容的强调转向了对形式的追求。

在著名的《宗教社会学》一书中,韦伯在讨论现代性的价值领域分化时,特别指出了西方艺术从偏重宗教伦理的内容,向现代艺术偏重于审美形式的深刻转变。韦伯的结论是,转向形式,转向审美感性,乃是现代艺术脱离宗教世俗化的重要条件,也是审美所以具有对抗现代工具理性重压的救赎作用的根据所在。今天,我们重温韦伯的命题,审视西方现代主义阶段的先锋派艺术及其美学主张,艺术形式的美学批判无疑是一个重要的视角。

一些研究认为,形式作为内容的对立面,本身并不具有独立的价值和意义。因此,任何形式主义的美学主张都是非常片面的。这种较为传统的看法在解释先锋派美学的形式观时,我认为是有局限性的。先锋派的所谓形式是一个意义更加广阔的范畴,是一个颠覆传统美学形式——内容二元论的利器。

我们知道,现代主义阶段,先锋派的冲动鲜明地针对传统美学把形式作为载体和手段的工具论观念,因而把艺术形式抬举到一种美学本体论的高度,成为艺术之所以为艺术的核心范畴。比格尔曾经提出,现代艺术的发展自 19 世纪中叶产生了一个重要转向,"艺术结构的形式-内容辩证法越来越热衷于形式。艺术品的内容,即艺术品的'陈述',较之它的形式方面,日益退缩,而形式被狭义地界定为审美的"[①]。事实上,不同的美学观点对形式在艺术中的凸现存在不同的看法。从生产美学的角度看,自 19 世纪中叶以来艺术中形式的支配地

---

① Peter Bürger, *Theory of the Avant-Garde* (Minneapolis: University of Minnesota Press, 1984), p. 19.

位可以被理解为对手段的控制，而从接受美学的角度看，这是促使接受者日益敏感化的倾向。但是，无论从哪一个角度看，可以说在“内容”这一范畴的萎缩之际，艺术形式的重要性得到了彰显。以至于比格尔认为，先锋派甚至“不再根据风格原则选择手段，而是把手段当做手段来利用”[①]。在这一意义上，先锋派对形式的关注是绝对的，甚至脱离了风格的裁定，后者与艺术的“美”或“统一”概念密切相关。本文将围绕着奥尔特加、格林伯格和利奥塔的先锋派美学观念展开分析，在审美现代性语境中重新审视先锋派的艺术实践和理论，以揭示先锋派是如何把形式作为“绝对”来加以追求的，进而呈现先锋派美学的一个奇怪的悖论：在极度推崇形式的同时又毁灭自身。在我看来，这一悖论正是审美现代性内在矛盾的体现。

经非人化到形式自主

一般认为，现代美学强调形式的源头在康德哲学，源自于康德的审美无功利性观念。在《判断力批判》中，康德把审美与其他社会活动如认识和实践区分开来，着重讨论了审美活动的特征问题，提出了“美在形式”和“美是道德的象征”等重要命题。然而，康德之后的西方现代美学，似乎更重视“美在形式”的命题，比较忽略其“美是道德的象征”的命题。从艺术实践看，唯美主义是把康德审美无功利的观念付诸实践并推至极端的文学派别。从爱伦·坡到戈蒂耶和王尔德，无一不受“为艺术而艺术”理念的支配，艺术的自主性在唯美主义的艺术实践中得到了彻底的实现。这时，艺术自主性的诉求已不再是艺术与宗教的分离，而日益彰显出艺术与道德的分治，以及艺术与日常生活现实的分离。值得注意的一点是，在唯美主义的形式追求中，形式并不是单纯的艺术风格或表达手段，毋宁说，形式成了这些艺术家对资产阶级的平庸生活方式及其功利主义价值观的否定和反叛，这就从一个侧面体现出审美现代性的精神。

20 世纪初，由于这种审美无功利观念变得更为激进，在某种意义

---

① Peter Bürger, *Theory of the Avant-Garde* (Minneapolis: University of Minnesota Press, 1984), p. 19.

上成为了欧洲现代艺术理论话语的基本语境，先锋派艺术实践和理论显然受到这一话语的深刻影响。先锋派美学对形式的关注达到了前所未有的程度，不仅崇尚形式创新，更重要的是，对形式创新充满了积极的未来主义向往，把形式的抽象化或纯粹化看做是与再现传统的断裂、与庸俗大众的分离，更是艺术进步的体现。有关先锋派对艺术形式的追求主题，最早出现在奥尔特加的理论中。他发现，先锋派（他称之为新艺术）不同于以前的任何艺术，具有一种反通俗反流行的特征。他注意到先锋派抛弃了传统的艺术功能，转向了对纯艺术的追求。从这个角度看，先锋派是现代文化分化的产物。在考察了毕加索等立体主义为代表的新艺术实践后，奥尔特加总结出先锋派具有以下几个方面的特征：

> 1)把艺术非人化，2)避免生动的艺术形式，3)认为艺术品只是艺术品而不是别的什么，4)把艺术视为游戏和无价值的东西，5)本质上反讽的，6)生怕被别人复制仿造，因而精心加以完成，7)把艺术视做无超越性结果的事物。①

在奥尔特加看来，非人化是先锋派最基本的特征。由于非人化，先锋派不仅与大众构成对立，而且促使艺术不断自主化。非人化意味着艺术的抽象化和纯粹化。在先锋派艺术中，"人的"因素遭到无情的排斥，纯艺术因素得到热情的强调。这意味着先锋派不再坚持古典的模仿或再现原则，艺术表现的逼真性或生动性不再是艺术的目标，艺术渴望达到的是艺术的非人化。什么是非人化呢？所谓非人化简单地说就是与我们所熟悉的现实生活脱节。其结果是将艺术建构成一个完全不同于日常现实的世界，是一个难以理解的世界，那里强调的是纯粹的审美体验。因此，艺术与现实的模仿关系完全断裂，艺术品也不再是另一个高于现实的理想世界，它关注的只是艺术自身，即艺术自身的现实。较之唯美主义，先锋派的纯艺术倾向更为激进，也更为彻底。如果说唯美主义仍然对美持有怀旧的情怀，那么先锋派竭力避免的是"生动的形式"，即模仿的逼真性都不再是先锋派创作的目

---

① [西班牙]奥尔特加·伊·加塞特《艺术的非人化》，见周宪译《激进的美学锋芒》，中国人民大学出版社2003年版，第137页。

的。在先锋派作品中，古典的有机统一形式已不复存在，艺术与美的传统联系被彻底打破。由此造成了艺术与日常现实的断裂。先锋派追求的就是艺术的独一无二性，因而拒绝任何复制仿造，表现出绝对的个人主义倾向。

奥尔特加高明之处在于，他发现艺术中要彻底的非人化是不可能的，即便在最抽象的线条中也会隐含着"人的"形式。在他看来，这导致了艺术家不再关注艺术的终极目标，而是专注于如何摧毁"人的"形式。更进一步说，非人化的意义不仅仅在于在艺术中消除"人的"因素，还在于非人化冲动本身。正是经由非人化的过程，先锋派对纯艺术的追求被空前地激发出来，再通过艺术形式的纯化来过滤掉日常现实的人的因素。这里，我们清楚地看到，先锋派的形式美学观具有鲜明的反叛性质。尽管奥尔特加没有直接赋予形式反叛意义，但他提出，对于先锋派艺术家来说，"审美愉悦来自艺术对人类现实的胜利"[①]。从这个角度看，先锋派对原始主义的热情不只是奥尔特加所说的"因为它们不存在的传统"[②]，还可以说是先锋派对现实及其传统解释加以否定的另一种极端表现，用原始的、陌生的东西来取代人们所熟悉的生活世界，现实遭到了"非现实化"。这个主题后来在法兰克福学派的美学理论中得到了强有力的深化，即艺术的自主性乃是对现实的否定。

事实上，先锋派的纯艺术冲动不仅贬抑现实，还包括对艺术自身的嘲弄，所以奥尔特加得出一个结论——反讽是先锋派一个不可或缺的特征。在非人化的艺术纯化过程中，先锋派纯艺术的热情与对艺术的嘲弄处于一种紧张状态之中。一方面它嘲弄艺术，另一方面在这样的嘲弄中展现了艺术自身的丰富性。这里的复杂情况是，先锋派在展示艺术自身局限的过程中宣告了艺术的自主，但问题是，先锋派对艺术的贬抑导致艺术进入不断的自我否定之中，"自杀"遂成为了先锋派艺术存在的方式。先锋派对艺术的贬抑与热情之间的紧张最终消失，其结果是"艺术成为一系列镜像，无尽地相互映照着，但没有一个是终极的形状，而是都被嘲弄为'纯粹形象'"[③]。在奥尔特加看来，先锋派

---

① [西班牙]奥尔特加·伊·加塞特《艺术的非人化》，见周宪译《激进的美学锋芒》，中国人民大学出版社 2003 年版，第 139 页。

② 同上，第 141 页。

③ 同上，第 137 页。

改变了艺术在人类事务中的地位，使得艺术变得不再有任何重要意义。总之，奥尔特加准确地把握到了先锋派的悖论性质，艺术从反叛走向了反讽，对艺术绝对的强调导致了艺术的自我否定，纯艺术追求表现出浓重的乌托邦色彩。

和同时期的俄国形式主义的"陌生化"理论相比，奥尔特加的"非人化"理论具有前者所缺乏的深刻性和历史感。在什克洛夫斯基看来，艺术之所以存在，其目的是为了唤起人们对生活的真切感受，"使人感受事物，使石头更成其为石头"，而要达到这一目的的方法是通过艺术把事物加以"陌生化"。[①] 他的"陌生化"概念指的是把艺术的形式加以复杂化，从而增加审美的距离，促使人们关注艺术的形式，在审美过程中达到消除日常感知的习以为常性，达到重新认识和感知事物的目的。从审美现代性的角度看，陌生化具有其独特的文化意义，艺术自主的目的不是让艺术远离生活，而是为了帮助人们更敏锐地感知和认识生活。但问题是，陌生化是"使石头更成其为石头"，尽管它不再认同传统模仿论，强调艺术对日常感知的革新作用，但是陌生化的艺术与现实仍然存在复杂的联系，因而这一艺术本体论具有某种不彻底性。较之"陌生化"概念，奥尔特加的"非人化"概念更多地指向艺术对现实的贬抑和否定，强调的是艺术与现实模仿关系的彻底断裂，进而使艺术成为一个独立自足的纯形式世界。因此，先锋派对纯形式的追求带有更为复杂的社会文化意义，同时也进一步彰显出审美现代性内在的矛盾性和颠覆性。

20 世纪先锋派的发展在相当程度上印证了奥尔特加分析的前瞻性。先锋派艺术的形式追求也催生了更具形式主义的美学理论。就像 60 年代波吉奥利所观察到的那样，纯粹性思想已经渗透进了各个艺术领域，甚至包括戏剧和电影等领域。他指出："在每个欧洲国家，要求戏剧表演是纯粹的种种尝试，以及纯粹电影的讨论和实验，都表明纯粹性现象已经延伸进了一些应用的或次要的艺术领域。"[②]尤内斯库也从艺术实践角度确证，先锋派戏剧追求的是戏剧自身的真理，它的唯一功能就是揭示戏剧结构的基本法则，促使戏剧更纯粹，更符合

---

① 方珊编《俄国形式主义文论选》，三联书店 1989 年版，第 6 页。

② Renato Boggioli, *The Theory of the Avant-Garde* (Cambridge: Harvard University Press, 1968), p. 201.

戏剧的根本。他的结论是，戏剧只能是戏剧，而不是别的什么东西。[1]这些说法清楚地表明，先锋派的确走上了一条形式至上的不归路，形形色色的“非人化”策略成为他们达到形式自足的必然路径。因此，先锋派艺术的总体倾向很明显，那就是越来越远离我们所熟悉的生活世界，同时不断地挑战我们的理解习惯和审美定势。这一方面导致了先锋派与大众的对立，就像奥尔特加所概括的那样，新艺术成为分化社会公众的催化剂，使得一边是理解它的少数选民，另一边则是完全不理解它的大众；另一方面，新艺术本身又通过这种分化，把自己的形式至上推至极端，进而达到对日常生活和常识理解的颠覆。这便塑造了先锋派艺术及其美学的独特的政治面貌和文化对抗性。

回到媒介——艺术的终极理想

倘若说奥尔特加的先锋派理论展示了先锋派在对西方再现传统的反叛中寻求艺术的自主性，那么格林伯格对艺术自主问题的讨论主要建立在先锋派与大众文化的对立基础上，提出了最为形式主义的先锋派观念——回到媒介是先锋派艺术的终极理想。具体说来，格林伯格不仅关注艺术与非艺术边界的确立，而且还强调各门艺术内部界限的划定，即各门艺术自身的媒介特征的彰显。在他看来，“平面性”是绘画的媒介特征，因此绘画只有回到“平面性”才能展示其不同于其他艺术媒介的独一无二性，才能获得其自身的绝对自主性。他提出，先锋派绘画并不是要反对再现，其不同于传统绘画之处就在于，传统绘画试图通过制造三维空间幻觉来掩盖绘画媒介的“平面性”，而先锋派绘画则相反，把“平面性”作为理想来加以追求，竭力摧毁的正是传统绘画所热衷的三维空间幻觉。根据他的观点，先锋派正是通过媒介真实的追求而获得艺术的绝对自主性的。

由于格林伯格的先锋派理论产生于他对文化衰落的感知，因此他对形式主义的坚持，主要目的是把先锋派纳入与大众文化对立的阵营，以此来挽救资产阶级社会的文化。在他看来，大众文化易受各种

---

① ［法］欧·尤内斯库《戏剧经验谈》，载袁可嘉等编《现代主义文学研究》（下），中国社会科学出版社 1989 年版，第 629 页。

意识形态如商业主义和法西斯主义的影响，易成为各种政治的宣传工具，而先锋派才是一种本真的文化，“在与资产阶级的对立中担当寻找表达这一社会的新的适当的文化形式”[1]，不过先锋派处于大众文化的同化威胁之中。因此，为保存自身的本真性，先锋派唯有坚持审美的自主，把审美价值与其他社会的政治的价值区分开来。这就要求艺术家远离易受各种意识形态影响的经验题材，把艺术提升为“对绝对的表达”，在其中“内容被如此完全地消解为形式，以至于艺术作品或文学作品在整体上或部分上只能还原为它自身，而不能还原为任何其他东西”。[2] 更重要的是，格林伯格又提出，要获得其形式的绝对自主，艺术必须回到自身媒介，因为“只有通过媒介，每门艺术才能保持其自身的独一无二性，才能严格地保持其自身的特征”。[3] 各门艺术的物质媒介在此被内在化为题材，媒介真实成为先锋派所追求的绝对。结果是，在绘画领域，先锋派“从精神转向了物质”，传达的是纯粹感官信息，即“眼睛不受大脑支配而是像机器一样”对绘画作出反应。[4] 格林伯格写道：“对于视觉艺术来说，媒介呈现出物质性(physical)特征，因此纯粹绘画或纯粹雕塑首先寻求的是对观众的身体影响(physically)。”[5]这样，先锋派对绝对自主的追求具有了不可避免的政治意义，因为艺术的绝对物质性拒绝了一切意识形态观念的渗透。

那么，先锋派如何回到媒介？媒介真实又是如何显现的呢？格林伯格的回答是：“剔除”与其他媒介共享的效果。就绘画而言，先锋派只有“剔除”与雕塑共享的三维空间效果即“雕塑性”，才能使绘画的“平面性”得以彰显。也就是说，先锋派只有对形式进行反思才能使媒介真实得以显现。格林伯格后来在康德的美学中为先锋派的形式反思找到了依据，提出先锋派的媒介自觉意识“始于哲学家康德的自身

---

① Clement Greenberg, “Towards a Newer Laocoon”, in *The Collected Essays and Criticism* Vol. I, ed. John O'Brian (Chicago: The University of Chicago Press, 1988), p. 28.

② Clement Greenberg, “Avant-garde and Kitsch”, in *Art and Culture* (Boston: Beacon Press, 1968), pp. 5—6.

③ Clement Greenberg, “Towards a Newer Laocoon”, in *The Collected Essays and Criticism* Vol. I, ed. John O'Brian (Chicago: The University of Chicago Press, 1988), p. 32.

④ Ibid., 29.

⑤ Ibid., 32—3.

批判倾向”[①]，即用本学科的独特方法批判本学科，并由此把康德式的自身批判视为先锋派的本质。根据这个观念，对于先锋派来说，剔除与其他媒介共享的效果，展现自身媒介的特征，是艺术自我合法化的唯一途径。格林伯格甚至认为，先锋派绘画的历史就是“艺术向媒介阻力不断(progressive)投降的历史，而媒介阻力主要指的是绘画平面对艺术为视觉空间‘穿透’平面的努力的拒绝。在这一投降中，绘画不仅剔除了模仿即文学性，而且厘清了现实主义模仿对绘画和雕塑的混淆”[②]。然而，他的“平面性”概念表明，这是永远达不到的地平线，媒介真实只能存在于个体性的成就中，先锋派的自身批判“需要通过几代人的个体成就的累积才能展示出来”。由此看来，先锋派在奔向绝对自主的理想途中，每一次理想的实现依赖的都是个体的成就，而对个体主义的强调使媒介真实具有了显著的开放性色彩，先锋派的创新成为可能。

不过，格林伯格清楚地知道，先锋派绘画对“平面性”的追求最终导致了“架上画的危机”，趋向平面的绘画丧失了高潮和深度感，画面不再有明显的变化，只有各种类似的因素与画布平面交织在一起。他说：“这样的画最接近装饰——可以无限延伸的墙纸图案——就它保留为架上画而言，它也把含混性传染给了整个同类绘画。”[③]也就是说，由于先锋派绘画对平面性的热衷，架上画原本挂在墙上所特有的空间幻觉遭到了威胁，逐渐与墙纸图案混合起来。格林伯格断言：艺术家们有意无意地正在摧毁架上画。事实上，这最终发生在波洛克那里——巨型泼彩画取代了架上画。从这个角度看，格林伯格以自己的方式表达了艺术终结的观念，但他的终结也意味着开始。当欧洲先锋派绘画终结之际，美国抽象表现主义为绘画打开了新的发展空间。格林伯格对先锋派的未来表现出乐观的未来主义态度。

总之，格林伯格的先锋派理论颇具美国特色，与抽象表现主义的艺术实践存在更多的关联。换言之，先锋派在美国语境中少了对传统

---

① Clement Greenberg, “Modernist Painting”, in *Esthetic Contemporary*, ed. Richard Kostelanetz (New York: Prometheus Books, 1989), p. 195.

② Clement Greenberg, “Towards a Newer Laocoon”, in *The Collected Essays and Criticism* Vol. I, ed. John O'Brian (Chicago: The University of Chicago Press, 1988), p. 34.

③ Clement Greenberg, “The Crisis of the Easel Picture”, in *The Collected Essays and Criticism*, Vol I, ed. John O'Brian (Chicago: The University of Chicago Press, 1988), p. 223.

的反叛以及激进的政治立场,而更多地表现为对大众文化的抵制。这是因为,美国本身就是现代性的产物,大众文化占据主导地位,因此在格林伯格看来以高雅艺术面孔出现的艺术运动才是先锋的。不仅如此,先锋派对绝对自主的坚持必须建立在媒介的回归上,坚决杜绝任何意识形态观念的渗透。问题是,尽管先锋派试图通过绝对自主而拒绝意识形态观念,但是这种独石一块的艺术并未能逃脱被利用的命运,抽象表现主义被美国政府作为美国的形象代言送往世界各地,在美国文化帝国主义扩张中占据了重要的份额。另一方面,格林伯格敏锐地看到了现代文化更深刻的分化,认为这一分化倾向体现在先锋派的自身批判特征上,不仅艺术与非艺术,而且各门艺术在这一过程中都获得了自身的绝对自主。先锋派对媒介形式的追求不仅将形式提到了本体地位,而且强调了艺术的自我合法化。这一洞察远比20世纪初贝尔等人所提出的"有意味的形式"理论更为符合时代精神,后者尽管把形式提到了本体论的高度,但他们仅仅关注形式构成所传达的审美情感,因而他们的理论属于康德以来强调艺术形式美的美学传统。但是,在格林伯格那里,先锋派的这一追求也存在自身悖论:不断回归媒介的创新也可能成为同义反复,绝对形式的艺术也可能仅仅是一件商品。这些都反映了审美现代性所固有的矛盾特征。

不可呈现:艺术作为事件

后现代理论家利奥塔对先锋派情有独钟,把先锋派的不可再现诗学与崇高美学相联系,提出了有别于其他理论的艺术形而上学。在他的理论框架中,先锋派被界定为一种对"不可呈现之物的存在这一事实的呈现",是一种激进的实验艺术。这是因为,根据利奥塔的观点,资本主义已经发展到了这样一个阶段,一切都被"去现实化"了,不确定性成为这个世界的特征,再现已经不再可能。他说:"在一个现实已经不再确定的世界里,古典主义(现实主义)已经不再合适,因为这个世界不再给经验提供机会,而是以实验为目的。"①同时,摄影和电影等

---

① Jean-Francois Lyotard, "What is Postmodernism?" in *The Postmodern Condition* (Minneaplis: University of Minnesota Press, 1984), p. 74.

机械复制艺术的出现，以更完美的技巧和更迅速的传播速度承担起现实主义再现的肯定作用，即“保护各种意识免受疑问的困扰”，导致了前所未有的大众文化的产生。面对这些挑战，先锋派的辩证法是转向对艺术自身本质的质疑，专注于“什么是艺术”的问题，从而导致艺术向呈现“不可呈现之物”的方向发展。利奥塔写道：

> 面对既无君王又无臣民的共同体中无意义的绘画技艺，各种先锋派转向追问“什么是绘画”？所有绘画技艺因素都一一受到质疑，投入实验：地方色彩、线性透视、明暗分布、画框图样、画底的全面涂抹、媒介工具以及展地等都受到了先锋派的质疑……这些画家发现，他们不得不根据合法性建构呈现不可再现之物的存在。他们开始推翻所谓的可见之物的“既定条件”，使得以下事实可见：视域隐藏并规定不可见性，即是说，视域不仅属于眼睛而且属于心灵。
>
> 他们因此将绘画引进了崇高美学所开辟的领域。这一美学不受趣味的控制。①

那么，为何把先锋派与崇高联系起来呢？利奥塔重新阐释和区分了康德的美与崇高两个概念，认为美取决于一致的趣味，美的形式经验所引发的是共通感，即理性观念与自然的契合，而崇高则相反，它与紧张相关。在崇高状况下，理性观念的对象被感知但却不能被呈现出来，因而呈现出主体的感知能力与呈现能力的紧张。这样，崇高经验所引发的是一种矛盾的情感，痛感和快感的混合，而且快感是由痛感转化而来。根据利奥塔的观点，崇高超越了再现的限度，关注的是理性观念对象的不可再现性，与“无形式”、“抽象形式”或“否定性形式”相关，具有不确定性特征。从这个角度看，先锋派的不可再现诗学是康德的崇高美学在现代时期的进一步展开，是对不确定性的有力见证。先锋派对不可呈现之物的呈现导致了艺术的抽象化以及震惊效果的产生，不仅要求艺术家而且要求观众对艺术进行反思，艺术的不确定性由此而生。

---

① Jean-Francois Lyotard, *The Inhuman* (Stanford: Stanford University Press, 1991), pp. 124—25.

但是，利奥塔并不满足于此。他在柏克的崇高美学中找到了崇高和时间的联系，认为先锋派的崇高表现为“此时此地”特征或者说未实现状态。在他看来，先锋派画家纽曼正是在寻求“此时此地”的崇高时与浪漫主义断裂，同时画家也没有放弃崇高的基本任务，即表达不可表达之物。如果说浪漫主义面对的常常是崇高对象，如自然风景，那么先锋派所要表达的不可表达之物是艺术创作问题。利奥塔写道：“不可表达之物不歇居于那里，另一个词，或另一个时间；而在此：在发生中。在绘画艺术的界定中，不确定之物，‘发生’之物是绘画、图画。绘画、图画作为发生或事件，是不可表达的，它不得不对此作出见证。”[①]在这一意义上，先锋派是一种绝对现时的艺术，强调的是艺术的过程，即艺术的未完成性，它在抛弃再现的同时“通过质疑我们信以为真的再现技巧，先锋派贬抑并且剥夺了现实的资格”[②]。这样，利奥塔区分出两种不同的崇高：浪漫崇高和先锋派崇高（又称怀旧的崇高和创新的崇高）。他认为，前一种崇高在远不可及之物中寻找不可呈现之物，表现出对失落的本源的怀旧，而先锋派崇高“在最近处，在艺术创作中”寻找不可呈现之物，因而“他们的崇高丝毫没有怀旧的意味，关注的是即将要创造的可塑散文的无限性，而不是对假想已失落的绝对的再现。他们的创作与当代工业科技世界一致的同时又否定这个世界”[③]。由此可见，利奥塔倾向于一种绝对自主的先锋派，它拒绝一切概念化的形式，极力避免观念堕落为真实之物（可呈现之物），因而断言先锋派走的是阿多诺所说的“微观论”路线。他说：“先锋派绘画的努力就是把感官现时的发生刻画成不可呈现但却在伟大再现绘画衰落之际不得不呈现之物。”[④]在不断寻找不可呈现之物的呈现中，先锋派激发了崇高的创新潜能。

显然，利奥塔的激进先锋派观念源自他对同一性观念的拒绝和对资本主义市场的批评。在他看来，先锋派“在质疑艺术品所是的发生

---

① Jean-Francois Lyotard, *The Inhuman* (Stanford: Stanford University Press, 1991), pp. 124—25.

② Jean-Francois Lyotard, “What is Postmodernism?” in *The Postmodern Condition* (Minneaplis: University of Minnesota Press, 1984), p. 79.

③ Jean-Francois Lyotard, *The Inhuman* (Stanford: Stanford University Press, 1991), p. 126—27.

④ Ibid., 103.

时放弃了同一性功能”，但是这种孤立状况使得先锋派处于压制之中，法西斯主义不仅由此憎恨先锋派，而且对崇高美学加以中立化，把不确定的发生转为确定的具体的观念，即“正在发生吗”变成了“纯粹民族要形成了吗”，从而导致一种神话政治的产生。① 因此，利奥塔认为，先锋派只有不断寻找“不可呈现之物”的呈现才能阻止任何统一的文化生产，因为这一生产模式曾经带来人类历史上最野蛮最恐怖的一幕。另一方面，利奥塔看到了先锋派与资本主义的复杂联系，认为尽管先锋派是对资本主义的反动，但是它与资本存在一种密谋关系，即对实验的热衷。因此，资本主义的创新常常与先锋派的“现时”混淆起来，尤其是屈服于新颖性原则的艺术市场对艺术家构成诱惑时。更进一步说，艺术家为了在市场中立足而创造出迎合公众趣味的折衷主义艺术时，“崇高性不复存在于艺术中，而是存在于艺术投机中”②。为此，利奥塔强调，先锋派的任务就是“要消除观念对时间的假设”，创造作为事件的艺术，暗示不可呈现之物的存在，以抵挡艺术市场的同化和吸收。

至此，我们可以看到，利奥塔赋予了先锋派绝对形式追求以明确的政治意义，他的激进立场与早期先锋派所表现的立场极为相似，但是先锋派对现实革新的愿望在此转变成理论家对僵化的文化生产模式的革新，原因在于现实已经为资本主义工业和科技所彻底改变，艺术革新功能的实现在于它对再现的不断否定。更进一步说，利奥塔把波德莱尔所提出的现代性推向了极端，强调其“短暂、过渡和瞬间”的特征，而完全放弃了艺术的另一半——“永恒”，以此来否定再现及其同一性意义。但是，这样的先锋派也未能避免现代性所固有的矛盾，因为如此不确定的艺术对抗大众文化的能力不免令人怀疑，而后者依赖金钱和语言建构出无处不在的“同一性”和“现实性”。

结　语

综上所述，我们对三位理论家的先锋派观念作了较为详尽的探

---

① Jean-Francois Lyotard, *The Inhuman* (Stanford: Stanford University Press, 1991), p. 104.

② Ibid., p. 106.

讨,展示了不同时代不同文化状况下理论家们对先锋派的绝对追求的不同解释,以及这些理论观念与其所处时代的先锋派艺术实践之间存在较多的一致性。具体说来,20世纪初的奥尔特加关注的是立体主义的绘画实践,强调的是先锋派与传统的断裂及其对既定秩序的革新,而20世纪中叶身处美国的格林伯格则偏重于先锋派对大众文化的抵制及其对战后新的文化秩序的重建愿望,因而与美国抽象表现主义实践持有相似的立场。利奥塔面对后现代文化的停滞状况重新燃起了早期先锋派所特有的否定激情,试图凸现艺术的事件特征。尽管这些理论家对先锋派的绝对追求有着不同的解释,但是他们着重探讨的先锋派问题存在一致性:独创性、乌托邦色彩和自我否定倾向。

首先,先锋派的原动力就是要表现个人的独创性,要与众不同,而这只有通过形式的创新才能得以实现。诚如克劳斯所言,先锋派在百年中曾经以各种面貌出现,但"在先锋派的话语中,只有一样东西保持相当的稳定性,那就是独创性主题"①。我们知道,这一话语之所以持续不变,主要因为文化危机从未在日益现代化和工业化的世界中消失,反而变得更加严重。这导致了先锋派及其理论都把独创性看做是先锋派存在的根本,用以对文化危机作出反应的良策。在不同时期,先锋派及其理论对独创性的理解是不同的,因而对与独创性相关的形式创新也存在不同的观念。尽管上述的理论家们认为先锋派是对绝对形式的追求,但他们对绝对这一概念的解释是不同的。奥尔特加提出"要构建一个不是'自然'摹本但却有自身实质的东西,这是天才的技艺"②,从而在艺术家和大众之间作出了区分,艺术的绝对是其不同于再现传统的抽象形式。在格林伯格看来,先锋派的本质是康德式的自身批判方法,因而艺术家们致力于自身实践媒介的独特性的追求,构成了一个问题解决式的艺术史,由此凸显了艺术家之间的差异,艺术的绝对成为与每门艺术媒介相关的特殊形式。利奥塔强调先锋派的创新在于"发明新的游戏规则",因此每一次艺术实践都是一次创新,把创新落实到了创作过程本身,体现出创作行为的差异,艺术的绝对成为绝对现时的创作行为。由此可见,随着对独创性的不同要求,

---

① Rosalind Kraus, "Originality of the Avant-Garde", *October*, Vol. 18 (Autumn, 1981), p. 47.

② [西班牙]奥尔特加·伊·加塞特《艺术的非人化》,见周宪译《激进的美学锋芒》,中国人民大学出版社,2003年版,第139页。

绝对形式呈现出一个从“普遍”绝对到“地方性”绝对的转变，具体地体现为从抽象意义上的艺术到各门艺术的不同媒介形式再到创作行为本身的转变，而这些关于绝对的不同理念的产生与现代性作为一个分化过程是极为一致的。

其次，先锋派对绝对形式的追求包含鲜明的乌托邦色彩。正如杰姆逊所言，先锋派试图创造的是“像圣经一样的诗”，即可以包含一切的书。因此，先锋派对纯艺术的热情包含一种超越美学的企图，一方面是对新的美学的创造，或新的艺术观念的张扬；一方面相信美学可以包含一切，对艺术革新生活的潜能深信不疑，从而充满乌托邦色彩。[①] 奥尔特加看到了纯形式对传统和大众的否定和颠覆，甚至格林伯格在最初也把媒介形式看做是对大众文化的抵制，而利奥塔则认为崇高形式可以把现实“非现实化”。诚如马尔罗所言，艺术成为一种信念，一种可以否定现实的信念。

最后，先锋派具有自我质疑和自我否定的特征。由于其超越性企图，艺术与非艺术、自主与非自主的紧张随之产生，先锋派由此表现出对自身局限的焦虑。在紧张和焦虑中，创新成为先锋派的必然程序，即使走向自我质疑和自我否定也在所不惜。奥尔特加认为先锋派的自我否定最终导致艺术创新成为了纯粹形象的重复；格林伯格发现先锋派绘画中空间的平面化导致架上画日趋装饰化；利奥塔则强调艺术对创作行为的关注导致语言的不确定性质。总之，这些理论家都从不同的角度看到了先锋派的危机，都暗示了单个的先锋派是会终结的，但普遍意义上的先锋派是不可征服的。

（作者单位：江苏教育学院外语系）

① ［美］弗雷德里克·杰姆逊《后现代主义与文化理论》，北京大学出版社 1997 年版，第 175—176 页。

惯例与艺术观念的生产

殷曼楟

内容提要 艺术品的成功是否仅仅取决于艺术家的个人天赋及才智？何为艺术品？艺术观念在艺术品资格的获得中扮演着何等角色？艺术观念又是如何产生的？文化社会学的惯例理论对上述问题的回答提供了新的视角。从文化社会学视角来看，艺术界的惯例与艺术观念有着不可忽视的亲缘关系。因而艺术观念的生产无法离开艺术界中各行动者之间的协商与妥协，也无法离开艺术机构在其中起到的生产与维护作用。当然，艺术观念作为艺术界合作链的“共识”，在其生产与传递过程中，不仅经历了多重的意义转换，也表现出文化资本、象征资本、经济资本在各个艺术界机构之间互相转化的状况。当下艺术界流动性特征的增强无疑为艺术品及艺术观念的生产增添了更多的复杂性。

关键词 艺术界 艺术界惯例 艺术观念

沃霍尔，这位极具盛誉的后现代波普艺术家曾经说过，“你需要依靠一个优秀的画廊，如此‘统治阶层’的人才会注意你，散布对你未来事业充满信心的议论，这样收藏者才会买你的作品，或 500 美元或5 000美元。不管你是怎样优秀，如果开始就走错了，你的名字就会消失。”①站在我们现代这个(艺术)市场经济相当发达的时代，沃霍尔的这番话的确颇有意味。它提醒我们重新关注一个看似毫无疑问但却成问题的问题：“何为艺术品?”。进一步的问题是：“收藏家会收藏什么样的艺术品?”

从上述话中我们可以看出，沃霍尔本人显然深谙一个事实，即个人的天分并不必然会带来艺术家在艺术界的成功。艺术品资格的获得涉及某种复杂的社会体制权威的认同，涉及艺术家与艺术界中“统

---

① [美]沃霍尔《沃霍尔论艺》，陈建军编著，人民美术出版社 2002 年版，第 111 页。

治阶层”(居于主流地位的艺术家、美学家、批评家、艺术史学家等)之间的权力关系,并关系到艺术机构(如美术馆)在艺术家与“统治阶层”之间所起的协调作用。显然,不同于传统社会艺术家与雇佣者(王族、贵族等)的雇佣关系,现代艺术家的自由身需要在艺术界的社会关系中得到确认,而艺术界的权力冲突与协调导致了种种现代艺术观念的诞生,主要表现为对艺术品价值的看法。这种看法又在一定程度上为艺术界公众相对一致认同,这就是现代社会对艺术品接受和认可的隐秘规则。

由此来看,“何为艺术品”的问题其实牵涉到非常复杂的社会关系和权力运作。这些社会关系一直都包含在艺术的生产与接受的过程中。沃霍尔这段话所反映的这些问题正是我们传统的美学理论不愿去正视的那一面,这不能不说是美学传统范式的致命缺陷。这种范式的美学带有明显的浪漫主义遗风,虔信艺术品乃是艺术家的个人创造,其优劣高下完全取决于艺术家的天分和才能。但从现代艺术的运作来看,这充其量只是艺术品作为一个象征物在艺术界运行的一个必要条件,而非充要条件。所以,我们有必要改变一下美学思考的视角,从一个更加广阔的社会学视角来审视何为艺术品的问题。本文旨在通过晚近一些重要的社会学美学理论的考察,深入到这个问题的内在运作机制中去,以期揭示何为艺术品这一难题的某些复杂的面相。

艺术观念与艺术界惯例

从经验主义的社会学研究角度来看,作为一种最终呈现为物质形式的艺术,它被视为是集体生产的结果是相当自然的看法。这一观点也成为美国社会学家贝克(Howard S. Becker)思考其艺术界理论的基础。贝克将艺术界视为人们依据惯例实现合作生产的关系网络。一方面,集体性的艺术形式,如戏剧、音乐、建筑等,固然是许多人一起合作的结果;另一方面,即使是那些个体的艺术形式也是集体生产的结晶。从艺术家最初的构思到艺术品的产生过程中,许多人参与了艺术品的生产。

但是如果我们仅是对艺术的集体生产作这样的理解,贝克的社会学分析也未必会给我们带来太多的惊异之处,从贝克的理论中,我们所获得的是其有关艺术活动更有启发性的那一面:通过对艺术生产、分配整个过程的细致分析,贝克展示了一种程式化的、遵循着既定惯例进行生产的艺术活动过程。

> 惯例囊括了作品生产所涉及的所有必须作出的决定……惯例规定了将要使用的素材……惯例规定了转换特定的观念或经验所要使用的抽象概念……惯例规定了结合素材与抽象概念所需的形式……惯例为一件作品建议了适当的尺度……惯例调节着艺术家与听众的关系,具体规定了两者的权利和义务。①

就此而言,艺术界是一个生产着艺术惯例,又为惯例所控制的关系网络。从美学角度来看,贝克所揭示出的这些惯例的功能更值得重视。在我看来,贝克所描述的艺术惯例中的重要成分正是我们称之为艺术观念的东西,如果我们关注贝克对专业化惯例,和"创造以及维持基本原理"的这一类劳动分工的描述,我们将会发现,在贝克所理解的艺术界中,合作生产的重要成果之一便是美学理论的产生。通常我们会把美学理论的生产与艺术品的生产隔离开来,似乎两者之间没有什么必然的关联。其实不然。贝克的高明之处在于他以社会学家的独特眼光,揭示了理论生产对于艺术品生产来说是不可或缺的。他写道:"美学家研究人们用来将事物和行为进行分类的假定与观点,例如'美的'、'艺术的'、'非艺术'、'高雅艺术'、'劣等艺术',等等。他们建构起体系,凭借这些体系,他们创造了各种分类及应用的独特实例,并证明其合法性。批评则将这些美学体系应用于独特的艺术作品,并获得了有关它们价值的判断,以及是什么赋予它们那一价值的解释。那些判断生产出了艺术品和艺术家的声誉。在决定对哪一方投入情感上和经济上的支持时,发行人和受众会考虑到这些声誉。而这又会影响到在继续其工作时,艺术家所可能获得的资源。"②可见,艺术界体制通过制定或生产了一系列的哲学规定——美学理论,使艺术实践得以系统化。如果借用布尔迪厄的游戏譬喻:"注意到游戏的意义和这种意义为游戏而被创造出来(因为游戏者就是被游戏创造出来的),游戏

---

① Howard S. Becker, *Art World* (University of California Press, 1982), p. 28—29.

② Ibid., 131.

者玩游戏，并通过玩游戏而确保游戏的存在。"[①]那么，这些美学理论就是艺术活动不可或缺的规则，它们因艺术活动而诞生并构成了艺术活动的意义。以惯例为核心，艺术界经历着一种"信念与崇拜物的循环"。惯例构成了艺术界特定的审美经验，通过课堂、书籍、博物馆、专业期刊等的熏染，艺术家、评论家等人习得了这些被结构化了的惯例，这包括了对以往的艺术史知识、美学理论的理解，对与特定作品相关的文化背景的把握，对不同风格、不同类型艺术所涉及的术语、技法及规则的了解。而他们在此基础上所创造的作品通过典范化与神圣化，又成为承载并传递那些惯例的最佳载体。从这一意义上说，艺术界体制正是在把"创造性"这一内涵赋予"艺术家"概念的过程中，遮蔽了"艺术家"作为艺术界行动者的社会身份，及人们对业已存在的艺术观念的依赖（无论艺术家对那种艺术观念是持反对，还是赞同的态度）。惯例的体制化过程正是以艺术家为代表的艺术界行动者"作为艺术品崇拜物的生产者"被创造的过程；也是诸如"现实主义"、"浪漫主义"、"现代主义"、"后现代主义"、"崇高"、"优美"等术语被体系化的过程：这些都构成了艺术品生产的实际语境。这让我们想起了艺术界理论的创立者丹托的一句引用频率很高的话："把某物看做是艺术需要某种眼睛无法看到的东西——一种艺术理论的氛围，一种艺术史知识：这就是艺术界。"[②]

贝克的惯例论向我们揭示了艺术界体制化的一个重要层面，这也是艺术品生产中不可忽视的社会学层面。当然，艺术界中的艺术活动所遵循的那一程式并非是机械操作，而是充满着协商或妥协。正如贝克所指出的，在艺术生产和分配的各个环节中，素材的供应商、艺术家、批评家、美学家、出版社、画廊等这些艺术分配体系都有着各自的长远计划，他们不会为了对方的需要（如艺术家的创作追求）彻底地迁就对方；对于艺术家而言，他虽然一方面会使用那些容易获得的原料，或创作那些易被分配体系接受的作品，但另一方面，他也总是试图说服或迫使对方，从而在一定程度上实现自己的创新。艺术界中艺术活动的展开内在蕴含着多方的矛盾，艺术家、供应商、分配方只会为了某

① 布尔迪厄《纯美学的历史起源》，载周宪译《激进的美学锋芒》，中国人民大学出版社2003年版，第49—50页。

② Arthur C. Danto, "The Artworld", *Aesthetics*: *The Big Questions*, ed. Carolyn Korsmeyer (Cambridge: Blackwell, 1998), p. 40.

种特定的目标才聚集在一起。因此，我们可以认为，艺术观念或惯例的产生并非如一般人所想象的那么单纯，它们其实是上述这些因素彼此协调与妥协的成果，而艺术品生产也只有在各方不断地协调与相互妥协中才能实现。

因而，进一步的问题就是，这些惯例究竟是如何形成的？

惯例的生成——协商与妥协

鉴于惯例在艺术活动中的存在状况及其关键作用，惯例论无疑可以成为我们美学研究的新视角。它着力要解决以下两个问题：第一，艺术惯例在艺术界中是如何形成的；第二，艺术惯例在艺术界中又是如何运作的。

布朗(Robert M. Browne)在其《惯例刍议》中，率先对诗歌惯例作了一番讨论。他将诗歌惯例视为各主体之间达成的决定，它规定了诗歌创作行为及所需遵循的程序。以这一方式，我们广泛地接受了有关诗歌所需素材以及它所要采用的结构的观念，即惯例。特定的诗歌惯例只在特定时空中才合法而有效，这是因为它只是那一特定语境中群体的一致认同。[①] 布朗的论述表明，惯例的形成过程具有鲜明的社会性特征，它涉及到艺术界各代理人之间的相互配合。并且，在艺术生产系统——艺术家——艺术分配系统之间，并不存在永久稳固的、亲密合作的关系，而惯例作为特定社会历史语境下的产物，它只具有相对的稳定性。把惯例视为"各主体之间达成的决定"，布朗的这一判断相当重要，虽然他尚未具体指出这类决定是何以实现的，但却点明了一个事实，即艺术惯例离不开它所存在的那个社会场域——艺术界以及其中的诸种社会关系。而惯例论之所以重要，也正是因为它关注这些关系及其历史演变。

布朗这里所提到的"各主体"，用贝克的话说即合作链(cooperative

---

① Robert M. Browne "Convention: Preliminary Considerations" http://www.propylaean.org/Browne.html;[The essay is the first chapter of *Theories of Convention in Contemporary American Criticism* (The Catholic University of America, Washington D.C. 1956) pages 1—16; reprinted here By Permission, The Catholic University of America Press, Washington, D.C.]

links)，这是围绕着特定目的而聚集在一起的专业群体，其中包括了艺术家、批评家、历史学家、美术馆长、出版商，等等。合作链绝非天然存在，它经历了主体间从冲突协商到最终达成一致意见的过程。与布朗相比，贝克的高明之处在于，他进一步指出了合作链各环节之间的彼此制约，以及当他们面临冲突时所可能采取的选择。虽然贝克是在艺术品生产的话题下讨论合作链，但不可否认，他所注意到的上述关系与可能性也同样贯穿于惯例生成的过程中，并且这种错综复杂性在威廉斯所谓的市场制与后市场制阶段尤为凸显。

有关该问题，我们可以在众多现代主义艺术或后现代艺术那里看到例证。1912 年前后，当“拼贴”手法最初被毕加索和布拉克所运用时，人们的反应是漠视、误解甚至抨击。1913 年，当阿波利奈尔在《巴黎晚会》月刊上刊登这些作品时，引起了众人极大的反感，纷纷要求退订。而在 40 多年后，这一手法成为后现代艺术的一个关键词，它不仅广泛地被应用于波普艺术，而且还影响到文学、电影等诸多领域。从立体主义绘画中的拼贴手法的出现，到达门(Kal Fred Dahman)和沃霍尔的拼贴作品被广为接受，这正形象地反映了艺术惯例从出现到体制化的过程。拼贴风格在艺术界中地位的确立，充分凸显出了惯例生成过程中“合作链”各环节之间的关联。无疑，毕加索的才能在其中的作用虽然是重要的，但却不是唯一因素。我们还应该考虑到以下这些方面。首先，套用布尔迪厄的话说，毕加索当时已经有了很好的文化资本：父亲是一位美术老师，少年时接受了正规训练且频频参观美术馆，16 岁时作品《科学与慈善》就获得马德里全国美展荣誉奖，后来又在马拉加得到金牌奖。其二是知名评论家、诗人阿波利奈尔的鼎力宣传，作为立体主义的忠实战友，这位诗人曾写下了确立现代艺术理论体系的第一本著作《立体主义画家》，当时的很多人正是在阿波利奈尔的创造性诠释下才接近了毕加索。其三是收藏家、立体主义画商卡恩韦勒的支持。这些人之间的关系或许可以在艺术史学家经常会问的一句话中得到体现：如果没有他们，立体主义会怎样，毕加索会怎样？

可见，惯例不是艺术的某种本质的、“第一性的东西”(迪基)，只是在长期历史发展中被定型化的普遍观念，它需要一种艺术品生产和价值判断的交流语境，而它的演变也正是这一语境实现的过程。从个别艺术家的创新行为发展到一种普遍认可的艺术风格，这其间牵涉的不只是绘画外在形式上的变革，而是整个艺术界场域的体制性变化。这不仅包括了技术资源上的调配(例如众所周知的颜料技术的发展与绘画的关系),而且还是观念上的相互协调。从立体主义画派的发展来看,报刊、沙龙等这些艺术机构,艺术评论家、画廊主等这些艺术界行动者,都在推动艺术观念的变革中起了关键作用。一种艺术惯例的实现是艺术界公众最终达成的一致意见,它持续地伴随着艺术界各个行动者之间的相互协调、彼此妥协。

由上可见,惯例的生成无疑离不开合作链的相互作用,而惯例一经形成,也会立即加入到那一合作链的运作之中。实际上,惯例的生成及其运作是一个共时的过程。正如布尔迪厄所认为的,推动艺术界运转的是一种"信念与崇拜物的循环",惯例正处于这一循环的中心。当然,用"循环"一词来描述惯例的运作过程或许强调了循环性而淡化了其中的变化,因而我们可以用利奥塔的一句话作为补充:"艺术成功的秘密在于令人意外和'喜闻乐见'之间以及信息在惯例之间的适当比例"①。尽管这一总结不能囊括艺术界活动的所有情况,但它无疑生动地体现了绝大部分艺术生产的实质。当然,若想更具体地理解这一过程,则需要落实到艺术界的要素——艺术机构之中,这一点在市场制与后市场制的艺术界中显得尤为重要,因为在这种艺术界里,艺术家(或评论家、欣赏者等)之间的私人交往已经日益让位于以艺术机构为中介的社会交流。

艺术机构的生产与维护功能

协商与妥协总是存在于整个艺术界的合作过程之中,通过相互的协商与妥协,艺术界产生了它相对稳定的惯例,并不断地调整着这些惯例。这就使艺术活动获得了其机构与理论上的依据,从而得以顺利进行。理论上说,惯例的生成与运作主要是在两个层面上进行的:其一,是在艺术生产与分配的过程中;其二,是在新旧观念的更迭中。而实际上,观念层面上的运作始终依托于艺术生产与分配过程,即借助艺术机构才得以实现,因此相对而言,从前者入手更易于触及艺术生产的复杂面相。对于此分析,我们可以从沃尔芙所提到的影响艺术生

---

① [法]利奥塔《非人》,商务印书馆 2000 年版,第 118 页。

产的两个因素入手加以讨论，分别是技术和社会规定①。

其一，技术上的规定，这一点在上文已有所涉及，简而言之，即艺术家所能获得的素材，以及其作品向公众展示的途径，都限制了艺术家将采用什么样的方式来生产其作品。而反之，如果艺术家选择了超出艺术惯例之外的素材，那么，他也就较少地受到既定惯例的束缚。

其二，在艺术惯例产生及运作的过程中，社会规定是最为关键的一环。

> 在艺术生产中，社会规定加上其他种种事实一起，影响着谁可以成为艺术家，他们怎样成为艺术家，以及成为艺术家之后如何实践他们的艺术，他们怎样保证其作品将被生产出来或被表演出来，并使它们适合于大众的胃口这一系列问题。进一步说，对艺术合乎逻辑和艺术流派进行判断和评价，决定它们将来在文学史或艺术史中的地位这些问题，都不是简单个人的和"纯审美"的决定，而是要在社会中使用这些判断、评价和决定实现的，并且，是要在社会中构成的。②

所谓的"社会规定"，在我看来应该包括两个最基本的成分，即艺术观念(惯例)的生产系统与维护系统。当然，这里的生产系统与维护系统并非泾渭分明，事实上，随着一种惯例生产趋向体制化，"过去"承担生产功能的机构总是向着"未来"的维护功能转型。哈贝马斯所说的 18 世纪的业余判断机构就体现了这一过程。

哈贝马斯所理解的文学公共领域颇近似于我们所谓的艺术界，即它们都是由艺术共同体所构成的关系网络。哈贝马斯在对 18 世纪文学公共领域的分析中曾经指出，当时的文学公共领域中存在着两种艺术判断形式，即有关艺术的业余判断和批判权威。一方面，当艺术摆脱了它的社交表现功能，即摆脱了封建社会代表型公共领域的艺术功能时，艺术变成了(具备一定财富和教育程度的)新兴的、有评判能力

---

① 沃尔芙在书中提出三种因素，第三种是经济因素，主要指的是来自于政府的经济补偿方式，但由于她在对"社会规定"的论述中讨论了"保护系统"，这其中也涉及到为艺术生产提供经济支持的各种赞助形式，因此本文仅取了她所说的前两个因素。

② [英]沃尔芙《艺术的社会生产》，董学文、王葵译，华夏出版社 1990 年版，第 50—51 页。

的公众的自由判断，这是一种由艺术爱好者构成的群体。另一方面，随着“某个内行圈子一直拥有专业水平，并且享有社会特权”①，文学公共领域也出现了专业性质的批判权威。为了争夺各自的发言权，文学公共领域中这两方不断地进行着激烈的争论。哈贝马斯将业余判断的公众所依据的那一阵地称之为业余判断机构，这些机构包括了展览馆、音乐厅、剧院、沙龙、咖啡馆，以及一些艺术评论杂志。

在哈贝马斯对这些业余判断机构的论述中，有两点值得注意。其一是艺术评论家的出现。“他们事实上承担着双重使命：他们既把自己看做是公众的代言人，同时又把自己当做公众的教育者。”②他们在协调公众对新艺术范例的认识，并使权威判断机制接受新的艺术范例中充当了重要的中介角色。其二，随着业余判断的日益成熟和组织化，这些艺术机构逐渐成为体制化的批评工具。以沙龙为例，18世纪的沙龙拥有艺术垄断权，有着确定某物的艺术品资格的权力。“沙龙似乎垄断了首发权：一部新的作品，哪怕是音乐作品，首先必须在这样一个论坛上取得合法地位。”③“沙龙”由最初的生产型艺术机构最终转向以维护型为其主要功能的机构，这代表了一个成熟的艺术界的确立。而与沙龙起到了大致相当功能的机构还有很多，如新闻出版机构、现代博物馆、画廊、大学等等。

进而言之，艺术机构维护功能的最高成果莫过于它独特的信用机制：声誉。与艺术界其他要素相比，声誉更密切地与杰作及天才联系在一起，它既象征了艺术界的艺术观念，也起着更强大的建构并传递艺术观念的功能。这是惯例体制化进程到达其顶点时，艺术界所产生出的独特的信用机制。贝克在其《艺术界》一书中，曾专辟一章强调了声誉作为合作生产的产物的性质，并阐述了它在艺术界合作链中的重要地位。但更令人注意的是其中所透露的惯例化进程本身赋予“声誉”的独特魔力，即它作为象征资本的强大功能：从更为宽泛的层面上说（即就一般的艺术活动而言），当惯例化演变为公式化时，声誉机制自身成为了权力体系的一部分，它甚至可以独立于艺术观念而发挥作用，直接赋予对象以合法性。简而言之，人们的判断有时并不是依赖

① ［德］哈贝马斯《公共领域的结构转型》，曹卫东等译，学林出版社1999年，第44页。

② 同上，第46页。

③ 同上，第46页。

于艺术观念,而是借助声誉本身。在这样的挑选机制之下,在大量相近似的作品中,在许多水平相差无几的艺术家中,一些作品和艺术家有可能被赋予特殊价值:“他们以尊敬的态度给以那一特殊的价值以奖赏,这通常是——但并非必要的——以一种更为物质化的方式进行的。一旦声誉被确立起来,他们就会利用声誉来组织其他行为,利用这些他人或他物所不拥有的声誉对待事物和人们”①。一些艺术收藏家在购买“名作”时,未必是因为他们理解或欣赏那一作品,而是由于作品具有收藏价值,他们通常凭借声誉来对作品的价值进行判断,从而决定是否购买。正因如此,尽管什楚从未真心感受到毕加索作品的魅力,但他也收藏了一些立体主义的优秀作品。② 欧文·赖因通过对“名声”的分析,得出了当代社会的一个独特现象:“英雄的消失,名人的崛起”③,我们也可以借鉴他的这一判断来表述当艺术惯例充分体制化后,当代艺术界的一个独特现象:艺术品的消失,名作的崛起。或许这一判断有失偏颇,但它确实是体制化艺术界的产物之一。

流动的艺术界

在一个艺术界中,其艺术机构从最初的生产功能向维护功能的演变,不仅说明了艺术界及其惯例的历史性特征,并且也从一个侧面为艺术界的流动提供了条件。换而言之,艺术机构的生产系统与维护系统之间不仅存在着延续性,同时也伴随着相互兼容性,这使得艺术界不可能走向绝对的规范。这一点也同样体现于社会规定在艺术惯例生产及运作过程中的作用。

一方面,既定的艺术惯例通过各种社会规定实现它对艺术家或是其他艺术界行动者的控制和规范。另一方面,当新的艺术惯例与既定惯例发生矛盾时,在绝大多数情况下,艺术界容许了这些新惯例(如艺术范例)的出现。而社会规定的载体便是各种艺术机构。我们在艺术

---

① Howard S. Becker, *Art World* (University of California Press, 1982), 352.

② 参见[英]罗兰特·潘罗斯《毕加索:生平与创作》,周国珍、林相周等译,广西师范大学出版社 2002 年版,第 183 页。

③ [美]欧文·赖因、菲利蒲·科特勒、马丁·斯托勒《诱人的名声——关于名声的学问》,海洋出版社 1991 年版,第 7 页。

界中获得了有关美学理论的知识，形成我们的文化习惯；同样，我们的个人经验也要通过艺术机构的审查与推动，才能有望成为某种“共识性”的审美经验——美学理论。我们身处于一个流动性的艺术界之中，美学理论作为合作链的产物，在其传递与成为共识的过程中，经历了多重的意义转换。正如维特根斯坦所言，“意义即用法”，最终被“规定”下来的惯例很可能与艺术家、理论家的初衷并不一致。当然，阐释向来就有“六经注我”与“我注六经”之分，这也是被一种创造性阐释观所鼓励的。

而且，流动性不仅意味着意义的转换，也体现于各种类型的艺术机构之间在彼此较量与相互合谋中所达成的共识，这在艺术市场的语境下最为明显。中国前卫艺术从20世纪80年代的非主流走向当下的流行，在很大程度上正是借助了艺术机构间的微妙关系。随着岳敏君、曾梵志、方力钧、杨少斌等领头人物在国际艺术市场的走红，一时间画家村和艺术村成为各地方政府与财团的投资对象，北京798成为“文化创意产业区”，宋庄被打造成“文化造镇”的梦工厂，在这些纷至沓来的新名词中，我们可以看到各种机构彼此借势的景象，也可以看到文化资本、象征资本、经济资本在这些机构之间互相转化的状况。可见，在当今艺术市场充分发育的情况下，艺术机构发挥作用的渠道变得更为复杂，同时其影响力也在不断增强。在这一系统中，不仅是艺术家、美学家、艺术批评家，艺术界机构的代理人——他们具有一定经济资本和文化资本——也获得了更多的发言权。不同于以往政治挂帅的或是自主的艺术界，在此语境下，所谓的“惯例”也增添了新的元素——它更为鲜明地体现为多种资本形式的杂糅体。

总而言之，对艺术界及惯例的认识有助于我们重新审视各种长久以来被神圣化的艺术观念，以及我们对某一艺术品认同背后深刻的社会因素，并反思围绕着我们的“声誉”这一信用机制——它的社会构成性、它的历史特殊性、它在我们作出每一个艺术判断时的影响。做一个自由的人，一个能够独立判断的主体，这个我们为之追求的目标，只有在上述的一系列认识中才能真正实现。而在当下艺术市场影响日益增强的艺术界之中，这种审视显得尤为重要。

反之，从积极的角度看，艺术界的惯例及其流动性也不啻为艺术家的一个福音——为艺术家及其他艺术界行动者的能动性提供了一个绵密却又相对松散的结构。它一方面为艺术家的行动设定了明确的标准或惯例，保证了他们行动及成功的可能性；另一方面，其流动性也为艺术家的创新得以被接受提供了空间，希望依据自身意愿确立艺术惯例的艺术家不仅会根据分配系统的要求调整自己的设想，也随时准备在分配系统能接受的范围内，努力说服对方接受自己的一部分设想（这通常是借助首先说服“媒介”代理人而实现的）。而艺术界中这种规范与流动的共存，既构成了我们知识和行动的起点，又成为我们不断突破、自我反省的起点。

（作者单位：南京大学哲学系）

现代性的空间与美学阐释

——以列菲弗尔空间理论为中心

朱　羽

内容提要　法国思想家列菲弗尔在20世纪70年代提出了“空间生产”理论。列氏的批判性空间理论极大地冲击了西方长期以来主导性的空间观念，其影响力向人文地理学、建筑研究、城市规划、社会理论等领域辐射。本文聚焦于列氏的空间理论与激进美学之间的关联，尝试揭示出“(社会)空间的生产”命题背后的美学动机：建构完整的人、恢复完整的身体与全面的感觉。一方面，辩证的空间化抵抗着符号学的解读霸权与视觉化逻辑，召唤着实践的身体。另一方面，空间三元组合概念“空间化”了历史，暗示出列氏对于西方现代性的诊断：不断地导致空间“去肉身化”。空间的生产可以被视做一种激进的美学工程：建筑空间与城市规划将政治解放(去除异化)落实到身体层面。正是在这一点上，列菲弗尔与“情境国际”等先锋组织分享着类似的问题意识。列氏对于现代休闲空间的辩证把握更是提出了重新反思美学(感性解放)与政治(民主追求)关系的可能。当然，列菲弗尔的空间理论具有无法逃避的历史局限性，身体与空间在当代都必须经受批判性的拷问。不过，本文依旧坚持“空间的生产”辩证地改变了美学与政治的关联，并提出了一种新的美学政治化的维度。

关键词　列菲弗尔　空间的生产　身体　美学政治化

在西方现代性的历史中，长久以来一直把空间视做一种空的“容器”(container)[①]，或如福柯所言：“空间被看做是死亡的、固定的、非辩

---

① See Phillip E. Wegner, “Spatial Criticism: Critical Geography, Space, Place and Textuality,” in *Introduction Criticism at the 21 st Century*, ed. by Juliam Wolfreys (Edinburgh: Edinburgh University Press, 2002), p. 179.

证的,不动的。”[①]如今,这种烙刻着18世纪启蒙印记的空间概念已经遭到了激烈的反驳,“空间的生产”成为了主导话语。[②] 在这一“空间”观念的转换中,法国思想家、马克思主义者[③]列菲弗尔(Henri Lefebvre)扮演了枢纽性的角色。列菲弗尔的空间思想早已向人文地理学、建筑研究、城市规划、社会理论等领域辐射,而本文聚焦于列氏的空间理论与美学之间的关联。美学是作为有关于身体(body)的话语而诞生的。这个术语首先指的不是艺术,而是指与概念思想领域相比照的人类全部知觉和感觉领域。[④] “空间”不仅有助于恢复美学的原初意义,而且经由“空间”(建筑与城市规划)的“中介”,美学与政治、伦理建立起了全新的关系。[⑤] 在列菲弗尔的空间理论中,“身体”与“感觉”具有同样重要的地位。不同于福柯的“生命政治学”——空间筹划(“全景敞视主义”)规训身体[⑥],列菲弗尔将空间视为恢复身体整体性的契机。在这个意义上,空间生产的理论内在地关联于一种美学工程。不过,这种美学工程又是一种政治构想:关乎摆脱资本主义的异化,关乎人类的解放(包括感官的解放)。我所感兴趣的问题是:这一构想如何通过批判性的空间范畴传达出来?美学与政治如何经由空间“接合”在一起?通过对于列菲弗尔空间理论的批判性考察,我尝试阐明“美学政治化”新的可能性。

---

① 福柯《权力的地理学》,见《权力的眼睛:福柯访谈录》,严锋译,上海人民出版社 1997 年版,第 206 页。

② See Phillip E. Wegner, “Spatial Criticism: Critical Geography, Space, Place and Textuality,” in *Introduction Criticism at the 21 st Century*, p. 181.

③ 列菲弗尔始终没有放弃对马克思主义的个性化阐释,他在 1928 至 1958 年间是一名法共党员,即使被法共开除后,“异化”主题以及马克思主义辩证法依旧贯穿在他的重要著作之中。(Shields 1999: 1—7, 186—189)。著名英国左派历史学家佩里·安德森在 80 年代曾经这样评价道:“他是……西方马克思主义传统中在世人物中最老的幸存者,亨利·列菲弗尔,他在八旬之际既不屈服也没转变,而是对那些为大多数左派所忽视的典型课题继续从事冷静而富有创见的著述。”参见安德森(Perry Anderson)《当代西方马克思主义》,余文烈译,东方出版社 1989 年版,第 184 页。

④ 伊格尔顿(Terry Eagleton)《审美意识形态》,王杰、傅德根、麦永雄译,柏敬泽校,广西师范大学出版社 2001 年版,第 1 页。

⑤ See John Ploger, “The Aesthetic-Ethical Turn in Planning: Late Modern Urbanism,” *Space and Culture* 6, p. 99.

⑥ 参看福柯《规训与惩罚》,刘北成、杨远婴译,三联书店 2003 年版,尤其参看其中第三部分第三章“全景敞视主义”,第 219—256 页。

一

从1920年登上历史舞台到生命最后之作《节奏分析》，列菲弗尔的“问题意识”始终没有改变：对马克思早年异化论题的逼问、对资本主义整体性的不懈批判、对完整的人（total man）理想的一再坚持，以及对激进民主的向往。“完整的人”理想——来自马克思早期著作，亦来自克服西方现代性阴影的尼采式“超人”，始终是列菲弗尔供认不讳的追求目标。“完整的人”是“转变中的主体及客体。他是对立于客体并克服这一对立的有生命的主体，是被分成许多局部活动与分散的规定，并克服这种分散性的主体。……是在自由的共同体中自由的个体”[①]。根据杰（Martin Jay）的看法，列菲弗尔最终没有放弃对整体性观念解放力量的坚持。[②] 这种浪漫的“整体性”要求激活人的所有感觉，恢复人与人之间直接的交流，强调“节日”与日常生活的重新发明，以及新的空间与时间的“生产”。从而列菲弗尔与马克思这位“深刻的美学家”（伊格尔顿语）站到了一起：“人以一种全面的方式……作为一个整体的人，占有自己的全面的本质”[③]。秉承着马克思（尤其是写作《1844年经济学哲学手稿》时的马克思）通过“实践”克服主客体二分的思路，列菲弗尔将“身体”看做一个复杂的实践概念，它“包括许多向度：跟自然有联系、跟过去和跟人类的可能性有联系，其范围包括从姿势到肉体性属性的日常生活活动，包括经济和政治领域的整个社会实践”[④]。身体并不仅仅是物质性的肉身，而且是人类能动性的现实化。在这个意义上，完整的人首先是“完整的身体”。值得注意的是，列菲弗尔通过“空间”来把握这种“身体”：

---

① Henri Lefebvre, *Dialectical Materialism*, trans. by John Sturrock (London: Jonathan Cape, 1968), pp. 161—162, p. 163.

② Martin Jay, *Marxism and Totality: the Adventures of a Concept from Lukacs to Habermas* (Berkeley: University of California Press, 1984), p. 298.

③ 马克思《1844年经济学哲学手稿》，中共中央马恩列斯著作编译局译，人民出版社2004年版，第85页。

④ Kirsten Simonsen, "Bodies, Sensations, Space and Time: The Contribution From Lefebvre," *Geografiska Annaler*, Series B: Human Geography, Vol. 87, Issue 1 (Mar., 2005), p. 2.

> 每一生存着的身体都是空间,并具有自己的空间:它在空间中生产自身,也生产那一空间。……伴随着能量展开的身体,生存着的身体,创造或生产其自己的空间;相反,空间的规律,即在空间中划分的规律,也支配着生存着的身体及其能量的展开。……于是我们获得了从抽象到具体……从精神到社会的路径。……这一主题可以拓展并应用于社会空间。①

每一"身体"都生产出自己的"空间",同时"空间"也规约着身体。身体空间并不外在于社会空间的生产,相反,后者包含了前者。更关键的是,身体与社会空间生产之间具有理论上的相通性(在这个意义上,"生产"具有"创造"的含义)。为了弄清身体与空间之间更为辩证的关联,我们有必要先理清列氏"空间"的要义。

列菲弗尔改造"空间"观念有两个要点:第一,粉碎了"空"的空间先于填充物的"幻象",辩证地将空间把握为一种"运动"的对象(而不是静止的"容器"),他为之找到了一种普遍的概念——"生产"②;第二,面对各式各样的空间——工业空间、哲学空间、绘画空间、文学空间、建筑空间等,理论真正迫切的任务是"将不同种类的空间和它们起源的形态集合在一种单一的理论之中,来揭示一种实际的空间的生产"③。前者导出了"社会空间"的定义,后者催生了"空间三元组合概念"。在列菲弗尔看来:

> 社会空间并不是处在其他事物中的一种事物,也不是其他产品中的一种产品:它容纳了被生产的事物,包含了它们共存之中的互相关系以及同时性——它们的(相对的)秩序和/或相对的失序。它是一系列操作的结果,不能被还原为一系列单纯的对象。④

---

① Henri Lefebvre, *The Production of Space*, trans. by Danold Nicholson-Smith (Oxford: Blackwell, 1991), pp. 170—171.

② 值得注意的是,"列菲弗尔的'生产'概念不但具有经济学的意味——事物的生产,更是一个更宽泛的哲学概念——知识的生产、体制的生产等,甚至可以关联于尼采的'创造'。"See Stuart Elden, *Understanding Lefebvre: Theory and the Possible* (London and New York: Continuum, 2003), p. 44.

③ Henri Lefebvre, *The Production of Space*, p. 16

④ Ibid., p. 73.

"社会空间"是一种理论建构物，所以它超越了单纯的现实性，达到了整合"抽象"(社会关系)与"具体"(现实化过程)的更高普遍性。列菲弗尔的"空间"事实上是一种"空间化"[①]，由"生产"所引出的是一种流动的对象。城市构造、建筑以及运输网络等"直接现实"、社会生产关系在空间中的再现(包括物质的——地产、符号的——权力的空间标志)，以及各种群体对于空间的想象与改造——这些都处在"空间生产"之中。社会空间不是这其中的"一种"，而是"全部"。更关键的是，我们需要一种辩证的思维才能掌握这一"具体的抽象"——生产过程与产品将自身呈现为两个不可分离的部分，而不是相互分离的观念。[②] 社会空间"虽然作为一种被使用的、被消费的产品，它也是一种生产资料；交换的网络、原材料和能量的流动空间由其决定"[③]。"虽然……也是"彰显出一种辩证思维。这种思维驱除了空间起源性的幻象——空间先于社会生活，也不简单地将空间视为社会生活的结果。

这种强调流动的"空间化"(或社会空间)为抵抗符号学对身体所施加的暴力、为恢复实践的身体提供了可能性。"空间的生产"指的是一种空间化，指示出过程性与流动性。当符号学家将注意力集中在"解码"或"阅读"空间文本之时，列菲弗尔认为这本身就是一种历史的后果。空间中的活动(当然包括阅读空间)本就被那一空间所限制(比如特定的空间的再现规定了一种"空"的空间形象)。空间在被读之时，权力已经先展开配置，而空间与身体、主体性、诸种感觉经验之间的关联都被"可读或可视性"所还原了——决定了你怎么"读"，"读"或"读不到"什么了。在列菲弗尔看来，关键性的策略在于恢复和强调"挪用"[④]、"使

---

① See Rob Shields, *Lefebvre, Love and Struggle: Spatial Dialectics* (London and New York: Routledge, 1999), p. 154.

② Henri Lefebvre, *The Production of Space*, p. 37.

③ Ibid., p. 85.

④ "挪用"(appropriation, 或译占用)是列菲弗尔一个重要的概念，它与"支配"(domination)相对立。"它可以说是一个被修正/改变的自然空间，为了服务于某一团体的需要和可能性，被那团体所挪用。……挪用不能与时间及生活的节奏分开。" See Henri Lefebvre, *The Production of Space*, pp. 165—6. 列菲弗尔认为马克思最早把握了挪用的要义——挪用相对于资产。艾尔登则指出，挪用/支配的区分来自海德格尔。See Stuart Elden, "Between Marx and Heidegger: Politics, Philosophy and Lefebvre, *The Production of Space*, *Antipode*, Vol. 36, Issue 1 (Jan., 2004), p. 93.

用者”[①]、“身体”等范畴。因为空间首先是有我们的“身体”在场的，是我们在“使用”空间，也改变、生产或创造着自己的空间。

另一方面，社会空间的“多价性”（即以上提到的“多种”形态）要求一种更为明晰的概念化，列菲弗尔由此提出了“空间三元组合概念”：

空间实践（spatial practice）是空间的“现实化”，包括某个特定社会的地点以及空间形式的生产与再生产，包括建筑环境、城市形态及适合特定目的的区域的创造。空间实践影响及塑造了社会成员的空间常识（common sense），因此它确保了社会的凝聚性（但不是指知识与逻辑意义上的一致性）。换句话说，空间实践是空间里的人类行动与感知，包括生产、使用、控制和改造这个空间的行动，它对应于感知的（perceived）空间。

空间的再现（representation of space）是观念化的空间，是精神的建构物，因此是构想的（conceived）空间。它是特定社会（尤指资本主义兴起之后）支配性的空间，关联于生产关系所施加的符号“秩序”与权力关系。这是科学家、城市规划专家、技术专家和社会工程师的空间，亦是具有科学倾向的艺术家的空间（尤指建筑师）。列菲弗尔十分厌恶法国第五共和国的技术专政、“自上”的城市规划以及 70 年代法国结构主义——“科学”思潮的独霸，“空间的再现”无疑影射了这些事实。

再现的空间（space of representation）是“居住者”和“使用者”通过相互关联的象征和形象生活着的空间。[②]“再现的空间”显现出列菲弗尔对底层（subaltern）的重视与对激进民主的向往——他特别强调了再现的空间关联于社会生活隐秘的部分，关联于绝大多数的社会成

---

① “使用者”（user）是列菲弗尔的一个特殊概念。“使用者”并不指一般意义上使用某样东西的人，“使用”暗示着对“使用价值”的重视。See Henri Lefebvre, *The Urban Revolution*, p. 188.

② 列菲弗尔认为象征“来自自然，包含着确定的社会含义”。社会化了的空间已经不存在纯粹的自然，从而象征成为了直接经验的必要中介。在印刷术发明之后，书写的权威性开始建立，象征开始让位于符号，在所谓发达资本主义时代，信号（signal）又开始取代符号。列菲弗尔将“象征-符号-信号”看做活生生的经验不断被阻断的过程，而覆盖了物理空间的“再现的空间”或许保有了“象征性使用其对象”的契机。See Henri Lefebvre, *Everyday Life in the Modern World*, p. 62.

员“挪用”(appropriate)空间的可能性。[①] 再现的空间亦是某些艺术家的空间，因为“艺术家的敏感和残酷会超越图像的限制。一些其他的东西会浮现，一种相应不同于精确、清晰、可读性和可塑性标准的真理和现实会浮现”[②]。他在这种艺术中追寻的是某种非语言的经验。再现的空间意味着一种包容本真经验的空间形式，从而放逐了视觉的霸权性。再现的空间亦来源于一个民族或这一民族每一个体的历史之中，因此它具有集体的意志。[③] 所以人种学者、人类学家和心理分析家所处理的空间接近再现的空间——童年的记忆、梦、子宫的形象以及象征(洞穴、过道、迷宫)；拥有情感的内核或中心：床、卧室、住所、房屋，或广场、教堂、墓地。它包含了激情的地点，或是生活的情境及行动的地点，并直接指示出时间。

空间三元组合是“空间化”历史的一种方式，在列菲弗尔看来，西方“空间的历史”是空间的再现不断支配再现空间的过程，是空间逐渐“去肉身化”的过程。[④] 空间的再现不断介入并修正空间的构造——经由建筑与城市规划而“现实化”，相反，再现的空间只是被压制在想象或象征作品之中，无力转为“空间实践”。列菲弗尔在论述托斯卡纳区(Tuscany)的空间历史时指出：

> 一种新的空间形式不是被“容纳”在已存在的空间之中。一种既非城市亦非乡村的空间是被生产的，是在两者(城与乡)之间

---

① 关于列菲弗尔对于激进民主的看法，See Neil Brenner, “State Theory in the Political Conjuncture: Henri Lefebvre's ‘Comments on a New State Form,” *Antipode*, Vol. 33, Issue 5 (Nov., 2001), pp. 795—796：“列菲弗尔所筹划的工人自治(*antogestion*)与其说是一种充分形成了的后资本主义体制框架，还不如说是一种经由社会生活的多个方面——从工厂、大学以及政治协会到地域性的单位，诸如城市以及区域的政治导向——它从属于新的去中心化、民主化的政治控制形式。……20世纪70年代列菲弗尔关于工人自治方法的根源在其毕生对于阐明一种批判性的修正了的马克思主义方法的关注……与日常生活批判的著作相连。……实践的哲学将拓展，包括对于现代资本主义国家的批判：工人自治在这种情况下，是一种草根政治实践的形式。”将列菲弗尔较为抽象的空间理论放置在他政治观点的语境中，可以帮助我们更切实地理解列菲弗尔空间三元组合的“现实性”。

② Henri Lefebvre, *The Production of Space*, p. 97.

③ Ibid., pp. 41—42.

④ See Kirsten Simonsen, “Bodies, Sensations, Space and Time: The Contribution From Lefebvre”, *Geografiska Annaler*, Series B: Human Geography, Vol. 87, Issue 1 (Mar., 2005), p. 2.

的新近产生的空间关系。……艺术家们“发现了”透视法以及发展了透视法的理论。因为一种透视法中的空间已经先于他们存在了,因为一种这样的空间已经被生产了。一种新的空间的再现,视觉的透视法在画家的作品中出现了,首先由建筑师和几何学家给予形式。这并不是说,在意大利的这一时期,在佛罗伦萨和锡耶纳周围的托斯卡纳区,城镇居民和村民不会继续以传统的情感和宗教方式来经验空间——通过席卷世界的上帝与恶魔力量之间战争的互相作用之再现的方式,特别是在一些对于每个个体来说具有特殊意义的地点周围,如他的身体、他的房屋、他的土地,以及他的教堂和接收他死亡的墓地。的确,这一再现的空间继续在许多画家和建筑师的作品中成形。但这里只是说一些艺术家和学者获得了一种不同的空间的再现:一种同质的、显然是以视平线和消失点划定了界限的空间。①

视觉“透视法”是一种空间的再现,相反,传统的情感与宗教经验唤出了一种再现的空间,后者是一种“活生生的空间”(lived space),并在“构想”(或认识)与“感知”之外引出了第三种可能性。在列菲弗尔的空间分期“叙事”中,前资本主义时代神圣的“绝对空间”以再现的空间为主导,而“抽象空间”伴生于资本主义的发展,其中空间的再现压制了再现的空间——自上的规划压制了自下的实践,理智性压制了情感性,视觉压制了整体的感官。② 正是在这里呈现出列菲弗尔对西方现代性的基本诊断,以及他对于二战之后资本主义新发展的回应。我们从中也能把握到空间与激进美学的内在关联。

在他看来,资本主义的抽象空间具有“几何-视觉-男根”三位一体的逻辑。“几何”意味着所有的自然空间及社会空间被简化为同质的

---

① Henri Lefebvre, *The Production of Space*, pp. 77—79.

② 列菲弗尔给出的空间分期模式是:绝对空间——“其起源是农业-牧业的碎片”,政治权力依旧依托“自然”神秘的力量;历史空间——积累的空间,绝对空间瓦解、资本主义初生的空间;抽象空间/矛盾空间——资本主义的空间,有着几何-视觉-男根三重性,同质的又是破碎性的空间;差异的空间——节日的空间、挪用(appropriation)的空间、使用价值优先于交换价值的空间;“总体人”实现的空间。列菲弗尔认为社会空间的生产(不仅是现实的生产,也是我们对于现实感知的生产)必须放到历史维度中进行考量——特别是对马克思所强调的生产力-生产关系的历史框架进行批判性的借鉴。See Henri Lefebvre, *The Production of Space*, pp. 30—33, pp. 36—46, p. 234.

欧几里得的几何空间，三维现实被简化为二维现实（比如“城市规划”，地图，或任何表象）。[①]“视觉”意味着视觉性占据了主导地位，从而排斥了所有其他感觉。一切都处在了眼睛的监视之下——一种隐喻性的视觉空间出现了。列菲弗尔认为“视觉化逻辑”——包括可视、可读、可理解性，化约了所有其他的经验与感觉，一切都变为“文本”，一切都被眼睛所注视着，为一个读解过程所支配。“男根”则隐喻了权力的在场与可见性：警察、军队和官僚体制充斥在这一空间之中[②]，“摩天大楼傲慢的垂直性，特别是公共的和国家性的建筑……对于每一观者施加一种权威性的印象”[③]，亦是“男根”权力空间的表达。

具有“几何-视觉-男根”三元性的抽象空间意欲施加一种“同质性”[④]——消除了包括内外之间的区分和差异，趋向于被简化为可视、可读领域的无差异状态，同时又导致“破碎性”——劳动的分工，需要与功能的琐碎划分。资本主义最终会造成人的极度“异化”，特别明显地表现在身体的转喻化——身体不断外在于自身，以及“隐喻化”——身体变成图像、符号。在这一点上，列菲弗尔、德波和列菲弗尔曾经的学生鲍德里亚存在相似的问题意识：真实、本真性及活生生的经验持续性地被“异化/分离/成为拟像”所取代。列菲弗尔认为“视觉化逻辑”伴生于资本主义历史的展开，笛卡尔的几何空间、透视法都是更大的历史过程——逐渐生成的资本主义空间的表征。[⑤]

我们可以将列菲弗尔的空间理论看做对于战后法国激烈现代化与城市化的一种回应，进一步说，是对于凯恩斯-福特主义式资本主义的一种回应。在他看来，冷冰冰的专家式城市规划、高扬“科学”的结构主义思潮，与国家资本主义压抑性的政治控制具有内在的“同一性”。列菲弗尔始终在寻找抵抗视觉化逻辑的可能性，一方面提出了社会空间范畴抵抗精神空间的霸权——批判“空间符号学”；另一方面，他也尝试想象如何通过新空间的生产来实现对身体整体性的恢复，也就是列菲弗尔空间理论所内含的激进美学工程。

---

① Henri Lefebvre, *The Production of Space*, p. 285.

② Ibid., pp. 286—7.

③ Ibid., p. 98.

④ Ibid., p. 287.

⑤ Ibid., p. 284.

二

空间可以剿灭身体，也可以复原身体。列菲弗尔“空间的身体”(spatial body)是“空间生产”的微小种子。在更大范围的空间生产实现之前，“空间的身体”首先导向一种自主的实践，打碎了静观的美学，也打破了可读性与可视性的霸权，所以“空间的生产开始于身体的生产”。[①] 在“情境国际”(Situationist International)的空间实验中，我们可以看到这种“空间身体”的美学形式：“漂浮”(dérive)——通过快速的环境改变离开庸常的激情旅行[②]，“心理地理”(psychogeography)的研究——通过在大都会中游荡来测绘快乐的心理地图，然后切除地图中乏味的部分，将快乐的地点重新拼贴。[③] 这些先锋实验都意味着某种身体空间的生产，然而，情境主义者更大的野心在于构筑“情境城市”。情境主义者的要旨自然是“建构情境”(construct situation)，“即是说，具体的瞬间性生活环境的建构，以及赋予它们一种更高的情感性”[④]。由丹麦建筑师康斯坦特(Constant Nieuwenhuys)所设计的“情境城市”具有一种迷宫的形式，建筑物像触手一样贯穿了城市与乡村，不同的人群在其中“漂浮”、遭遇以及表演。[⑤] 列菲弗尔与情境主义者的遭遇奠定了此后空间理论的某些基本主题。他非常欣赏康斯坦特“情境城市”的构想：“这是一个建基于建筑应转换日常现实观念的基本文本。这是跟日常生活概念联系在一起的：创造建筑自身将促成新

---

① Henri Lefebvre, *The Production of Space*, p. 173.

② Guy Debord, "Report on the Construction of Situations and on the International Situationist Tendency's Conditions of Organization and Action," trans. by Ken Knabb, 〈http://www.cddc.vt.edu/sionline/si/situ.html〉.

③ See Simon Sadler, *The Situationist City* (Cambridge, Mass: MIT Press, 1998), p. 120.

④ See Guy Debord, "Report on the Construction of Situations and on the International Situationist Tendency's Conditions of Organization and Action," trans. by Ken Knabb, 〈http://www.cddc.vt.edu/sionline/si/situ.html〉.

⑤ Simon Sadler, *The Situationist City* (Cambridge, Mass: MIT Press, 1998), pp. 105—106.

情境的创造"[1]。列菲弗尔所关注的问题是：如何将空间重新肉身化？如何将生命的节奏（不同于线性的时间）、身体的各种感官（不仅仅是视觉）重新容纳进一种空间的生产之中？这样，身体与空间，美学与空间就能够紧紧地关联在一起了。列菲弗尔在历史性的宏伟建筑(monument)中看到某种可能性：

> 建筑的宏伟性吸收了我们上面所确认的所有方面的空间性：感知、构想和活生生（空间）；空间的再现和再现的空间；适合于每种能力的空间：从气味到话语；姿势的和象征的。建筑空间提供给每一社会成员一种成员的形象，一种他/她的社会面貌的形象。一种"承认的效果"。宏伟建筑实现了一种"意见一致"。压制的元素可以转变成欢乐的元素。[2]

列菲弗尔将历史性建筑视为一种"整体的艺术作品"。真正的建筑是"诗"而不是"散文"[3]，在黑格尔看来，诗意味着古典世界完满的整体性，而散文性指琐碎化的现代生活。[4] 列菲弗尔正是在这个意义上将历史性宏伟建筑把握为一种恢复身体整体性的空间形式：

> 值得强调，宏伟建筑不是什么：它不能被看做象征、符号的集合（即使每一建筑呈现了象征），及符号链（其实每一建筑整体由符号组成）。宏伟建筑既不是客体，也不是客体的聚集。它亦不是雕塑、不是形象，亦非简单的物质过程的结果。……声音、姿势和仪式的运动组织在巨大的仪式性的统一体中，开放了无限的视角，意义的链条——所有这些都被组织进一种建筑的整体之中。[5]

---

① Henri Lefebvre and Kristen Ross, "Henri Lefebvre on the Situationist International: An Interview," *October*, Vol. 79 (Winter, 1997), p. 70.

② Henri Lefebvre, *The Production of Space*, p. 220.

③ See Ibid., p. 227.

④ 诗与散文这一对概念贯穿于黑格尔整部美学之中，在第一卷谈论理想的定性之时就已经作过讨论，而到第二卷讲浪漫型艺术时，第三卷讲"诗"时也大费笔墨。参看黑格尔《美学》，朱光潜译，商务印书馆 1979 年版，尤其是第一卷第 227—250 页，第三卷第 167—168 页。

⑤ Henri Lefebvre, *The Production of Space*, pp. 223—224.

列菲弗尔对于宏伟建筑的“怀旧”起自对于现代建筑(building)的厌恶,他斥后者为“散文”。现代资本主义建筑日益乏味与功能化,将一切集中于视觉的霸权之下,而放弃了整体性的综合。① 他的潜台词正是抗议战后法国专家式的城市规划,尤其反对现代主义建筑大师科比西埃(Le Corbusier)功能主义导向的城市规划。列菲弗尔赞许康斯坦特,因为“情境的空间”是“其建构者所亲身经验的”②。相反,他认为科比西埃或许是一个很好的建筑师,但却是一个毁灭性的城市规划家。因为他“禁止我们将城市思考为一个不同组织可以相遇的场所,他们虽然互相斗争却也联合在一起,在城市中他们参与到一种集体的作品(*oeuvre*)之中”③。我们必须记住的是,列菲弗尔所追求的整体性首先是一种身体整体性,是感官的全面恢复,同时,是将异化的人——资本主义生产方式之下的劳动者,转化为完整的人的工程。

在追求创造性、内在潜能的释放方面,列菲弗尔与超现实主义者及“情境国际”的空间先锋实验的确具有某种共通性:

> 重新测绘的行动,对于巴黎的重新施魅(re-enchanting),对于令人沮丧的功能主义建筑设计之批判,乃是一种超现实主义对于空间的探索,它介入了想象、梦境与幻想。这一活动突出了列菲弗尔所谓“可能-不可能”的乌托邦,它亦唤起了在日常生活领域的小型活动——以游戏为中心的城市之赎回,是时间与节奏的赎回。它关联于情境主义者康斯坦特的工程:整体城市观——一种“收回社会空间,来建筑快乐、冒险与生活创造性展开的城市”的欲望,通过唤起另一种氛围,来打开想象另一种城市及另一种生活的道路。④

---

① Henri Lefebvre, *The Production of Space*, p. 232.

② Guy Debord, "Report on the Construction of Situations and on the International Situationist Tendency's Conditions of Organization and Action,"〈http://www.cddc.vt.edu/sionline/si/situ.html〉.

③ Henri Lefebvre, "No Salvation away from the Centre," in Elennore Kofman and Elizabeth Lebas ed., *Writings on Cities* (Oxford: Blackwell, 1996), p. 207.

④ Jill Fenton, "Re-enchanting the City: The Utopian Practices of the Paris Group of the Surrealist Movement" in Thomas Mical ed. *Surrealism and Architecture* (London and New York: Routledge, 2004), p. 218.

不过，列菲弗尔并没有停留于审美。美学工程必须转为更为切实的政治方案。这首先意味着对历史情境中的空间生产作出批判性分析。在20世纪50年代后的历史语境中，消费社会以及休闲(leisure)工业的兴起成为了西方左派面临的最大难题之一。休闲仿佛解放了劳苦的身体，却恰恰再生产出资本主义所需要的劳动力。虽然列菲弗尔意识到“休闲像劳动一样已被异化和正被异化。……休闲已经转为一种工业。……作为被支配空间的延伸，休闲的空间被功能性地及等级性地安排。它们服务于生产关系的再生产”[①]，可是他还是相信某种“身体的复仇”：

> 由于其感官组织(sensory organs)——从嗅觉到性再到视力(并没有在视觉领域中做任何强调)，身体趋向于作为一种差异的场域来行动，换句话说，作为整体的身体，它摆脱了时间和空间外壳——这相应于劳动、劳动的分工，及工作的局部化，及地点的特殊化之发展。在这种趋势之中，身体，比起作为“主体性”(在古典哲学意义上)和“客体性”(在任何方式中都是碎片化的，被视觉、图像等所歪曲)，还是将自身断言为作为“主体”和“客体”更好。……在空间之中并经由休闲的空间，一种空间和时间的训导术(pedagogy)开始成形。时间找回了其使用价值。[②]

我们在这里不能简单地批判列菲弗尔的乐观，相反，我认为“空间和时间的训导术”具有相当的辩证性质。休闲空间在资本主义条件下的确是一种“迷幻剂”，但它也让身体得到了片刻的解放，人们在其中摆脱了劳动的时间与劳动的分工，享受到幸福的瞬间。列菲弗尔将休闲工业看做一种消费空间——生产剩余价值的空间，而他试图“挪用”这一空间，抵达“空间的消费”——一种消费的非生产形式。空间的消费意味着一种“节日”，意味着打破原有的生产关系，意味着为“人民”恢复质的时间。但是，列菲弗尔提出“休闲空间”是从“消费空间”到“空间消费”的中介形式。这一辩证法非常类似于本雅明的思考。本雅明将19世纪的巴黎都市空间重构为一场巨大的“梦”，无数的日常

---

① Henri Lefebvre, *The Production of Space*, pp. 383—384.

② Ibid., pp. 384—385.

生活细节都诉说着商品的语言，城市空间成为一个巨大的“梦幻世界”。然而，诸如拱廊街、西洋景等等都是“元形式”[①]沉淀着集体无意识。革命的契机并不在于跳过这一大梦，而是从这个“梦”里醒过来。[②]在这个意义上说，“梦幻世界”不仅仅是意识形态，而且内在地包含着真理性的东西。同样，休闲空间之中也包含了人类解放的终极想象。列菲弗尔刺激我们在当代语境下思考这些难题：生产快乐的空间如果被商业所控制并生产着“剩余价值”，诸如迪斯尼乐园，我们如何“挪用”它们？列菲弗尔所举出的“非生产性空间”主要是公益性的、公共性的空间——供所有人（我以为这里存在真正的、实质的民主问题）享用的空间——绿地、公园等，但他内心呼唤的是更具游戏性的空间、更能激发人类潜能，实现人类创造性的空间，诸如超现实主义者或“情境国际”所构想或实践的“空间”。正是在这里，美学为政治提供了极限的想象，而政治为美学提供了切实的道路。身体的解放、感官的解放、差异的时间性与空间性的铸造必须关联于社会生产关系的重组，必须将被剥削的个体从劳动桎梏中解放出来，换句话说，必须给予每一主体实质性的平等与自由。“空间-时间训导术”不仅仅解放身体，最终还需要解放主体。让每一个体获得空间斗争的意识，就是列菲弗尔所谓的“空间政治”。

虽然当代的情势已经更为复杂，但列菲弗尔对于“空间的消费”（非生产性的——因此在本质上是反资本主义的空间）之坚持，也值得我们进一步坚持。此外，我们也需要清楚地看到这样一种悖论：正是资本主义才释放出了享乐的诸多形式，发明了梦幻，生产出了幻想、象征、图像与“童话”，资本主义巨大的生产力与聚拢资源的能力正在构筑诸多“奇迹”。但是，我们有必要呼吁一种空间民主化的过程——将其重新视为人类的“财富”而不是某些人的财富。另一方面，在所谓“清理”20 世纪中国革命的资源时，我们也需“清理”社会主义中国在极

---

① “元形式”、“元现象”与“元历史”都与本雅明的“起源”（origin）观念相关联：起源不是空洞时间中的一个起点，而是确定，甚至规定了事物发展的构造性原则。在《拱廊街计划》中，每一个“小的、特殊的环节”都可以被看做当下的一种元形式。See Susan Buck-Morss, *The Dialectics of Seeing: Walter Benjamin and the Arcades Project* (Cambridge and London: MIT Press), pp. 59—77.

② 参看[德]本雅明（Walter Benjamin）《发达资本主义的抒情诗人》，张旭东、魏文生译，三联书店 1989 年版，第 175—195 页。

端艰难情境下的“创造”，特别是“空间形式”——非生产性空间（包括公园、图书馆等）、娱乐、享乐，以及快感的发明。

三

在列非弗尔所构筑的美学工程之中，“身体”与“空间”在当代理论语境下都会遭遇激烈的批判。首先，列非弗尔的“身体”会被指责为具有本质主义倾向。身体所占据的位置恰恰是原来绝对主体（absolute subject）所有的，欲望成为了某种本真存在，故而又掉入了在场的形而上学陷阱。[①] 列非弗尔确实有着根深蒂固的浪漫倾向，给予了欲望与身体绝对的地位。其次，虽然列非弗尔挪用了马克思的政治经济学，但是卡斯特（Manuel Castells）还是很敏锐地指出了列氏空间理论的悖谬之处：人类主动性成为了空间和城市组织化的生产性来源。[②] 换句话说，列非弗尔给予了空间太多动力性，而且过度确信空间矛盾的“自发性”。列非弗尔理论更深层的问题来自历史。20世纪50年代到70年代欧洲知识分子对于资本主义的批判（马克思主义者亦不例外）大多针对福特主义的积累模式、凯恩斯式民族国家的官僚机器，以及不容更改的阶级支配和大众异化。列非弗尔最重要的作品亦紧紧地嵌入在福特主义的理论语法之中。[③] 1970年之后更为灵活的资本积累取代了“福特主义”，资本主义不断在全球范围内建立或重建自身形象的地理、生产传输和传播的空间、基础设施和地域构造的空间，同时也生产出了新的时间与空间的概念、价值观念与主体内容。[④] 比如，卡斯特就提出“流动空间”成为了信息社会的支配性空间形式，从而建筑

---

① See Joost van Loon, “Social Spatializtation and Everyday Life,” *Space and Culture*, Vol. 5, No. 2 (May., 2002), p. 90.

② See Manuel Castells, *The Urban Question: A Marx Approach* (London: Edward Arnold, 1977), pp. 92—93.

③ See Neil Brenner, “State Theory in the Political Conjuncture: Henri Lefebvre's ‘Comments on a New State Form’,” *Antipode*, Vol. 33, Issue 5 (Nov., 2001), pp. 797—798.

④ See David Harvey, *Spaces of Hope* (Edinburgh: Edinburgh University Press, 2000), pp. 53—60.

与设计很可能需要在形式、功能、过程与价值方面予以重新定义。① 列菲弗尔所遭遇的更是某种现实的危机与挫败。20 世纪 70 年代激进革命全面退潮,80 年代新自由主义的霸权在全球范围扩张,空间不仅没有成为革命的中心,反而成了某种“精神鸦片”②。对于詹姆逊来说,“后现代”空间给人类经验及主体性带来了混乱,招致了一种“去政治化”的效果。③ 在这种语境下,空间不仅无力恢复身体的整体性,还进一步成为“行动中的意识形态”。④ 这是列菲弗尔空间美学工程所面对的第一个难题。然而,我以为还需要坚持一种辩证的身体概念,而不是向后结构主义哲学投降。美学与政治的必要接合依旧是有效的,关键是需要将身体概念进一步“空间化”并“政治化”。

不同于“情境国际”试图建构“具体的乌托邦”,列菲弗尔坚持“抽象乌托邦”的观念。⑤ 列菲弗尔或许看到了某种内在于乌托邦的困境:一种想象的地理学或空间形式/秩序抑制了社会变化与历史的可能性。然而,哈维认为这种拒绝是把双刃剑:

> 列菲弗尔肯定会拒绝传统的空间形式乌托邦,因为它所体现的权威性,他的空间生产总是保持着无尽开放的可能性。不幸的是,这一效果让实际的另类的空间挫败性地延宕了,这是一种折磨人的浪漫主义。⑥

虽然列菲弗尔认为宏伟性建筑是恢复身体整体性的一种资源,但是他最终没有为差异空间的生产提供具体的指引。何种空间形式可以最终契合于开放性的身体?这对于美学想象来说至关重要。乌托

---

① [美]卡斯特(Manuel Castells)《信息时代三部曲:经济、社会与文化 · 网络社会的崛起》,夏铸九、王志弘等译,社会科学文献出版社 2001 年版,第 512 页。

② See Kanishka Goonewardena, “The Urban Sensorium: Space, Ideology and the Aestheticization of Politics,” *Antipode*, Vol. 37, Issue 1 (Jan., 2005), p. 51.

③ See Fredric Jameson, *Postmodernism, or the Logic of Late Capitalism* (Durham: Duke University Press, 1991).

④ See Henri Lefebvre, *The Production of Space*, p. 308.

⑤ See Michel Trebitsch, “The Moment of Radical Critique,” in Henri Lefebvre, *Critique of Everyday Life: Volume 2*, trans. by John Moore (London and New York: Verso, 2002), p. xxiii.

⑥ David Harvey, *Spaces of Hope*, p. 183.

邦如何成为物质实践是美学政治化的关键一步。当然，在“空间生产”的流动意义上，乌托邦的静止性将被打破，它必然遭遇物质化过程中的各种斗争。美学因遭遇到现实政治与经济生产过程而被修正。然而，美学的本真追求并没有消失殆尽，依旧作为一种动力支撑着空间与社会变革。比如，一方面是列菲弗尔“再现的空间”（情感、身体的完整性、“作品”）如何通过“空间实践”现实化；另一方面，我们并不能简单依托“反抗的身体”这种浪漫想象，而是需要重新拷问政治经济学中的身体。[1] 如此，一种新的美学政治化便凸显了出来。我们不仅需要对游戏性的空间投入想象，对日常生活空间进行构筑，还需要反思劳动空间、经济生产的空间与身体之间的关联。一些新问题亦值得我们反思：新兴技术与空间生产具有何种关系？进一步对身体产生何种影响？比如，网络与虚拟性动摇了真实空间与真实身份，基因技术动摇了身体的本真性。这些都关乎新的空间类型的生产，也冲击或挑战着列菲弗尔“身体”与“空间”的某些命题。但我坚持认为列菲弗尔的探索并没有过时。空间连接了美学与政治，提出了解放（身体、感觉的解放，也召唤实质的民主）的可能性，“空间的生产”最终辩证地改变了美学与政治的关联。

（作者单位：上海华东师范大学中文系）

① David Harvey, *spaces of Hope*, pp. 97—116.

著 述 评 议

审美、艺术与人共生

——读《审美的人》札记

赵彦芳

内容提要 本文以对《审美的人》这一著作的评析入手，探讨了现代主义、后现代主义的审美-艺术观各自存在的问题，充分肯定该书从物种中心主义立场对艺术和审美之于人类生存的意义的揭示，指出对艺术、审美的理解应该返璞归真，坚持艺术、审美是服务于人类生存的这一根本点，而不能舍本逐末。另外，本文也指出，《审美的人》还带给我们方法论上的启示：美学、文艺学作为理论学科必须充分尊重现实才能保持常青。

关键词 审美-艺术观 公分母 "使其特殊" 现实诉求

"艺术终结论"、反本质主义的审美-艺术观的话语虽然盛极一时，但西方学术界也涌动着一股建构的暗流。埃伦·迪萨纳亚克的《审美的人》就是其中的一种声音。她试图从一个久已被人遗忘和轻视的角度——物种主义，对艺术、审美存在的理由和意义作出新的理解，提供一种审美-艺术的公则。尽管在众多的关于艺术、审美的定义中再增加一种似乎并无多大的价值，但是，她在阐述和论证当下审美-艺术观存在的问题时，其思路展开过程中所显示出来的敏锐、智慧、勇气为我们照亮了思想中的许多幽暗、昏昧。

超越现代主义和后现代主义的审美-艺术观

不论是艺术终结论，还是文学终结论，抑或是审美的泛化，埃伦·

迪萨纳亚克认为，主要不是艺术、文学本身出了问题，而是理论家们看待艺术、文学的立场出了问题。

现代主义的审美、艺术观在20世纪末21世纪初的语境里暴露出了诸多问题，甚至成为后现代主义者的众矢之的。无论是解构的还是建构的后现代主义在提出对艺术、审美的理解时，首先便是对现代主义的观念进行反思。

首先是其精英主义立场。这种立场将大多数人排除在外。一方面是欣赏者，即对艺术的理解者局限为精英，只有那些受过特殊的欣赏训练或者天生具有出色鉴赏力的人。另一方面，艺术家也只能是少数人，因为艺术家是天才，必须对其表达媒介具有特殊的知觉能力和天然的才能。难怪当下那些有影响的艺术实践者与艺术批评家绝大多数不满于“高雅艺术观”，他们认为现代主义的“艺术”和“审美鉴赏”这样的空洞概念是“不充分的、误导的、狭隘的、沙文主义的甚至是有害的”[①]。埃伦·迪萨纳亚克也指出，“作为18世纪晚期的一项发明的‘审美经验’，仅限于具有发达智力或创造能力的人们中间或者在他们中间更为普遍。”[②]这种限定“令那些自称为现代主义者的人体会到一种自我膨胀的感觉。这种感觉在他们自身及他们自己的头脑中，证明了他们的优越，表现出他们‘无所不知’和‘精明正确’的姿态”[③]。现代主义的少数人的审美和艺术在一个变化了的时代看去确实充满霸权色彩。

其次，现代主义的审美-艺术无利害的观点导致了一种将身心分离、突出心而忽视身的审美趣味。审美更是悦志悦神，悦心悦意，而不是悦耳悦目。根据现代主义理论，“艺术唯一重要的目的是吸引心灵和丰富精神。……绝大多数有关艺术的正式的现代主义讨论多半都把主体看做没有血性和没有身体似的。审美经验中的身体要素一贯被批评家和理论家当做与艺术无关的某种东西而不予理睬”[④]，这种审美趣味建立在身心二元分离的哲学观基础上，将身体体验从审美经验

---

① [美]埃伦·迪萨纳亚克《审美的人》，户晓辉译，商务印书馆2004年版，第11页。

② 同上，第194页。

③ [美]林赛·沃特斯《美学权威主义批判》，昂智慧译，北京大学出版社2000年版，第7页。

④ [美]埃伦·迪萨纳亚克《审美的人》，户晓辉译，商务印书馆2004年版，第53—54页。

中排斥出去。但其实对艺术作品的反应和任何人类经验一样是感性的和身体的。埃伦·迪萨纳亚克认为,“那种高度超然的审美反应,即使作为一种理想而不是一种被完美实现的现实,也是非常特殊的和不自然的,并不适合那种没有受过训练的人。”[①]傲慢的现代主义的审美-艺术观把高级艺术与一切喜悦、快乐和痛苦隔离开来这一非凡之举,最终将审美、艺术逼到了一个死胡同,使艺术与生活失去联系,也为后现代主义的解构风暴提供了依据。

因此,罗兰·巴特认为有必要在美学领域发动一场革命,让愉悦和狂喜、情感和感受成为人们关注的中心。他要求我们“试想象一种完全地建立在消费者的愉悦之上的美学,无论这个消费者是谁,属于哪个阶层、哪个团体,也无需顾及文化或语言的尊严。”[②]这种美学是平等向消费者敞开的美学,激发的也不是什么非凡的超验的心灵体验,而是和身体活动、情绪变化等水乳交融的体验。而以舒斯特曼、韦尔施等为代表的美学家们则力图将审美的原则贯彻到生活中,“完美的审美生活追求,将包括通过身体的、语言的、认识的、心理的和社会的改变——如果不是合作也是互相支持的自我和社会的丰富。”[③]将审美从艺术中释放出来,将艺术从少数人的生活中释放出来进入每个人的生活方式,倡导身体美学、生活美学,这些主张无疑都是对现代主义审美-艺术观的反拨。

无疑,后现代主义不遗余力地揭示传统中的诸多问题,其问题式思维和开放态度一度激发了创造的热情,也确实为艺术的解放和民主化开辟了道路。但是,他们的审美-艺术观是否就没有问题呢?埃伦·迪萨纳亚克对后现代主义的批评是非常尖锐的。正如《审美的人》封底所附的肯尼斯贝克在《旧金山新闻》上所作的评论:“埃伦·迪萨纳亚克的书是我迄今读到的对后现代主义理论浅薄的悲观主义的最有力回答。”

后现代主义审美-艺术观一个最显著的问题就是艺术的无边界、审美的泛化。如阿瑟·丹托所说:“我们进入了一个艺术绝对自由的

---

① [美]埃伦·迪萨纳亚克《审美的人》,户晓辉译,商务印书馆2004年版,第189页,

② Roland Barthes, The Pleasure of the Text, translated by Richard Miller, New York: Hill and Wang, 1975.

③ [美]R.舒斯特曼《实用主义美学》,彭锋译,商务印书馆2002年版,第344页。

时期，以致艺术似乎只是无限玩弄自身概念花样的一种名字。”[①]艺术什么都是，也因此什么都不是。审美体验也如此。后现代主义者沉迷于短暂性、零散化、间断性和混乱，并不试图界定任何永恒的成分。这种审美-艺术观的哲学基础是相对主义，作者认为，后现代的绝对相对主义并不比绝对权威主义更适合人们。她认为我们现在所生存的世界是一个人类的永久关注被人为地伪装、否认、放逐的世界，而无原则的宽容几近于漠不关心，人为的无深度性暗中毁坏了一切形而上学的庄严。这种状况在人类历史上是史无前例的，是人类的又一个深渊。艺术在后现代失去了家园。

另外，后现代主义挑战旧的精英秩序，试图产生一种多元的、平等的艺术观，“人人都是艺术家”，审美的日常化都是这种倾向的表现。但是诚如作者所说，后现代主义者们抛弃了高雅艺术的昂贵而丰盛的大餐，转而提供的却是乱七八糟的、无味也没有营养的小汤。仅仅挑战艺术的精英地位并宣布一切都行得通并不能带来可能的和需要的那种根本性的意识转变。后现代主义的所谓努力非但没有排除反而加重了商品化、浅薄、犬儒主义和虚无主义。

无论是现代主义者的高雅艺术的宣言，即认为艺术是至高无上的价值和强化个人体验手段，还是后现代主义者所认为的艺术属于每一个人而且潜在地是我们周围的一切，作者认为都是有问题的：“艺术可能如现代主义者们所相信的那样是罕见的和范围狭窄的，或者也可能如后现代主义者那样是解放的和问题化的”[②]。前者的艺术观导致的是艺术与生活的脱节，后者则降低了艺术的品质。埃伦·迪萨纳亚克寻求将二者结合起来的途径。

审美-艺术的公分母

在此时代为艺术、文学寻求一种本质似乎是不合时宜的。当下学术界盛行的观点是艺术、文学是不断变动的，任何一种关于艺术、文学的定义只不过是一种语境下的产物，没有超历史的文学的本质。传统

---

① [美]阿瑟·丹托《艺术的终结》，江苏人民出版社 2001 年版，第 105 页，译文有所变动。

② [美]埃伦·迪萨纳亚克《审美的人》，户晓辉译，商务印书馆 2004 年版，第 95 页。

从实体论角度为艺术、文学确定本质的方法似乎不再有市场。比如德里达就宣告,“没有内在的标准能够保证一个文本的本质的文学性。没有可确认的文学本质或文学存在”。[①] 乔纳森·卡勒也认为,“文学就是一个特定的社会认为是文学的任何作品”。[②] 不存在所谓艺术的本质、艺术的真理、文学性之物,所谓的艺术、文学只不过是一种规则下的产物。

实体论的本质主义虽然是有问题的,但并不意味着艺术、审美就没有通约性。即使是德里达,也为这种通约性留下了余地,“文学性不是一种天然的本质,不是文本的一种内在属性。它是对于文本的一种意向关系的关联物。……文学的本质,如果我们坚持本质一词的话,就是在刻写和阅读‘行动’的历史渊源处被作为一套客观的规则而生产出来的”[③]。德里达的意思是说文学性存在于意向关系的行动中。他的思路中有一种非常重要的动向,就是将文学看做“行动”,用文学行动取代文学本质,也就是用行动的复杂性否定本质的纯粹性,用行动的介入性否定本质的被发送性。艺术不是先在的,而是建构起来的。文学不是实体性的存在物,而是作为存在方式的文学活动。这是一种充分考虑到动态因素的对文学充满智慧的思考。

埃伦·迪萨纳亚克清醒地意识到,“在启蒙时期之前,没有其他社会把艺术看做一个本质的实体,可以同使用它的环境(通常是在庆典或娱乐之中)或者同它所描绘或暗示的内容分开”。[④] 我们普遍所持有的艺术、文学是一种实体的观念是现代的产物,而艺术的行为早已有之,且是普遍和持久的。她认为,我们应该“把艺术看做一种行为——‘使其特殊’的一种实例——将着重点从现代主义者视艺术为物品或者性质或者后现代主义者视它为文本或商品转移到这一活动本身(创造或者欣赏)”[⑤]。她和德里达都对传统形而上学的本质主义进路的问题有充分的意识,试图将动态的因素注入对艺术的思考中,但德里达

---

① Jacques Derrida, The Post Card, From Socrates to Freud and Beyond, trans. Alan Bass, Chicago & London: The University of Chicago Press, 1987, p44,

② [美]乔纳森·卡勒《文学理论》,辽宁教育出版社 1998 年版,第 23 页。

③ Jacques Derrida, The Post Card, From Socrates to Freud and Beyond, trans. Alan Bass, Chicago & London: The University of Chicago Press, 1987, p45.

④ [美]埃伦·迪萨纳亚克《审美的人》,户晓辉译,商务印书馆 2004 年版,第 273 页。

⑤ 同上,第 309 页。

的行动无疑具有更多虚无主义的色彩，而埃伦·迪萨纳亚克则为审美-艺术的行动找到了生存、人性的大地，从而有一种确实感。

她为艺术找到的公分母——“使其特殊”的行为究竟是什么含义呢？作者又是在什么层面上言说呢？

埃伦·迪萨纳亚克的视角——物种中心主义是下降而非上升的，即将艺术下降到人类生存实际，从人类生物进化的角度，重构艺术的生物发生过程。首先，“物种中心者不是把艺术看成一种实体或性质，而是看成一种行为趋势，一种做事方式”①。艺术行为不是艺术品，是人类诸多行为中的一种，是人的一个根本的属性。它是一种生物性的必需品，是每个人在生物学意义上被赋予的倾向，是普遍和必需的。艺术、审美深深植根在人类漫长的进化中，伴随着人类，帮助人类生存。因此，艺术、审美并非是神秘的，高高在上的，不是少数人的文化行为、奢侈品，相反，“艺术是人人都有潜力来做的一种行为。因为所有人都有做这件事情的心理倾向”②。当然，那些拥有艺术倾向、艺术行为的人，比那些没有的人生存得更好，这是人类进化过程自然选择的结果。

艺术行为，在人类进化过程一直没有被其他人类行为淘汰的关键在于——“使其特殊”(special 或 extraordinary)，这是艺术的生物学核心，无论什么地方的人类的行为中都存在“使其特殊”之类的东西，具有重要的生存意义上的意味，“我的理论提醒我们，使其特殊的欲望或需求已经贯穿人类历史，直到相当晚的时候，一直主要服务于人类永久的利害关系——以最为意味深长的方式约束我们的情感的那些利害关系。一直到最近，艺术……一直被用来满足或者至少是提示严肃的和重大的利害关系”③。“使其特殊”服务于人类生存，其最终指向是为了人类更好地生存。

因此，艺术并非是一切或并非一切都是艺术。“任何事物都潜在地是艺术，但是为了成为艺术，还要要求：首先有审美意图或注意，其次有以某种方式构形——主动地使其特殊或者在想象中把它当做特殊。”④这些特殊化的手段都是为了强化人们对生存的体验，促使人类

---

① [美]埃伦·迪萨纳亚克《审美的人》，户晓辉译，商务印书馆 2004 年版，第 65 页。

② 同上，第 65 页。

③ 同上，第 98 页。

④ 同上，第 95 页。

能够对那些塑造和苦心经营活动反复思考，从而认真对待那些重要的具有生存价值的要素。这是艺术的最终指向。

也正因此，作者对艺术的当下状况充满忧虑，“艺术在我们这个世界中的混乱而又令人不满的状态是否和我们不再关心重要的事情这一事实有关。”“没有重要的事”，“对生命事物的深切关注已经过时。”①有趣的不再重要，重要的不再有趣。恰如丹托的凄凉描绘：“当然，装饰、自我表现、娱乐是永久的人类需求。艺术总是会提供某种服务，如果艺术家满足于此的话”。② 但是，艺术不仅仅是居室装潢、卡拉 OK，“在整个人类历史中，艺术就是作为塑造和美化我们所关心的事情的强化手段和特殊行为而产生的。没有这些将我们生活中重要而严肃的事件标示出来的过度的和超常的手段，我们放弃的与其说是我们的虚伪，不如说是我们的人性”③。人们是否已经准备好在前所未有的安逸中茁壮成长？人类在获得所谓进步的同时，日益丢弃了基本的人类满足和生存方式，而回到“核心人性”，才是我们误入歧途和前行的指南。

总之，做点事情并使其特殊是人性的特点。“并非艺术，而是使其特殊一直具有进化论的、社会的和文化的重要性。”④这种公分母虽然会结合具体的历史环境有多样化的表现，但其自身的存在无疑是超历史的。现代主义的大写的艺术可以过去，后现代主义的有问题的艺术可以过去，但“使其特殊”的行为却一直贯穿于人类进化的历史。

美学、文艺学学科的现实诉求

美学、文艺学作为理论学科，理论属性自然是其最重要的属性，但是理论抽象概括的对象是人类现实。因此，理论学科既需有理论的激情，也需要对现实的敏感，理论必须时时联手现实，才会成为常青的理论。现实属性是文艺学、美学的另一重要属性。曾写过两本精彩的艺

① [美]埃伦·迪萨纳亚克《审美的人》，户晓辉译，商务印书馆 2004 年版，第 102 页。

② [美]阿瑟·丹托《艺术的终结》，江苏人民出版社 2001 年，第 105 页，译文有所变动。

③ [美]埃伦·迪萨纳亚克《审美的人》，户晓辉译，商务印书馆 2004 年版，第 200 页。

④ 同上，第 93 页。

术哲学论著的 D. W. 普劳尔毫不客气地将传统美学看做伪科学、伪哲学，因为“它的论题虚幻如梦；它的方法既不合逻辑又不科学，也不是彻底的、经验意义上的求实的方法……它经不起实践的检验，没有一套正统的术语能使老实人对它笃信无疑，也不能作为一种彻底的崇拜偶像以慰藉人的精神”[①]。艾布拉姆斯也指出：“任何出色的美学理论都是从事实出发，并以事实告终，因而在方法上都是经验主义的”。[②]美学理论的原则应该以审美事实为依据。

埃伦·迪萨纳亚克对审美、艺术问题的思考显然哲理性色彩不浓，而且她个人认为这样的途径并不一定有效。她从对人类基本生存事实的尊重出发，“考察当代艺术和当代生活的最佳视角不是来自社会学、历史学、人类学、心理学或精神分析学，而是潜藏在人类生物进化的漫长景观中。”[③]不能不承认，作者的思路给人一种返璞归真的强烈感觉，她自己也说自己有些像《皇帝的新衣》里的那个小孩，过多的知识反而会将人们最显而易见的经验淹没。比如，“我们对自己‘专业’知识的习惯性概括已经倾向于遮蔽了对下列事实的认识，即经验同时也是知觉的、概念的和情绪的，而且所有这些都是‘身体的’”[④]。在很长的时间内，审美经验中的身体因素被拒绝，美学“无利害”地与生活产生隔膜。审美、艺术以及关于它们的思考其实并不一定就需要多么高深的理论，不是少数理论家的话语特权。相反，如果理论与现实经验隔绝，则必定是枯竭、无效的理论。

理论、知识的过度并缺乏反思，必然会蒙蔽对艺术、审美存在问题的洞察。埃伦·迪萨纳亚克则在尊重现实、直觉的基本前提下，完成了对艺术、审美的被囚的突破。

首先，将艺术从书写中解放出来，回到生活中。在九分之八的人类历史中，不存在阅读。那么，是否在这之前，人类就没有艺术呢？作者认为单数的大写 ART 只有大约两个世纪的历史，所以是相对的，甚至是可以丢弃的，而人类艺术行为的历史则伴随着人类进化的历史。“艺术是表达、表现和强化一个群体最深层信仰和关切的仪式庆典的

---

① [美]M. H. 艾布拉姆斯《镜与灯》，郦稚牛、张照进、童庆生等译，北京大学出版社2004年版，第2页。

② 同上，第3页。

③ [美]埃伦·迪萨纳亚克《审美的人》，户晓辉译，商务印书馆2004年版，第13页。

④ 同上，第134页。

永恒而不可分割的一部分。在传统社会中，'为生活的艺术'而非'为艺术的艺术'才是通则。……艺术是种种做事的方式，包括但不限于视觉或文字的表象。"[①]书写的艺术仅仅是艺术行为的一种表现方式，绝不是唯一的。将大写的ART等同于艺术，不仅将艺术狭隘化，而且也是在将艺术上升为脱离人类生物本性的文化附属物。但事实上生活并非只是语言问题，人类也不能为了文化而否弃自然。因此要重获自然，为艺术找回自然中的根本。

另外，将艺术从静态的概念中解放出来，强调艺术是艺术行为。"教科书告诉我们，浪漫主义的19世纪专注于艺术家和作者；现代主义的20世纪专注于作品或文本；当代后现代主义专注于批评家和读者。"[②]这些概念，都只是理论的发明，都只是理论家在一套狭隘、现代和西方的艺术范式中得出的结论，但是，作者强调的是艺术是行为或活动，而不是像其他艺术理论家强调结果。这里就包含着两种否定：一为艺术行为不单是艺术家的专利，作为使一个人所关心的事情特殊化的活动，对每个人来说都是基本的；二为艺术行为不仅是欣赏，更是创造性，是一种积极的参与，从而避免了让艺术行为蜕变为被尼采、别尔嘉耶夫等所说的审美型的人。"审美型的人是消费者不是创造者"，"当人纯粹以审美态度观照生活时，是在主体之中而不是在客体之中。……美感诱惑使人做旁观者，不使人做参与者"。[③]

作者的思想是从生活中来的。多年的非西方生活经历并没有让她的思想边缘化，相反，她借助于非西方人类的艺术经验映照出了西方艺术观念的种种问题，为美学界提供了一个有力的视角。同时，作者积极回应艺术、审美的危机问题，重新思考艺术、审美之于人类的意义和原因。她属于美国实用主义美学这一传统流派，我们在她的探索中可以回想起杜威20世纪初的追问："为什么将高等的、理想的经验之物与其基本的生命之根联结起来的企图常常被看成是背离它们的本性，否定它们的价值？为什么当美的艺术的高等成果与日常生活，与我们同所有活着的生物所共有的生活联结起来时，人们就会感到反

① [美]埃伦·迪萨纳亚克《审美的人》，户晓辉译，商务印书馆2004年版，第307页。

② 同上，第309页。

③ [俄]尼古拉·别尔嘉耶夫《人的奴役与自由》，贵州人民出版社1994年版，第211页。

感?”[①]她的思考不是从形而上学的想当然出发,而是从对人类生活事实的考察出发。也许,我们的理论太久沉湎于理念的“阁楼”,太久周旋于“鸽子笼”式的美学、艺术理论。该书朴素的文风、理论对事实的尊重给笔者带来的那种透彻感、亲切感,在长时间里都是非常美好的享受。

当然,埃伦·迪萨纳亚克的思考仅仅是一种路径,并非标准答案。但是,让我们记住,艺术永远不是一种奢侈品,而是一种生物必需的工具。“艺术的独特性并不在于无利害的孤芳自赏,而在于其原始的生物根性。艺术就像我们的恋人、我们的孩子,内在于我们的生活并且是生活绝对必需的。”[②]也许,作为一种语境下的艺术形式可能会消失,但“使其特殊”的行为永不会消失,审美和艺术永远与人同在。

(作者单位:扬州大学文学院)

---

① [美]杜威《艺术即经验》,高建平译,商务印书馆2005年版,第20页。

② [美]埃伦·迪萨纳亚克《审美的人》,户晓辉译,商务印书馆2004年版,第311页。

艺术终结论的新拓展
——评丹托的《艺术终结之后》与《美的滥用》

刘悦笛

对于中国的艺术界和思想界而言，阿瑟·丹托的艺术终结观念真的姗姗来迟！

在丹托1984年提出艺术终结而哄动一时的整整20年之后，这个观念才开始在中国产生应有的影响。这也许是理论在各个国家之间旅行的“迟到”，但可喜的是，王春辰先生将丹托的两本重量级的著作《艺术的终结之后——当代艺术及历史的界限》和《美的滥用——美学与艺术的概念》翻译成中文，这位与我一样的“丹托迷”，以相对准确的译文和确切的理解，为中国读者了解丹托的艺术哲学思想和艺术批评面貌提供了非常重要的文本。

阿瑟·丹托何许人也？他是拥有双重身份的人。如果从纯学术的角度看，这位哥伦比亚大学的荣休教授，曾担任过美国哲学学会的主席、美国美学学会的主席、美国《哲学杂志》的编辑，在分析哲学和美学领域几乎登峰造极，被视为“当代最杰出的哲学家”之一。然而，真正使人惊讶的是，如果问及谁是当代美国艺术界最具“影响力”的艺术批评家的时候，恐怕又非这位哲学家莫属。从1984年开始，丹托成为拥有一百多年历史的老字号美国《国家》杂志的艺术批评撰稿人，媒体的推介作用更使得他在艺术圈内外名声大噪。有趣的是，哲学家与艺术批评家，这两种看似相距甚远的角色，在丹托那里得到了“奇异的结合”。

就是这样一位国际型的哲学家、美学家兼艺术批评家，在中国的译介却如此之少，真的令人遗憾。试图对丹托专著进行翻译，起于20世纪80年代初，起于那套由李泽厚担任主编的著名的“美学译文”丛书。在与李泽厚先生的私下交谈里，他曾谈到计划要翻译一百本国外美学书籍，当时较新的一本就是丹托1981年出版的《普通物品的转化》。然而，历史的机缘却使我们错过了与丹托较早“邂逅”的机会。

在欧美风靡却在中国少有关注，类似的情况恐怕只有在当代著名“公共知识分子”乔姆斯基那里出现了，此君本为语言学家却由于其政治评论而世界闻名。另一位在国内没有得到相应地位的艺术史家，就是在1984年与丹托“异曲同工”地提出艺术终结的德国人汉斯·贝尔廷(Hans Belting)，他以“艺术史终结论”而同丹托的“艺术终结论”颉颃并行。新世纪才开始翻译的丹托的这些著作，相信定会令国内学人和艺术研究者有相见恨晚之感！

应该说，《艺术的终结之后》与《美的滥用》这两本著作是丹托艺术哲学发展到晚期的产物。丹托早期的思路，基本上是以规范的“分析美学”为主导的。他在1964年提出的“艺术界”(artworld)理论深刻地影响了其后的分析美学的建构；在1981年提出的“普通物品的转化”说从而彻底转向艺术哲学和艺术批评；在1984年提出的著名的“艺术终结论”使之成为了全球知名的明星式的学者。这“三步曲”，使得丹托早期的美学得以充分地表达和展开。

然而，早期的美学还没有将他的潜能完全释放出来，在晚年的丹托自己看来，他的艺术哲学发展至今主要由三部著作构成：1981年出版的《普通物品的转化》、1997年出版的《艺术的终结之后》和2003年出版的《美的滥用》。后两部著作与第一部居然相距了十多年之久，这恰恰是因为，1984年艺术终结理论的提出，可以作为一个“分界点”。在1984年之前，属于丹托美学的早期形态，1984年之后，则属于丹托艺术哲学的后期形态。晚期丹托的思想在更广阔的天地内得以驰骋，或者说，他的艺术哲学思想在后期才真正得以完整的总结。

《普通物品的转化》时期的丹托，也就是20世纪80年代前期的丹托，还在遵循分析美学的“老路”，试图在艺术定义的方向作出自己的努力。但毋庸置疑，此时他的美学反思开始趋于系统化了。不过，不同于那些试图通过“显明性”的特质来界定艺术的途径，丹托认为，安迪·沃霍尔的波普艺术品《布里洛盒子》是以一种哲学的方式提出了“艺术本质”的问题。然而，作为艺术的盒子和不是艺术的盒子之间的差异，却不是眼睛所可以发现的，而只能通过“非显明性”的特质才能得以确认。由此，他确定了某物成为艺术品的“最简化”的两个条件：其一，一个对象应当是关于某物的；其二，它表达了它的意义。这是丹托在提出“艺术界”理论之后，也就是意识到援引某种理论的氛围才能赋予艺术地位之后，而明确地为艺术下定义提供“构架”的尝试。当然，这种确认源自于他敏锐地把握到了20世纪60年代开始的前卫艺术的努力方向，亦即一方面要打破“高级艺术”与“低俗图像”之间的界线，另一方面则试图抹平“作为艺术品的物品”与“作为日常文化一部分的普通物品”之间的差异。

到了《艺术的终结之后》时期，丹托的视野更加开阔，思维更加敏捷，这是因为在艺术终结论被提出并得到广泛关注之后，他似乎终于找到了为之精神振奋的新的理论生长点。但艺术与普通物的界限，仍是丹托逡巡反思的所在。丹托早已确定他看到安迪·沃霍尔的《布里洛盒子》展的1964年，就是艺术终结之日，其聚焦点在于波普艺术如何赋予这些日常生活的图像以艺术价值的？这样，《布里洛盒子》被丹托当成了“哲学化”的艺术品，按照他的思路来推论：首先，在沃霍尔的《布里洛盒子》以适当的哲学形式提出“什么是艺术的本质”的问题之后，艺术就走向终结；其次，在这个问题提出之后，艺术史不能得以继续，这是由于艺术品，归因于它们的简略的和分裂的本质，甚至不能回答这个问题，因为其答案需要上升到一致性的高度。

实际上，《艺术的终结之后》展现的是丹托的一整套的“艺术史哲学”观念。他自己也承认，《普通物品的转化》、《艺术的终结之后》和《美的滥用》“放到一起就是对20世纪60年代开始而持续至今的艺术史发展的回应”，他也感谢他所经历的那个现代主义的时代业已结束，新的革命时期已经开启的时代。正是感受到了时代的风风雨雨，使得丹托可以用自己的“艺术哲学”来见证他所见的“艺术史”，反过来说，“艺术哲学”以何种方式必然受到“艺术史”的牵制，他的“艺术哲学”正是从“艺术史哲学”当中生发出来的。

丹托正是这样一位面对艺术史，特别是当代艺术史剧变而勇于发言的最突出的思想者。这也许是因为，现代艺术与当代艺术的差异到了二十世纪七八十年代才变得清晰，丹托洞察到了这种差异的嬗变。按照丹托的理解，“艺术史”对于“艺术哲学”具有提问式的历史作用：当艺术家们创造出呈现了“艺术的哲学本质”的艺术的时候，艺术本质的哲学问题的真正形式才可以被“历史性”地提出。

丹托反复声明，自己和汉斯·贝尔廷提出的艺术终结论，并不等于宣称艺术已死，反而言说的是关于艺术的某种“叙事”（它早已展现在前几个世纪的艺术史当中）已经终结，但是被叙事的“主体”却没有消失。这也正是对丹托的全球性的误解：艺术终结＝艺术之死！

《艺术的终结之后》通过对艺术终结之后三十年的艺术状态和理论状况的梳理，使人们看到了艺术史的终结就完成在关于"艺术是什么"的哲学理解上面，换言之，既然艺术的哲学问题已经从艺术史内部澄清了，那么历史就已经结束了。这便是"艺术终结"与"艺术史终结"双璧合一的真谛。当丹托激烈批判西方艺术史上的所谓"瓦萨里情结"和"格林伯格情结"的时候，批判这两个情结背后所隐匿的"进步论"的时候，我们感受到他的书"都是面向世界各地的艺术家的"，因为"他们希望对他们周围发生的艺术世界获得某种宏观的哲学画面"，丹托恰恰做到了这一点，所以艺术终结所传达的观念从欧美诸国进入到全球共同体当中而被广为接受。

《美的滥用》作为丹托最新的美学专著之一，给人的感觉是：经过对艺术的哲学反思之后，丹托又开始回到美的哲学问题的系统化解析上面。或者说，他又重新关注到艺术与美之间的关系这个古老的问题。丹托反对一种美学狭隘化倾向，也是将美学越来越窄地与美等同起来，同时也在"美的艺术"中将美与艺术勾连起来。

更深入地看，丹托反对的是启蒙运动对美的至高无上的地位的赋予，反对的是这种话语霸权一直延续至今的状况，在这个意义上，他是"反启蒙现代性"的。按照他的理解，"美不但已经从六十年代的高级艺术中消失，也从那十年的高级艺术哲学领域中消失"，从此以后，美如明日黄花而彻底斩断了同艺术的关联。其实，这个论点并不新鲜，他无非是要展现出艺术不再"审美地"向接受者呈现，美早已不是艺术家的核心关注点，这在现代主义艺术运动之初的实践当中就已经得以显现了。

但是，按照丹托的阐释，"难以驾驭的前卫艺术"才是艺术与美分离的真正破坏力量。这种艺术的成就"除了通过证明不具有美的东西可以成为艺术，从而把美排除在艺术定义之外"，还佐证了"艺术拥有相对多的可能性"，而这恰恰促使了"多元主义"的艺术终结时代的来临。既然美早已不是唯一具有价值的美学特性，那么，艺术创作和艺术批评也不再关注于传统的视觉愉悦，反而是要呈现一种更重要的意义。更形象地说，"艺术家已经成为哲学家过去做的角色，指引着我们思考他们的作品所表达的东西"。这样，"真实性"倒成为了更重要的诉求，艺术家在创造意义，批评家将作品的意义与传达意义的对象联系起来，接受者通过这些感受到了意义。所以，随着艺术时代的"哲学化”的到来，“视觉性”逐渐地散去了，艺术必然走向终结。

而今，我们终于看到，丹托在中国还是“火”了起来，这恰恰是以本土艺术创造和艺术批判走到了这一步为历史背景的。如果没有背景、失去语境，那么任何舶来的新观念都只能是“空中楼阁”。正如丹托感慨，他有幸处于世界艺术中心纽约，感受到了艺术的急遽变化，所以才能有艺术终结的宣称。

丹托从哲学、美学和艺术哲学再到艺术批评的转化，恰恰是将“哲学美学化”了、“艺术哲学历史化”了、“艺术批评哲学化”了。在中国的情况是如此——“讲坛美学”成为了脱离当代艺术实践的“玄学”；当初的美国情况也是如此，丹托在求学其间就发现他所学习的美学理论对当代缺乏阐释的力量。在丹托之后，这个问题解决了，美学面对当代艺术的急速嬗变就应该从“阐释者”逐渐变成“立法者”！

从时序上看，尽管艺术终结观念来到中国比较晚，但是从历史的角度来看，这却是最佳的契机。为什么这样说呢？可以设想，假如将丹托艺术终结观念的引入再向前推个 20 年，或者 10 年，恐怕这些观念都不会对中国艺术界和思想界产生相应的影响。这是因为，在 20 世纪 80 年我们还沉溺于“现代主义”的艺术试验，如果在一个“现代主义”尚未经历的国度嫁接艺术终结观念，那只会导致历史的“错位”。想来，艺术终结论在欧美社会也是迟到的，因为丹托将艺术终结点上溯到他 1964 年看到安迪·沃霍尔的展览那年开始，整整 20 年后艺术终结理论才破壳而出。我们也可以说，正是由于中国艺术在 90 年代开始走到了后现代的“端口”，所以才让艺术终结观念最终踩到了“点”上。

照此而论，丹托的艺术终结观念尽管“姗姗来迟”，但却“恰逢其时”。

当丹托表达“艺术界的全球化意味着艺术向我们表达的是我们的人性”的时候，我们看到这位耄耋老人深藏于心的乌托邦诉求。笔者也在 2006 年出版了与丹托同名的新著《艺术终结之后》，但副标题却定为“艺术绵延的美学之思”，这恰恰是源于与丹托一样的对艺术的期盼。的确，丹托拥有自己的信念：所终结的是艺术的叙事，而不是叙事的主题——艺术。

当艺术的故事走向终结之时，我们的生活才真正开始……

（作者单位：中国社会科学院哲学研究所、北京大学哲学系）

美学的限度和超越的美学

——评诺埃尔·卡罗尔的《超越美学》

刘笑非

如果具有初步的美学理论基础的美学爱好者需要深入研习美学理论，我推荐诺埃尔·卡罗尔的《超越美学》。

诺埃尔·卡罗尔(1947—)，曾担任美国美学学会会长，是当今在人文学科方面获得安德鲁·W.梅隆教授[①]称号的知名学者。他曾任教于美国多所大学，包括纽约大学、康奈尔大学、哥伦比亚大学、威斯康辛大学、纽约州立大学水牛分校，并且曾作为哲学客座教授在天普大学与美学家门罗·比尔斯利一起共事。卡罗尔师从具有分析传统的美学家乔治·迪基，本书正是献给他的老师乔治·迪基的。

卡罗尔的研究涉足人文学科的众多领域，其中包括电影理论、视觉艺术理论、社会文化理论和艺术哲学以及美学领域。正如彼得·基维在此书的序言中所说："倘若丹托的时代是刺猬的时代，它只知道一件大事，那么我们现在正进入一个狐狸的时代，它知道很多小事。并且至少从我这个方位来看，岩石上的那个大狐狸是诺埃尔·卡罗尔。如果即将到来的艺术哲学和美学的时代是狐狸的时代，那么它很可能是卡罗尔的时代。"[②]卡罗尔虽然没有建立完善的美学体系，但是他对众多具体的美学问题都作了深入的分析并进一步推进，这对分析美学来说有着不可忽视的重要贡献。《超越美学》是卡罗尔发表于1986年到2000年之间的美学论文选集，所选论文代表了他在这一时期内所关注的核心问题，这些问题同时也涵盖了这一时期分析美学所关注的大部分核心问题，其中包括艺术和美学的界定问题、解释与意图的关系问题、艺术与道德的问题、艺术与情感的问题，以及对笑话、低俗小

---

① 安德鲁W.梅隆教授称号在人文学科领域是授予那些在此领域发表其研究成果知名学者，给予奖金从而发展跨学科的研究和教学。

② 《超越美学》前言。

说的悖论、视觉隐喻、自然审美等更具体的小问题的分析。

这本论文集包括五个部分。

第一部分《超越美学》包括三篇论文，这里卡罗尔的主要目的是批评艺术理论中经久不衰的审美理论。审美理论主张审美属性是艺术作为观照对象的首要属性。也就是说，我们在欣赏艺术品时主要集中在艺术品的形式与感官的属性上。这个理论在艺术和美学研究中引发了两个问题。一是审美理论使得审美反应成为我们对艺术品的最合法的反应。《艺术与互动》指出了这个问题，并提出：就我们对艺术品的互动活动来说，不仅审美活动是恰当的，解释活动同样也是恰当的。而且同审美反应一样，对艺术品的解释活动也是愉悦的一个来源。卡罗尔还进一步指出艺术品是在与艺术史的不断对话中获得意义的，所以理解艺术史发展中的冲突与张力，与拥有审美经验一样，是艺术观赏实践的一个核心成分，而这种理解依赖解释活动。审美理论引发的第二个问题是：审美理论将艺术的概念归入审美范畴之中，造成了审美理论和艺术理论谱系上的混乱。《美与艺术理论的谱系》提出了这个问题，并考察了审美理论和艺术理论发生混淆的历史——从哈奇生、康德、克莱夫·贝尔到比尔斯利。这种发展使得艺术品的本质特征脱离了人类交流的其他领域，特别是认知领域和道德领域。卡罗尔指出，美的理论与艺术理论是截然不同的，虽然二者可能存在交叉。艺术理论的问题更多地落到文化一边，而美学的问题则更多地落到自然一边。在第三篇论文《审美经验的四概念》中，卡罗尔深入研究了作为艺术审美理论支点的审美经验的概念。他批判了三个众所周知的审美经验概念：杜威的实用主义审美经验概念、马尔库塞和阿多诺的讽喻的审美经验概念、传统的审美经验概念。最后在批判的基础上提出了自己的审美经验概念，他称之为“缩略的说明”。对于传统的审美经验概念，卡罗尔认为它过于强调非工具性价值，而忽略了审美经验某种程度上的工具性价值——训练我们认识周围环境的能力，而且还忽略了信念在审美经验中的作用。对于杜威的实用主义审美经验概念，卡罗尔认为其条件限制过强，过于强调审美经验与日常经验的区别，而忽视了对艺术品的审美经验常常是开放的经验。审美经验概念的讽喻性说明强调了审美经验是脱离概念的，因而是自由的，这种自由在现实社会秩序中是被压抑的，所以审美经验具有解放性质。卡罗尔认为这种观点来源于康德的审美无利害的观点。他否定了这种论证的前提,因为无利害和认知的自由活动都不是艺术品审美经验的必要成分。最后,卡罗尔提出了对审美经验的“缩略的说明”:审美经验是对设计的欣赏和(或)对性质的发现,它们独立地或共同地为把一个经验划归为审美经验提供充分条件,也就是提倡根据经验的内容而不是性质来鉴别审美经验。根据经验的性质来鉴别审美经验一般被称为对审美经验的现象学解释,这种方法揭示出审美经验区别于其他经验的性质,比如无利害性、内省性、自由性等,前三种对审美经验的说明都倾向于这一方法;根据经验的内容来鉴别审美经验一般被称为对审美经验的认识论解释,这种方法不再以经验本身的特征来区别经验,而是转入分析激发审美经验的客体的特性,卡罗尔对审美经验的说明倾向于这一方法。

第二部分《艺术、历史与叙事》主要是从叙事和历史的角度阐释艺术的一个重要的但经常被忽略的性质——历史性,其中包括五篇论文。20世纪先锋派艺术不断用让人迷惑的艺术品来挑战居于统治地位的传统的艺术定义,因而,“艺术是什么”的问题成了这个时代艺术理论的首要问题。现代分析美学的任务的实质是为把先锋派的革命性产品辨识为艺术品提供手段。前三篇论文虽然各有侧重,但是主要集中在解决一个问题上:通过叙事的方法使受到争议的艺术品获得身份。《艺术、实践与叙事》通过批判三个影响最大的关于“艺术是什么”的理论——本质主义的定义、家族相似的方法和艺术制度论,把“艺术是什么”的问题与艺术实践和艺术史的叙事联系在一起,提出辨别艺术品的方法:当面对一个新的对象时,我们可能指出它是一件艺术品,理由是它是对已被承认属于艺术传统的作品的重复、拓展或摈弃。《辨别艺术》否定了对艺术进行定义的方法,而把问题转换成:如何把一个受到争议的物品辨识为艺术品?对这个问题的回答是:把受到争议的作品放到一个艺术史的叙述中去,这个叙述如果能使该作品与传统上得到承认的那些作品联系起来,并且这种联系是易于理解的,那么这个作品就是艺术品。卡罗尔强调了艺术的一个十分重要的,但常常被忽略的特性:史实性。也就是说,理解一部艺术品,就是为它寻找位置,就是把它放入一个传统。《历史叙事与艺术哲学》深入论证了怎样通过历史叙事来把作品辨识为艺术品。这种叙事的要点是通过某种方式确定候选作品在艺术史中的艺术地位,使作品能够作为易于理解的对传统的贡献而得到安置。后两篇论文主要就方法论背景深入地进行探讨。《论叙事的联系》探讨了构成叙事的几个必要条件，并且强调了叙事的终点是由前面的事件和情况所展现的可能性中大致规定了的，也就是说前面的事件与相应后面事件是具有因果关系的相关条件（或对它的促进）。卡罗尔进一步强调了叙事性联系的特征，也就是叙事的本质要素。《解释、历史与叙事》批评了怀特对叙事的看法：历史性叙事与虚构性叙事相同，它们作为叙述的认知价值与小说是一致的，都是隐喻性洞见的来源。卡罗尔认为怀特过度区分了经历与讲述，所以把叙事理解为不提供准确信息的虚构。而卡罗尔认为叙事虽然是有选择的，但是根据事件发展过程的特性，这种选择是适当的，因此叙事也具有提供准确信息的能力，不仅仅是隐喻性洞见的来源。

第三部分《解释与意图》包括三篇论文，问题集中在对反意图主义的批评。反意图主义者否认作者意图与理解艺术作品有关。《艺术、意图与对话》考察了早期的反意图主义策略和最近的两个反意图主义策略——本体论论证和审美的论证，并分别进行了反驳。作者将重点放在对后者的反驳上。进行本体论论证的反意图主义者认为，艺术品在本体上与日常的话语和行为不同，因而适合它们的是不同的解释实践，作者的意图与解释无关。卡罗尔批评了比尔斯利把文学仅仅当成是再现。他认为作者通过文学作品提出主张，因而我们对作品的解释应该参照作者的意图。进行审美论证的反意图主义者认为，如果考虑到作者的意图，将阻碍解释活动的最大化，阻碍读者的自主和自由，因而可能错过最佳的审美解释。卡罗尔认为这种观点依然是建立在艺术的审美理论上的，它们预示了审美愉悦或审美满足是我们对艺术品产生的唯一合法兴趣。然而我们对艺术品的兴趣除了审美的兴趣以外，还有对话的兴趣。这种对话的兴趣可以通过考察作者的意图来实现。而且，交流也是审美愉悦的来源之一。《英美美学与当代批评：意图与置疑性的解释学》针对当前对美学之于当代艺术批评的意义的怀疑，提出美学对批评具有积极作用。当代批评的一个目标是突出作品政治上的缺陷：性别歧视、种族主义、阶级差别论、帝国主义等等。这种批评被称为置疑性解释学批评。而意图主义的解释方法与这种目标看起来是矛盾的。作者通过对意图主义的澄清，消除了这种矛盾，并且强调意图主义是置疑性解释学批评的前提条件，因为理解艺术作品必然会受到我们关于艺术家意图的最佳说明的提醒和引导。《意图谬误：自辩》针对反意图主义的批评——我们对艺术品的理解是建立在语言惯例的基础上的对语言的理解，所以与作者的意图无关——进行了反批评。卡罗尔认为我们对艺术品的解释是一种对话，而试图弄清说话者想说什么是对话的一个普遍特征。《解释与意图：假设的意图主义与实际的意图主义》区分了假设的意图主义和实际的意图主义。实际的意图主义可以分为两类。一类是比较极端的形式，这是卡罗尔不支持的，它们主张艺术品的意义完全由创造它的艺术家的实际意图决定。正是这种极端形式导致了“实际的意图主义是个谬误”的批评。另一类是卡罗尔所赞成的适度的实际意图主义：并不认为对一件艺术品的正确解释完全由艺术家的意图来决定，只主张艺术家的实际意图与解释有关。对适度的实际意图主义的最大的威胁是假设的意图主义。假设的意图主义主张对一件艺术品的正确解释不是受到作者实际意图的限制，而是受到关于他想要表达的意义的最佳假设的限制。卡罗尔认为假设的意图主义所用的方法与实际的意图主义的方法在很大程度上是相同的，而且是以寻求实际的意图为基础，所以这种尝试是多余的。

第四部分《艺术、情感与道德》运用心灵哲学中的认知理论探讨了艺术活动中的情感和道德。前三篇主要集中在对叙事性艺术品怎样通过诉诸情感来吸引受众的方式上。《艺术、叙事和情感》指出当前对叙事性虚构作品的解读比较强调解释学，而对作品如何赢得观众的普通情感这方面的研究不够重视。而后者正是叙事性虚构作品影响观众的最普通的形式。卡罗尔通过批评柏拉图的情感理论——戏剧通过使观众具有与剧中人物相同情感影响观众，破坏个人心中的理性法则，因此他反对戏剧——提出情感中也包括认知成分，与理性并不矛盾。叙事性虚构作品通过以下方式吸引观众：通过情节和某些突出的特征集中观众的注意力，引起观众特定的情感，这些特定的情感又使观众的注意力集中在作品的适合这些情感的特征上，并且对作品中将要发生的事件形成预期范围。作者还澄清了情感的认知成分所采用的形式是不同的，可以是由信念（对某种事物的确定性认知）引起情感，也可以是由思想（对某种虚构情境的想象）引起情感。《恐怖与幽默》分析了恐怖与幽默（主要指不协调的逗乐）这两种对立的精神状态是如何统一在同一部作品中的。由于引起恐怖和不协调的逗乐的对象有一个共同点：无法被归类到某种确定的范畴上。所以二者是相邻而又交叉的领域，很容易互相转换，只是恐怖的对象会造成伤害，而幽默的对象不会。《悬念的悖论》分析了阅读制造悬念的作品的悖论：一般的观点认为制造悬念的虚构作品之所以吸引人们去阅读，在于人们不确定结果，但是人们在知道结果以后还会集中精力反复阅读这个作品。卡罗尔再次强调了情感也可能源于思想（对某种情境的想象）。在这种情况中，欣赏者的注意力是集中在虚构作品的结构特征上，他们的想象力是受这些特征引导和控制的。欣赏者在信念上可能已经确定结果，但想象力仍然停留在作品的结构特征上，所以注意力仍然会是集中的。后三篇集中强调叙事性艺术品是通过诉诸道德来吸引受众的注意力的。《艺术、叙事与道德理解》批判了那些认为艺术和道德领域是彼此分立的观点，主张叙事性作品正是通过诉诸道德来吸引受众的，而且能促进道德教育。一方面，受众为了能够恰当地理解一件叙事，通常在填充故事的过程中运用道德和其他方面的知识和情感。另一方面，叙事性艺术品虽然没有传授新的道德观念，但是却能唤起并且鼓动受众的道德情感和道德判断，从而使道德情感和道德判断得到训练，尤其是训练在具体的情境下如何运用抽象的道德观念。《温和的道德论》批评了两种艺术自律的观念：激进的自律论认为艺术具有固有价值，不涉及工具性价值，比如道德教育作用；温和的道德自律论主张，艺术品在审美上的价值与其道德上的价值无关，也就是道德缺陷不影响审美价值。卡罗尔赞成温和的道德论：有些艺术品是具有道德教育作用的，而且其道德价值与审美价值也是密切相关的。卡罗尔延用了前一论文之方法，在对温和的自律论批判时又有所推进。他认为因为叙事性艺术品正是常常通过谋取我们的道德理解和道德情感来吸引观众注意力，使观众关心其情节发展，所以其道德上的缺陷会导致吸引注意力的失败，这同样是审美上的失败。《仿真、情感与道德》批评了仿真理论——我们通过把我们自己放在其他人的位置上来预测、理解和解释他们——在解释欣赏虚构性叙事艺术上的局限。卡罗尔主张我们在欣赏虚构性叙事作品时，并不是模仿虚构人物的情感，从而在情感上介入作品，而是作为一个旁观者从外部对虚构作品作出情感反应。

第五部分《其他话题》论题比较分散，分别分析了对笑话、低俗小说的欣赏机制，探讨了视觉隐喻性艺术作品何以可能，并补充了对自然欣赏的一种新的模式。《论笑话》中的“笑话”是特指的：这种笑话的结构有两个阶段，先提出谜，然后再给出答案。而这种答案在某种意义上是错误的，它需要受众来解释给出这种答案的根据。成功的解释是理解笑话的前提。虽然这种解释在某种意义上并非理性的，但却是最佳的解释。这种最优性和合理性之间的张力是笑话提供娱乐的机制。同时卡罗尔还论证了笑话与艺术品的区别：对笑话的解释是确定的，而对艺术品的解释是开放的。《低俗小说的悖论》认为，一般而言，我们是为了故事情节而阅读低俗小说的，而低俗小说的典型特征是对一个极其有限的故事类型的重复。这就存在一个悖论：我们既知道大体情节，又为了知道情节而阅读。卡罗尔主张我们不是为了故事情节才阅读低俗小说，而是因为它可以训练我们的认知能力、解释和推理能力、道德判断和情感批判能力。读者通过阅读故事，会建立一个关于故事发展走向的范围，形成一系列的期待，这是一种认知活动。这种认知活动既需要读者的积极参与，又能使读者的认知判断能力得到训练。《视觉隐喻》介绍了各种类型的视觉隐喻，并批评了两种可能的假设：不存在视觉隐喻和所有视觉图像都是隐喻，进而论述了什么是视觉隐喻和视觉隐喻如何可能。视觉隐喻是指作者有意使同一空间的图像拥有不同的要素，而这些要素按照自然法则是不能共存的。作者鼓励受众通过作者暗示的一种关系或事实来探究某种特定解释，并通过这种特定解释来把这些要素联系起来。《为自然所感动：在宗教与自然史之间》和《情感、欣赏与自然》针对卡尔森所提倡的欣赏自然的唯一合适的模式——自然环境模式——一种依赖自然史和科学范畴的模式，提出，除此之外唤醒模式同样是合理的。唤醒模式是指欣赏者对自然中的某些事物或事物的某些特征具有某种有选择的注意力，这种注意力产生了一种情感觉醒的状态，这种状态相应地导致了反馈的加强，而这种反馈巩固了情感唤醒体验的起初的有选择的完形活动。情感觉醒虽然是认知性的，但它不需要依赖来自科学的范畴。同时这种唤醒模式并不是残留的神秘主义或宗教情感，它可能是基于本能的。这种唤醒模式也不同于康德所主张的审美模式——无概念无目的——因为这种模式本身是具有认知成分的。

18 世纪中叶，美学学科在鲍姆加登的努力下建立起来，虽然能够在哲学系统中与逻辑学和伦理学并列，但其重要性还远远没有被认识到。直到康德，美学作为连接其两大批判的桥梁起了重要作用，美学学科的地位才真正被确立起来。因此，可以说康德的美学理论是传统美学理论的坚固基石。如果严格遵循康德的美学理论，美学的研究范围将会变得十分狭窄，只能局限在对自然的审美活动上，而艺术将只能作为艺术哲学的研究课题。但后代美学理论却把康德的自然审美理论自觉用在艺术审美理论中，导致了美学与艺术理论谱系的混淆。这种混淆使得审美属性成为艺术品的首要属性，从而掩盖了艺术的其他更丰富的属性。卡罗尔针对这个现象，澄清了美学与艺术理论的谱系，解释了艺术更多的属性。但是，这种做法又使得美学的研究范围再次回到康德那里，变得十分狭窄。因此，卡罗尔称自己的美学为“超越美学”，因为它涵盖了狭义的美学之外的更多的研究视角。卡罗尔对传统美学的超越的起点也正是建立在对康德诸多理论的批判上，比如审美无概念、无功利理论。只有在此基础上，卡罗尔的美学理论——艺术欣赏中解释活动的合法性、艺术品的历史性、解释上的意图主义、对自然欣赏的唤醒模式等等——才能成为可能。

这本论文集同时也显示了卡罗尔作为分析美学家的诸多特点。在方法上，作者明显地反对本质主义，更注重概念的开放性和历史性，例如把艺术的定义问题转换成如何辨别艺术品的问题。作者还非常擅长在持续的争论中进行研究，他对每一个论题的论证都是建立在批判的基础上的：先回顾前人的观点和论证，在分析和批评的基础上论证自己的观点。其分析的过程注重运用逻辑和概念分析的方法来澄清概念，并用假设和反例来一步步修正论题。在语言的运用上也突出了简练、平实的特点，很少运用修辞或比喻性的语言。这些特点使我们不仅可以领略作者全面而严谨的分析方法，而且可以通过其详细的注释获得关于某个问题的翔实的研究资料——既包括传统美学部分又包括晚近的研究——从而可以帮助我们澄清问题，进一步引导我们就某个问题进行更深入的分析和推进。尽管如此，正如当代著名的分析美学家都不是严格遵循狭义的分析哲学的方法，卡罗尔的美学和艺术哲学同样体现了这一特点。他十分重视常识在建构美学理论中的基础作用，这使得他的理论不再艰深晦涩，脱离审美和艺术实践。他对大众文化的关注和热衷也使得他的美学理论成为名副其实的元批评理论，能够切实地运用在批评实践中。在方法上，他努力融合实用主义、符号学、心灵哲学和历史哲学的方法来建构自己的理论。这正是卡罗尔对狭义的分析美学的超越。

各个流派的当代美学理论都在不同程度上体现了对传统美学的批判和发展，其理论建树常常使我们眼花缭乱，不知所措。深入研习一个流派的美学理论，消化和吸收它，然后扩展开来，不失为学习和研究当代美学的一个值得借鉴的方法。因此，《超越美学》可以作为学习和研究当代美学的一个入口和通道。

（作者单位：北京大学哲学系）

分中求合：评舒斯特曼的《生活即审美——审美经验和生活艺术》

孙 焘

内容提要 本文把《生活即审美》一书与实用主义美学的整体发展相联系，展示了舒斯特曼如何在通俗艺术和身体美学两个方向贯彻“恢复审美与日常经验的连续性”的原则，探索人生艺术化之道。文章还讨论了实用主义美学与中国传统美学可以沟通交流之处。

关键词 实用主义 审美经验 无功利

理查德·舒斯特曼的《生活即审美——审美经验和生活艺术》给我们展示了美国实用主义哲学如何用“恢复经验的连续性”原则探讨诸如审美经验的特点、艺术的定义、艺术与道德的关系等基本美学问题，以及在解释认知、媒介、真理等一般哲学概念方面的独到视角。对过分强调“自律”和“分析”的当今英语美学界起到一定的纠偏作用，与中国传统美学思想也不无呼应之处。本书还开辟了像通俗艺术和身体美学那样令人耳目一新的美学研究领域。要理解这些新颖之处的意义，还是要把它们放在西方当代美学发展的语境中，结合其主要问题来看。

在西方现当代美学的关注范围中，一个重要的争论焦点是“如何确定审美和艺术的特殊规定”。主流的回答思路是所谓“自律论”，即认为：为认识审美和艺术的独特性，就要找到它与生活的其他部分（如道德、政治、日常活动等）的明确界限。比如，如果认定艺术的本质在于形式，那么这个形式就其自身应该是“有意味的”；如果本质在于经验或情感，那么人在审美当中体验到的一定是与日常生活毫不相干的“审美经验”；如果生活当中充满了希冀、冲动，那么在审美和艺术创作中就必然是“没有外在目的的”、“静观的”等等。这种严格划界的思维方式,我们把它叫做“现代的”。[①]

“无功利”是现代美学借以为艺术和生活划界的重要概念。“无功利或超脱的概念在描述艺术品的性质时扮演重要角色。……这在体系上要求不考虑艺术史、作者意图、效用、认知内容等问题,正如在哈奇生和康德的文章里它们是对美的检验一样。”[②]这种主张发轫于哈奇生,奠定于康德,大约成于20世纪初的诸多美学流派,最后被分析美学推向极致。分析美学和现代艺术不仅明确排斥在讨论和创作艺术品时掺入道德的、政治的和日常经验的考虑,甚至把任何再现性的形式、能让人联想起现实生活的内容都一概排除在“艺术”之外[③]。这必然导致艺术作品的意义由于隔离而逐渐空洞化。

与忽视内涵相伴随的是分析美学极端强调辨析艺术的“外延”,因而在美学和艺术理论当中充斥着一种“库房思维”——用什么标准能把“艺术品”从商品包装、旧家具、帐簿之类的杂货中区分出来?[④] 正如分析美学家卡罗尔概括的:“现代分析美学的任务实质是为把先锋派的革命性产品辨别为艺术品提供手段”[⑤]。划分界限的工作显得如此重要,一方面是艺术本身即是一个开放的领域,更重要的原因则是,自从杜尚把一个尿盆签上名字并且命名为“泉”送到艺术展之后,任何艺术定义都要小心翼翼地避免在它里面翻船,还要应付其他层出不穷的恶作剧的挑战。

由此可见,在艺术家和理论家之间玩的猫鼠游戏只能催生出越来越怪异的解释,跟人生经验的充实、精神需求的满足了无关涉,最后正如舒斯特曼在本书的第一章里描述的那样:一方面,在美学理论中,“感受经验实际上已被忽视,完全附属于对艺术的符号说明和解释的第三人称语义理论。曾经是艺术意义和价值的有力体现的审美经验,现在却只是‘解释性的’”,美学和艺术都成为小圈子人玩的思维游戏。而另一方面,“由于公众仍然保持着强烈的审美经验的需要,而一旦审

① 参见彭锋为此书写的《译者前言》。

② [美]诺埃尔·卡罗尔《超越美学》,李媛媛译,商务印书馆2006年版,第58页。

③ “毫无疑问,形式主义者把重点放在抽象结构上,只是因为那些结构不太可能使人出于隐蔽的兴趣,如对政治性内容的兴趣,对艺术品进行观照。”《超越美学》,第70页。

④ [美]H.G.布洛克《美学新解——现代艺术哲学》,滕守尧译,辽宁人民出版社1987年版,第287页。

⑤ [美]诺埃尔·卡罗尔《超越美学》,李媛媛译,商务印书馆2006年版,第132页。

美经验被从艺术中剥离出来,公众就会学着在正式的当代艺术领域和画廊空间的白色方块之外去满足这种需要"①。早在现代艺术刚刚兴起的时候,杜威就指出,将审美狭窄化、纯粹化的现实弊病是"艺术"被"博物馆"孤立而隔绝于现实生活之外,使生活愈加无趣,更易受制于权力的摆布,而这种隔离本身也进一步强化了上层阶级的优越感,强化了意识形态的力量。审美经验与日常经验之间的鸿沟,产生了毫无美感可言的工业和无用的艺术陈列品。②

这让我们记起早在一个多世纪以前的"黑格尔咒语":"艺术的形式已不复是心灵的最高需要了。我们尽管觉得希腊神像还很优美,天父、基督和马利亚在艺术里也表现得很庄严完善,但是这都是徒然的,我们不再屈膝膜拜了。"③艺术已经不能承载精神文化的意义,必然走向终结。我们在《泉》这样的"艺术作品"中发现,那个咒语正在变成现实:所谓的艺术创新更多地体现为对艺术概念的挑战,悦人耳目的"美"被减至最少甚至遭受鄙弃和嘲弄,真正具有感性魅力的艺术将被哲学思辨取代。这对美学和艺术来说,不啻为灭顶之灾。

然而,舒斯特曼在《生活即审美》的导言中却指出:"我们这个在根本上作为美的艺术(fine art)的艺术概念首先形成于 18 世纪,随着现代性在 19 世纪和 20 世纪的继续扩展而变得更为强势,并且得到通过分门别类的自律性而实现专业发展的一般性现代化倾向的滋养……如果艺术在根本上是现代性的一个历史产物,那么随着现代性的终结,艺术也就应该达到它的终点",也就是说,他对基于隔绝和孤立理论的现代艺术和美学走向衰亡的态度可以概括成"死不足惜",因为这个事实正预示了实用主义非常欢迎的另一种可能:"召回审美经验和审美价值的更宽泛的观念,以便复兴艺术的活力,并为超越传统上分门别类的美的艺术的现代限制的进步发现新的方向"④。

在实用主义者看来,哲学(以及其他任何精神作品)的最终目的是改善生活,或为某种既有的或追求中的生活方式做辩护。因而美学的

---

① [美]舒斯特曼《生活即审美》,彭锋等译,北京大学出版社 2007 年版,第 39、40 页。

② [美]舒斯特曼《实用主义美学》,彭锋译,商务印书馆 2002 年版,第 75、76 页。

③ [德]黑格尔《美学》第一卷,朱光潜译,见《朱光潜全集》,第 13 卷,安徽教育出版社 1990 年版,第 127 页。

④ [美]舒斯特曼《生活即审美·导言:对艺术终结的审美复兴》,彭锋等译,北京大学出版社 2007 年版第 5、6 页。

价值就体现在改变艺术实践的方向，以便为更多的社会成员提供更丰满、更常见的经验。要做到这一点，首先需要打破艺术的“博物馆化”现状，“恢复作为艺术品的经验的精致与强烈的形式与普遍承认的构成经验的日常事件、活动，以及苦难之间的连续性”[①]，也就是回归生活，回归经验，在“分”的理论传统和实践氛围中倡导“合”。

舒斯特曼的《实用主义美学》和《生活即审美》两部美学著作从不同的层面体现了“分中求合”的原则。为更好地理解后者的意义，我们有必要先回顾一下有更多理论阐述的《实用主义美学》。

舒斯特曼首先概述了杜威的美学思想。他把杜威美学最重要的特征归为“身体自然主义”，即把艺术看做是生命机体和它的环境之间交互作用的结果，通过为经验引入“令人满意的统一感”，使得世界和我们的存在显得更有意义。艺术在这个意义上不是自足的，而是具有工具性的，它本身即是一个良好的中介，联结起一系列被二元思想割裂的观念。[②] 杜威是在现代西方哲学中倡导分中求合的开路人，其思路固为分析美学不取，而当今欧陆富有生命力的美学理论却与之相应和。

这种联结之下还有更深层的哲学观念的作用。艺术品被“博物馆化”的重要原因是人们只从“物”的角度来认识审美和艺术，其极端表现就是只问类属不问作用和价值的“库房思维”。而“对杜威来说，艺术的本质和价值不只是存在于我们典型地视为艺术的人工制品之中，而是存在于创造和感知它们的动态和发展的经验行为中”[③]。人的生活、行为是赋予物品以意义的源泉，一切机械的、人为的标签都会被“存在”的洪流击垮。

---

① [美]杜威《艺术即经验》，高建平译，商务印书馆，2005 年版，第 1 页。

② “杜威的连续性美学联结的不止艺术与生活，它还坚决主张一大群传统二分的观念——其长期假定的对立差异已经构成了太多的哲学美学——在根本上的连续性。这些二分的观念有：美的艺术对应用的或实践的艺术、高级的艺术对通俗的艺术（AE 191）、时间艺术对空间艺术（AE 181）、审美的对认识的（AE 45，52，80，202）和实践的（AE 45—47，265—267），艺术家对组成其受众的‘普通’人（AE 54，60，80）。实际上，为了确保美学中的连续性，杜威将他对二分思想的攻击扩展到去破坏那种支持和巩固我们艺术经验的隔离和碎裂的更基本的二元论。这些二元论中最重要的有：身体与心灵、物质与观念、思想与情感、形式与质料、人与自然、自我与世界、主体与客体和手段与目的之间的二分。”《实用主义美学》，第 29、30 页。

③ [美]舒斯特曼《实用主义美学》，彭锋译，商务印书馆 2002 年版，第 44 页。

通过比较美学界后来出现的“分析”与“解构”两个极端,舒斯特曼还展示了实用主义在当代美学争论语境中的生命力。解构主义拒绝像分析哲学那样假定有一性质上独立的且可以发现其内在特质的个体,而将“部分”的意义归于依不同的联系而作的不同解释。此种解释不必以承认自足的实体(原子)为前提,因而消解了艺术作品的“本质”、统一性以及作品与非作品的区别,并将分析哲学寻求“最小要素”的追求判为“本体论神学”。这种思维方式被称为“后现代的”。然而,解构主义仍然没有能够避免形而上学的陷阱:各个因素相互决定的世界成为不可测的堆积,惟有介入其中的解释能够重组和美化它们,所有的事实都丧失确定性而消解在语言游戏之中。[①]

在严格的界限和彻底的不确定这两个极端之间,如何找到一条中庸的路线,也就是说,既能够说明艺术和审美不同于一般事物的特性,又保持它们的开放性和与生活的紧密联系?实用主义者诉诸“经验”、“生活”。[②] 他们认为,现实在根本上具有“对思想的最终强制”能力,而真理大致是“在最终和总体上”“凡是证明自身在信仰上好的”和“在我们思想上便利”的东西。因此,在确定特殊对象自身的稳定性质方面,实用主义要比解构主义更少与常识冲突。[③]

《生活即审美》则展开了前一本书中提出的两个具体领域——通俗艺术和身体美学,以便为“审美经验的复兴”提示方向。

舒斯特曼主要通过挖掘一些具体的通俗艺术形式,如摇滚乐、说唱乐、乡村歌舞剧等来说明它们在恢复审美经验同日常生活的联系方面的价值。比如,将美国说唱音乐那“令人震惊的审美力量”归为“对无功利的距离和形式的挑战,对纯粹统一性和原创性的挑战,对将艺术截然区分于政治和日常生活的挑战”[④]。在另外的文章里,舒斯特曼还提出了一些虽然在我们的日常思维中很常见,但是在西方的形而上学学术传统里相当陌生的美学话题。比如,对于“真实”,多数理论家还是会从符合论的角度去理解,但情感是否也存在一个真伪问题?

---

① [美]舒斯特曼《实用主义美学》,彭锋译,商务印书馆 2002 年版,第 116 页。

② 参见彭锋为《实用主义美学》写的中译者导言:“分析与解构之间”,第 11 页。

③ 舒斯特曼在这里通过转述詹姆斯的话来说明自己的观点,见《实用主义美学》,第 117 页。

④ 舒斯特曼《生活即审美·导言:对艺术终结的审美复兴》,彭锋等译,北京大学出版社 2007 年版,第 10 页。

“真”是否有一个相对的程度，即在理论上是否允许所谓“半真半假”？作者通过分析乡村音乐里的情感表现，触及到了这类也许因为“边缘”而不被西方美学界重视的有趣问题。

不过，舒斯特曼最急切的事情是为通俗艺术的合法性辩护。他认为，人们之所以把通俗艺术贬低为“没头脑的、没趣味的垃圾”和“逃避现实的麻醉剂”，主要是受到与所谓“高级艺术”相对比的影响。后者被认为是更富有精神性、需动用更多的理智以及具有永恒的价值，而通俗艺术则由于诉诸肉身和感性的快乐，因而是堕落的、腐蚀性的和稍纵即逝的。

对“堕落”的指责，舒斯特曼有不同的回应策略，一个是证明“那造就娱乐和通俗艺术概念的文化力量是在历史中变动的，因而这些概念的外延和它们与严肃艺术之间划出的界限也都是变动的”①。一个是从不同角度说明快乐具有多重意义，如有助于增强注意力，以证明它与理性、信仰不相冲突，反而会对其有所促进。这些策略的共同点就是“模糊界限”。

形而上学执着于追求永恒性，这既造成了理论家寻找一劳永逸之艺术定义的冲动，又确立了一个审美的价值标准，以“没有永恒价值”为由将通俗歌曲、电影、文学等排除在艺术的殿堂之外。舒斯特曼拒绝了他们的前提，“由于把我们的整个宇宙看做一个涌流之域，没有绝对的永恒而只有相对的稳定，实用主义因美和快乐的易毁和流变本性而更加欣赏它们”②。这在深受柏拉图传统影响的西方美学界，无疑是振聋发聩的主张。

不论是高级和低级、理性和感性、精神和肉欲，还是永恒和短暂、康德式的淡漠与通俗艺术里煽动起来的欢快……这一系列的对立最终被舒斯特曼归结为神圣与世俗的二元分割。尤其是，“随着现代性

---

① “在一个文化中流行的娱乐(如希腊或伊丽莎白时期的戏剧)常常成为其后面一个时代里高级艺术的经典。勃朗特姐妹和查尔斯·狄更斯的小说起初被作为轻松的流行故事看待，而并不像我们今日一样视为伟大的文学杰作。电影也经历了相似的地位变迁。事实上，即使在同一个文化时期之内，一部给定的作品也可以或作通俗的娱乐或作高级的艺术，这取决于它是怎样被呈现或解释，以及怎样被公众接受的。在19世纪的美国，莎士比亚的戏剧就既是高雅大戏又是歌舞杂耍。”舒斯特曼：《娱乐：有关美学的一个问题》，《生活即审美》，第83页。

② [美]舒斯特曼《生活即审美·娱乐：有关美学的一个问题》，彭锋等译，北京大学出版社2007年版，第103页。

对于自然世界的世俗化和传统宗教信念的丧失,艺术日益开始发挥着安置我们把某物神圣化这样一种习惯的功能"[①]。从历史上说,这种对艺术的神圣化过程是与极端强调"审美自律"的现代思潮相始终的。实用主义美学则致力于探讨现世价值的完善,对这业已"去魅"的现代社会里最后一根柏拉图主义的稻草,批判起来是不留情面的。

舒斯特曼是"身体美学"的倡导者,但在"分中求合"的过程里会碰到一个困难:这门学科如何划入当前的学科分类? 首先,它讨论了许多哲学和美学的问题,比如感性和理性、经验与认识等,应该成为美学的一个分支;然而又涉及到生物学、社会学的研究,甚至还包括武术、健身、美容、节食等等实践项目。以具有整合特性的"身体"作为研究对象的人文学科遇到这样的尴尬不是偶然的,它表明了一个事实:身体在当今思想研究的领域里面没有一个位置,而思想跟行为又是分裂的。

身体美学还被指为"享乐主义的"、"自恋的"[②],这也是令作者大为困扰的误解。众所周知,无论在哪种思想传统中,身体总是跟"自我"的观念息息相关,而西方哲学尤其习惯将之作为自我认同的根基。针对这种习惯,舒斯特曼强调"我们的身体就像我们的心灵一样是公众的。身体通常是我们心灵相遇的地方"[③]。书中展示了在反犹主义思潮中,民粹主义者如何通过把犹太人塑造成"肮脏的",甚至是欧洲文明机体上的"瘤子"而为种族排挤甚至屠杀寻找借口,可见在当今"文明的"政治当中依然存在着这样未经反省的身体隐喻。舒斯特曼借此阐释了身体美学的实践价值:"如果身体-种族-政治性纯洁的诱人形象作为深层的偏见潜伏着,煽动着对异族群体的恐惧和仇视,那么一个化解难题的策略也许就是使得所有人类包括他自己的身体那不纯和混杂的本性显得鲜明生动而且可以看见。"[④]作者显然是受到佛家"不净观"的启发,其奥妙就在于打散那个引起执著的"纯洁的"自我,恢复同他人、外物在经验上的连续性。

---

① [美]舒斯特曼《生活即审美·娱乐:有关美学的一个问题》,彭锋等译,北京大学出版社2007年版,第96页。

② [美]舒斯特曼《生活即审美》,中译本前言,彭锋等译,北京大学出版社2007年版。

③ 同上,中译本前言。

④ [美]舒斯特曼《生活即审美·作为心灵、艺术和政治基础的身体感受》,彭锋等译,北京大学出版社2007年版,第180页。

同在“自我”话题下的，还有对“天才悖论”的探究：如果我们要展示自己的独特风格，就需要借助非个人的势力；要发展自己，则需要放弃自我，需要变成不同的东西。那么，这个天才的“自我”又是在什么意义上保持为他自身呢？实用主义的回答是：“自我的原初性并不是由一个固定的、始终存在的本质构成，而是由一个人通向更高自我成就的新的、无限开放的发展道路构成”①。自我并非一个完成的东西，追求发展的个人首先需要恢复同环境（包括自然与社会），也就是“非我”之间的连续性。

除了消解不适当的自我观念，舒斯特曼还津津乐道“亚历山大技法”等肉体训练对提升身体感受能力的作用，但这不免有过于技术化和应用化之嫌，因为美学毕竟是以理论分析立足的。难道在理论上已经把身体美学的问题“说尽了”？如果参照中国美学的视角，我们会发现在身体的内涵上还有巨大的阐释空间：西方思想界（也许福柯稍有例外），包括舒斯特曼在内，一般将身体等同为肉体，然而这在中国古人看来却并非那么自然而然。如果要在中国美学里寻找身体美学的材料，就如舒斯特曼自己承认的，“我注意到，孔子强调美德要表现在‘动容貌’、‘正颜色’、‘出辞气’之中，而且它们有助于实现社会和谐和好的国家政治。……由于身体的审美修养的主要部分是通过礼来指导的，因此礼（禮）和体（體）具有同样的偏旁就具有特别重要的意义”②。在这里，身体是社会性的，包括了容貌、姿态、衣饰、言行进退等丰富的内容。

在前面提到的现代自律论美学的背景下，我们可以作个总结。舒斯特曼提出的这两个（不排除会有更多）方向有一个共同点：都是要模糊掉被过度分析、夸大的感性与理性、艺术与生活、神圣与世俗、自我与他人的分别，在提升经验的号召下将它们一一联结起来。通俗艺术和身体感受都是因处于“居间”的边缘位置而被美学界有意无意忽视的领域，也许这就是他选取这两个角度的理由。

由此，可以概括一下实用主义美学的特点：它不认为审美有完全独特的属性，只是认为它较之普通经验更能整合人类经验的要素而

---

① [美]舒斯特曼《生活即审美·天才和自我风格塑造的悖论》，彭锋等译，北京大学出版社2007年版，第279页。

② [美]舒斯特曼《生活即审美》，中译本前言，彭锋等译，北京大学出版社2007年版。

已。因此其产生也不必限制在传统艺术作品的范围内,在自然、人体、典礼以及流行文化媒介中也存在,甚至还可包括装饰、城市景观等等。由于最重视在"个体"与其环境、语境的互动关系中实现经验的整体性,实用主义者突破了物化思维,看重人的行为和感受以及其中的意义、价值,并相信能够借反省而提高之,也因此特别重视具有沟通作用的工具和媒介(包括身体)。与主张"为真理而真理"者不同,他们持有一种非符合论的真理观,习惯于面对现实问题,并且动态地思考和解决它们,因而是一种入世的哲学,对在概念辨析里走火入魔的美学争论而言,不啻为一付清凉剂。

然而,从杜威到舒斯特曼等美国实用主义思想家的论著中也可以看到他们的不足。分析美学对实用主义有一个一针见血的批评:由于在西方学术语境中的经验是"主观"、"私人"的个体感受,"说不清楚"就是它的最大困难——这类事物即使存在,也不具有从理论上考察的价值。仅就美学反思而言,一个经验在何种程度上应该算是"审美的",如何区别于其他经验,仍然没有可操作性。① 然而,无论是批评者还是辩护者都没有注意到:问题不是出在"合"的理论模式模糊了审美的边界,而恰恰是实用主义者在这条路上走得还不够远。

大多有意义的人类经验来自社会共同体的塑造,是人与人相互建构的产物,这也是经验之"连续性"的最重要的体现。美国实用主义理论家们虽然重视人与环境的互动关系,也注意到社会的、历史的因素在塑造和完善经验方面的重要作用,但都弱于具体地考察民族、时代和地域等等的作用方式。② 在涉及到身体、情感经验的时候,仍然把具有经验的"人"理解成一个个孤立的个体。这些都表明他们仍然没有真正摆脱"分"的影响。

最后,不妨展望一下实用主义与中国美学的互动,看如何在相互

① 比如杜威的"经验完满性"提法就难以落实在对具体案例的分析中,而且容易招致这样的攻击:一次吸食毒品的经历也可以是完满的,具有他为审美经验所规定的特征,但说它就是"审美"恐怕无法让人接受。

② 尽管舒斯特曼承认,对艺术的理解应该在考察人需求之满足的"自然主义"和强调社会机制决定艺术生产的"历史主义"之间寻求一个中道,但实际还是倾向于发扬前者而贬斥后者,因为自律论的重要主张即艺术是"从现实世界的语境中区分出来的社会历史的产物。"见《生活即审美·导言:对艺术终结的审美复兴》,第8页。但舒斯特曼没有认识到,历史、社会因素对艺术的影响主要体现在塑造思维和经验的方式上,绝不仅仅是规定"何为艺术品"的所谓"艺术史"、"艺术界"。舒氏的这一误解说明他还是没有跳出物化思维的窠臼。

启发中寻求各自突破的契机。

如上所述，西方的“现代”思维着重在“分”，以致走向极端，所以以杜威、舒斯特曼为代表的实用主义美学要“分中求合”；而中国思想传统历来是“合”，艺术与人生、美学和哲学没有经历过真正“分”的阶段，所以在讨论美学问题的时候不妨多以道家玄远幽渺之言来“分”，强调“无功利”的一面，实用主义在这方面的深入反思足资借鉴。

中国古代思想对实用主义的发展也有启发之处。前面提到，美国实用主义的弱项在于欠缺社会历史的维度，因此对“经验”的全方位观察和分析方面，只能说是刚刚起步。例如，舒斯特曼和杜威都将批评的矛头指向无功利说当中包含的精英主义，这是典型的后现代做法；中国古代士大夫的无功利主张从未提倡与“日常经验”隔离。比如陶渊明，“晨兴理荒秽，带月荷锄归”，“相见无杂言，但道桑麻长”(《归园田居》)，他要跟尘俗保持一个距离，但却是在生活的范围里面作出一种艺术的趣味来——这些人生艺术家所要“无”掉的，只是特定形式的功利追求。笼统地说，他们也是意在“恢复审美经验同生命的正常过程之间的连续性”，但由于中国美学长于社会维度的分析，对功利的认识就有层次、有区域，“审美无功利”因而可以看做是与现实关系的转换，而非割裂。可见，中国美学和当代实用主义的结合可以大大深化对重要美学问题的思考。

就《生活即审美》当中提到的身体美学和通俗艺术这两个领域，中国的相关思想也不无参考意义。身体在西方思想中被视为低级的、粗俗的，而中国人则以“手之舞之，足之蹈之”的充盈洋溢来为思想伴舞，这种身体语言不是理性的堕落，恰恰是心智获得提升后的自然表露。同样，中国美学对雅俗互动的问题也有深刻的认识，“俗”从来都是作为“雅”的生命源泉而保有其美学价值的。这些观念甚至比现有的实用主义理论更好地体现了“连续性”或“合”的原则。详细分析其中的缘由不是本文的任务，但起码提示了实用主义美学在汲取了中国的思想资源后可能打开一个怎样的局面。

总之，在美学基本理论的研究方面，进一步探究“分合”的关系问题是实用主义和中国传统美学深具启发性的亮点。实用主义重“连续性”与中国美学讲究“距离”都是在各自的文化背景中补偏救弊，表面上的分歧并不影响一个共识：在审美和艺术的独特规定问题上，它们的确需要与日常事务区分开来，通过一定程度的“无功利”与现实生活拉开距离,这样才能为丰富和完善人的生活提供可能性;而这一最终目标又设定了审美距离的限度,确保它不会大到令审美和生活相互隔绝的地步。

在中国现代美学的建构中,处理分合关系的范例是朱光潜先生的研究。一般认为,朱先生对中国美学的贡献是介绍西方的"无所为而为的欣赏",为传统美学问题引入了新的参照维度,然而他没有走上分析美学式的极端,而是提出了"不即不离"的主张①,这跟中国本土美学"合中求分"的做法是一以贯之的。所谓"审美无功利"只是无当下有局限的、有蒙蔽性的功利,其源头却不离社会人生的"大用",其价值实现也不能不以提升经验的丰富程度为归宿。在审美距离或艺术规定性的问题上,"不即不离"可以说是中国美学和当代实用主义美学的共同认识和追求。

(作者单位:北京大学哲学系)

① 《文艺心理学》,见《朱光潜全集》第1卷,安徽教育出版社1987年版,第227页。

特　稿

美学:从 1966 到 2006

[美]柯提斯·卡特 文　高建平 译

[译者注:本文是作者柯提斯·卡特(Curtis Carter)应邀为门罗·比厄斯利的《美学:从古希腊到现代》(中译本取名为"西方美学简史")一书所写的续篇。从 1966 年门罗·比厄斯利的这本美学史付印以来,又是两代人的时间过去了。这一段时间里,无论是美国美学界,还是欧洲美学界,都出现了众多的美学家和多种美学学派。怎样使美学的最新发展进入中国学生的视野?最好的办法,还是续写一篇,专讲这 40 年。将历史写到当代,这是最难的事,但对学生来说,这种历史著作也最有用。通过一本书从古代走向当代,不由于写作当代史的困难而留下鸿沟,这就使学生直接走到了最前沿,为他们再向前开拓作好准备。比厄斯利对各种流派持开放的态度,这是他的这本书成功的关键。续篇的作者,也要像比厄斯利那样,有开阔的胸襟。经过一年寻找作者,及作者一年的写作,这个续篇终于完成。柯提斯·卡特长期担任国际美学协会和美国美学学会的领导和组织工作,为人谦和,与当代所有重要美学家都有着广泛的接触和深厚的情谊。这些都为他写作这个续篇提供了良好的条件。作者本来还想再写一章介绍英国和欧洲大陆美学的情况,由于《西方美学简史》一书再版时间在即,只好暂时放弃,只提了人名,列出书名。]

1

从门罗·比厄斯利于 1966 年出版《美学:从古希腊到当代》(中译

本《西方美学简史》)至今,又是 40 年的时间过去了。在这一段时间里,美学界经历了一系列的新发展,但自从比厄斯利写作他的这本堪称经典的历史著作以后,很少有人从历史的角度对新发展进行考察。美国美学家埃尔默·邓肯(Elmer Duncan)最近在一篇题为"美学中历史视野的缺乏"的论文中,论述了这个问题。[①] 邓肯强调了历史对理解美学的当代状况的重要性。在过去,只有很少的几本试图研究美学史的著作问世。除了比厄斯利的这本之外,还有伯纳德·鲍桑葵的《美学史》(1892)、凯瑟琳·基尔伯特和赫尔穆特·库恩的《美学史》(1939)以及塔塔凯维奇的《美学史》(1970,1974)。

比厄斯利在一篇给塔塔凯维奇的包含了古代、中世纪和近代(到 17 世纪为止)的三卷本《美学史》所写的书评中,提出了这样的问题:属于这门学科的是一些什么?它只局限于元批评理论吗?或者说,美学包含这样的问题:什么是艺术?或什么是美?美学必须与形而上学、认识论,或者构成我们世界观的文化、政治,与经济的观念结合在一起吗?在这里,美学与艺术的联系已经成为一个越来越重要的问题。用比厄斯利的话说,"美学观念立于边界之上;它关注哲学,也关注艺术,关注艺术的存在与本性……它给予美学的发展以推动力。"[②]因此,在美学中进行理论化必然会"与艺术的实践紧密联系在一起",并且"与艺术本身,以及与风格和趣味的变化紧密联系在一起"。当美学能够与这些更大的主题联系在一起时,它似乎就更有趣,更有可能被严肃地当做一个学科来对待。在这方面,塔塔凯维奇的著作提出了一个模式,一个更受在过去 50 年中关注这个学科发展的实践型美学家们欢迎的模式。他的方法是,在有理论时就复述理论,而当理论还没有跟上各艺术门类的实践时,就依赖艺术的实践,依靠音乐、诗,或其他艺术形式中的具体作品来进行叙述。

2

我在这里的任务是为自比厄斯利以来美学中的主要发展提供一

---

① 埃尔默·邓肯,《美学中历史视野的缺乏》(The Lack of Historical Perspectiv in Aesthetics)。见美国美学学会网页 http://www.aesthetics-online.org/ideas/duncan.html.

② 门罗·比厄斯利《塔塔凯维奇〈美学史〉书评》,载《思想史杂志》(*Jouranl of the History of Ideas*) 37:3 (1976 年 7 月至 9 月),第 549 页。

个简要的历史。[1] 这只不过是对在过去 40 年中不仅是在各门类艺术中,而且在美学中所涌现出的众多思潮的一个速写而已。我们在这里会问这样一个问题:为什么在这一期间没有重要的美学史著作问世?这一讨论将从所出现的美学史资料的概览开始,随后是对为什么在这一时期美学史没有发展起来的原因的简短探讨,以及将对所反映出来的中心问题,特别是重要的变化,进行概述,此后才是本文的主体部分,即对在这一时期的美学的构成作出最大贡献的美学家进行论述。当然,人们可以争论,是否这些美学家的贡献足以使他们被选为重要人物。选择与否是根据出版物和影响决定的,当然,最终所依赖的是本文作者的个人判断。

1993 年出版的《美学与艺术批评杂志》第 51 卷的第 2 和第 3 期对近年来的美学进行了历史的考察,这是很难得的。第 51 卷第 2 期的客座编辑莉迪亚・戈尔 (Lydia Goehr)提供了一个从美国美学学会 1943 年成立到 1993 年这 50 年期间美学发展的历史。戈尔注意到,在这一期间,美学的意义从学会的创始人之一的托马斯・门罗(Thomas Munro)包括"对艺术的哲学的、科学的,以及其他理论的研究"这样一个广泛而包罗万象的理解,过渡到 70 年代时主要由哲学家所主导的理解。

刊载于《美学与艺术批评杂志》第 51 卷第 3 期的《哲学与各门艺术的历史》一文,从与艺术史的关系角度对美学进行了考察。在这一卷中,供稿人之一的诺埃尔・卡罗尔(Noël Carroll)提出了这样的思想,即艺术哲学与美学发展的动力是从创新的先锋派艺术实践中发展着的历史叙事。[2] 因此,美学不是来自哲学家的非历史的构造。相反,

---

① 门罗・比厄斯利《美学:从古希腊到现代》纽约:麦克米兰公司 1966 年版,第 385 页。

② 有些当代作家愿将美学这个术语限定为从 18 世纪开始的有关艺术的理论,这时,美学在哲学中与诸门类艺术相关。这一观点并不令人信服,因为甚至像柏拉图那时的哲学家就已经将 techne 与 mimesis 这样的概念用来指艺术了。今天,各国的美学会都欢迎来自各种学科的人加入到美学之中。在当前的语境中,美学与艺术哲学被看成是可互换的术语。因此,美学和艺术哲学这两个术语都包含了不管是古代、现代,还是当代,不管是哲学家还是来自包括艺术史、科学、批评和文化理论的研究者,关于艺术的制作和阐释,以及它们的社会作用的反思。那种认为美学仅仅是欧洲哲学家在 18 世纪的发明的观点,在全球化的时代似乎失去了可信性,在这时、来自古代和现代众多文化中的艺术和艺术理论,从众多不同的文化的角度,共同寻求对艺术及其文化作用作更深的了解。

美学理论来自由于诸艺术门类变动着的实践而总是不断出现的新的、形成中的艺术。

既然在现在这一代美学家们中,继续考察过去的大大小小人物仍是一个通常的做法,那么,指出这一发展是当代美学活动的一部分,是非常重要的。在当代美学研究中,出现了这样一些对过去的研究。特德·科恩(Ted Cohen)于 1980 年发表于《社会研究》(*Social Research*)的一篇文章中,对康德、休谟、黑格尔等过去人物的研究作了简短的回顾。[①] 保罗·盖耶(Paul Guyer)大量的关于康德美学的论述,以及彼得·基维(Peter Kivy)对哈奇生研究的贡献,都是值得注意的当今美学家对美学史上特殊人物感兴趣的例子。

在当代美学中特别值得一提的是蒂埃里·德迪夫(Thierry de Duve)参照杜尚和 20 世纪后期艺术理论的发展而对康德的创新性阐释。[②] 德迪夫主张要将康德的《纯粹理性批判》运用于今日之艺术和其他事物的讨论之中。阿瑟·丹托对黑格尔关于艺术和历史理论的重新考察,提供了他对当代艺术发展关键概念的理解。

在缺乏对过去 40 年美学发展作总的介绍的历史著作情况下,也许在这方面的最具规模的美学活动要数四卷本的《美学百科全书》的编著了。这本书由迈克尔·凯利(Michael Kelly)主编,由牛津大学出版社于 1998 年出版。凯利用下面这段话来描绘他的这一工程:“这部百科全书的目的在于提供一个范围广泛的空间,在其中,从事与美学相关的学科和传统的人,将能够表述他们关于该专业的观点。”[③]这部著作中包含了历史参考材料,和对当代美学的批判性论述,其中包括那些将美学本身理解成美或趣味等抽象概念和对艺术的静态定义提出批评的人的观点。在这部百科全书中,到处展现出对创造与阐释艺术的普遍原理,以及对理解艺术及其在社会中的作用的宏大叙事的怀疑。这部百科全书的结构摆动于下面两个方面之间:一是对被认为是从 18 世纪开始的西方美学的谱系学的一种核心性的历史关注;一

---

① [美]特德·科恩《美学》,载《社会研究》第 47 卷(1980 年)第 4 卷,第 600—611 页。

② [美]蒂埃里·德迪夫(Thierry de Duve)《杜尚后的康德》,麻省剑桥:麻省理工大学出版社 1996 年版。亦参见蒂埃里·德迪夫《后杜尚的交易:关于“艺术”这个词的几点说明》,载《哲学通报》(*Filosofski vestnik*),第 XXVIII, 2/2007: 27—38。

③ [美]迈克尔·凯利《〈美学百科全书〉前言》,见《美学百科全书》第 1 卷(纽约、牛津:牛津大学出版社,1998 年版)第 ix 页。

是对流行的关于美学与艺术的理解，其中包括从古到今有关艺术的写作和评论的承认。这部百科全书的作者包括 20 世纪的"哲学家、文学理论家、心理学家、女性主义理论家、法学理论家、社会学家，以及人类学家，还有其他一些对艺术、文化和自然进行批判性思考的人"。这本书广泛取材的做法更准确地反映了在过去 40 年中的美学实践情况，而不再像过去那样，只是局限于哲学家们的贡献。

在我们展开一部覆盖过去 40 年的美学史之前，需要面对这样一个问题：为什么在这段时间里很少有人关注美学史的写作？显然，在这段时间里，出版了不少美学的论文、文集、资料集，甚至百科全书。所有这一切，都对美学研究起着重要的作用。同样，美学杂志，包括印刷本和电子本的，仍在正常出版，并有着日益发展的趋势。美学文选大量出现，供过于求。然而，文选缺少一种只有全面的历史审视才会提供的相互关联的因素。也许，将其他人所写的东西贴在一起，写出一个简短的引论性评述，要比对人们自己的时代，或者刚刚过去的时代的主要潮流作出细致的评估容易得多。

或者，也许当前对美学史的忽视背后有着理论的，甚至是意识形态的原因。某些理论家，例如阿瑟·丹托，也许会说这一时期已经代表着一种文化状态，这时历史完成了它的任务，不再与当前的文化与社会的状态相关。那么，在这种情况下，美学的进步必须让位于"随机、杂音、偶然和机遇"，过去 40 年的发展就不可能构成一个理性上连贯的"线性叙事"。

比厄斯利的这本美学史是以这个学科划分为两个主要的阵营为结束的，这两个阵营分别是将美学当做一种经验科学来研究和通过哲学分析方法来重新考察这门学科的基础。前者是经验美学，它形成一种研究框架，以便引入心理学、艺术史、艺术社会学、文化人类学，或其他的经验性研究的方法。后者是分析美学，它将注意力放在艺术所使用话语的逻辑和语言的研究上。

在此之前，格式塔心理学通过鲁道夫·阿恩海姆的著作而被运用在美学上，J. J. 吉布森(J. J. Gibson)对知觉的研究，西格蒙特·弗洛伊德的心理分析研究，是美学的经验性研究的主要代表。同样，若谈论视觉美学的话，如果不承认 E. H. 贡布里希(E. H. Grombrich)、T. J. 克拉克(T. J. Clark)、汉斯·贝尔廷 (Hans Belting)、罗莎琳德·克劳斯(Rosalind Krauss)的贡献是不可能的，他们的著作构成了 20 世纪后期美学对话的主要内容。我们也必须承认像皮埃尔·布尔迪厄(Pierre Bourdieu)和珍妮特·沃尔芙(Janet Wolf)这样一些艺术社会科学家所作的经验性研究,这些研究使美学理论扩展到哲学美学家的贡献之外。

在过去 40 年间,美学家们的学术兴趣,自然也对前辈学者有所继承。分析美学家们仍然在努力定义艺术和审美经验,以确定它们与生活的其他部分的不同之处。当分析哲学放松它的美学的控制之时,就会出现从对关注审美话语的逻辑和语言特性朝向理解艺术在更大的人类存在中的作用问题转移的情况。这种转移带来了对历史哲学的新的兴趣,如黑格尔关于艺术终结的观点和约翰·杜威的实用主义。高雅艺术的日益边缘化,以及传统的对通俗艺术和高等艺术的区分的挑战,促使美学家们用新的眼光来看待他们的学科边界,并且在一些情况下探讨像通俗艺术这样的新领域。

从现代主义向后现代主义理论的过渡,在艺术实践中不断以媒介艺术、大众艺术和通俗艺术为基础而产生出新的范式。这一发展也呼唤着美学上新的理论的出现。

除了这些对当代美学的一般关注以外,许多人则对更为专门的课题的研究感兴趣。对美的研究,一度被认为只具有历史的意义,却在盖伊·西尔塞罗(Guy Sircello)、玛丽·马瑟西尔(Mary Mothersill)、阿瑟·丹托等一些人的作品中复活了。其他值得注意的话题有:艺术语言(古德曼)、艺术界(丹托与乔治·迪基)、艺术终结(丹托)、艺术与道德(卡罗尔和马莎·努斯鲍姆[Martha Nussbaum])、叙事(卡罗尔、格雷戈里·柯里[Gregory Currie])、虚构性(肯德尔·沃尔登[Kendall Walton])、认知科学与美学(阿恩海姆、古德曼、柯里)、女性主义美学(卡罗琳·科斯迈耶[Carolyn Korsmeyer])和环境美学(阿诺德·贝林特[Arnold Berleant]和阿伦·卡尔松[Allen Carlson])。

在这一时期,一些艺术门类的美学也很重要,其中包括舞蹈、电影、大众艺术、音乐、视觉艺术以及文学:阿恩海姆——视觉艺术与舞蹈、卡罗尔——电影和大众艺术、斯坦利·卡维尔(Stanley Cavell)——电影和文学、柯提斯·卡特——舞蹈和视觉艺术、弗雷德里克·詹明信(Frederic Jameson)——文学、彼得·基维和杰罗尔德·莱文森(Jerrold Levinson)——音乐,以及理查德·舒斯特曼

(Richard Shusterman)——通俗艺术与身体美学。[①] 在下面具体讨论各位美学家的贡献时，将分别对这些问题进行论述。

3

在众多的对美学这个学科产生重要影响的美学家中，我愿选择下列几位美学家作较为深入的阐释。这些美学家是，门罗·比厄斯利、鲁道夫·阿恩海姆、斯坦利·卡维尔、纳尔逊·古德曼、阿瑟·丹托、乔治·迪基、约瑟夫·马戈利斯、诺埃尔·卡罗尔，以及理查德·舒斯特曼。这样的选择只反映了本文作者的判断，也许会引起争论。这一选择没有能包括进重要的英国和欧洲大陆的理论家，我想以后有机会再作增补。这一选择也没有能将亚洲、非洲，或者拉丁美洲的美学家们的贡献包括进来，这些美学家们的作品还没有能在西方美学的全球语境中得到足够的重视，这部分是由于缺乏翻译，部分是由于缺乏当地语言的知识。

门罗·比厄斯利(Monroe Beardsley, 1915—1985)

由于本文的写作动机是介绍自从1966年比厄斯利的《西方美学简史》出版以后西方美学的发展，最恰当的做法还是从比厄斯利的贡献开始。比厄斯利于1939年在耶鲁大学获得博士学位。他的主要著作有《美学：批评哲学中的问题》(*Aesthetics: Problems in the Philosophy of Criticism*，1958年版，1981年再版)、《批评的可能性》(*The Possibility of Criticism*, 1970)、《审美的视点》(*The Aesthetic Point of View*, 1982)，以及关于美学和其他哲学领域的大量的文章。他与威廉·K.温姆萨特(William K. Wimsatt)合写的文章《意图谬误》(*The Intentional Fallacy*)，提出对艺术作品的理解与艺术家的意图无关。这篇文章也许是比厄斯利对美学的最引人注目的贡献，他在其他许多著作中，多次回到这个主题上来。

尽管比厄斯利并没有无批判地站在分析哲学中的任何派别(普通

---

① 亦可参见[美]保罗·盖耶《美学，20世纪美学补遗》,《哲学百科全书》,2006年第2版,第1卷,第63—72页。

语言学派或逻辑实证主义学派)一边,但他对分析美学的论述最系统、最完整,至今仍被看做是 20 世纪中期最重要的美学研究成果。比厄斯利赞同分析哲学,赞同它对用来讨论艺术、艺术的经验方面,以及审美经验的强调,这引导他将注意力放在两个主要问题上:艺术批评与可客观地辨认的艺术对象。他认为,批评性的陈述提供了接近艺术作品本身的最直接的途径。在发展他的美学理论过程中,他站在了"新批评"一边。新批评是一种在 20 世纪 40 年代至 60 年代发展起来的文学批评理论。这种理论将文学文本或其他的艺术作品看成是某种自我完成的,不与艺术家的意图或其他外在事物相关的事物。新批评最初作为一种文学批评的方法而发展起来,后来也被运用于其他艺术门类。新批评避开艺术家的意图和与其他艺术作品的起源有关的因素,如心理的和社会的影响,观赏者的主观反应,以及政治与经济方面的考虑,而试图将艺术作品本身的客观特征孤立起来。因此,比厄斯利认定,艺术批评的任务是呈现包括作品意义在内的艺术品客观的可被公众所接受的特征,并且对它的审美特征提供解释。

由于分析哲学将美学看成是一种第二层次的元理论概念活动,它要求以一种"第一层次"的语言表述为基础。照比厄斯利看来,由描述性、阐释性和评价性陈述所构成的艺术批评提供了必要的第一层次的语言材料。也就是说,批评直接与各门类的艺术相关,而美学或元批评则与批评的性质和基础相关。比厄斯利对艺术批评的强调给人以这样的印象,对于他来说,艺术批评成为美学的核心,这取代了前人努力像康德或黑格尔那样,将美学建筑在形而上学的考虑之上的做法。

在论述艺术作品时,比厄斯利最初想避开对艺术下定义的问题,取而代之以对审美对象的讨论。对于比厄斯利来说,审美对象是"欣赏以及/或者批评的对象"。它们部分由物理对象,或者视觉对象组成,这些对象在艺术事实在特定场合呈现在经验之中。例如,费城交响乐团在一个特定场合对贝多芬的第五交响曲的一次演奏(艺术事实)出现在一位批评家或一位常去听音乐的人的经验中,就产生了一个审美的对象。但是,这个审美对象在相关知觉者的经验之中产生,却并不仅限于物理的对象或事件,也不仅限于它的心灵的或概念的方面。并非作品所有的审美特征都必定会出现在特定的经验呈现之中。

比厄斯利认为,有必要在所呈现出来的,使之成为一件艺术作品的特性之中作出区别,将它的审美特性从非审美特性中区分出来。比厄斯利将前者认定为作品的“可直接感知”的特征，或者在正常条件下注视艺术作品可感知到的特征。一件艺术品的直接可感知的特征使之成为一个欣赏或批评的对象。然而，出现了这样的问题：怎样才能将审美的和非审美的特征与它们的非审美的方面区分开来。①

尽管比厄斯利在他的早期著作《美学：批评哲学中的问题》中对定义艺术持逃避的态度，但在他后来的著作《审美的视点》中还是提供了一个定义。在这里，艺术作品与“一种状态的安排，意在能够提供一种具有显示审美特征的经验”联系在一起。审美特性于是就被假定是一种最独特的，当我们经验到艺术作品时就会活跃起来的东西。他的定义假定艺术是，或者基于，一种主要由于其审美特性而确定的，可通过经验而接近的东西。这样一来，艺术作品就成了从属于审美对象的一个种类，因为艺术并非是仅有的可展示审美特性的事物。它的独特之处在于，审美特性在这里更加集中，尽管在其他事物中，审美特性也同样存在。对于辨认一件艺术作品来说至关重要的是，审美特性需要通过对该艺术作品的关注而形成的感知经验为观看者所接受。

在发展这种关于艺术的观点时，比厄斯利强调其物理的感知的特征，而忽视了它们的建制性语境和呈现惯例。他对审美对象和艺术作品的定义仍然是开放的，允许将历史上的艺术以及新的发展包容在内。

在当时，比厄斯利并不是仅有的一位从事分析美学研究的哲学家，但是，他的作品既代表了分析美学的最高成就，也显示出这种美学的狭隘性，即只注重语言学问题，而不关注艺术从其中产生，并由此才能被理解的语境。在美学走进21世纪的今天，比厄斯利的美学一般说来已经被超越。他的美学研究中的反历史的、经验性的方法，更适合于现代主义的经验主义——形式主义美学，而不是新世纪的后现代主义美学，他的观点也与后历史的美学理论格格不入。然而，我们从他对艺术批评的作用的理解，从他对艺术作品的物理——感知特性的关注之中，仍能学到很多的东西。值得赞扬的是，他对艺术和美学的发展，包括它们的新进展，持开放的态度，同时，他也希望任何对艺术的定义对其他的学科，包括艺术史、人类学等与艺术相关的学科的研究也能起作用。

---

① ［美］乔治·迪基《艺术与审美》，伊萨卡：康奈尔大学出版社1974年版，第165页。

鲁道夫·阿恩海姆(Rudolf Arnheim,1904—2007)

1923 至 1928 年期间,鲁道夫·阿恩海姆在柏林学习哲学与心理学,也辅修了艺术史和音乐,并取得了柏林大学的博士学位。他致力于将格式塔心理的原理运用于艺术的研究之中。他对美学的研究是从对感觉和知觉在创造和阐释艺术中的作用开始的。在这方面,他与关注像"什么是艺术""什么是美"这样一些问题的哲学家们不同,也与对讨论艺术的语言和概念的进行批评性分析的哲学家们不同。

阿恩海姆的最重要的著作是《艺术与视知觉:关于创造性眼睛的心理学》(*Art and Visual Perception*: *A Psychology of the Creative Eye*, 1954, 1974),这部书已经被翻译成 14 种语言。有人说,这是 20 世纪有关视觉艺术美学的最有影响的著作。在这部著作中,阿恩海姆提出,以格式塔心理学的知觉原理为基础的视觉所进行的组织是理解艺术创造及其意义的关键。他对艺术的研究是在更大范围内心灵对现实世界的认知性处理的兴趣的一部分。他对平衡、形状、空间、光线、色彩、形式,以及运动等作为艺术家创造和接受者体验艺术作品的工具的范畴进行了分析。在此之上,他增加了增长、动力和表现原理,这些原理激活了在各种艺术形式中起作用的创造和阐释过程的诸因素,而动力,或张力增加力或减少力之间的相互作用,构成了艺术形式的主要性质。

对于观看者来说,"视知觉是由对诸视觉力的体验构成的。"[①]每一个关于形体、色彩,以及运动的视觉经验都是由动力性质构成的。当艺术作品刺激材料产生知觉之时,物质性艺术作品的动态的生理性质在观看者的经验中形成一个心理的对应物。这是一种同形同构的过程,即在对象的刺激图式与积极地触及刺激物的感官在心灵中形成的表现之间建立一种结构上的关系。例如,具体的艺术作品的形体、色彩和运动的动力性质具有表现的意义。照阿恩海姆看来,表现存在于一特定刺激图式的知觉性质之中。在艺术作品和它所提供的经验之间存在着同样的结构。

并非只有人的行为才能表现。视觉表现也可以存在于任何完整

---

① [美]鲁道夫·阿恩海姆《艺术与视知觉:创造关于创造性眼睛心理学》,伯克利 1974 年版,第 412 页。

的形体或事件之中，这既包括自然的也包括人造的对象，包括再现的、抽象的，以及像情绪展现那样的生理状态。表现的性质是艺术家传达的手段，引导他们选择凿子、画笔，或者舞蹈动作的动力。一件艺术作品的知觉特征与它的形式特征，以及任何的再现性内容相结合，成为对观赏者有意味的作品。

在《视觉思维》(*Visual Thinking*, 1969)一书以及后来的一些文章中，阿恩海姆发展出了一种视觉思维的理论。[①] 按照格式塔原理，阿恩海姆将视觉思维描述成一种视知觉的功能，它包括形式的发展以及可阐释经验的知觉术语或概念。视知觉以感性经验为基础，并将基于经验的意象和各种知识包括在内。这也包括用以创造和阐释艺术作品的符号。思维正是在这种形式中出现，没有它，语言就没有进行运作的结构。这种观点隐含有这样的意思，艺术和其他视觉媒介中的图像比仅仅以语词为基础的语言具有更大的重要性。

阿恩海姆与他同时代的哲学家们的主要不同之处在于，他坚持感性的经验为思维和语言提供了基础。他指出，我们接近世界的唯一途径是通过视、听和动觉所获得的感性经验。在 1998 年所作的一个访谈中，他重复了这个观点："语言不是知识的正式的原型；相反，我们的经验所赖以建立的感性的知识，使语言成为可能。"[②]阿恩海姆更倾向于美学的基础是心理学而不是哲学，这反映在他坚持理论必须以由知觉所揭示的对事实的考虑为基础上。在这方面，他的观点代表了一种经验主义。不管是哲学还是心理学，只要它们尊重经验事实，都对理解艺术有所贡献。

阿恩海姆的全部作品，都始终如一地将他关于表现的理论运用于实际上所有的艺术形式之中。在 1933 年，当他还是柏林的一位艺术批评家时，他就写了一些文章，后来辑成《作为艺术的电影》(*Film as Art*)的书出版，这是最早的讨论电影美学的专著之一。[③] 在这部著作

---

① [美]鲁道夫·阿恩海姆《视觉思维》，伯克利：加利福利亚大学出版社 1969 年版。

② [美]乌塔·格伦德曼(Uta Grundmann)访谈《鲁道夫·阿恩海姆：视觉的理解力》("Rudolf Arnheim: Die intelligenz des Sehens")，发表于《新造型艺术》(*Neue Bildende Kunst*)，1998 年 8 月—9 月号，第 56—62 页。格里高里·威廉姆斯(Gregory Williams)英译。

③ [美]鲁道夫·阿恩海姆《作为艺术的电影》(*Film as Art*)(伯克利和洛杉矶，1967 年版)，阿恩海姆发表于 1933 年和 1934 年有关电影的文章重印本。

中,阿恩海姆着手探讨电影这种新的艺术所隐含的艺术与现实相遇的问题。他对人们怎样通过一种投射到一个平面的银幕上的运动着的图像感到好奇。他的结论是,电影并不能直接再现现实,是电影媒介本身规范经验使其产生意义。在这一过程中,电影起着一种艺术表现的形式的作用。他在论电影,以及论照相、电视(1935 年)和广播(1936 年)方面所做的工作,使他成为最早写作媒介美学的人之一。

阿恩海姆在表现理论的语境中对舞蹈的论述,至今仍是舞蹈美学中的经典理论。在舞蹈中,身体是创造一件新的艺术作品的起点。身体本身就已经是一套以生理与心理的特征出现的复杂的表现性力量,它必定要在一个社会背景中实施交配、生殖,以及实际生活所必须的一切活动。人的身体尽管具有丰富的表现性特性,但对于艺术表现来说,却是一个最难的载体。运动是舞蹈的本质。然而,日常生活中的身体运动却发展出强烈的表现性特征,这也许与舞蹈中所需要的表现构成竞争关系。

身体本身就已经负载着大量非艺术功能的表现性特性,它们必须被压抑或调整,以获得独特的舞蹈目的。例如,身体具有自然的曲线,形成直角线很困难,这就已经对可能具有的表现性身体的形体类型构成限制。再如,在西方舞台舞蹈中,躯体是表现性动作的中心。身体的所有部分都结合在一起,起着加强来自于躯体的所引导的能量的作用。就舞蹈者自己的身体而言,舞蹈者以肌肉、筋腱、关节构造的动感为媒介,创造了舞蹈的表现性力量。

通过舞蹈运动模式向观赏者所传达的视觉图像必须包含与舞蹈者的身体所体验到的同样的动态性质的结构模式。舞蹈者的动觉运动与观赏者的视觉经验之间的基本联系在于观看舞蹈者运动着的身体时所感知到的动态性质。观赏者不是被动地从舞蹈者的身体图像中接受该结构。舞蹈者的运动成为观赏者所体验到的刺激图式。在这方面,观赏者实际上所知觉到的是舞蹈者运动着的身体与观赏者的眼睛之间积极地相互作用的结果,而这来自于双方都出现的动态力量。

在 20 世纪 70 年代的一些著作中,阿恩海姆将建筑看成是艺术中最重要的门类。他从视觉形式,主要是对体验它的人在心理产生的效果角度来考察建筑。建筑的抽象和无题材的特征特别有利于展示他的表现理论。在建筑中,一座建筑物的意义及其效果依赖于它的动态表现特性。像黑格尔一样，他对建筑的象征方面和功能方面都作了思考且对建筑的视觉象征意义特别感兴趣。他认为，“在一个设计得很好的建筑中，存在着一种视觉特性与功能特征间的结构上的对应。”[①]视觉上适当的建筑意味着在功能上很成功。建筑的最重要的象征来自其形式，当它从人的知觉经验，而不是任何字面上通常的意义来理解动态的表现性特征时。建筑中的最有效的象征植根于最强烈和最普遍的经验之中。宗教信仰和哲学观念是这种经验，但来自于日常生活自发象征的知觉动力学中也会出现这种经验。作为对建筑效果的检验，阿恩海姆提出了这样一些问题：“一幢建筑显示出一种使得它对人们的眼睛来说可理解的视觉整体性吗？它的外表反映出不仅是心理的而且是物理的多种预设的功能吗？它展示出某种鼓舞或应该鼓舞人群的精神吗？它传达某种人的理智和想象中的最好的东西吗？”

阿恩海姆的美学理论在艺术教育领域，以及设计教育和艺术实践，特别是视觉艺术实践的训练等领域受到了广泛的关注。他对艺术心理学的贡献是无可匹敌的。然而，在哲学美学界，他的作品还没有受到足够的重视。有些人围绕着他对表现的说明和他将感性知觉当做知识的基础的思想展开了争论；另有些人质疑他的理论是否能适用于近年来的后知觉艺术，在这种后知觉艺术中，概念取代了知觉特性成为艺术作品的基本特征。然而，却很少有人真正了解他在对艺术品的创造和体验的始终如一而范围广泛的研究方面所作的努力。

斯坦利·卡维尔（Stanley Cavell，1926—　）

斯坦利·卡维尔于 1961 年在哈佛大学哲学系获得博士学位。他与美学有关的主要作品有《我们必须说话当真吗？》（*Must We Mean What We Say*？1969）、《所看到的世界：关于电影本体论的思考》（*The World Viewed*：*Reflections on the Ontology of Film*，1971）、《〈瓦尔登湖〉的意义》（*The Senses of Walden*，1972）、《理性的要求：维特根斯坦、怀疑主义、道德与悲剧》（*The Claims of Reason*：*Wittgenstein*，*Skepticism*，*Morality*，*and Tragedy*，1979）、《幸福的追求：好莱坞的再婚喜剧》（*Pursuits of Happiness*：*The Hollywood Comedy of Re-*

---

① ［美］鲁道夫·阿恩海姆《建筑形式动力学》（*The Dynamics of Architectural Form*），伯克利、洛杉矶、伦敦：加利福利亚大学出版社，1977 年版，第 205 页。

marriage, 1981)、《学外集:果与因》(*Themes Out of School: Effects and Causes*, 1984)、《否定知识:论莎士比亚的六部戏剧》(*Disowning Knowledge: In Six Plays of Shakespeare*, 1987)、《追求平凡:怀疑主义与浪漫主义线索》(*In Quest of the Ordinary: Lines of Skepticism and Romanticism*, 1990)、《英俊与不英俊的条件:爱默生完善主义的构成》(*Conditions Handsome and Unhandsome: The Constitution of Perfectionism*, 1990)、《语词之城》(*City of Words*, 2004),以及《后天的哲学》(*Philosophy: the Day after Tomorrow*, 2006)。

卡维尔对艺术的兴趣开始于对音乐的研究,后来转向了电影和文学。他关注哲学美学,但他一直以对具体艺术作品的研究为基础,将电影、文学研究和自传性因素融进他的哲学美学著作之中。这种独特的做美学的方法使他与我们这里所提到的其他美学家区分开来。在他的研究中,对电影和文学作品的细节研究与艺术批评和哲学密不可分,成为三位一体。

他的美学方法论融入了维特根斯坦、简·奥斯汀、爱默生、梭罗和海德格尔的见解。他希望能够通过爱默生和梭罗的先验哲学来疗治英美日常语言哲学与大陆美学之间的分歧。

> 在他们对世上语词暧昧性的关注中,在他们对哲学上的先验线索的继承中,爱默生和梭罗……成为日常性的思想在日常语言哲学中出现的基础。同时,爱默生……也成为大陆哲学的基础,因为通过酷爱爱默生文字的尼采,爱默生在海德格尔的著作中起着作用。①

卡维尔仿效维特根斯坦和奥斯汀,对我们日常谈论艺术作品时所赋予的意义进行哲学考察。他致力于理解“关于语言、世界和我们自身”的事实。正如他在《所看到的世界》中所说,现实在电影中不仅仅是所描述或所再现的。电影“投射与放映”现实。也许绘画是再现现实,但电影是投射。这种投射证实现实,同时也提供体验另一种想象

---

① [美]斯坦利·卡维尔、理查德·弗莱明(Richard Fleing)和迈克尔·佩恩(Michael Payne)合编《斯坦利·卡维尔的意义》(*The Senses of Stanley Cavell*)(刘易斯堡,1989 年版),第 52 页。

或幻想的现实的可能性。对于体验电影或其他艺术过程来说，重要的是神秘性因素。在理解和欣赏艺术中，并非一切重要的东西都必须是完全透明的。

他从直觉开始，然后从共同的语言中寻找语词将直觉变成一种适合于细读和质询的形式。所有这些直觉，特别是那些哲学性的直觉，都受到彻底的质询。卡维尔的哲学方法也要求这种彻底的质询。对一个直觉的可靠性的确信不是来自于逻辑推理，也不是来自经验证明，而是在细致地关注我们日常所说和所指的经验过程中所发现的事实中“接受到”的，这种经验过程可以以对一部电影或一部莎士比亚的戏剧的考察为例。这些事实，也许可以包括对作品的起源、历史发展、所采用的形式和主题、所使用的媒介的特征、与作品相关的批评性评论以及用于批评性或比较性阐释一部作品美学理论等方面的质询。

他在处理表现、再现、隐喻、意图，以及形式等美学话题时，受到与批评、艺术对象和知觉者的反应相互作用的调节。形式、内容以及观众各自都是积极活跃的过程，在理解表现、再现和用于体验艺术的其他概念时，不能被相互孤立起来。

卡维尔在《幸福的追求》一书中通过分析七部好莱坞电影，展示他将严肃美学兴趣扩展到通俗艺术中的意愿。他认为，从 1934 到 1949 年间的这七部电影构成了有声电影出现后好莱坞喜剧电影的一种类型。他将之称为再婚喜剧类型，并将之称为是“继承了莎士比亚浪漫喜剧的关注和发现”①。这一结论是以作者对这些电影的“阅读”为基础的。他将对一部具体作品的阅读与阅读像康德、奥斯汀、海德格尔、维特根斯坦和爱默生这样一些哲学家的作品联系在一起。

卡维尔是 1966 年到 2006 年期间最具独创性的美学家之一。他执著于抵制将知识分区化为艺术、批评、哲学和日常经验等独特的范畴的做法，使得他的文字与当时的哲学美学总的潮流格格不入。尽管他并非是仅有的一位受过英美分析哲学传统训练的去做与大陆美学弥合的工作的美学家，却对这种弥合展现出比其他人更大的兴趣。他在研究通俗电影时，加入了这样一个美学家群体——努力将通俗艺术看成是从属于这一严肃的哲学美学的重要内容的美学家群体。尽管他向着一个独特的方向作了富于创造性的、坚持不懈的努力，但他的

① [美]斯坦利·卡维尔《幸福的追求：好莱坞的再婚喜剧》导言。

作品还没有得到它们应该得到的更大的承认。

纳尔逊·古德曼(Nelson Goodman，1906—1998)

纳尔逊·古德曼被公认为二战以后最重要的分析哲学家之一。他在哈佛大学接受教育(1941 年取得博士学位)，在应用逻辑、科学哲学、美学、符号理论、认识论和形而上学等方面都作出了富有独创性的贡献。古德曼不像他的前辈那样投入到历史问题的争论之中或遵循某一条意识形态路线，而是发展出他自己的关于符号体系的分析方法。他将每一个领域的研究都当做一种符号的体系。他认为现实与阐释是不可分割的，认为由这种阐释所组成的多样的世界以各种各样的——从符号逻辑学、科学到各门艺术的符号体系构成我们知识的框架。在《世界制作的多种方式》(*Ways of Worldmaking*，1978)一书中，古德曼提出，科学与艺术都有助于对世界的理解，存在着众多的，甚至是相互矛盾的却又都是正确的对世界的描述。

然而，他又对那种怎么都行的说法持激烈的反对态度。古德曼承认有对世界错误描述的存在，他指的是没有很好地作出的描述。他的著作很大的一部分是依照句式和语义特征来区分不同类型的符号，并分别指出它们对知识的贡献。在研究价值问题时，他不是去对它们形式化，而是作具体说明。价值问题需要作出详尽的阐述，这是提高知觉能力的途径。

古德曼在哲学上的主要目标在于通过“去除混淆、辨析区别和联系、更敏感和更完整地感知、获得新的洞见”而提高我们的理解力。①社会的改进和技术的进步则不在他关注的范围之内。

古德曼认识到，阐释世界和建立一个可靠的哲学，需要某种日常语言以外的东西。然而，他相信，语词分析和逻辑构造是互补而不是互不相容的手段。他将新发展起来的符号逻辑的形式技巧运用于他的第一本书《外观的结构》(*The Structure of Appearance*，1951)之中，在该书中，他展示了许多不同的计算法。但是，他坚持认为，逻辑的精确性与系统化并不依赖于任何特殊技巧的使用。例如，《艺术的语言》中的词汇从日常语言开始，进而系统地通过作出越来越多的精

① [美]纳尔逊·古德曼《关于心灵及其他》(*Of Mind and Other Matters*)(麻省剑桥：哈佛大学出版社 1984 年版)，第 200 页。

细的分析，以及发展对提高艺术和其他符号体系的理解来说必要的联系而清除混淆。通过限制从日常语言中来的术语的使用，通过清除这些术语的模糊和含混以便用于一种可打造新的联系的体系之中，精确性得以形成。

古德曼的哲学理论包括唯名论、构造主义，以及一种版本的彻底相对主义。作为唯名论者，他发现非个体（群组）是不可理解的。作为构造主义者，他使用了抽象的逻辑符号去从事系统的哲学布局，将经验的性质与独特性组织到知识之中。相对主义则支持了他关于存在着许多并存的构成世界的方式的观点。他的《世界制作的多种方式》贴切地说明了他的哲学研究方法的彻底性。"很少有熟悉的哲学标签能恰切地适用于此处，本书既不同于理性主义也不同于经验主义，既不同于唯物主义也不同于唯心主义，既不同于机械主义也不同于活力论，既不同于神秘主义也不同于科学主义，与其他各种激情洋溢的思想不同。"他预想，他的作品将成为现代哲学的主流；然而，他也提出，要用他自己的符号体系理论取代一些主要思想家的观点，如康德关于心灵结构和刘易斯关于概念结构的观点。因此，科学、各门艺术、知觉，以及日常话语成为"世界构成的种种方式"，使理解成为可能。他和奎因一样，挑战了两种主要的"经验主义的教条"，即诉诸分析/综合命题的区分，和致力于一种对知识的约简主义/基础主义的解释。

在首部主要著作《外观的结构》中，他提出了关于经验的系统逻辑描述和具体体系的实际构造的一般理论。他运用一种他提出的部分-整体逻辑，创造了一种以性质为始基（qualia as primitives）现象学的体系。为了创造这种现象学的体系，他捍卫卡尔纳普及其由构造原理（the Aufbau）所提供的对经验的现象主义解读，并对那些批评这种原理的人进行反批评。

古德曼的第二本主要著作《事实、虚构与预见》（*Fact, Fiction, and Forecast*, 1951）考察了三种与可证实性和非证实性陈述有关的核心逻辑问题，即反事实问题、归纳理论和预见理论的前景。休谟的观点是，对未来事件的预见只是对出现在经验中的过去常规的观察，对此，古德曼作了根本的改变。古德曼认为，常规到处可见，但并非所有观察到的常规都导致有效的预见。他的"新归纳之迷"说明，一个证据可以证明一个特定的预见，也同样可支持与之相反的证据。

在《世界制作的多种方式》中，古德曼提出了一种也许是他最极端的观点:符号制作活动构成世界制作活动,除了通过语言、科学、艺术和其他符号制作过程所构造的版本以外,不存在固定或“客观”的世界。用古德曼的话说,“世界”是指“合适的世界版本”,有时也指这些世界版本所指称的东西。他的论述的关键在于,除了符号的参照框架以外,没有其他的可用来比较的框架。从这一立场出发,古德曼采用了一种强烈的相对主义观点。当然,他并不是说,每一个版本都是精心打造的。他坚持认为,尽管一个合适的世界版本与它的指称对象并不相同,但在它们之间无法画出一条明确的分界线。不管是所构造的世界版本还是我们用以检验的标准,都依赖于我们的制作。

《艺术语言》在一个更为一般性的符号理论语境中研究美学。他关于符号的理论包括了各门艺术,但也包括科学,以及语言在内的日常生活符号。通过细心地给由绘画、音乐、舞蹈,以及其他艺术作个性化描绘,古德曼提出了一个新的解说美学中关键问题的新的结构。关于符号理论体系,他提出在直接的实践需要之外使用符号,目的是为了理解或“作为其本身和为了其本身的认识”。理解利用了求知或发现的快乐,从而导致启示。为了交流和其他出于实际或愉悦的目的使用符号是次要的,他评判符号的标准,不管是关于科学的还是关于各门艺术的,都在于符号服务于认识目的的程度:“它如何分析、分类、排列和组织”符号,以及符号怎样参与到创造和改变知识的过程之中。[①]

这些思想贯穿于《艺术语言》这部书的始终。他试图展示绘画、音乐、舞蹈、文学文本以及建筑物是怎样与科学相伴,在对理解的寻求之中形成我们的经验。古德曼试图参照语义和句法差异以分析不同的艺术形式,这成了他展示它们的符号特征间更大差异的基础。在这一构造之中,再现的、表现的和例示性的参照形式主宰了各门艺术的特征和功能。

再现是一种指称形式。古德曼反对那种艺术中的再现是基于天然相似性的观点。与此相反,再现从属于习惯和熟悉性的范畴。对一幅画再现了某物的理解,实际上与唤起一定范围内的认识性资源,包括参照图像的惯例以分辨图像的性质,并且是与历史的、科学的或神

---

① [美]纳尔逊·古德曼《艺术与质询》,见《美国哲学协会东部分会会议论文集》1968年,第5—19页。

话的因素有着复杂的联系。[①]

例示化是通过实例来符号化,它表示一个实例与该实例所表示的特征之间的关系。例如,一件音乐作品可以例示其和声与韵律的特性,一幅画可以例示其色彩、形体和质地的特性。要想辨认所例示的特性,就必须了解其符号系统。符号只能例示它们实际上拥有的特性。表现指隐喻性的例示化,例如一幅画隐喻性地表现悲伤,就例示了悲伤的特性。

古德曼将他的审美符号理论运用于一门具体艺术形式的情况,可以从他关于建筑的论述中看出。他关于建筑的理论在一篇《建筑物怎样表示意义》的文章中得到完整地展示。[②] 古德曼像黑格尔和阿恩海姆一样,注意到了存在于建筑之中的美学或符号论与实际功能之间的张力关系。"这两种功能之间的关系从相互依赖、相互加强,到相互激烈竞争,是极其复杂的。"[③]从一开始,古德曼关于建筑的主要兴趣就在审美符号论,而不是其他实际功能之上,尽管他也认识到,一座建筑物除了审美符号以外,还有广泛的多种意义。古德曼将多种多样的符号意指归结为四种类型,从而集中讨论了审美符号论。这四种类型是:指称、例示、表现和间接意指。他运用这些符号化的范畴对各门艺术进行区分。在这里,我们所关注的是,他指出了建筑的独特特征。

审美符号论所研究的是建筑作为一种艺术形式有什么特征。我们在这里直接切入主题,古德曼用这样的语句来说明了作为艺术的建筑所需要的条件:"一座建筑只有在它以某种方式去意味、意指、指涉、用符号表示时,才是一件艺术品。"[④]建筑并非以描绘性或再现性为其典型特征,尽管其中的一些雕塑可以是再现性的。然而,一座建筑可以例示其结构的特性,尽管这个结构原本只是由柱、梁、比例、重量和体积,以及由钢、石和水泥所构成。一座建筑可以隐喻性地表示其原本并不拥有的感受和思想。不管是例示还是表现,符号论都有一个从

---

① [美]纳尔逊·古德曼和凯瑟琳·Z. 埃尔金(Catherine Z. Elgin):《面对新异性》(Confronting Novelty),见《哲学与其艺术和科学的再思考》(*Reconceptions in Philosophy & Other Arts and Scienes*)印第安纳波利斯、剑桥:哈克出版公司,1988 年版,第 110—120 页。

② [美]纳尔逊·古德曼《建筑物怎样表示意义》(*How Buildings Mean*),见《哲学与其艺术和科学的再思考》,第 31—38 页。

③ 同上,第 32 页。

④ 同上,第 33 页。

符号趋向于用于它的各种标签的过程。[①]

古德曼关于建筑提出的是这样的问题:“一座建筑物什么时候是一件艺术品”以及“什么形式的符号论最适合于描述建筑的符号特征”。这些都是复杂的而很难回答的问题,因为一座建筑物既可以例示其与艺术相联系的特性,也可以例示其与艺术无关的特性。例如,一座建筑的重要特性也许可与一个历史事件,或它所指派的用途相联系。他提醒人们警惕,不要将“什么是艺术”与“什么是好的艺术”混淆起来。他也排除了与艺术家意图的关系,而赞同以对象的符号特征作为决定艺术出现的基础。

一座建筑物被赋予的意义,是由它的整体效果或者适合所决定的。并不存在用以判断一个建筑作品的效果或适合的一般规则,除了该作品“进入我们观看、感受、知觉、构想、理解的一般性方式”的程度以外。[②] 建筑的优秀性在于一座建筑物给予和重组经验,或者提供洞见和理解。“一部作品的优秀性与启示有关。”[③]

古德曼用“何时是艺术”取代了“什么是艺术”的问题。这样一来,他就将焦点聚集在了艺术符号的功能之上。他发现,试图辨认独特的审美特征是毫无意义的,他更倾向于寻找某些符号特征群,以形成对艺术作品的独特理解。这时,科学的理解和艺术的理解之间的虚构的对立也消失了。它们只不过是互相补充的对我们的世界的制作和理解而已。

除了这四本主要著作以外,古德曼还著有《问题和计划》(*Problems and Projects*, 1972)、《关于心灵及其他》(*Of Mind and Other Matters*, 1984)。他与凯瑟琳·埃尔金合著了《哲学与其艺术和科学的再思考》,他还有一本《作为理论和作为行动的艺术》(*L'Art en Théorie et en Action*)的著作,附有让-皮埃尔·科梅蒂(Jean-Pierre Cometti)和罗歇·普维叶(Roger Pouviet)分别写的评论以及许多文章。这些后期著作收入了他的一些最重要的论文,主要是对批评的回答以及对他早期所思考的一些艺术和美学课题的扩展。

---

① [美]纳尔逊·古德曼《建筑物怎样表示意义》(*How Buildings Mean*),见《哲学与其艺术和科学的再思考》,第 39—41 页。

② [美]纳尔逊·古德曼《建筑物怎样表示意义》(How Buildings Mean),见《哲学与其艺术和科学的再思考》。

③ 同上,第 48 页。

古德曼的艺术兴趣和活动超出了哲学之外。作为哈佛大学的零计划这一多学科研究艺术教育的计划的创立者和负责人(1967—1972),他在艺术教育研究方面具有开创性。这一计划提供给他一所检验他在《艺术语言》和其他一些文章所描述的认知和符号区分理论的实验室。在霍华德·加德纳(Howard Gardner)和戴维·珀金斯(David Perkins)这两位继任者和其他一些人的帮助下,古德曼帮助开启了以绘画、音乐、舞蹈以及其他艺术为特征的符号过程,通过参与不同的艺术而了解这些发现的含义。这些活动与他的一些文章,如《博物馆的终结》(*The End of the Museum*),他在美国博物馆协会的一个演讲(见《关于心灵及其他》一书)和《行动中的艺术》(见《美学百科全书》第2卷,第322—326页)展示出古德曼用具体的方式激活艺术的热情。在《行动中的艺术》中,古德曼考察了与"一部作品起作用"有关的因素,如光、守恒、再造等,这些因素在激活艺术作品中起作用。除了建筑本身以外,古德曼谈到了博物馆的使命。简单说来,博物馆的使命在于教育而不在于娱乐,它的任务是使它所陈列的艺术品起着让访问者学会观看和理解艺术品的作用,并且,起着让访问者通过这些艺术品更好地观看、理解和建构他们的世界的作用。作品所提供的图式、感受和观点,"通过激发探询性观看,使知觉变得锐利,提高视觉能力"①而告知和引导我们感受和思考的途径。

古德曼自身构思并积极参与了三个著名的演出事件。第一是与舞蹈家马莎·格雷(Martha Gray)、作曲家约翰·亚当斯(John Adams)以及艺术家凯瑟琳·斯特吉斯(Katharine Sturgis)合作的《看曲棍球比赛》(*Hockey Seen*)。这部作品于1972年在哈佛大学演出,并于1980年在比利时的克诺克-勒-佐特(Knokke-le Zoute,比利时一小镇)演出。这部作品在哈佛演出时的纪录影片和道具现在已成为马凯特大学(Marquette University)的哈格特艺术博物馆(Haggertty Museum of Art)的永久藏品。第二是《兔子跑了》(*Rabbit Run*)(与舞蹈家马莎·格雷和作曲家乔尔·卡巴科夫[Joel Kabakov]合作,根据约翰·厄普代克[John Updike]的小说改编),第三是《变奏曲,配图的演讲音乐会》(*Variations, An Illustrated Lecture Concert*)(由作曲家

---

① [美]纳尔逊·古德曼《关于心灵及其他》(*Of Mind and Other Matters*)(麻省剑桥和伦敦:哈佛大学出版社1984年版),第180页。

戴维·阿尔弗[David Alpher]展示毕加索根据委拉斯开兹的《宫女》所画的变异画,初次于 1985 年在赫尔辛基音乐节时举行的音乐哲学研讨会上演出,又于 1986 年在哈佛大学演出)。

古德曼还是一所著名的波士顿艺术馆的馆长,并且是一位私人收藏家。他从学生时代就开始艺术收藏活动。在一些重要的艺术生意人圈子中,在纽约和伦敦的拍卖行,以及在马斯特里赫特的艺术市场上,他都以眼光锐利和善于还价著称。他常常去这些地方,甚至晚年也是如此,直到后来因病不能旅行为止。他与妻子凯瑟琳住了很多年的位于马萨诸塞州韦斯顿的家,显示了他是一位有着巨大热情和深入了解各种艺术的收藏家。不仅在墙上,而且在每一个柜子和抽屉里,都有着大量的宝贝。对于普通收藏家来说,像他这样一面墙上挂着法兰德斯古代大师阿贝尔·格里默尔(Abel Grimmer, 1593—1619)的画作,而在对面墙上挂着质朴的当地画家彼得·佩特隆奇奥(Peter Petronzio,一位不知名的 20 世纪移居意大利的农民)的画作,是很难理解的。在他所收藏的作品中,有 17 世纪古老的大师画作和版画作品,有毕加索和德穆斯(Charles Demuth)的素描,也有亚洲雕塑、美国西北海岸和西南海岸土著人的艺术作品。[①]

阿瑟·丹托(1924—)

像阿恩海姆和古德曼一样,丹托走向哲学美学的专门领域,获得对艺术史和当代艺术实践的深入了解,是以他积极参与艺术活动的经验为基础的。丹托于 1952 年在哥伦比亚大学获得博士学位。他一开始是作为一位艺术家而积极投身到艺术世界之中的。从 1984 年起,他作为一位艺术批评家为《新共和》(*New Republic*)和其他一些出版物写作。他成为一位多产的作家,他的声音在艺术批评家中受到重视。在艺术界和在哲学家们之中,他被看成是一位在美学和当代艺术批评方面重要的供稿人。他对视觉艺术的丰富而敏锐的洞察力常常既展现在他所提出的一个一般性的论断上,也展现在对某一特定的作品的批评性评论上。

丹托是从写作一批分析性的著作而开始他作为一位哲学家的生

---

① 一部分这里所使用的材料曾出现在本文作者所写的文章《纳尔逊·古德曼》一文中,见《美国哲学家 1950—2000》《文学传记词典》第 279 卷,第 62—70 页。

涯的。这些著作包括《关于历史的分析哲学》(*Analytic Philosophy of History*, 1965)、《作为哲学家的尼采》(*Nietzsche as Philosopher*, 1965)、《关于知识的分析哲学》(*Analytic Philosophy of Knowledge*, 1968)、《关于行动的分析哲学》(*Analytic Philosophy of Action*, 1973)以及《叙事与知识》(*Narration and Knowledge*, 1985)(这是《关于历史的分析哲学》的修订版)。对于理解丹托的美学和哲学来说,同样值得重视的是他对大陆哲学家的兴趣,这反映在他的著作《作为哲学家的尼采》和《让-保罗·萨特》(*Jean-Paul Sartre*, 1975)之中,而更值得注意的是黑格尔的《美学讲演录》对他的艺术终结论所产生的影响。

丹托对美学的贡献,既体现在他的一系列论述艺术和哲学的文章和著作上,也体现在他的几部关于艺术批评的短文集之上。他的《艺术界》一文于1964年发表于《哲学杂志》上,标志着对艺术的哲学理解的一种新方法的开始。他此后的文字都以此为基础并加以发展。他关于美学和艺术批评的主要著作有《平凡物的美化》(*The Transfiguration of the Commonplace*, 1981)、《哲学剥夺艺术》(*Philosophical Disenfranchisement of Art*, 1986)、《艺术状态》(*The State of Art*, 1987)、《遭遇与反思:历史在场中的艺术》(*Encounters and Reflections: Art in the Historical Present*, 1992)、《布里洛盒子之外:后历史在场中的视觉艺术》(*Beyond the Brillo Box: The Visual Arts in Post-Historical Present*, 1992)、《体现的意义:批评性随笔与审美的沉思》(*Embodied Meanings: Critical Essays and Aesthetic Meditations*, 1994)、《艺术终结之后:当代艺术与历史的界限》(*After the End of Art: Contemporary Art and the Pale of History*, 1997)、《未来的圣母:多元主义艺术界论文集》(*The Madonna of the Future: Essays in a Pluralistic Art World*, 2000)和《美的滥用》(*The Abuse of Beauty*, 2003)。

丹托在美学上主要关注三个主题:怎样区分艺术与其他事物、对艺术终结作历史的考察以及艺术与哲学的关系。他采用了一种对美学的准经验的方法,以艺术的历史特征为基础,依赖于当代艺术和艺术批评的细节来回答区分艺术与普通事物的问题。然而,要想回答怎样区别于其他对象,包括那些看上去与艺术品具有同样知觉特征的对象的问题,就要求有一种艺术理论。他研究视觉美学的方法是不同于阿恩海姆的那种我们关于艺术作品的知识依赖于只有通过知觉才能得到的感性特征的观点。他也不同意门罗·比厄斯利的那种艺术作品是具有独特审美特性的知觉对象的观点。与古德曼那种以符号理论来解释我们关于艺术的知识也不同,他寻求以通行的艺术实践、批评和理论作为他的美学的基础。

照丹托看来,传统的限定艺术的努力不成功之处在于它们都没有给予艺术的历史性并对艺术在其历史的每一时期所经历的持续变化足够的重视。安迪·沃霍尔的《布里洛盒子》进入艺术界,标志着艺术的一个转折点,也标志着那种试图根据所知觉到的自然或审美的特性中的区别来作审美的限定的一个转折点。当沃霍尔提出《布里洛盒子》可考虑成为艺术作品的一个候选对象时,他的行动最初使艺术界和公众感到不可理喻。他的布里洛盒子看上去与商业用途的包装盒没有什么区别。尽管原来的布里洛盒子也是被一个商业艺术家所设计的,但是,它与沃霍尔的布里洛盒子不同,前者不是一件艺术品,而后者是出于艺术的意图而被创造出来的。丹托的思考导致了这样的结论:实际上不再可能维持艺术作品与其他事物的区分。

过去的理论,包括再现的和表现的理论,都以这样的一个假定为基础,即艺术作品与普通的物品之间有着真正的可感知的区别。尽管在沃霍尔的布里洛盒子与普通的商用布里洛盒子之间有着材料上的区别,却没有显著的不同可以说明一个是艺术作品而另一个不是。即使将两者反复观看,细加比较,也不可能使观看者看出,其中的一个而不是另一个,适合于我们在艺术史的语境中对一件艺术品的理解。丹托的观点是,需要一种艺术理论来决定哪一个布里洛盒子有资格被称为艺术。更进一步说,一件可被选定为真正的艺术品的物体被预期要显示出某种与艺术史上的其他作品相联系的特征。还有一个要求是,作品作出了一个声明,这是作品意义的一个组成部分。

问题在于,人们怎样才能看出这样的条件在某一时刻已经被满足。对此,丹托利用艺术界的概念来作答。艺术界被描述为"一个理性的话语"在相关的人群中发生,与有待被理解为艺术作品的对象或活动联系在一起。广义理解的艺术界的成分包括一切愿意了解艺术和愿意参与争论的人。这将包括艺术家、批评家、策展人、艺术史家、艺术教育家、艺术销售者,以及其他公众。狭义的艺术界中起主要作用的是艺术批评家,他们的论述以建立与艺术史和该作品所处的文化间的联系为目的，考察了在历史的特定时期中生产出来的艺术。更为重要的是，对艺术界的参与，要求那些被期望要在所谓严肃艺术中作出一点什么的人之中有着兴趣和承诺。通过这个过程，艺术被赋予了一个象征的作用。在其最好的情况下，它可起着增进人们的生活的作用。

在《哲学剥夺艺术》中，丹托从阐释现实的适合性的角度考察了古老的艺术与哲学的对立问题。他指出，柏拉图"将艺术的实践看成是外观的创造，这与哲学所研究的现实相隔两层。"[①]柏拉图的这一出自《理想国》的观点所造成的结果是，艺术只是局限于外观，它不能生产出那种适合于指导个人或城邦的知识。因此，艺术可被边缘化为一种危险或错误的向导，或者是一项无用的工作。

丹托将柏拉图对艺术的明显轻视看成是用哲学取代艺术的一种努力。他还认为，黑格尔在分析本体论辩证法和历史的阶段的时候，提出了他自己的关于哲学取代艺术的观点的根据。照黑格尔看来，艺术、宗教和哲学代表着绝对精神不断进步以得到更完满的展示。当黑格尔的辩证法展开之时，艺术就成了哲学，或者说，它被哲学所代替。在这个过程中，艺术结束了它作为表现最高存在形式的手段的可能性。同时，艺术也不再在历史哲学中扮演重要角色。

丹托从他对黑格尔美学的这一解读引出了一个线索，从而宣布了他的艺术终结论。他认为，目前艺术界的彻底多元论和无休止的变化导致一种由于占用大量日常经验材料而造成的人工制品的过剩，这就使得区分艺术与非艺术的任务变得不可能完成。他提出，艺术的概念已经从内部消耗尽，失去了其历史的方向。这并不意味着艺术不再被生产，也不意味着它不再有市场。这只是意味着，在目前的状态下，艺术失去有重大意义的作用，未来也不确定。艺术家们不再创造出那种以其从再现到表现再到抽象的进步而使人震惊的作品，而只创造出那种仅显示变化而没有发展，缺乏作为前一阶段艺术史标志的具有革新精神的作品。

丹托假定艺术死亡的原因部分在于相信艺术的进步，在过去几个世纪中，从古典、文艺复兴、巴洛克，到立体主义、抽象表现主义，等等，艺术史上新风格的发明到了 20 世纪后期就终结了。绘画与其他如表

---

① [美]阿瑟·丹托《哲学剥夺艺术》(纽约：哥伦比亚大学出版社 1986 年版)，第 5 页。

演、音乐和舞蹈之间界限的不稳定,被看成是当代艺术死亡的征兆。

在目前的状态下,艺术具有一种不同的认识作用,这时,它的主要目标是指向自身的。艺术不再是一个自由的活动,适合于传达精神性真理的反思性目的。它所寻求传达的知识是艺术知识本身。"艺术终结于它自身的哲学的来临。"[①]这意味着已经终结的艺术的历史阶段被艺术的后历史阶段所取代。所剩下的是艺术越来越依赖于哲学,以至于艺术被艺术哲学所取代。然而,服务于商业市场的和满足自我表现、装饰和娱乐需要的艺术,仍在被创造着。

尽管丹托从黑格尔那里获得了他的一个关键观念,即艺术终结的思想,在他最新的一本论述哲学美学的著作《美的滥用》(*The Abuse of Beauty*, 2003)中,他显示出与黑格尔在观点上的重要差别。黑格尔的辩证法呼唤哲学取代艺术,成为揭示对存在的终结真理进行理解的最高的手段。但是,在《美的滥用》中,丹托否认"艺术已被哲学所取代"。他的理由是,哲学目前具有分析的方式,聚焦于逻辑和语言方面,不足以处理更大的人的问题。[②] 因此,传达这一更大意义的任务就落到了艺术的身上。丹托在估价黑格尔的三种传达重要的精神内容的方式时,也认为艺术会取代宗教。

在结束我们对丹托美学的介绍之前,有必要对他关于批评与艺术和哲学的关系作一简短的考察。他由于从 1984 年起承担了《民族》(*The Nation*)的艺术批评家的工作,大大增加了对这一话题的兴趣。在承担这项工作时,他将自己看成是占据着一个艺术和哲学之间的空间。丹托用这样的话来将艺术与批评,以及批评与哲学区分开来。"一件艺术作品是由一个思想的结构所赋予生命的物质对象所构成,正像一个人可被看成是由灵魂所赋予生命力的身体一样。批评的最高使命是辨认出赋予一件或一组艺术品以生命的思想。相反,艺术哲学则……必须以最一般和最普遍的方式在艺术作品的成分之间制定

---

① [美]阿瑟·丹托《哲学剥夺艺术》,第 107 页。

② [美]阿瑟·丹托《美的滥用》(*The Abuse of Beauty*, [Paul Carus Lectures, 2003])。理查德·舒斯特曼在他的一篇新的未发表的论文中,也注意到了丹托的这一观点上的转化。见舒斯特曼的论文《作为宗教的艺术:丹托之道的转化》,在安卡拉国际美学大会上宣读。

系统的关系。”[①]艺术批评必须是多元的，意思是说，批评的任务是要研究具体作品本身，发现作品背后起推动作用的观念。当人们认为，这种支持一具体作品或学派的观念可被用于所有艺术时，批评就陷入了歧途。相反，艺术哲学或美学则寻求形成一种原理，它可适用于所有的艺术作品。

乔治·迪基（George Dickie，1926— ）

乔治·迪基于1959年在加州洛杉矶大学获得博士学位。他的主要著作有《艺术与审美》（*Art and the Aesthetic*，1974）、《艺术圈》（*The Art Circle*，1984）、《评价艺术》（*Evaluating Art*，1988）、《趣味的世纪》（*The Century of Taste*，1996）以及《艺术与价值》（*Art and Value*，2001）。迪基发展艺术的建制理论以回应莫里斯·韦茨（Morris Weitz）的有影响的新维特根斯坦主张（《美学中理论的作用》）[②]，即认为艺术是一个开放的概念，从根本上讲，不能用亚里士多德式的以必要和充分条件为基础的方式来下定义。与此不同的是，韦兹提议，艺术作为一个开放的，有着多种不同的用法，或者有着多个亚群体的概念，是通过家族类似而联系在一起的。为了避免这种在所有的艺术品中没有显示出共有的特性的问题，迪基像丹托一样，提出要从艺术品的未显示的特性来寻求艺术定义。

迪基引入了“艺术界”的概念作为他对艺术的建制性定义的主要因素。建制性理论将注意力集中在艺术作品的非展示的特性，即艺术品在艺术界中的地位所赋予的特性之上。迪基注意到传统的用来描述艺术的再现性或表现性理论失败的原因在于它们只注意到了艺术的历史发展中某一特殊阶段的属性。迪基的意图在于提供一个分类意义上的定义，即一个能够将艺术与非艺术区分开来，而不会在面对所展示出的特性时犹豫不决的定义。

迪基认为，第一，人造性是从分类意义上讲所有的艺术所必需的性质；第二，作品在艺术界的一个建制中起作用，例如戏剧、绘画、雕塑、文学、音乐、电影、建筑，等等。这些艺术界体系提供了呈现艺术作

---

① ［美］阿瑟·丹托《艺术状态》（*The State of the Art*，New York：Prentice Hall，1987），第4页。

② ［美］莫里斯·韦兹《美学中理论的作用》（“The Role of Theory in Aesthetics”），《美学与艺术批评杂志》（*Journal of Aesthetics and Art Criticism*）1956年9月，第27—35页。

品的框架。它们也共有赋予它们在各自领域中创造出来的对象或行动以艺术作品的地位的惯例。

迪基将艺术界理论化为一种建制的结果导致了一种对艺术的定义。一部艺术作品是(1)一件人工作品;(2)某个人或某些人(艺术界)代表一个建制将备选以供欣赏的身份赋予这个对象。艺术界包括什么人?从基本的层次上看,它包括生产者,然后是批评家、策展人、历史学家,也许还可以包括哲学家。迪基理论的循环性问题、欣赏这个术语的模糊性以及辨别可供欣赏对象的机制方面的问题,使他的理论的影响力大为减小,尽管在 20 世纪后期的美学史上,他在一个时期具有相当重要的地位。如果说,迪基的努力没有能够成功地挽救美学中的本质主义定义的话,在强调文化因素在美学话语中的重要地位方面,他还是有功绩的。

约瑟夫·马戈利斯(Joseph Margolis, 1924—)

约瑟夫·马戈利斯于 1953 年在哥伦比亚获得博士学位。他从一位分析哲学家的角度着手研究美学,但他的哲学知识和实践又扩展到大陆哲学和美国实用主义。与他同时代的一些分析哲学家不同,他没有避开对艺术的本体论讨论。他对美学的主要贡献在于提出了一个新的研究本体论的方法。他关于美学的论述主要出现在下列著作之中:《艺术语言与艺术批评:美学中的分析问题》(*The Languages of Art and Art Criticism: Analytic Questions in Aesthetic*, 1965)、《艺术与哲学》(*Art and Philosophy*, 1980)、《彻底却并非任意的阐释:艺术与历史的新困惑》(*Interpretation Radical but not Unruly: The New Puzzle of the Arts and History*, 1995)、《艺术品到底是什么?艺术哲学讲演集》(*What, After All Is a Work of Art? Lectures in the Phisophy of Art*, 1999)以及其他许多论文。

马戈利斯同意丹托等人的观点,放弃阿恩海姆和比厄斯利以知觉对象为核心来定义艺术的思想。他也不像古德曼那样,将艺术解释成一种符号的形式。相反,他提出,艺术是体现在物理实体中的文化实体。"体现从本质上讲,是一个从本体论上理解的参照和归属的问题。"[①]艺术作

① [美]约瑟夫·马戈利斯《艺术与哲学》(*Art and Philosophy*)(Atlantic Highlands, N. J.: Humanities Press, 1980),第 44 页。

品是“真的”实体，意思是说它们的物理性质是其存在的必要组成部分。然而，由于它们的文化特性而与物理实体有着重大区别。文化特性包括批评家或其他观众对艺术品的阐释，以及其他由于社会、经济和政治方面的联系而产生的属性。作为文化的人造物，艺术作品包括了一系列的属性，它不接受对客观属性作描述和作阐释之间的任何区别。

照马戈利斯看来，艺术作品作为显示了文化属性的人造物，与人有几分相似之处。不管是人，还是艺术品，都通过文化属性的显示而分别获得其身份，两者都是由文化构成的实体，不同于自然对象。

作为一个相对主义者，马戈利斯认为，艺术作品与语言和社会的建制等文化的因素一样，所具有属性不能与艺术作品所存在于其中的人类社会分隔开来。因此，艺术作品的“再现性的、表现性的、符号学的、以艺术门类为基础的、传统的、历史的”或其他的属性是内涵的属性，它来自于它们所存在于其中的社会。所有这种属性都与阐释，而不是物理的对象或事件联系在一起。谈论艺术作品的“客观的属性”而避开阐释，是不可能的。

这意味着对于任何作品，都有着不只一个说得通的解释，同时不存在理解一部艺术作品的“正确途径”。马戈利斯像古德曼一样，认为阐释的相对性或者多版本阐释的可能性并不意味着对一部艺术作品可作任意阐释。文化属性受到过往阐释的影响，并且，一个有知识的观赏群体中所进行的有见识的讨论，可以使人们相信某一些，但并非所有可能的阐释。这种涉及到艺术的讨论特别会在一种“像法规一样的常规”，包括传统、习俗、实践和存在在起作用时的语境中发生。因此，马戈利斯提出，一种允许多种可能的“适当的阐释”的基于共有标准形成的共识，将足以在更大的社会语境中解决对艺术作品的理解的差异问题。

那么，在美学中定义起着什么作用？一个艺术定义不过是按照一种中心的或所喜欢的理论来辨别对于一个“正常的”或已经定型的艺术作品来说最重要的东西而已。当历史的发展或发现要求修正有关艺术作品的核心事实时，改变定义的要求就会被提出来。

诺埃尔·卡罗尔（Nöel Carroll，1947— ）

诺埃尔·卡罗尔于 1976 年在纽约大学获得电影研究博士学位，

又于 1983 年在属于芝加哥圈的伊利诺斯大学获得哲学博士学位。他对美学和艺术哲学的兴趣涉及审美理论、电影哲学、舞蹈哲学、文学哲学、视觉艺术哲学以及大众文化哲学。他关于美学的众多著作包括《艺术哲学》(*Philosophy of Art*, 2000)和《超越美学》(*Beyond Aesthetics*, 2001)。他关于电影美学的论述包括《移动图像的理论化》(*Theorizing the Moving Image*, 1996)、《阐释移动图像》(*Interpreting the Moving Image*, 1998)以及《介入移动图像》(*Engaging the Moving Image*, 2003)。

照卡罗尔看来,美学的主要任务是辨析一种方法以确认一物是艺术作品。卡罗尔说,这一过程并不要求建构一种真正的艺术定义。"我提议……我们将作品辨认为艺术作品……是通过历史叙事来达到的,这种叙事以某种方式将可供选择的对象与历史联系起来,从而揭示出问题的变化是艺术门类进化的一部分。"①在《超越美学》一书中,卡罗尔挑战了那种将艺术家的意图、艺术史、道德以及情感反应看成是与对艺术的理解无关的美学理论。他运用多元主义的、认知主义的美学方法,对像意图和道德这样一些因素的作用进行了考察,显示出它们在人与艺术作品相联系中的意义。他发现,某些现代主义和后现代主义的艺术实践忽视这些传统的因素,以文化批评的形式提出一种替代的艺术,从而造成了艺术疏远于社会生活。卡罗尔也对丹托关于艺术终结的结论提出质疑,认为丹托的论断无助于说明艺术史的终结。他将丹托的艺术终结观看成是一种艺术批评的形式,而不是一种思考性的艺术史哲学的模式。②

卡罗尔美学的一个关键因素是叙事性。叙事性指的是将叙事或者讲故事当成一种思维方式,它在我们对艺术作品的经验中起着重要的作用。在这个语境中,一个叙事由在一个故事或类似故事的结构中的一套相关的事件所组成,在其中,先发生的事件对故事中后发生的事件在因果关系上具有必然性功能。③

卡罗尔是很少的几位写作恐怖美学的美学家之一。他于 1990 年

---

① [美]诺埃尔·卡罗尔《历史叙事与艺术哲学》,见《美学与艺术批评杂志》51:3,1993 年夏季号第 315 页。

② [美]诺埃尔·卡罗尔《艺术终结了吗?》,载《历史与理论》第 37 期,第 17—29 页。

③ [美]诺埃尔·卡罗尔《论叙事性联系》,见《关于叙事视角的新视角》,威利·范皮尔(Villie van Peer)和西摩·查特曼(Seymour Chatman)编(Albany: Suny Press, 2001)。

出版了《恐怖的哲学》(*The Philosophy of Horror*)一书。卡罗尔反对对待恐怖经验的心理分析方法,他联系情感的认知主义理论,发展出了一种认知主义的恐怖理论。这种理论认为,恐怖的情感是一种对像鬼怪这样的对象的害怕和厌恶的反应,而不是展示一种主观内在的状态。

在他关于大众艺术的美学的开创性著作《大众艺术的哲学》(*A Philosophy of Mass Art*, 1999)中,卡罗尔提出要将大众艺术包括进审美理论的领域之中。大众艺术通过大众媒介所生产和传播。他用下面的语言来定义大众艺术:

> X是一件大众艺术作品,如果,并用仅仅如果(1)X是一件或一类艺术作品的多重例证;(2)通过一种大众传播技术来生产和传播;(3)该艺术品被有意识地通过其结构选择(例如,通过其叙事形式、符号、预设效果,甚至其内容)用以吸引人们,允诺使最大量的未受教育(或受教育相对比较少)的观众,通过最少的努力,实际是初次接触,就能接受它。[①]

卡罗尔将大众艺术理解成大众文化的一个分支。它存在于电视肥皂剧、好莱坞电影、通俗歌曲、广播剧,以及其他依赖大众传媒的作品中。卡罗尔相信,"大众艺术的创作者典型地从事一种传统的艺术实践也从事的活动之中……"[②]他们造出创造艺术所必需的形式和叙事策略,并以他们所想要的意义与观众交流。卡罗尔通过一种分类性的大众艺术理论,指出按照任何占主导地位的美学理论,包括建制理论、历史理论和他自己的叙事主义,大众艺术符合艺术的标准。卡罗尔对大众艺术理解的一个关键因素是大众的可接受性。这一对大众艺术的描述排除了它与历史上的先锋派结盟的可能性,使它与那种以不熟悉和挑衅性的创新性向观众挑战的艺术区分开来。依照卡罗尔的观点,先锋派与大众艺术是正相对立的。

---

① [美]诺埃尔·卡罗尔《大众艺术的哲学》(*A Philosophy of Mass Art*)(牛津、纽约:牛津大学出版社 1998 年版),第 196 页。

② 同上,第 197 页。

理查德·舒斯特曼(Richard Shusterman, 1949—)

理查德·舒斯特曼于 1979 年在牛津大学获得博士学位。他对美学问题的关注开始于分析美学和文学批评的理论,这反映在他的著作《文学批评的对象》(*The Object of Literary Criticism*, 1984)和《T. S. 艾略特与批评的哲学》(*T. S. Elliot and Philosophy of Criticism*, 1988)中。他的《表与底:批评与文化的辩证法》(*Surface and Depth: Dialectics of Criticism and Culture*, 2002)考察了潜在的文化状况,包括历史和理论,以及它们在阐释和估价艺术,包括趣味的基础和各门艺术的惯例时的作用。

1988 年,主要由于美国哲学家约翰·杜威(John Dewey)的影响,舒斯特曼的趣味从分析美学转向了实用主义。这一转向反映在他的著作《实用主义美学》(*Pragmatic Aesthetics*, 1992, 2002)以及《哲学实践》(*Practicing Philosophy*, 1997)。舒斯特曼和理查德·罗蒂(Richard Rorty)一样,批判狭隘的将分析方法运用于美学的做法,将分析哲学运用于古典实用主义之中。他追随杜威而与罗蒂不同之处在于,他选择审美经验而不是语言作为发展他的实用主义美学理论的主要载体。舒斯特曼在杜威美学中发现了一种针对狭隘的分析美学局限,即将美学限制在对艺术阐释和评价的语言和概念层面的解毒剂。杜威将注意力放在审美经验而不是语言之上。对于杜威来说,审美经验是理解经验本身的性质的关键。[①] 在他关于人的经验的等级体系之中,艺术要高于科学。与分析哲学作区分从而导致艺术从日常生活中分隔出来的倾向正好相反,杜威意在建立联系,在艺术与生活之间建立联系。对于杜威来说,审美经验强调联系而非区分,从而成为在不断变化着的经验中建立相联关系的媒介。

除了他在将实用主义和杜威关于经验的观念重新引入到当代美学领域所起的作用以外,舒斯特曼的最具独创性的贡献在于他对通俗艺术的关注,以及他将身体美学(somaaesthetics)引入到哲学美学领域之中。为了发展他的实用主义美学,舒斯特曼以一个激进主义者的态度对待审美经验。他避开那种艺术是某种从本质上区别于生活的其他部分的观念,扩展艺术实践的范围,将那些过去被美学和艺术史

① [美]约翰·杜威《艺术即经验》(纽约:摩羯出版社,1934 年、1938 年版),第 274 页。

实践所忽视的人类生活的一些方面包括进来。因此，他提出了突出的例证，将艺术与审美经验扩展到通常限定的高等艺术或先锋艺术的范围之外。在这方面，他将通俗艺术看成是肯定性审美经验的非常重要的来源，对人类的生存具有重要意义。在美学家认可的活动中，有包括拉普说唱乐(rap music)、美国乡村音乐(country music)等在内的通俗艺术形式。在这些艺术形式中，舒斯特曼发现了强烈的情感刺激和一种内在真实感可满足一个足够大的趣味群体，从而值得意在阐释从民主社会中发现的广泛审美兴趣的美学家们注意。

在他的《践行生活：艺术终结的审美抉择》(*Performing Live: Aesthetic Alternatives for the Ends of Art*, 2000，中译本定名为《生活即审美：审美经验和生活艺术》)一书中，舒斯特曼考察了那些在传统美学中被边缘化的领域中的审美经验的价值，把着重点放在与生活艺术追求相关的审美经验上来。舒斯特曼引入了“分析的身体美学”(analytical somaaesthetics)这个术语，它指对从流行的通俗艺术形式，如舞蹈、体育锻炼，以及身心治疗实践中所产生的审美快感所进行的哲学研究：

> 身体美学是用于对一个人的经验进行批评和改良性研究，并使用一个人的身体作为感性和审美欣赏(aiesthesis)和**创造性的自我塑造**。①

身体美学是对当代文化中对身体的兴趣的一个反应。与他的强调经验可通过践行而取得的观点相一致，舒斯特曼的身体美学观点同时也植根于他自己包括舞蹈在内的生活经验，以及他关于西方和东方的心身发展的实践。对他的身体美学的发展产生重要影响的，还有临床治疗医生莫舍·费尔登克拉斯(Moshe Feldenkrais)和F.马蒂亚斯·亚历山大(F. Mattias Alexander)，以及禅宗有关身心练习、儒家的践行的思想。身体美学的目的是反对那种忽视身体作为审美经验的源泉的倾向，使哲学家和一些相关领域的科学家关注身体在人的经验中的作用。他的身体美学包括三个部分：分析身体美学，对身体的

---

① [美]理查德·舒斯特曼《践行生活》，伊萨卡、纽约：康奈尔大学出版社2000年版，第138页。

感知和实践进行描述性和理论性的研究;实用身体美学,即研究身体的改良的方法;实际的身体美学,即为着自我改良而进行的身体的实践活动。

舒斯特曼的美学研究开始于对英美分析传统的主要潮流的考察。他扎根于美国实用主义传统,并成功地引入了大陆美学和亚洲美学的一些线索。不仅如此,他还通过大胆研究通俗艺术,通过重新恢复作为快感源泉和强化生命意义上的心身统一的美学,构建了一个新的身体美学的领域,而挑战了美学理论的边界。

4

本文主要探讨美国美学的最近发展状况。显然,我们需要另一篇文章来介绍其他地方,特别是英国和欧洲大陆美学的新成果。在这里,我愿以最简单的语言,对这段时间的欧洲美学作一个概说。

在英国美学家中,理查德·沃尔海姆(Richard Wollheim, 1923—2007)、特里·伊格尔顿(Terry Eagleton, 1943—)和格里戈里·柯里(Gregory Currie)代表着三条研究美学的不同路径。沃尔海姆用英美分析美学的方式进行研究。他将美学看成是试图理解以独特的媒介出现的人造物,例如绘画,与艺术观念之间的结合,这是艺术的制作者和观众试图理解制作和接受艺术的过程时所产生的结果。他的观点出现在《艺术及其对象》(*Art and Its Objects*, 1968, 1980)、《论艺术与心灵》(*On Art and Mind*, 1973)和《作为一门艺术的绘画》(*Painting as an Art*, 1987)等书之中。特里·伊格尔顿是英国最重要的新马克思主义理论家之一。他通过对美学与政治和对当代文化理论的分析,对过去的美学理论提出了范围广泛的洞见和批判。他关于美学的主要论述体现在下列著作之中:《审美意识形态》(*The Ideology of the Aesthetic*, 1990)、《文化观念》(*The Idea of Culture*, 2000)以及《理论之后》(*After Theory*, 2004)。伊格尔顿主张,对美学和它在人类事务中的重要性的强调,是与建构占统治地位的意识形态,以及其他维持社会秩序的因素不可分隔的。与此同时,美学又不断地挑战占统治地位的意识形态及随之而来的文化实践。格里戈里·柯里的思想与美学中的认识主义的最新发展联系在一起。他关于美学的著述有《心灵休整：哲学与心理学中的想象》(*Recreative Minds: Imagination in Philosophy and Psychology*, 2002)、《艺术与心灵》(*Arts and Minds*, 2004)和《叙事思维》(*Narrative Thinking*, 即出)。柯里对美学的贡献主要集中在关于艺术、想象和叙事的论述上。以信仰和欲望、游戏和幻想为参照，与想象的功能相关的概念问题和在认识中叙事的作用构成了他的研究的焦点。

在过去的40年中，大陆美学发展出几种不同的思想线索，它们不易按照民族或概念范畴来进行区分，但我们仍将之归结为以下几种倾向。首先是现象学派的剩余影响。现象学派线索的主要代表人物和著作是马丁·海德格尔(Martin Heidegger)的《存在与时间》(*Being and Time*, 1927)和《艺术作品的本源》(*The Origins of the Work of Art*, 1950)；莫里斯·梅洛-庞蒂的(Maurice Merleau-Ponty)《知觉现象学》(*Phenomenology of Perception*, 1945)、《眼与心》(*Eye and Mind*, 1961)；保罗·利科的(Paul Ricoeur)《阐释理论》(*Interpretation Theory*, 1976)以及汉斯-乔治·伽达默尔(Hans-Georg Gadamer)的《真理与方法》(*Truth and Method*, 1960,1989)。

新马克思主义者中许多都与法兰克福学派有着联系。他们中最重要的人和作品有特奥多尔·阿多诺(Theodor Adorno)的《审美理论》(*Aesthetic Theory*, 1970年出版,1984年英译,1997年新英译)、瓦尔特·本雅明(Walter Benjamin)的《机器复制时代的艺术作品》(*The Work of Art in the Age of Mechanical Reproduction*,英译1969)以及赫伯特·马尔库塞(Herbert Maarcuse)的《审美之维》(*The Aesthetic Dimension*, 1978)。这些作品至今仍在对当代美学家们产生着影响。这个群体的共同特点是对艺术在资本主义社会中的角色进行批判，并将艺术看成是一种寻求自由和解放的手段。

在法国，后结构主义和后现代的美学仍保持强劲的势头，继续对英美分析美学的统治地位构成挑战。特别是雅克·德里达(Jacque Derrida)(《写作与差异》,1967)、米歇尔·福柯(Michel Foucault)、让-弗朗索瓦·利奥塔(Jean-François Lyotard)(《后现代状况：关于知识的报告》,1979,英译1984)这三位哲学家为后结构主义和后现代的美学理论的发展打下了坚实的基础。

在当代大陆美学中，有着重要影响的美学家和美学著作还有皮埃尔·博德里亚(Pierre Baudrillard)的《影像与拟像》(*Simulacra and*

Simulations，1994)、皮埃尔·布尔迪厄(Pierre Bourdieu)的《艺术之爱:欧洲的艺术馆和公众》(*The Love of Art*: *European Art Museums and the Public*，1969，英译 1990)、罗兰·巴尔特(Roland Barthes)的《清晰的照相机:关于摄影的反思》(*Camera Lucida*: *Reflections on Photography*，1980),以及沃尔夫冈·韦尔施(Wolfgang Welsch)的《消解美学》(*Undoing Aesthetics*，1997)。

这后一组的大陆美学家们将许多差异综合进他们各自对审美关注的处理之中。然而,他们仍共有一些主题:反对从黑格尔和马克思的作品中读解出的元叙事;质疑历史上的先锋派的乌托邦目标;宣布现代主义由于诉诸不同艺术媒介间的区分并造成分裂而终结;以及美学家们典型地在高等与通俗艺术和文化之间进行分割的主张的破产。像新马克思主义者一样,这一组学者或多或少对艺术建制易受它们存在于其中的资本主义和威权主义社会的操控持怀疑态度。他们看到,艺术常常与经济和政治领域中的权力联系在一起。

处在上面这一组大陆美学家的边缘,但却别具特色的吉勒·德勒兹(Gilles Deleuze),他的著作近年来受到越来越多的年轻一代大陆美学家的欢迎。德勒兹不是关注后现代美学的一些问题,而是发展他自己独特形式的认识论美学。他反对心理分析式的对欲望的限制,提出一种肯定欲望为艺术的创造和体验提供动力的美学。作为他的美学方法的基础,他提出感情的强烈性与再现相对立。艺术中的表现反映了在与一件艺术品接触时出现在知觉中的动力强烈性的差异。艺术的作用是激起注视者经验的变化和运动,而不是通过静态的再现将观赏者与世界联系起来。在他的著作《弗朗西斯·培根:感情的逻辑》(*Francis Bacon*: *The Logic of Sensation*，1981，英译 2003)和《运动图像》(*The Movement-Image*，1983,英译 1986)中,德勒兹联系绘画与电影而阐释和发展了这些思想。

5

本文探讨了过去 40 年中美学领域的主要进展。我希望所介绍的观点能对读者的进一步研讨起一个引导的作用。作为结语,我想提出以下三个看法。

第一，尽管在这一时期，在美学和艺术领域出现了丰富的思想成果，却没有出现某一理论和某一美学家占据主导地位，发出主导性声音的情况。在一个思想和文化实践多元的时代，围绕着一些重要问题会出现多种多样的观点。本文所反映的情况是这种状况的一个证明。文中呈现了种种差异，在一种健康的思想探讨的状态下，这种差异是有益的。只要这些美学理论有助于人们的理解，就存在着不止一种“正确理论”的空间，正像对一部具体的艺术作品也有着不止一种正确阐释的空间一样。

第二，对历史上的美学理论的兴趣将持续到现在和未来。在今天的学术著作中，人们会常常提到本领域内过去的大师们：柏拉图、康德、黑格尔和尼采以及儒家和禅宗的思想。提及这些过去的思想的目的在于以历史的视角建立一种联系，这既可能是为着对过去思想的批判，也可能是以美学在当代的发展为目的。

第三，美学研究领域将随着艺术世界中的实践的变化，以及这种实践所处的文化的变化而继续发展。为了反映和阐释在具体文化中所出现的新的发展和文化全球化的力量，理论的变化是必要的。

（作者单位：美国密尔沃基市马凯特大学教授；
译者单位：中国社会科学院文学所）